Leitfäden der Informatik

Stasys Jukna

Crashkurs Mathematik

Leitfäden der Informatik

Herausgegeben von
Prof. Dr. Bernd Becker
Prof. Dr. Friedemann Mattern
Prof. Dr. Heinrich Müller
Prof. Dr. Wilhelm Schäfer
Prof. Dr. Dorothea Wagner
Prof. Dr. Ingo Wegener

Die Leitfäden der Informatik behandeln

- Themen aus der Theoretischen, Praktischen und Technischen Informatik entsprechend dem aktuellen Stand der Wissenschaft in einer systematischen und fundierten Darstellung des jeweiligen Gebietes.
- Methoden und Ergebnisse der Informatik, aufgearbeitet und dargestellt aus Sicht der Anwendungen in einer für Anwender verständlichen, exakten und präzisen Form.

Die Bände der Reihe wenden sich zum einen als Grundlage und Ergänzung zu Vorlesungen der Informatik an Studierende und Lehrende in Informatik-Studiengängen an Hochschulen, zum anderen an „Praktiker", die sich einen Überblick über die Anwendungen der Informatik (-Methoden) verschaffen wollen; sie dienen aber auch in Wirtschaft, Industrie und Verwaltung tätigen Informatikern und Informatikerinnen zur Fortbildung in praxisrelevanten Fragestellungen ihres Faches.

Stasys Jukna

Crashkurs Mathematik

für Informatiker

Teubner

Bibliografische Information der Deutschen Nationalbibliothek
Die Deutsche Nationalbibliothek verzeichnet diese Publikation in der Deutschen Nationalbibliografie; detaillierte bibliografische Daten sind im Internet über <http://dnb.d-nb.de> abrufbar.

Prof. Dr. math. Stasys Jukna
Geboren 1953 in Litauen. 1971-1976 Studium der Mathematik an der Universität Vilnius (Litauen), 1980 Promotion in Mathematik (Moskow Universität, Russland), 1999 Habilitation in Informatik (Universität Trier, Deutschland). 1981-2007 Senior Investigator (C3-Professur) und seit 2007 Principal Investigator (C4-Professur) im Institut für Mathematik und Informatik der litauischen Akademie der Wissenschaften in Vilnius, Litauen. 1992-1993 Forschungsstipendiat der Alexander von Humboldt Stiftung an der Universität Dortmund. Gastwissenschaftler und Privatdozent an der Universität Trier (1993-1999) und seit 2000 an der Johann Wolfgang Goethe-Universität in Frankfurt am Main.

1. Auflage 2008

Lektorat: Ulrich Sandten / Kerstin Hoffmann

Der B.G. Teubner Verlag ist ein Unternehmen von Springer Science+Business Media.
www.teubner.de

Umschlaggestaltung: Ulrike Weigel, www.CorporateDesignGroup.de
Druck und buchbinderische Verarbeitung: Strauss Offsetdruck, Mörlenbach
Gedruckt auf säurefreiem und chlorfrei gebleichtem Papier.

ISBN 978-3-8351-0216-3

Für Indrė

Vorwort

Mache die Dinge so einfach wie möglich – aber nicht einfacher.

- Albert Einstein

In der Informatik, wie auch in anderen naturwissenschaftlichen Fächern, werden viele Studienanfänger mit mathematischen Methoden und mathematischer Denkweise konfrontiert, auf die sie in der Schule nicht vorbereitet wurden. Dieses Buch bietet Schulabgängern unterschiedlicher Qualifikation eine kompakte Einführung in die Mathematik, die den Einstieg ins Studium ermöglichen und als ausreichende Grundlage für das gesamte Studium dienen sollte.

Die sehr natürliche Frage »wozu noch eine Einführung?« kann man relativ leicht beantworten: Die vorhandenen, in vieler Hinsicht nützlichen Lehrbücher sprechen die *spezifischen* Bedürfnisse eines Informatikers oft nicht ausreichend an. Was man in der Einführungen für Informatiker vermisst, ist zum Beispiel eine nicht-traditionelle, »Informatik-orientierte« Sichtweise der klassischen mathematischen Themen. Wie kann man aus einem mathematischen Beweis einen Algorithmus erhalten? Stichwort: »Das Prinzip des maximalen Gegenbeispiels«. Was hat mathematische Induktion mit dem Entwurf von Algorithmen zu tun? Stichwort: Dynamisches Programmieren. Wie zeigt man, dass ein Objekt existiert, ohne ein solches Objekt mühsam konstruieren zu müssen? Stichwort: Taubenschlagprinzip und die probabilistische Methode. Was hat der Chinesische Restsatz in der Informatik zu suchen? Stichwort: »Fingerprinting«. Was hat der Rang einer Matrix mit ihrem Informationsgehalt zu tun? Stichwort: Kommunikationskomplexität. Wie kann man die lineare Unabhängigkeit benutzen, um die Anzahl der Elemente in einer Menge abzuschätzen? Stichwort: Lineare-Algebra-Methode.

Im Vergleich zur Mathematik ist die Informatik nur ein kleines, wenn auch sehr rasch wachsendes »Kind«, das gerade laufen lernt. Das »Kind« ist zur Zeit mit sehr schwierigen Problemen konfrontiert, für deren Lösung mathematische Werkzeuge dringend benötigt werden. Weitgehende Verallgemeinerungen in der Informatik stehen noch nicht auf der Tagesordnung! Aus diesem Grund habe ich ganz bewusst auf einige Verallgemeinerungen verzichtet und die Dinge »so wie sie sind« dargestellt. Aus demselben Grund bin ich sehr sparsam mit Bezeichnungen und mit der Einführung allgemeinerer Konzepte umgegangen: Oft steckt hinter einer komplizierten Formel oder einem abstrakten Konzept ein eigentlich einfacher und intuitiv klarer Sachverhalt. Daher könnte das Buch auch »Mathematik ganz konkret« heißen.

Mein Ziel war also, einen Text zu schreiben, der

- sich ganz *pragmatisch* auf die tatsächlichen Bedürfnisse eines Informatikers beschränkt;
- relativ kurz und trotzdem *ausreichend* für die späteren Theorie-Vorlesungen ist;
- möglichst viele *Anhaltspunkte* gibt (»warum ist ein Begriff so und nicht anders definiert, was steckt dahinter, wozu ist er gut?«) – dieser Aspekt könnte auch für diejenigen nützlich sein, die »normale« Mathe-Vorlesungen besuchen, um wieder festen Boden unter den Füßen zu bekommen;

- ein *Gesamtbild* der für die Informatik relevanten Mathematik darstellt – wenn nötig, kann man später die Feinheiten leicht in »echten« Mathematikbüchern nachschlagen;
- die Sache *naiv*, so wie sie ist, darstellt – keine mathematischen Besonderheiten, mit denen die meisten Informatiker nie konfrontiert werden;
- nur Schulkenntnise voraussetzt und für einen Schulabgänger bereits im *ersten* Semester (mit etwas Anstrengung) vermittelbar ist;
- sich auch für den *Bachelor-Studiengang* eignet.

Die Auswahl des Stoffes ist von einem Mathematiker getroffen worden, der sich in den letzten 20 Jahre hauptsächlich mit den Problemen der theoretischen Informatik beschäftigt hat und die »mathematischen Bedürfnisse« der Informatik kennt.

Dieser Text ist aus meiner Vorlesung »Mathematische Grundlagen der Informatik« für das erste Semester an der Universität Frankfurt entstanden. Was muss man in einen solchen, durch ein Semester beschränkten »Rucksack« packen, damit Theorie-Vorlesungen erfolgreich absolviert werden können? Daher dieser »Pragmatismus« in der Auswahl des Stoffes.

Natürlich wird der Leser von Zeit zu Zeit fehlende Details in anderen Mathematik-Bücher nachschlagen müssen. Es ist absolut unmöglich, die ganze, mehr als 2000 Jahre alte Mathematik auf ca. 300 Seiten zu »komprimieren«: Für jeden der fünf Teile in diesem Buch gibt es mindestens zwei, drei umfassende Bücher. Mein Buch stellt eher einen Begleiter dar, der den Leser durch den »Dschungel« der für die Informatik relevanten Mathematik führen sollte.

Das Buch enthält viele motivierende Anwendungen und Beispiele, von denen einige erstmals in einem Lehrbuch vorkommen. Insgesamt machen die Beispiele den Großteil des Buches aus. Einige Abschnitte sind mit * als optional markiert – sie stellen vertiefendes Material dar.

Musterlösungen für die Aufgaben zusammen mit weiteren Zusatzmaterialien befinden sich auf der Webseite

http://www.thi.informatik.uni-frankfurt.de/~jukna/ .

Daher eignet sich das Buch auch für das Selbststudium.

An dieser Stelle möchte ich sehr herzlich Georg Schnitger, Maik Weinard, Markus Schmitz-Bonfigt, Uli Laube und natürlich meinen Studenten für ihre Interesse, wertvolle Hinweise und zahlreiche Verbesserungsvorschläge danken. Gregor Gramlich bin ich insbesondere dankbar – seine Hilfe während der Arbeit an der letzten Version des Buches war entscheidend. Mein Dank geht auch insbesondere an Ingo Wegener für die Unterstützung des Projektes und an den Lektor vom Teubner-Verlag, Ulrich Sandten, für die hervorragende Zusammenarbeit.

Die entscheidende Motivation des ganzen Vorhabens kam aber von meiner dreizenjährigen Tochter, Indrė, und ihren ständigen Fragen »wozu das Ganze?«. Das hat eine Spur auch in dem Buch hinterlassen: Nicht die Frage, *wie* ein Konzept definiert ist, sondern die Frage, *wofür* es überhaupt nützlich sein kann, hat daher in diesem Buch die größte Priorität.

Frankfurt am Main/Vilnius, im August 2007 S. J.

Inhaltsverzeichnis

Schulstoff

In diesem Abschnitt erinnern wir uns kurz einiger Begriffe, Notationen und Fakten, von denen die meisten bereits aus der Schule bekannt sind.

Zahlenmengen

In der Mathematik arbeitet man hauptsächlich mit den folgenden Zahlenmengen.

1. Die ersten n natürlichen Zahlen $[n] = \{1,2,\ldots,n\}$ ohne Null.

2. Alle natürlichen Zahlen $\mathbb{N} = \{0,1,2,\ldots\}$. Man kann jede natürliche Zahl dadurch erhalten, dass man, beginnend mit der 0, wiederholt 1 addiert. Die wichtigste Eigenschaft der natürlichen Zahlen ist, dass es in *jeder* Teilmenge von $\mathbb{N}$ eine einzige kleinste Zahl gibt.

3. Natürliche Zahlen ohne Null $\mathbb{N}_+ = \{1,2,\ldots\}$.

4. Ganze Zahlen $\mathbb{Z} = \{\ldots,-3,-2,-1,0,1,2,3,\ldots\}$.

5. Rationale Zahlen (Brüche) $\mathbb{Q} = \left\{\frac{a}{b} \;:\; a,b \in \mathbb{Z} \text{ und } b \neq 0\right\}$. Das sind die Zahlen, die sich als *endliche* oder unendliche aber *periodische* Dezimalzahlen mit der Periodenlänge $< b$ darstellen lassen, zum Beispiel

$$\frac{1}{4} = 0{,}25 \quad \text{oder} \quad \frac{1}{7} = 0{,}\overbrace{142857}^{\text{Periode}}142857142857\ldots$$

6. Reelle Zahlen $\mathbb{R} = \{a,b_1b_2,\ldots \;:\; a \in \mathbb{Z},\; 0 \leq b_i \leq 9\}$. Das sind die Zahlen, die sich als unendliche, nicht unbedingt periodische Dezimalzahlen darstellen lassen.

7. Komplexe Zahlen $\mathbb{C} = \{(a,b)\colon a,b \in \mathbb{R}\}$. Solche Zahlen schreibt man normalerweise als Summen $a + ib$, wobei i eine imaginäre »Zahl« mit der Eigenschaft $i^2 = -1$ ist. Komplexe Zahlen werden wir in Abschnitt 5.5 genauer betrachten.

Diese (so verschiedenen) Zahlenmengen sind aus dem Wunsch entstanden, immer kompliziertere Gleichungen zu lösen (siehe Tabelle 0.1). Die ersten drei Mengen $\mathbb{N}$, $\mathbb{Z}$ und $\mathbb{Q}$ sind im Wesentlichen »gleichmächtig«: Man kann jeder Zahl aus $\mathbb{Q}$ eine eindeutige natürliche Zahl zuordnen. Die Mengen $\mathbb{R}$ und $\mathbb{C}$ sind aber bereits »echt größer«; das werden wir in Abschnitt 1.4 besprechen.

Rechnen mit reellen Zahlen

Summe, Differenz, Produkt und Quotient von zwei reellen Zahlen ist wieder eine reelle Zahl. Ausnahme: Division durch 0 ist nicht erlaubt! Zwei beliebige reelle Zahlen x und y lassen sich vergleichen, d. h. es gilt entweder $x < y$ oder $x = y$ (dies bezeichnet man als $x \leq y$) oder $x > y$. Vorsicht: Aus $x \cdot y < z$ folgt $x < z/y$ im Allgemeinen nicht! Dies gilt nur wenn y positiv ist.

Tabelle 0.1: Vergleich der Zahlenmengen

Gleichung	Nicht lösbar in	Lösbar in	Lösung
$x+1=0$	$\mathbb{N}$	$\mathbb{Z}$	$x=-1$
$2x-1=0$	$\mathbb{Z}$	$\mathbb{Q}$	$x=\frac{1}{2}$
$x^2-2=0$	$\mathbb{Q}$	$\mathbb{R}$	$x=\sqrt{2}$
$x^2+1=0$	$\mathbb{R}$	$\mathbb{C}$	$x=\sqrt{-1}=i$

Archimedisches Prinzip
Zu jeder reellen Zahl $x \in \mathbb{R}$ gibt es ein $n \in \mathbb{N}$ mit $x < n$.

Intervalle
Für zwei reelle Zahlen $a, b \in \mathbb{R}$, $a < b$ bezeichnet man die zwischen a und b liegende Zahlen mit $[a, b] = \{x\colon a \le x \le b\}$, $(a, b] = \{x\colon a < x \le b\}$, usw.

Betrag
Es gilt $|x| = x$ für $x \ge 0$ und $|x| = -x$ für $x < 0$. Anschauliche Bedeutung: Abstand zwischen 0 und x auf der Zahlengeraden. Es gilt: $|x| \ge 0$, $|x \cdot y| = |x| \cdot |y|$, $|x/y| = |x|/|y|$ für $y \ne 0$ und $|x \pm y| \le |x| + |y|$ (Dreiecksungleichung). Häufige Form: $|y - x| =$ Abstand zwischen x und y auf der Zahlengeraden.

Gauß-Klammern $\lfloor x \rfloor$ und $\lceil x \rceil$
Für eine reelle Zahl $x \in \mathbb{R}$ ist

$$\lfloor x \rfloor := \max\{b \in \mathbb{Z}\colon b \le x\} \qquad \text{Abrunden}$$
$$\lceil x \rceil := \min\{a \in \mathbb{Z}\colon x \le a\} \qquad \text{Aufrunden}\,.$$

Eigenschaften:

$$x - 1 < \lfloor x \rfloor \le x \le \lceil x \rceil < x + 1, \quad \lfloor -x \rfloor = -\lceil x \rceil \quad \lceil -x \rceil = -\lfloor x \rfloor\,.$$

Sei $n \in \mathbb{N}$ eine natürliche Zahl mit $2^{m-1} \le n < 2^m$. Dann besteht die binäre Darstellung von n aus genau $m = \lfloor \log_2 n \rfloor + 1 = \lceil \log_2(n+1) \rceil$ Bits.

Zahl π
Eine besondere Rolle spielt die sogenannte »Zahl π«, die den Umfang (die Länge) eines Kreises mit Durchmesser 1 angibt. Allgemein gilt

$$\pi = \frac{\text{Umfang des Kreises}}{\text{Durchmesser des Kreises}} = 3{,}141592653589\ldots\,.$$

Betrachtet man den Einheitskreis, d. h. den Kreis vom Radius 1, so ist 2π genau der ganze Umfang dieses Kreises (siehe Bild 0.1) und $\pi/2$ ist genau ein Viertel dieses Umfangs.

Sinus und Kosinus
Das Bogenmaß eines Winkels α^o ist die Länge x des Bogens, den der Winkel aus dem Einheitskreis (d. h. Kreis mit Radius 1) ausschneidet. Dem Vollwinkel 360° entspricht der

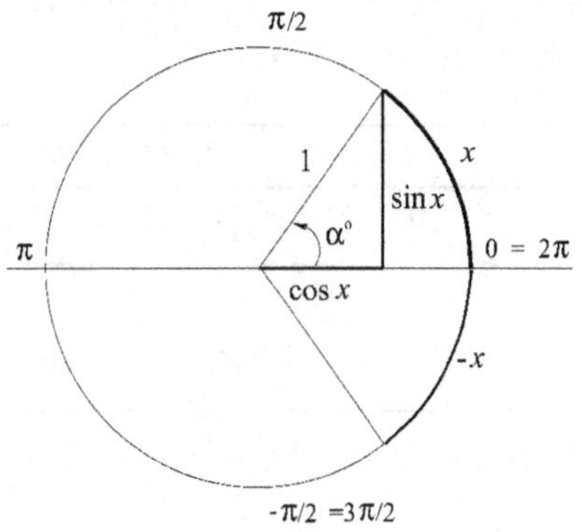

Bild 0.1: Die Funktionen $\sin x$ und $\cos x$.

Umfang 2π des Einheitskreises; dies liefert die Umrechnungsformel

$$\frac{\alpha^o}{360^o} = \frac{x}{2\pi} \,.$$

Die Funktionen $\sin x$ und $\cos x$ sind im Bild 0.1 veranschaulicht. Wir fassen die wichtigsten Eigenschaften dieser Funktionen zusammen (dabei ist $x \in \mathbb{R}$ eine beliebige reelle Zahl):

$$\sin 0 = \cos\frac{\pi}{2} = 0\,; \quad \sin\frac{\pi}{2} = \cos 0 = 1\,;$$

$$\sin\left(x + \frac{\pi}{2}\right) = \cos x\,; \quad \cos\left(x + \frac{\pi}{2}\right) = -\sin x\,;$$

$$\cos(-x) = \cos x\,; \qquad \text{Symmetrie}$$

$$\sin(-x) = -\sin x\,; \qquad \text{Antisymmetrie}$$

$$1 = \cos^2 x + \sin^2 x\,; \qquad \text{Satz von Pythagoras}$$

$$\cos(x \pm y) = \cos x \cdot \cos y \mp \sin x \cdot \sin y\,; \qquad \text{Additionstheoreme}$$

$$\sin(x \pm y) = \cos x \cdot \sin y \pm \sin x \cdot \cos y\,;$$

$$\sin 2x = 2 \sin x \cdot \cos x\,; \quad \cos 2x = \cos^2 x - \sin^2 x\,;$$

$$\sin^2 x = \frac{1 - \cos 2x}{2}\,; \quad \cos^2 x = \frac{1 + \cos 2x}{2}\,;$$

$$\sin x = \frac{e^{ix} - e^{-ix}}{2i}\,; \quad \cos x = \frac{e^{ix} + e^{-ix}}{2}\,. \qquad \text{Euler'sche Formeln}$$

Einige Werte von $\sin x$ und $\cos x$ sind in Tabelle 0.2 aufgelistet.

Potenzen und Wurzeln

Für $a \in \mathbb{R}$, $n \in \mathbb{N}_+$ wird definiert: $a^n = a \cdot a \cdot \ldots \cdot a$ (n mal) mit $a^0 = 1$. Negative Potenzen von $a \neq 0$ sind durch $a^{-n} = 1/a^n$ definiert.

Für $a \in \mathbb{R}$, $a \geq 0$, $n \in \mathbb{N}_+$ gibt es genau eine *nicht-negative* reelle Zahl, die hoch n

Tabelle 0.2: Zum Beispiel für $x = \frac{\pi}{4}$ ist $\sin x = \sin(-x + \frac{\pi}{2}) = \cos(-x) = \cos x$ und der Satz von Pythagoras liefert uns $\sin x = \cos x = \frac{1}{\sqrt{2}} = \frac{\sqrt{2}}{2}$.

α	0°	30°	45°	60°	90°
x	0	$\frac{\pi}{6}$	$\frac{\pi}{4}$	$\frac{\pi}{3}$	$\frac{\pi}{2}$
$\sin x$	0	$\frac{1}{2}$	$\frac{\sqrt{2}}{2}$	$\frac{\sqrt{3}}{2}$	1
$\cos x$	1	$\frac{\sqrt{3}}{2}$	$\frac{\sqrt{2}}{2}$	$\frac{1}{2}$	0

genommen a ergibt. Diese Zahl wird mit $\sqrt[n]{a}$ bezeichnet, d. h.

$\sqrt[n]{a} = x$ gilt genau dann, wenn $x \geq 0$ und $x^n = a$ gilt.

Für ungerades n und $a < 0$ ist auch $\sqrt[n]{a} = -\sqrt[n]{-a}$ definiert. Für alle $a, b, p, q \in \mathbb{R}$, für die die folgenden Ausdrücke definiert sind, gilt

$$a^p \cdot a^q = a^{p+q}; \quad \frac{a^p}{a^q} = a^{p-q}; \quad a^p \cdot b^p = (a \cdot b)^p; \quad \frac{a^p}{b^p} = \left(\frac{a}{b}\right)^p; \quad (a^p)^q = a^{p \cdot q}\,.$$

Die Rechenregeln für Wurzeln ergeben sich aus diesen Regeln durch den Übergang von $\sqrt[n]{a}$ zu $a^{1/n}$. Exponent und entsprechende Wurzel heben sich auf; d. h. es gilt $\sqrt[n]{x^n} = (\sqrt[n]{x})^n = x$ für alle $x \geq 0$.

Vorsicht bei negativem x: Es gilt z .B. $\sqrt{x^2} = |x|$ für alle $x \in \mathbb{R}$; $\sqrt{x^2} = x$ gilt nur, wenn $x \geq 0$.

Lineare und quadratische Gleichungen

Die Lösung für $ax + b = 0$ mit $a, b \in \mathbb{R}$ und $a \neq 0$ ist $x = -\frac{b}{a}$. Um die quadratische Gleichung $ax^2 + bx + c = 0$ mit $a, b, c \in \mathbb{R}$, $a \neq 0$ zu lösen, schreibt man sie zuerst um in $x^2 + \frac{b}{a}x = -\frac{c}{a}$ und stellt die linke Seite als Quadrat dar

$$\left(x + \frac{b}{2a}\right)^2 = -\frac{c}{a} + \frac{b^2}{4a^2} = \frac{b^2 - 4ac}{4a^2}\,.$$

Daraus folgt

$$x = \frac{-b \pm \sqrt{b^2 - 4ac}}{2a}\,.$$

Logarithmen

In der Gleichung $a^x = r$ sind a (Basis, $a > 0$, $a \neq 1$) und r (Numerus, $r > 0$) gegeben. Gesucht ist die Zahl x. Diese Zahl heißt *Logarithmus* von r zur Basis a. Schreibweise: $x = \log_a r$. Den Logarithmus $\log_{\mathrm{e}} r$ zur Basis $\mathrm{e} = 2{,}7182818\ldots$ (Euler'sche Zahl) bezeichnet man als $\ln r$. In der Informatik wird am meisten der Logarithmus $\log_2 r$ zur Basis 2 benutzt.

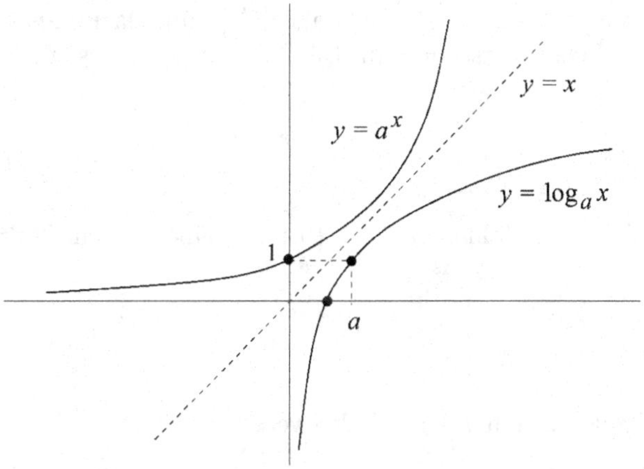

Bild 0.2: Exponent und Logarithmus.

Die Rechenregeln mit Logarithmen sind im folgenden Satz zusammengefasst; hier sind $a, b, r, s > 1$ beliebige reelle Zahlen.

Satz 0.1: Eigenschaften der Logarithmusfunktion

(a) $a^{\log_a r} = r$ und $\log_a a^r = r$;

(b) $\log_a(r \cdot s) = \log_a r + \log_a s$ und $\log_a (r/s) = \log_a r - \log_a s$;

(c) $\log_a r = (\log_b r)/(\log_b a)$ (Basisvertauschregel);

(d) $\log_a(r^s) = s \cdot \log_a r$, also $r^s = a^{s \log_a r}$;

(e) $(\log_a r) \cdot (\log_r a) = 1$;

(f) $s^{\log_a r} = r^{\log_a s}$.

Beweis:

(a) folgt aus der Definition.

(b) $a^{\log_a r + \log_a s} = a^{\log_a r} \cdot a^{\log_a s} \overset{(a)}{=} r \cdot s$.

(c) Aus $r \overset{(a)}{=} a^{\log_a r} \overset{(a)}{=} (b^{\log_b a})^{\log_a r} = b^{(\log_b a)\cdot(\log_a r)}$ folgt $\log_b r = (\log_b a) \cdot (\log_a r)$ durch Logarithmieren zur Basis b.

(d) $a^{s \cdot \log_a r} = \left(a^{\log_a r}\right)^s \overset{(a)}{=} r^s \overset{(a)}{=} a^{\log_a r^s}$.

(e) $(\log_a r) \cdot (\log_r a) \overset{(c)}{=} \frac{\log_r r}{\log_r a} \cdot \log_r a = \log_r r = 1$.

(f) $s^{\log_a r} \overset{(c)}{=} s^{(\log_s r)/(\log_s a)} = \left(s^{\log_s r}\right)^{1/\log_s a} \overset{(a)}{=} r^{1/\log_s a} \overset{(e)}{=} r^{\log_a s}$. □

Einige Bezeichnungen

Zur Abkürzung längerer Summen vereinbart man

$$\sum_{i=1}^{n} a_i = a_1 + a_2 + a_3 + \cdots + a_n .$$

Zum Beispiel kürzt man $1+2+3+\cdots+n$ als $\sum_{i=1}^{n} i$ ab. Dazu müssen die Summanden mit einer Nummer (*Index*) versehen sein. Der Name des Indizes spielt keine Rolle:

$$\sum_{i=1}^{n} a_i = \sum_{j=1}^{n} a_j \, .$$

Ist $a_0, a_1, \ldots$ eine Folge von Zahlen und $I \subseteq \{0,1,\ldots\}$ eine endliche Teilmenge der Indizes, so ist

$$\sum_{i \in I} a_i$$

die Summe aller Zahlen a_i mit $i \in I$. Analog vereinbart man

$$\prod_{i=1}^{n} a_i = a_1 \cdot a_2 \cdot a_3 \cdot \ldots \cdot a_n \, .$$

als Abkürzung für das Produkt. So ist zum Beispiel

$$\prod_{i=1}^{n} \frac{i+1}{i} = \frac{2}{1} \cdot \frac{3}{2} \cdot \frac{4}{3} \cdot \ldots \cdot \frac{n}{n-1} \frac{n+1}{n} = n+1 \, .$$

Ist A eine endliche Menge, so kann man die Anzahl $|A|$ der Elemente in A auch so ausdrücken:

$$|A| = \overbrace{1+1+\cdots+1}^{|A| \text{ mal}} = \sum_{a \in A} 1 \, .$$

Man betrachtet auch Doppelsummen:

$$\sum_{i=1}^{n} \sum_{j=1}^{m} a_{ij} := \Big(\sum_{j=1}^{m} a_{1j} \Big) + \Big(\sum_{j=1}^{m} a_{2j} \Big) + \cdots + \Big(\sum_{j=1}^{m} a_{nj} \Big) \, .$$

Mit den durch ein Summenzeichen ausgedrückten (endlichen!) Summen wird genauso gerechnet wie mit "normalen" Summen auch. So kann man zum Beispiel die Reihenfolge der Summen vertauschen (eine solche Umformung nennt man auch das *Prinzip des doppelten Abzählens*):

$$\sum_{i=1}^{n} \sum_{j=1}^{m} a_{ij} = \sum_{j=1}^{m} \sum_{i=1}^{n} a_{ij} \, .$$

Die Schreibweise »$X := Y$« bedeutet »X ist als Y definiert«, d. h. die linke Seite (X) ist eine Bezeichnung für die rechte Seite (Y). Im Unterschied dazu bedeutet »$X = Y$« die Aussage »X ist gleich Y«.

Sind A und B zwei Aussagen, so schreibt man oft $A \iff B$, wenn die Aussage A genau dann wahr ist, wenn die Aussage B wahr ist. Die Worte »genau dann, wenn«

kürzt man oft durch »g. d. w.«. Die Abkürzung »o. B. d. A.« bedeutet »ohne Beschränkung der Allgemeinheit«; diese Abkürzung sollte man mit größer Vorsicht benutzen: Es muss klar sein, dass ein Spezialfall auch wirklich den allgemeinen Fall wiederspiegelt. Die Abkürzung »i. A.« steht für »im Allgemeinen«.

Mathematische Symbole

Zur Bezeichnung verschiedener mathematischer Objekte benutzt man in der Mathematik gerne griechische Symbole:

Name	Symbol	Name	Symbol	Name	Symbol
alpha	A, α	iota	I, ι	rho	P, ρ
beta	B, β	kappa	K, κ	sigma	Σ, σ
gamma	Γ, γ	lambda	Λ, λ	tau	T, τ
delta	Δ, δ	my	M, μ	ypsilon	Y, υ
epsilon	E, ϵ	ny	N, ν	phi	Φ, ϕ
zeta	Z, ζ	xi	Ξ, ξ	chi	X, χ
eta	H, η	omikron	O, o	psi	Ψ, ψ
theta	Θ, θ	pi	Π, π	omega	Ω, ω

Aussagen in der Mathematik haben verschiedene Namen: »Satz« oder »Theorem«, »Lemma«, »Behauptung«, »Korollar« usw. Die Vergabe dieser Namen hängt meistens von dem Geschmack des Autors ab. Eine vage Merkregel ist die folgende:

- *Satz* oder *Theorem* ist eine wichtige autonome Aussage.
- *Lemma* ist eine Aussage »für Unterwegs«: Eine Aussage, die zur Ableitung anderer Aussagen benutzt wird.
- *Behauptung* (engl. »claim«) ist eine Aussage »für Kinder«: Eine relativ leicht beweisbare Aussage.
- *Korollar* ist eine Aussage, die man »fast umsonst« kriegt: Eine unmittelbare Folgerung aus einem Satz.

Satz 0.2: Bedeutung der »grauen Kästen«

Einige Aussagen sind in »grauen Kästen« gesetzt. Das sind die Hauptsätze, die man auf jeden Fall wissen sollte.

Diese Markierung werden wir für Bemerkungen benutzen. In den meisten Fällen wird so auf mögliche Gefahren im Umgang mit den gerade betrachteten Konzepten oder auf einige nützliche Merkregeln hingewiesen.

Worum geht es in der Mathematik? Es geht um die *Beweise* und um das *Beweisen*. Pythagoras war der erste Mann überhaupt, der darauf bestanden hat, dass alle mathematische Aussagen auch bewiesen sein sollten. Er hat auch erstmals die Worte »Mathematik« und »Theorem« eingeführt. Das Wort »Beweis« mag am Anfang ziemlich abschreckend klingen. Das ist jedoch völlig unbegründet, denn letztendlich bedeutet »einen Beweis zu führen« nichts Anderes, als dass wir darauf achten, klare (und richtige) Aussagen zu machen, die wir logisch aufeinander aufbauen. Ein »Beweis« ist also eine logisch korrekte Argumentation, die sowohl den Autor der Aussage wie auch die Leser überzeugt. Anders als manche Studienanfänger denken, ist die Fähigkeit, einen Beweis zu führen, auch für einen Informatiker unverzichtbar. Auch ein Anbieter muss letztendlich seinen Kunden überzeugen, dass sein Algorithmus das tut, was er tun soll (Beweis der Korrektheit), und dieses auch schnell genug tut (asymptotische Analyse der Laufzeit). Die Informatik ist nicht das Programmieren und auch gar nicht die Beherrschung der Microsoft-Pakete – sie ist eine Wissenschaft über die Algorithmen und ihre Möglichkeiten. Die Reihenfolge ist also: Mathematische Idee (Beweis, dass das gesuchte Objekt tatsächlich existiert) $\mapsto$ algorithmische Idee (Entwurf des Algorithmus) $\mapsto$ Programmieren. In diesem Buch werden wir die wichtigsten »Tips und Tricks« für die zwei ersten Schritte kennenlernen.

Das Zeichen $\Box$ steht für die Beweisende; in manchen Büchern benutzt man dafür die Bezeichnung »Q. E. D.«, was »quod erat demonstrandum« bedeutet.

Schließlich erwähnen wir einige besonders nützliche Gleichungen und Ungleichungen (später werden wir sie auch alle beweisen):

$$
\begin{aligned}
1+x &\le \mathrm{e}^x && x\in\mathbb{R}\\
1+x &\ge \mathrm{e}^{x/(1+x)} && x\in(-1,1)\\
1-\frac{1}{x} \le \ln x &\le x-1 && x>0\\
f\Big(\frac{1}{n}\sum_{i=1}^n x_i\Big) &\le \frac{1}{n}\sum_{i=1}^n f(x_i) && \text{Jensen-Ungleichung, } f''(x)\ge 0\\
\Big(\prod_{i=1}^n x_i\Big)^{1/n} &\le \frac{1}{n}\sum_{i=1}^n x_i && x_i\ge 0\\
\Big(\sum_{i=1}^n x_i^2\Big)\Big(\sum_{i=1}^n y_i^2\Big) &\ge \Big(\sum_{i=1}^n x_i y_i\Big)^2 && \text{Cauchy-Schwarz-Ungleichung}\\
1+2+3+\cdots+n &= \frac{n(n+1)}{2} && \text{arithmetische Reihe}\\
1+x+x^2+x^3+\cdots+x^n &= \frac{1-x^{n+1}}{1-x} && \text{geometrische Reihe, } x\ne 1\\
1+x+x^2+x^3+\cdots+x^n+\cdots &= \frac{1}{1-x} && |x|<1\\
1+x+2x^2+3x^3+\cdots+nx^n+\cdots &= \frac{x}{(1-x)^2} && |x|<1\\
1+\frac{1}{2}+\frac{1}{3}+\cdots+\frac{1}{n} &= \ln n+\gamma_n && \text{harmonische Reihe, } \tfrac{1}{2}<\gamma_n<\tfrac{2}{3}\,.
\end{aligned}
$$

Teil I

Mengen, Logik und Kombinatorik

1 Grundbegriffe

In diesem Kapitel fassen wir die grundlegenden Begriffe und Objekte der Mathematik zusammen. Insbesondere werden wir klären, was hinter solchen Begriffen wie »Menge«, »kartesisches Produkt«, »Relation«, »Abbildung« und »Graph« versteckt ist. Es ist kein spannendes Kapitel – man muss diese Begriffe einfach kennen, bevor man mit der »richtigen« Mathematik anfängt.

1.1 Mengen und Relationen

Der einzige Barbier in Sevilla rasiert genau die Männer der Stadt, die *nicht sich selbst rasieren*. Es scheint nichts dagegen zu sprechen, die »Menge« M aller Männer, die der Barbier rasiert, zu bilden.

Ist der Barbier ein Element von M? Weder noch! Angenommen, der Barbier gehört zu M; dann muss er aber sich selbst rasieren und damit kann er (nach der Definition von M) nicht zu der Menge M gehören. Gehört der Barbier aber nicht zu M, so bedeutet das, dass er sich selbst rasiert, d. h. ihn rasiert der Barbier. Also muss er zu M gehören, ein »Teufelskreis« ...

In Anbetracht solcher Paradoxe gibt die folgende, von Cantor 1895 gegebene Erklärung eine zumindest für die praktische Arbeit ausreichend präzise Fassung des Begriffs der Menge: Eine *Menge* ist die Zusammenfassung bestimmter, wohlunterschiedener Objekte unserer Anschauung oder unseres Denkens, wobei von *jedem* dieser Objekte *eindeutig* feststeht, ob es zur Menge gehört oder nicht. Die Objekte der Menge heißen *Elemente* der Menge. Diese Schwierigkeiten (den Begriff einer »Menge« präzise zu definieren) spielen in diesem Buch keine Rolle, man sollte aber davon wissen.

Wir schreiben $a \in A$, wenn a ein Element der Menge A ist; »$a \notin A$« ist die Negation von $a \in A$. Wir schreiben $A \subseteq B$, wenn A eine Teilmenge von B ist, d. h. wenn jedes Element aus A auch in B ist; wenn $A \subseteq B$ und $A \neq B$, dann schreibt man auch $A \subset B$.

Die *Potenzmenge* 2^A einer Menge A ist die Menge *aller* Teilmengen von A; anstatt 2^A schreibt man oft $\mathcal{P}(A)$. Beispiel: $2^{\{1,2\}} = \{\emptyset, \{1\}, \{2\}, \{1,2\}\}$.

Man stellt Mengen entweder durch Aufzählung der Elemente, z. B.

$$A = \{1,3,4,5\}$$

(die Reihenfolge der Elemente ist dabei unwichtig) oder durch die Beschreibung der Eigenschaften der Elemente dar, z. B.

$$A = \{a\colon a \text{ ist ganze Zahl, } 1 \leq a \leq 5,\ a \neq 2\} = \{1,3,4,5\}\,,$$
$$B = \{a\colon a \text{ ist eine ganze Zahl mit } a^2 = a\} = \{0,1\}\,.$$

Nach dem Zeichen »:« folgen die Bedingungen, die die Elemente erfüllen müssen; ein Komma »,« bedeutet hier »und«. Die Anzahl der Elemente in einer *endlichen* Menge A,

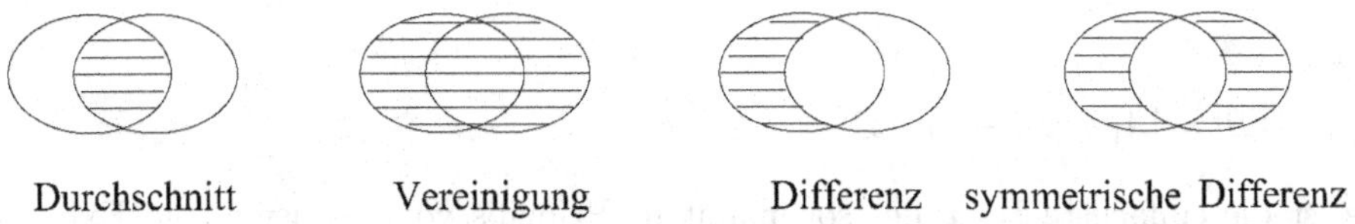

Bild 1.1: Venn Diagramme für die Mengenoperationen.

die Mächtigkeit von A, wird mit $|A|$ bezeichnet:

$$|A| := \text{Anzahl der Elemente in } A\,.$$

Wichtige Regeln beim Umgang mit Mengen sind:

1. Eine Menge enthält jedes Element nur einmal: $a \in A$ oder $a \notin A$. Es gibt also genau eine Menge, die keine Elemente enthält. Man nennt sie *leere Menge* $\emptyset = \{\}$, .
2. Elemente einer Menge können wieder Mengen sein: Z. B. ist $\{\mathbb{N}\}$ eine Menge mit genau einem Element, und $\{0, \mathbb{N}\}$ enthält genau 2 Elemente.
3. Eine Menge ist durch ihre Elemente bestimmt, d. h. zwei Mengen A und B sind genau dann gleich, wenn sie die gleichen Elemente besitzen.

Diese 3. Regel ist wichtig: So zeigt man Mengengleichheit! Um $A = B$ zu beweisen, muss man also folgendes zeigen:

Für jedes $x \in A$ gilt $x \in B$ *und* für jedes $x \in B$ gilt $x \in A$.

Man beachte auch den Unterschied zwischen $\in$ und $\subseteq$:

$a \in A$, $\{a\} \subseteq A$ und $\{a\} \in 2^A$ sind äquivalent!

Verknüpfungen von Mengen:

$A \cap B = \{x \colon x \in A \text{ und } x \in B\}$	Schnittmenge
$A \cup B = \{x \colon x \in A \text{ oder } x \in B\}$	Vereinigungsmenge
$A \setminus B = \{x \colon x \in A \text{ und } x \notin B\}$	Differenz
$A \oplus B = \{x \colon x \in A \setminus B \text{ oder } x \in B \setminus A\}$	symmetrische Differenz.

Sind zum Beispiel $A = \{1,2,4,5\}$ und $B = \{2,3,5,6\}$, so gilt: $A \cap B = \{2,5\}$, $A \cup B = \{1,2,3,4,5,6\}$, $A \setminus B = \{1,4\}$ und $A \oplus B = \{1,3,4,6\}$.

Die eingeführten Mengenoperationen lassen sich mit Hilfe der sogenannten *Venn Diagramme* graphisch gut veranschaulichen (Bild 1.1).

Ist eine Menge (ein »Universum«) U festgelegt und ist $A \subseteq U$, dann heißt $\overline{A} = U \setminus A$ das Komplement von A (im Universum U):

$$\overline{A} = \{x \colon x \in U \text{ und } x \notin A\}\,.$$

Zwei Mengen A und B heißen *disjunkt*, falls $A \cap B = \emptyset$ gilt. Beachte, dass A und $\overline{A}$ immer disjunkt sind und $A \cup \overline{A} = U$ gilt.

Sind die Mengen A und B endlich und disjunkt, so gilt $|A \cup B| = |A| + |B|$. Allgemein gilt

$$|A \cup B| = |A| + |B| - |A \cap B|.$$

Dies ist die einfachste Form des sogenannten »Prinzips von Inklusion und Exklusion«, auch bekannt als »Siebformel«. Ihre Richtigkeit kann man leicht aus Bild 1.1 ablesen:

$$|A \cup B| = |A \cup (B \setminus A)| = |A| + |B \setminus A| = |A| + |B \setminus (A \cap B)| = |A| + |B| - |A \cap B|.$$

In dem Umgang mit Komplementen sind die folgenden zwei *DeMorgan-Regeln* wichtig (beachte, dass das Komplementieren die Verknüpfungen vertauscht!):

$$\overline{A \cap B} = \overline{A} \cup \overline{B};$$
$$\overline{A \cup B} = \overline{A} \cap \overline{B}.$$

Um dies zu verifizieren, reicht es die Definitionen auszunutzen:

$$\begin{aligned} x \in \overline{A \cap B} &\iff x \notin A \cap B \iff x \notin A \text{ oder } x \notin B \\ &\iff x \in \overline{A} \text{ oder } x \in \overline{B} \iff x \in \overline{A} \cup \overline{B}. \end{aligned}$$

Hier ist » $\iff$ « die Abkürzung für »genau dann, wenn«.

Die bisher eingeführten Verknüpfungen verändern die »Natur« der Objekte nicht: Sind $A \subseteq U$ und $B \subseteq U$ Teilmengen von U, so sind auch $A \cap B$, $A \cup B$, $A \setminus B$ und $A \oplus B$ wieder Teilmengen von U. Es gibt aber eine sehr wichtige, von René Descartes in 17 J.h. eingeführte Verknüpfung, die bereits die »Natur« der Mengen ändert. Das *kartesische Produkt* $A \times B$ ist nämlich als die Menge aller geordneten *Paare* (a, b) mit $a \in A$ und $b \in B$ definiert:

$$A \times B = \{(a, b) \colon a \in A \text{ und } b \in B\}.$$

Ist zum Beispiel $A = B = \mathbb{R}$, so kann man sich $A \times B$ als die Menge aller Punkte $p = (a, b)$ in der Ebene vorstellen; hier ist a die x-Koordinate und b die y-Koordinate von p. Zwei Paare (a, b) und (c, d) betrachtet man genau dann als *gleich*, wenn $a = c$ *und* $b = d$ gilt.

Sind $a \neq b$, so gilt zwar $\{a, b\} = \{b, a\}$ aber $(a, b) = (b, a)$ gilt nicht!

Man kann das kartesische Produkt auch von mehreren Mengen $A_1, \ldots, A_n$ analog als die Menge

$$A_1 \times A_2 \times \cdots \times A_n = \{(a_1, a_2, \ldots, a_n) \colon a_i \in A_i, i = 1, \ldots, n\}$$

der n-Tupel (oder Vektoren) definieren. Zwei Tupel $(a_1, a_2, \ldots, a_n)$ und $(b_1, b_2, \ldots, b_n)$ sind genau dann gleich, wenn $a_i = b_i$ für alle $i = 1,2, \ldots, n$ gilt. Die n-te kartesische Potenz von A ist $A^n = A \times A \times \ldots \times A$ (n mal). Die Elemente von A^n sind n-Tupel (oder Vektoren) $(a_1, \ldots, a_n)$ mit $a_i \in A$.

Ist zum Beispiel $A = \{0,1\}$, so ist $A^n = \{0,1\}^n$ der n-dimensionale binäre Würfel (siehe Bild 1.2). Dieses Objekt stellt eine wichtige Struktur in der Informatik dar. Ist die Reihenfolge der Elemente in $A = \{a_1, a_2, \ldots, a_n\}$ fixiert, so kann man jede Teilmenge

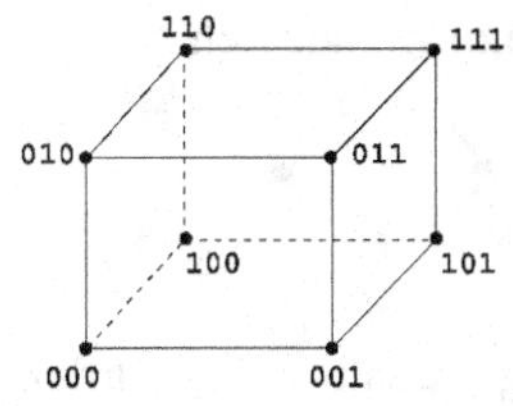

Bild 1.2: Der 3-dimensionale binäre Würfel $\{0,1\}^3$.

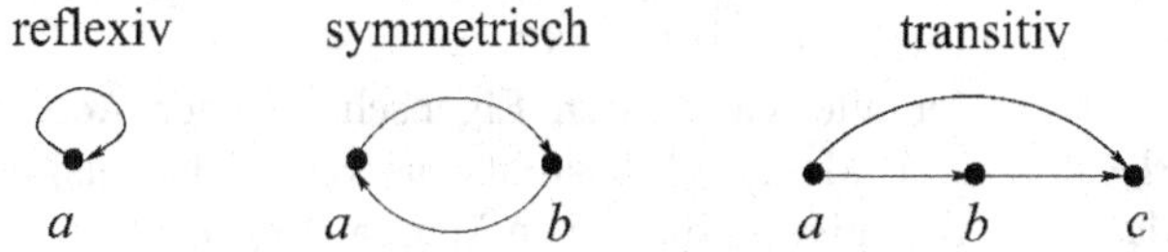

Bild 1.3: Eigenschaften einer Äquivalenzrelation.

$S \subseteq A$ durch den 0-1 Vektor $(x_1, x_2, \ldots, x_n) \in \{0,1\}^n$ mit

$$x_i = \begin{cases} 1 & \text{falls } a_i \in S; \\ 0 & \text{falls } a_i \notin S \end{cases}$$

eindeutig kodieren. Ein solcher Vektor heißt dann *charakteristischer Vektor* (oder *Inzidenzvektor*) von S. Sind zum Beispiel $A = \{1,2,3,4,5\}$ und $S = \{1,3,4\}$, so kann man den Vektor (1,0,1,1,0) als Code von S betrachten. Diese Kodierung von Mengen ist in der Informatik sehr wichtig: So stellt man Mengen im Computer dar!

Teilmengen des kartesischen Produkts nennt man *Relationen*.[1] Relationen modellieren die Beziehungen zwischen Dingen. Ist zum Beispiel A die Menge aller Menschen, so kann man die Freundschaften durch die Relation $R \subseteq A \times A$ modellieren mit $(a, b) \in R$ genau dann, wenn a und b befreundet sind. Zwei Relationen – die Äquivalenzrelation und die Ordnungsrelation – spielen in der Mathematik eine Sonderrolle.

Eine Relation $R \subseteq A \times A$ heißt *Äquivalenzrelation*, wenn sie die folgenden drei Bedingungen erfüllt (Bild 1.3):

1. $(a, a) \in R$ für alle $a \in A$ (R ist reflexiv: Ich vertrage mich selbst.);
2. wenn $(a, b) \in R$, dann auch $(b, a) \in R$ (R ist symmetrisch: Bin ich Dein Freund, so bist Du auch mein Freund.);
3. wenn $(a, b) \in R$ und $(b, c) \in R$, dann ist auch $(a, c) \in R$ (R ist transitiv: Deine Freunde sind auch meine Freunde.).

Äquivalenzrelationen sind deshalb so wichtig, weil man oft nur an bestimmten Eigenschaften der untersuchten Objekte interessiert ist. Unterscheiden sich zwei Objekte nicht (bezüglich der Eigenschaften, die man gerade untersucht), so sagt man, sie sind *äquivalent.*

Eine Menge $S \subseteq A$ aller zueinander äquivalenten Elemente nennt man *Äquivalenzklasse.*

Ist zum Beispiel $A = \mathbb{N}$ und $(a, b) \in R$ genau dann, wenn beide Zahlen a und b geteilt durch 5 den selben Rest ergeben, so ist R eine Äquivalenzrelation. Es gibt genau 5

1 Oder *binäre Relationen*, wenn man auch mehrstellige Relationen $R \subseteq A_1 \times \cdots \times A_n$ betrachtet.

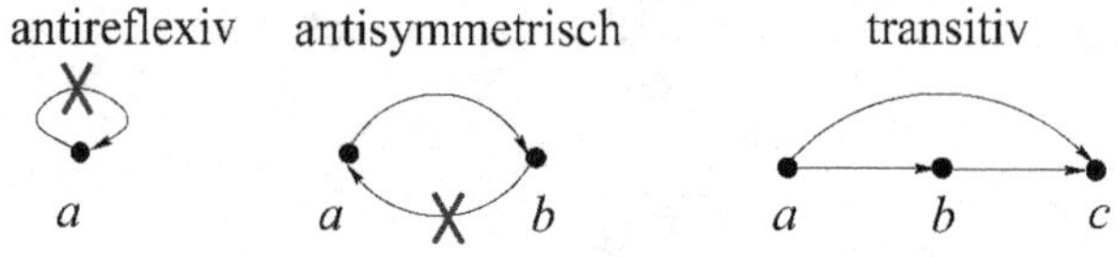

Bild 1.4: Eigenschaften einer Ordnungsrelation.

Äquivalenzklassen (Restklassen modulo 5), wobei jede der Klassen aus allen natürlichen Zahlen der Form $5x + r$ besteht, $r = 0,1,2,3,4$.

Nun kommen wir zu der allerwichtigsten Eigenschaft einer Äquivalenzrelation. Eine *disjunkte Zerlegung* einer Menge A besteht aus paarweise disjunkten Teilmengen $A_1, \dots, A_n$ von A, deren Vereinigung die ganze Menge A ergibt.

Satz 1.1:

Äquivalenzklassen bilden eine disjunkte Zerlegung.

Beweis:

Sei $R \subseteq A \times A$ eine Äquivalenzrelation. Für $a \in A$ sei $[a] = \{b \in A : (b, a) \in R\}$ die Menge der zu a äquivalenten Elemente; dies ist eine Äquivalenzklasse. Wegen der Reflexivität gehört jedes Element $a \in A$ zu mindestens einer Äquivalenzklasse: $a \in [a]$. Es reicht daher zu zeigen, dass für je zwei Elemente $a, b \in A$ die Äquivalenzklassen $[a]$ und $[b]$ entweder gleich oder disjunkt sind. Nehmen wir daher an, dass $[a] \cap [b] \neq \emptyset$ gilt. Dann gibt es ein Element c, dass sowohl zu $[a]$ wie auch zu $[b]$ gehört. Dieses Element muss dann aber sowohl zu a wie auch zu b äquivalent sein. Wegen der Symmetrie von R sind aber alle Elemente aus $[a]$ wie auch alle Elemente aus $[b]$ äquivalent zu c, woraus nach der Transivität von R die Gleichheit $[a] = [b]$ folgt. □

Die zweite wichtige Relation ist die Ordnungsrelation. Sie ist im gewissen Sinne das Gegenteil der Äquivalenzrelation. Eine *Ordnung* ist eine Relation $R \subseteq A \times A$ mit den folgenden Eigenschaften:

1. $(a, a) \notin R$ für alle $a \in A$ (R ist antireflexiv: Ich hasse mich.);
2. wenn $(a, b) \in R$ und $a \neq b$, dann $(b, a) \notin R$ (R ist antisymmetrisch: Einseitige Liebe);
3. wenn $(a, b) \in R$ und $(b, c) \in R$, dann ist auch $(a, c) \in R$ (R ist transitiv).

Typische Beispiele einer Ordnungsrelation sind: (a) die Potenzmenge 2^S mit der Ordnung $(A, B) \in R \iff A \subset B$ und (b) die Menge $\mathbb{N}$ aller natürlichen Zahlen mit der Ordnung $(a, b) \in R \iff a < b$ und a teilt b (Bild 1.5).

Die uns am besten bekannte Relation »kleiner« $a < b$ auf $\mathbb{R}$ hat eine weitere interessante Eigenschaft: sie ist *vollständig*, d. h. sie erfüllt die Forderung, dass je zwei Elemente vergleichbar sein müssen. Eine Ordnung mit dieser Eigenschaft heißt *vollständige Ordnung* (oder »totale Ordnung« oder »lineare Ordnung«). Ist eine Ordnungsrelation nicht vollständig, so nennt man sie *partielle Ordnung*.

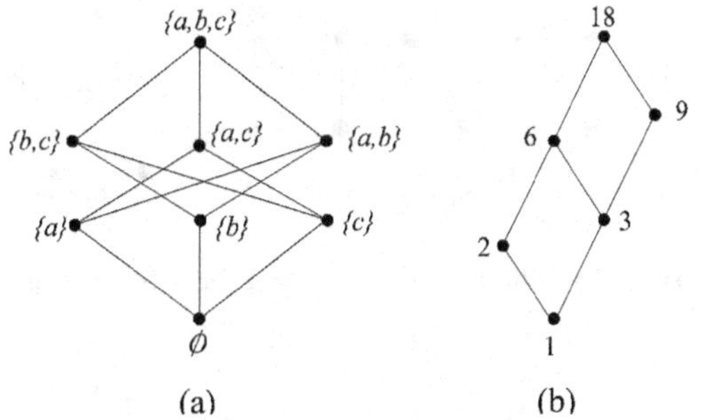

Bild 1.5: Zwei partielle Ordnungen.

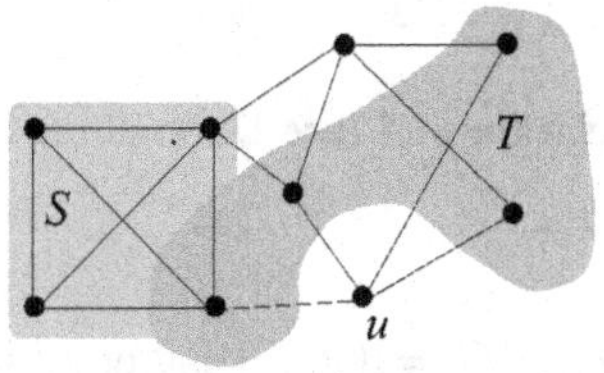

Bild 1.6: Eine Clique S der Größe 4 und eine unabhängige Menge T der Größe 4; der Knoten u hat vier Nachbarn, also hat Grad 4.

1.2 Graphen

Binäre Relationen auf *endlichen* Mengen nennt man auch »Graphen«. Solche Relationen sind anschaulich und vielseitig anwendbar. Es gibt Punkte (*Knoten*) und Linien[2] (*Kanten*) zwischen einigen dieser Punkte (Bild 1.6). Graphen sind so vielseitig, weil die Idee so einfach ist: Es gibt eine Menge V von Objekten (die Knoten), und zwei Knoten sind entweder verbunden oder nicht. Graphen sind die wichtigsten Objekte der Informatik überhaupt.

Ein *gerichteter* Graph $G = (V, E)$ ist gegeben durch die Menge V seiner Knoten und die Menge $E \subseteq V \times V$ seiner Kanten. Man sagt, dass die Kante $e = (u, v)$ die Knoten u und v verbindet; die Knoten u, v selbst sind *Endknoten* von e. Zwei Knoten, die in einem Graphen durch eine Kante verbunden sind, heißen *adjazent* oder *benachbart*. Die Anzahl aller Nachbarn von u nennt man als *Grad* von u (engl. Grad = degree). In dem Fall von *ungerichteten* Graphen nimmt man zusätzlich an, dass die Relation E antireflexiv ($(v, v) \notin E$ für alle $v \in V$) und symmetrisch (wenn $(u, v) \in E$, dann auch $(v, u) \in E$) ist. In diesem Fall sind also Kanten 2-elementige Knotenmengen $\{u, v\}$ mit $u \neq v$. In einem ungerichteten Graphen sind die Kanten mit Linien und in gerichteten Graphen sind sie mit gerichteten Pfeilen verbunden. Einen *Teilgraphen* erhält man, indem man einige Kanten und/oder einige Knoten (mit zu ihnen inzidenten Kanten) entfernt.

In der Graphentheorie untersucht man verschiedene Charakteristiken von Graphen. Die meisten Fakten dieser Theorie werden in weiteren Informatik-Vorlesungen vorgestellt, spätestens dann, wenn man zu Graphenalgorithmen kommt. Daher beschränken wir uns hier nur auf einige Begriffe, die wir in diesem Buch benutzen werden.

2 Die Linien müssen nicht unbedingt gerade sein und können sich schneiden.

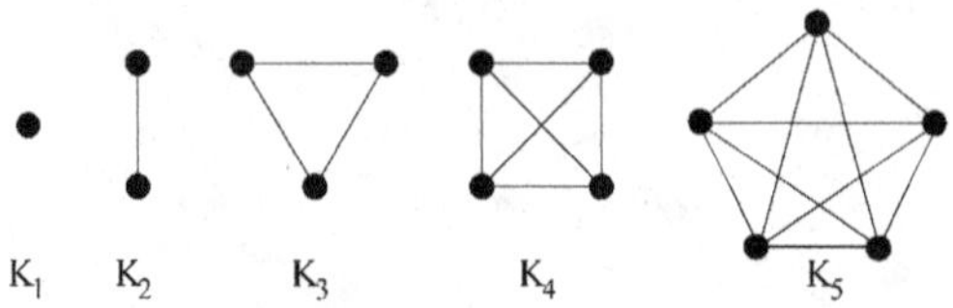

Bild 1.7: Cliquen K_s mit $s = 1,2,3,4,5$ Knoten.

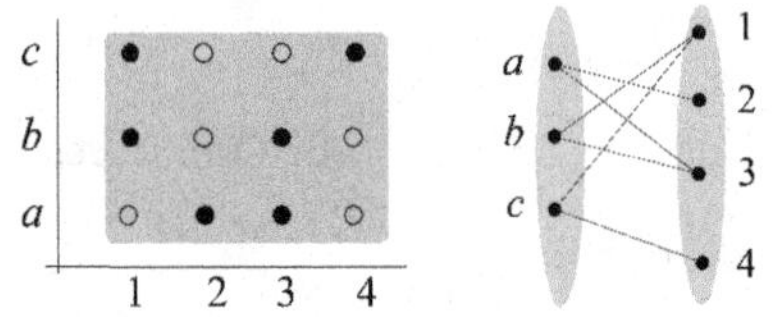

Bild 1.8: Eine binäre Relation und ihre Darstellung als ein bipartiter Graph.

Eine *Clique* in einem Graphen $G = (V, E)$ ist eine Teilmenge $S \subseteq V$ von Knoten, so dass zwischen je zwei Knoten in S eine Kante liegt. In der Soziologie werden Beziehungsgraphen behandelt, das heißt Knoten symbolisieren Personen und Kanten enge Beziehungen. Damit wird die Bezeichnung »Clique« anschaulich klar. Cliquen mit s Knoten bezeichnet man auch durch K_s (Bild 1.7).

Das Gegenteil von Clique ist *unabhängige Menge* – das ist eine Teilmenge $T \subseteq V$ der Knoten, so dass zwischen keinen zwei Knoten in T eine Kante liegt (siehe Bild 1.6).

Eine interessante Klasse von Graphen sind die ***bipartiten Graphen.*** Diese Graphen $G = (V, E)$ haben die Eigenschaft, dass es eine Zerlegung der Knotenmenge V in zwei disjunkte Teilmengen A und B gibt, so dass für jede Kante der eine Endknoten zu A gehört und der andere zu B. Bipartite Graphen haben eine große Bedeutung, liefern sie doch unmittelbar eine Veranschaulichung der binären Relationen. Tatsächlich können nämlich die Elemente einer ***beliebigen*** Relation $R \subseteq A \times B$ als Kanten von Knoten aus A nach Knoten aus B aufgefasst werden (Bild 1.8).

Graphen werden gewöhnlich mit Hilfe geometrischer Diagramme dargestellt. Oft aber wird zwischen einem Graphen und einem diesen Graphen darstellenden Diagramm nicht deutlich unterschieden. Es muss aber ausdrücklich davor gewarnt werden, Graphen und Diagramme gleichzusetzen. Spezielle geometrische Darstellungen können das Vorhandensein von Eigenschaften suggerieren, die der dargestellte Graph als eine Struktur, die lediglich aus einer Knotenmenge und einer Relation über dieser Menge besteht, gar nicht besitzen kann. Zum Beispiel kann ein Kreis der Länge 5 als 5-zackiger Stern dargestellt werden (siehe Bild 1.9). Um verschiedene aber demselben Graphen entsprechende Diagramme als ein Objekt zu betrachten, benutzt man den Begriff der »Isomorphie«: Zwei Graphen sind ***isomorph,*** falls sie sich nur bis auf die Nummerierung ihrer Knoten unterscheiden.

Ein *Weg* (engl. walk) von Knoten u nach Knoten v in einem Graphen ist eine Folge $u_0, \ldots, u_r$ von (nicht notwendig verschiedenen) jeweils benachbarten Knoten mit $u = u_0$ und $v = u_r$. Die *Länge* dieses Weges ist die Anzahl $r-1$ der Kanten, die er erhält. Beachte, dass i. A. ein Weg sowohl einen Knoten wie auch eine Kante *mehrmals* durchlaufen darf!

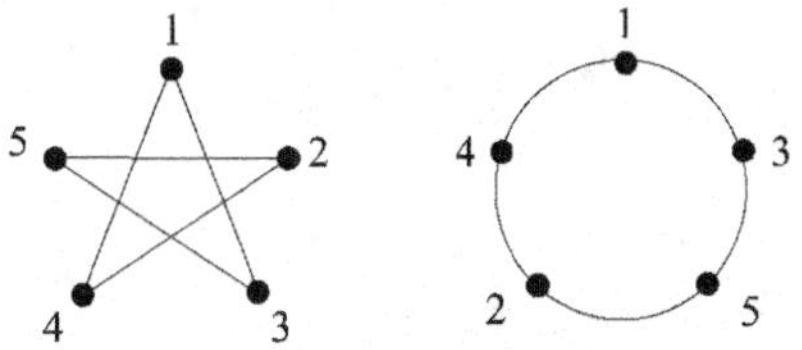

Bild 1.9: Diese zwei Graphen sind isomorph, sie stellen also dieselbe Relation zwischen Knoten dar.

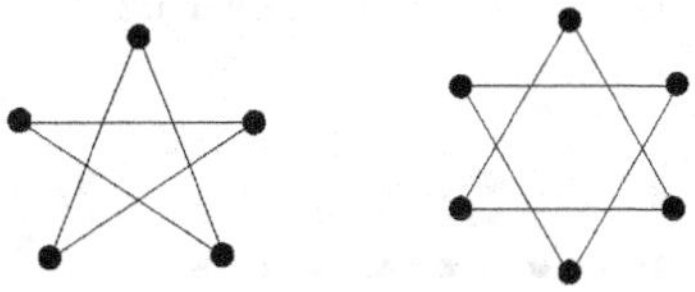

Bild 1.10: Der 5-eckige Stern ist zusammenhängend, der Davidstern aber nicht.

Ein Weg ist *einfach*, falls er keinen Knoten mehr als einmal durchläuft. Ein einfacher Weg mit $u_0 = u_r$ heißt *Kreis* oder *Zyklus*. Ein Graph $G = (V, E)$ heißt *zusammenhängend*, wenn es für zwei beliebige Knoten $u, v \in V$ mindestens einen Weg von u nach v gibt (Bild 1.10). Ein Graph heißt *zyklenfrei*, wenn er keine Kreise enthält.

Ein *Baum*, ist ein ungerichteter, zyklenfreier und zusammenhängender Graph. Ein typischer Baum ist in Bild 1.11 dargestellt und Bild 1.12 stellt alle nicht-isomorphen Bäume mit 5 Knoten dar.

In verschiedenen Anwendungsgebieten der Informatik spielen die Bäume eine herausragende Rolle. Mit diesen Graphen lassen sich zum Beispiel beschreiben: Syntaxbäume (siehe Bild 1.13), Datenstrukturen (Heaps, binäre Suchbäume, AVL-Bäum), Abstammungsbäume (Dateiorganisation in Unix Filesytem), usw.

Um ein reelles Problem mit Hilfe von Graphen zu lösen, muss man zunächst dieses Problem als ein graphentheoretisches Problem *modellieren*. Das ist ein wichtiger Schritt in jeder Anwendung. Wir wollen nun diesen Schritt an einem einfachen Beispiel demonstrieren.

Beispiel 1.2: Ein Modellierungsbeispiel

Unser Dekanat will einen Zeitplan für Klausuren erstellen. Das Ziel ist, alle Klausuren in so kürzer Zeit wie möglich zu organisieren. Man könnte alle Klausuren an einem Tag parallel durchführen. Das Problem ist dabei, dass einige Studierende an mehreren Klausuren teilnehmen wollen.

Dieses Problem kann man als ein *Färbungsproblem* für Graphen betrachten. Man nimmt für jede Klausur einen Knoten. Man verbindet zwei Knoten u und v, falls es mindestens einen Studenten gibt, der an beiden Klausuren u und v teilnehmen will, und damit dürfen die beiden Klausuren nicht am selben Tag organisiert werden (Kanten entsprechen also Überschneidungen, die zu vermeiden sind).

Für jeden möglichen Klausurtag nimmt man eine Farbe z.B. gelb für Montag, grün für Dienstag, rot für Mittwoch, usw. Wir gehen hierbei davon aus, dass an jedem Tag beliebig viele Hörsäle zur Verfügung stehen.

Nun probiert man die Knoten mit diesen Farben so zu färben, dass *keine zwei*

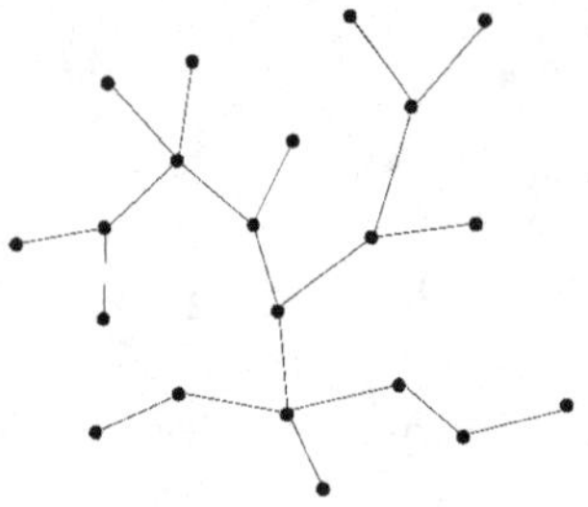

Bild 1.11: Ein typischer Baum.

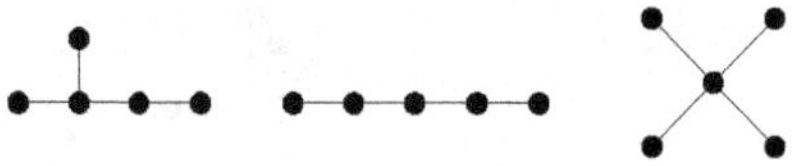

Bild 1.12: Alle nicht-isomorphen Bäume mit 5 Knoten.

benachbarten Knoten dieselbe Farbe tragen; man sagt dann, dass die Färbung *legal* ist. Da alle Klausuren in möglichst kurzer Zeit abgewickelt sein sollen, versucht das Dekanat den »Klausurgraphen« mit möglichst wenigen Farben zu färben.

Im Allgemeinen ist eine Färbung der Knoten eines Graphen $G = (V, E)$ *legal*, falls keine zwei adjazenten Knoten dieselbe Farbe tragen. Die kleinste Anzahl der Farben, für die es eine solche Färbung gibt, bezeichnet man mit $\chi(G)$ und nennt sie *chromatische Zahl* von G.

So kann man zum Beispiel jeden bipartiten Graphen mit nur 2 Farben färben. Der vollständige Graph K_n benötigt aber bereits n Farben.

Das Problem, den gegebenen Graphen G mit $\chi(G)$ Farben zu färben, ist i. A. sehr schwer. Ist man aber mit »etwas« mehr als $\chi(G)$ Farben zufrieden, dann kann man den folgenden (sehr einfachen aber in der Praxis oft nützlichen) »gierigen« (engl. »greedy«) Algorithmus anwenden. Zuerst fixieren wir eine beliebige Reihenfolge der Knoten $v_1, \ldots, v_n$. Dann färbt der Algorithmus die Knoten gemäß dieser Reihenfolge:

1. Knoten v_1 erhält die Farbe 1.

2. Wenn $v_1, \ldots, v_k$ gefärbt sind, dann erhält v_{k+1} die *kleinste* natürliche Zahl j als Farbe, die noch nicht an einen Nachbarn von v_{k+1} vergeben wurde.

Man kann sich leicht überzeugen, dass dieser Algorithmus für jeden Graphen eine legale Färbung mit höchstens $d + 1$ Farben findet, wobei d der maximale Grad eines Knotens in G ist. Angenommen, es sind bereits $d + 1$ Farben benutzt und der Algorithmus soll den Knoten v färben. Wenn v (laut Algorithmus) die Farbe $d + 2$ erhalten sollte, dann sollte v mit $d + 1$ Knoten benachbart sein. Dies ist aber unmöglich, da jeder Knoten den Grad höchstens d hat.

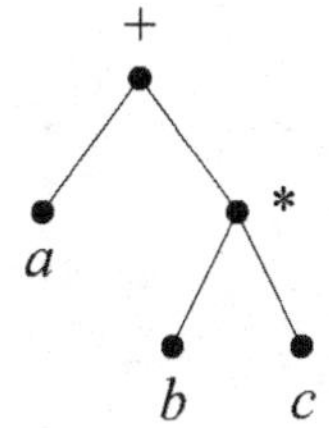

Bild 1.13: Ein Syntaxbaum für den Ausdruck $a + b * c$.

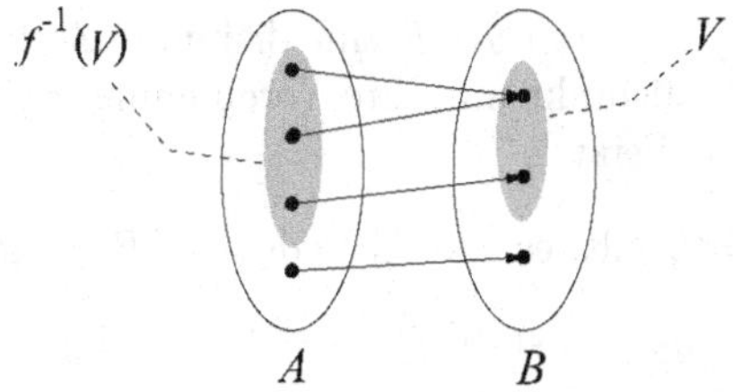

Bild 1.14: Das Urbild von V unter f.

1.3 Abbildungen (Funktionen)

Eine Relation $f \subseteq A \times B$ derart, dass für jedes $a \in A$ genau ein Element $b \in B$ mit $(a, b) \in f$ gibt, heißt *Abbildung* (oder *Funktion*) von A nach B; A ist der *Definitionsbereich* der Abbildung und B ihr *Bildbereich* (oder *Wertebereich*). Bei einer Abbildung wird also jedem Element a aus A in einer eindeutigen Weise das Element $b = f(a)$ in B zugeordnet.

Eine Abbildung können wir uns als »black box« $x \mapsto f(x)$ vorstellen, in die wir etwas hineinstecken und dafür etwas Neues herausbekommen. Beispiel: $x \mapsto x^2$ ergibt das Quadrat einer Zahl, $A \mapsto |A|$ die Mächtigkeit einer Menge und $x \mapsto |x|$ den Betrag einer Zahl. Bei einer Funktion ist es wichtig zu wissen, was man hineinstecken darf und aus welchem Bereich das Ergebnis ist. Wir schreiben

$$f : A \to B \quad \text{oder} \quad A \xrightarrow{f} B$$

um anzuzeigen, dass die Funktion f Eingaben aus der Menge A akzeptiert und die Ausgabe $f(x)$ zu der Menge B gehört. Die Menge aller Abbildungen von A nach B bezeichnet man oft mit B^A. Für $U \subseteq A$ heißt

$$f(U) = \{f(a) \colon a \in U\}$$

Bild von U unter f. Für $V \subseteq B$ heißt

$$f^{-1}(V) = \{a \in A \colon f(a) \in V\}$$

Urbild von V unter f (siehe Bild 1.14). Für $b \in B$ setzt man

$$f^{-1}(b) = \{a \in A \colon f(a) = b\}.$$

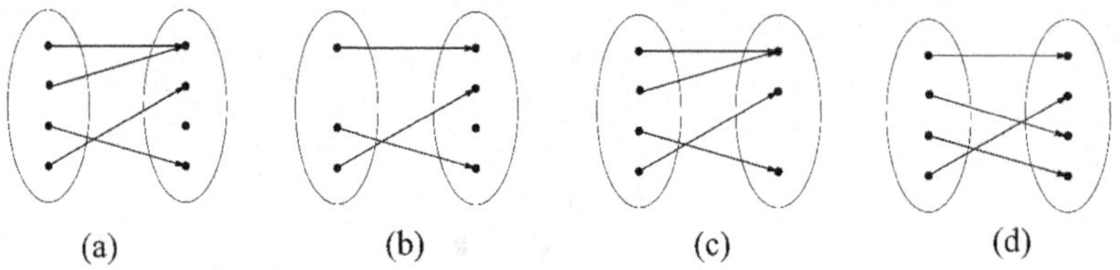

Bild 1.15: Die Abbildung (a) ist weder injektiv noch surjektiv, (b) ist injektiv aber nicht surjektiv, (c) ist surjektiv aber nicht injektiv und (d) ist sowohl injektiv wie auch surjektiv, also bijektiv.

Beachte, dass die Mengen $f^{-1}(b)$ mit $b \in B$ eine disjunkte Zerlegung der Menge A bilden: Die Mengen sind paarweise disjunkt und ihre Vereinigung ergibt die ganze Menge A.

Eine Funktion $f : A \to B$ heißt

1. *surjektiv*, falls $f(A) = B$ gilt, es also für jedes $b \in B$ ein $a \in A$ mit $f(a) = b$ gibt;
2. *injektiv*, falls aus $a_1 \neq a_2 \in A$ stets $f(a_1) \neq f(a_2)$ folgt;
3. *bijektiv*, falls f surjektiv und injektiv ist.

Beispiel 1.3: Das »Omnibus-Prinzip«

Diesen Sachverhalt kann man mit einem Bus beschreiben. Sei A die Menge der Fahrgäste und B die Menge der Sitze im Bus. Jede Abbildung $f : A \to B$ entspricht einer Ticketvergabe. Dann ist f

- surjektiv, wenn der Busfahrer zufrieden ist: Alle Plätze sind besetzt;
- injektiv, wenn die Fahrgäste zufrieden sind: Sie müssen nicht gestapelt sitzen, jeder hat seinen eigenen Platz;
- bijektiv, wenn alle, sowohl der Busfahrer wie auch die Fahrgäste zufrieden sind.

Beispiel 1.4:

Die Funktion $f : \mathbb{N} \to \mathbb{N}$ mit $f(x) = x^2$ ist injektiv, aber die Funktion $g : \mathbb{Z} \to \mathbb{Z}$ mit $g(x) = x^2$ ist nicht injektiv: $-1 \neq 1$ aber $(-1)^2 = 1^2$. Die letzte Funktion $g(x)$ ist auch nicht surjektiv: $g^{-1}(2) = \sqrt{2}$ gehört nicht zu $\mathbb{Z}$.

Injektive Funktionen $f : A \to B$ kann man auf ihrem Bild $B' = f(A)$ umkehren; man erhält dann die *Umkehrfunktion* $f^{-1} : B' \to A$ mit $f^{-1}(y) = x \iff y = f(x)$. Man verwechsle die Umkehrfunktion nicht mit der Funktion $x \mapsto 1/f(x)$.

Sind $f : A \to B$ und $g : B \to C$ Funktionen, so definiert man die *Komposition* oder *Hintereinanderausführung* $h := g \circ f$ der Funktionen durch $h(x) = g(f(x))$:

$$A \xrightarrow{f} B \xrightarrow{g} C.$$

Ist A eine endliche Menge und $f : A \to A$ eine bijektive Abbildung, dann heißt f eine *Permutation* von A, ein sehr wichtiger mathematischer Begriff. Ist $A = \{1,2,\ldots,n\}$, so bezeichnet man eine Permutation $f : A \to A$ oft als

$$\begin{pmatrix} 1 & 2 & \ldots & n \\ f(1) & f(2) & \ldots & f(n) \end{pmatrix}.$$

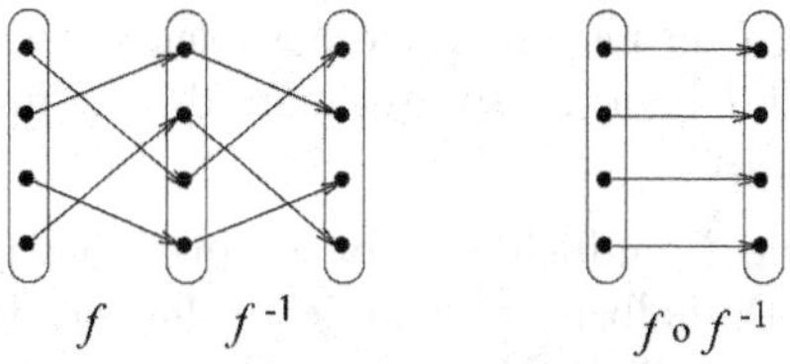

Bild 1.16: Komposition $h = f^{-1} \circ f$ ist eine identische Permutation.

Eine Permutation

$$\begin{pmatrix} 1 & 2 & 3 \\ 3 & 2 & 1 \end{pmatrix}$$

ist also eine Abbildung $f : \{1,2,3\} \to \{1,2,3\}$ mit $f(1) = 3$, $f(2) = 2$ und $f(3) = 1$.

Sind f und g zwei Permutationen von A, so ist auch $f \circ g$ eine Permutation von A. Somit ist die Menge S_A aller Permutationen von A unter dieser Operation $\circ$ abgeschlossen. Außerdem ist $h = f \circ f^{-1}$ eine identische Permutation mit $h(a) = a$ für alle $a \in A$ (Bild 1.16). Somit bildet $(S_n, \circ)$ eine sogenannte »Gruppe«, ein algebraisches Objekt, das wir später (in Kapitel 5) genauer anschauen werden.

1.4 Kardinalität unendlicher Mengen

Nicht alles, was gezählt werden kann, zählt, und nicht alles, was zählt, kann gezählt werden.
- Albert Einstein

Wir wollen die Mengen gemäß ihrer »Größe« vergleichen. Mit endlichen Mengen haben wir kein Problem: Die Größe $|A|$ einer solchen Menge A ist einfach die Anzahl ihrer Elemente. Was aber wenn wir eine *unendliche* Mengen haben?

Die Intuition hat in der Unendlichkeit keinen festen Platz, wie man an Hilberts Hotel feststellt: Hier gibt es unendlich viele durchnummerierte Zimmer, die alle belegt sind. Ein Neuankömmling erhält dennoch ein freies Zimmer, ohne dass die anderen Gäste sich einen Raum teilen oder aus dem Hotel verschwinden müssen: Der neue Gast bekommt einfach das Zimmer 1, dessen ursprünglicher Bewohner zieht nach Zimmer 2 um, während der Bewohner aus Zimmer 2 in das Zimmer 3 einzieht ... Es können sogar unendlich viele neue Gäste unterkommen - die alten Gäste verlegt man von Zimmer n nach Zimmer $2n$ und die neuen Gäste erhalten die Zimmer mit den ungeraden Nummern.

Deshalb vergleicht man die »Mächtigkeiten« unendlicher Mengen nicht durch einen Zählvorgang, sondern nach dem »Omnibus-Prinzip«:

Omnibus-Prinzip: In einem Bus gibt es ebenso viele Sitzplätze wie Fahrgäste, wenn kein Fahrgast stehen muss und kein Sitz frei bleibt.

Genau dann existiert eine bijektive (injektive und surjektive) Abbildung von der Menge aller Fahrgäste auf die Menge aller Sitzplätze.

Nach diesem Prinzip hat Cantor 1874 die folgende Definition eingeführt. Man sagt, dass eine Menge A nicht größer als eine andere Menge B ist, falls es eine *injektive* Abbildung $f : A \to B$ gibt. Ist f bijektiv, so sagt man, dass A und B gleich groß sind (oder die gleiche *Kardinalität* haben).

Sind die Mengen A und B endlich, so gibt es eine Injektion $f : A \to B$ genau dann, wenn $|A| \leq |B|$ gilt. Deshalb ist für endliche Mengen ihre Kardinalität genau die Anzahl der Elemente. Für unendliche Mengen gilt das nicht mehr, da sie alle die »gleiche« Anzahl der Elemente haben – nämlich ∞ (unendlich viele).

Beispiel 1.5:

Sei $\mathbb{N} = \{0,1,2,3,4,5,\ldots\}$ und sei $\mathbb{E} = \{0,2,4,6,\ldots\}$ die Menge aller geraden Zahlen. Es ist klar, dass $\mathbb{E}$ nicht größer als $\mathbb{N}$ ist und, wenn man die Zahlen auf einer Linie dargestellt vorstellt, hat $\mathbb{E}$ sehr viele »Lücken«: Jede zweite Zahl fehlt! Also sollte $\mathbb{E}$ *echt* kleiner als $\mathbb{N}$ sein? Die Antwort ist: Nein, die Mengen $\mathbb{E}$ und $\mathbb{N}$ sind gleich groß! Beweis: $f(n) = 2n$ ist eine bijektive Abbildung von $\mathbb{N}$ nach $\mathbb{E}$, denn $x \neq y$ gilt genau dann, wenn $2x \neq 2y$ gilt.

Vom besonderen Interesse (auch in der Informatik) sind Mengen, die nicht größer als die Menge $\mathbb{N} = \{0,1,2,3,4,5,\ldots\}$ aller natürlichen Zahlen sind. Solche Mengen nennt man »abzählbar«.

Definition:

Eine Menge A heißt ***abzählbar***, wenn es eine Injektion $f : A \to \mathbb{N}$ gibt.

D. h. in diesem Fall kann man jedem Element $a \in A$ (jedem Fahrgast) eine eindeutige Nummer $f(a) \in \mathbb{N}$ (einen Sitzplatz) zuweisen. Die Menge A ist also genau dann abzählbar, wenn man ihre Elemente durchnummerieren kann: $A = \{a_0, a_1, a_2, \ldots\}$ mit $f(a_i) = i$. Ist eine Menge nicht abzählbar, so heißt sie *überabzählbar*.

Ist $f : A \to \mathbb{N}$ injektiv auf der ganzen Menge A, so ist sie auch auf jeder Teilmenge $S \subseteq A$ injektiv. Daher ist *jede* Teilmenge einer abzählbaren Menge auch abzählbar.

Außer der Menge $\mathbb{N} = \{0,1,2,\ldots\}$ kennen wir auch andere unendliche Mengen: $\mathbb{N} \subseteq \mathbb{Z} \subseteq \mathbb{Q} \subseteq \mathbb{R}$. Sind diese Mengen größer als $\mathbb{N}$ oder sind sie abzählbar, d. h. gleich groß wie $\mathbb{N}$?

Auf dem ersten Blick scheinen diese Mengen viel größer als $\mathbb{N}$ zu sein. Insbesondere die Menge $\mathbb{Q}$, da sie sehr »dicht« ist: Zwischen beliebigen zwei rationalen Zahlen liegt mindestens eine rationale Zahl (sogar unendlich viele). Die Intuition ist aber trügerisch: Die ersten drei Mengen $\mathbb{N}, \mathbb{Z}$ und $\mathbb{Q}$ sind gleich groß (sind abzählbar)! Nur die letzte Menge $\mathbb{R}$ ist »echt größer« als $\mathbb{N}$ (ist überabzählbar).

Beispiel 1.6:

$\mathbb{Z}$ ist abzählbar. Die entsprechende Injektion $f : \mathbb{Z} \to \mathbb{N}$ kann man zum Beispiel durch

$$f(x) = \begin{cases} 2x - 1 & \text{falls } x > 0 \\ -2x & \text{falls } x \leq 0 \end{cases}$$

definieren, d. h. positive Zahlen erhalten ungerade und negative gerade Nummern:

$$\begin{array}{lcccccccccc} \mathbb{Z} & = & 0 & 1 & -1 & 2 & -2 & 3 & -3 & \ldots \\ \mathbb{N} & = & 0 & 1 & 2 & 3 & 4 & 5 & 6 & \ldots \end{array}$$

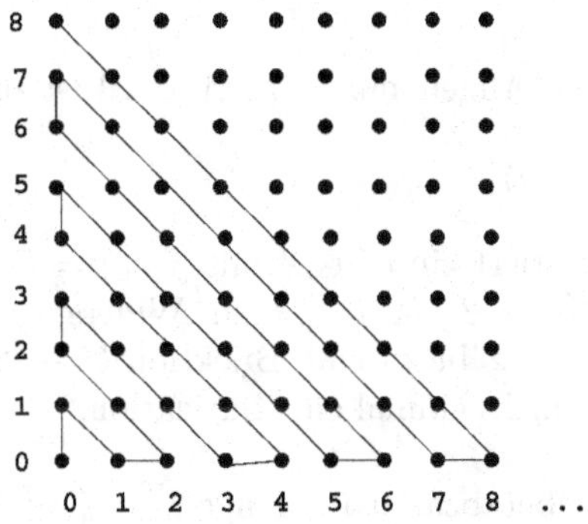

Bild 1.17: So kann man die Menge $\mathbb{N} \times \mathbb{N}$ abzählen.

Beispiel 1.7:

Ist $\mathbb{N} \times \mathbb{N}$ abzählbar? Ja (siehe Bild 1.17). Daraus folgt auch, dass $\mathbb{Q}$ abzählbar ist.

Wir haben gerade gesehen, dass sogar die Menge $\mathbb{Q}$ der rationalen Zahlen abzählbar ist. Ist auch die Menge $\mathbb{R}$ der reellen Zahlen abzählbar? Die Antwort hier ist bereits negativ: $\mathbb{R}$ ist überabzählbar! Es gibt sogar Teilmengen der reellen Zahlen, die nicht abzählbar sind: Wäre etwa die Menge derjenigen Zahlen abzählbar, die zwischen 0 und 1 liegen, dann könnte man sogar die Menge der Dezimalbruchentwicklungen der Form $0, x_1 x_2 \ldots$ mit $x_i \in \{0,1,\ldots,9\}$ abzählen und wie folgt auflisten:

$$\begin{array}{cccccc} 0, & \mathbf{a_{11}} & a_{12} & a_{13} & a_{14} & \cdots \\ 0, & a_{21} & \mathbf{a_{22}} & a_{23} & a_{24} & \cdots \\ 0, & a_{31} & a_{32} & \mathbf{a_{33}} & a_{34} & \cdots \\ \vdots & \vdots & \vdots & \vdots & \vdots & \vdots \end{array}$$

a_{11} wäre also die erste Kommastelle der Dezimalentwicklung, welche die kleinste Nummer in der Abzählung erhält, a_{12} die zweite Kommastelle, usw. Wir konstruieren jetzt $0, b_1 b_2 b_3 \ldots$ wie folgt:

$$b_1 \neq a_{11},\ b_2 \neq a_{22},\ \ldots,\ b_k \neq a_{kk},\ \ldots$$

und erhalten damit eine Dezimalbruchentwicklung, die *nicht* in der obigen Liste vorkommen kann, d. h. wir bekommen einen Fahrgast (Dezimalbruchentwicklung) der keinen Sitzplatz in dem Bus $\mathbb{N}$ bekommt. Aus diesem Widerspruch folgt, dass man auch die reellen Zahlen zwischen 0 und 1 nicht abzählen kann. Das Wort »Diagonale« erklärt sich von selbst: Wir konstruieren die Dezimalbruchentwicklung $0, b_1 b_2 b_3 \ldots$ indem wir die Diagonalelemente a_{kk} austauschen. D. h. der Widerspruch befindet sich auf der Diagonalen.

Cantor hat auch eine interessante Eigenschaft der Potenzmengen entdeckt.

Satz 1.8: Cantor

Sei A eine beliebige Menge und $2^A = \{X : X \subseteq A\}$ ihre Potenzmenge. Dann existiert keine Surjektion $f : A \to 2^A$. Insbesondere ist $2^{\mathbb{N}}$ überabzählbar.

Beweis:

Ein Widerspruchsbeweis. Angenommen $f : A \to 2^A$ ist surjektiv. Setze

$$D := \{a \in A \colon a \notin f(a)\}.$$

Weil f surjektiv ist, existiert ein $a_0 \in A$ mit $f(a_0) = D$. Aber nach der Definition von D gilt: $a_0 \in D \iff a_0 \notin f(a_0) = D$, ein Widerspruch.

Wäre $2^{\mathbb{N}}$ abzählbar, so gäbe es eine Bijektion $\mathbb{N} \to 2^{\mathbb{N}}$, aber – wie wir bereits gezeigt haben – gibt es nicht einmal eine Surjektion. □

Damit haben wir noch eine überabzählbare Menge $2^{\mathbb{N}} = \{X \colon X \subseteq \mathbb{N}\}$ gefunden! Beachte aber, dass die Menge $\mathcal{E}(\mathbb{N}) = \{X \colon X \subseteq \mathbb{N},\ X \text{ ist endlich}\}$ bereits abzählbar ist! (Siehe Aufgabe 1.7).

Ein großer Unterschied zwischen der Mathematik und der Informatik ist, dass man sich in der Informatik nur mit solchen Funktionen beschäftigt, deren Werte mit einem Programm berechnet werden können. Das folgende Korollar zeigt, dass damit sehr viele Funktionen außerhalb des Interesses von Informatiker liegen.

Korollar 1.9:

Es gibt überabzählbar viele Funktionen $f : \mathbb{N} \to \{0,1\}$, die nicht durch ein Programm berechnet werden können.

Beweis:

Jedes Programm, egal in welcher Programmiersprache, ist eine *endliche* Folge von Symbolen aus einer *endlichen* Menge (Alphabet + Sonderzeichen). Daher ist die Menge aller Programme abzählbar. Demnach ist die Menge $B \subseteq \{0,1\}^{\mathbb{N}}$ aller Funktionen $f : \mathbb{N} \to \{0,1\}$, welche von einem Programm berechnet werden können, abzählbar. Nach Satz 1.8 ist $\{0,1\}^{\mathbb{N}}$ überabzählbar. Deshalb ist $\{0,1\}^{\mathbb{N}} \setminus B$ nicht leer, sondern sogar überabzählbar. □

1.5 Aufgaben

Aufgabe 1.1:

Seien $A \xrightarrow{f} B \xrightarrow{g} C$ Abbildungen. Dann ist $A \xrightarrow{g \circ f} C$ die durch $g \circ f(x) = g(f(x))$ definierte Abbildung. Man zeige:

1. Sind g und f injektiv, so auch $g \circ f$.
2. Sind g und f bijektiv, so auch $g \circ f$.
3. Sind g und f surjektiv, so auch $g \circ f$.
4. Ist $g \circ f$ injektiv, so ist f injektiv.
5. Ist $g \circ f$ surjektiv, so ist g surjektiv.
6. Ist $g \circ f$ bijektiv, so ist f injektiv und g surjektiv.

Gebe ein Beispiel an, in dem $g \circ f$ bijektiv ist, aber f nicht surjektiv und g nicht injektiv ist.

Aufgabe 1.2:

Interessanterweise sind die Eigenschaften injektiv, surjektiv und bijektiv bei Abbildungen endlicher Mengen aus kombinatorischen Gründen gleichwertig. Sei A eine endliche Menge und $f : A \to A$ eine Abbildung. Zeige, dass die folgenden Aussagen äquivalent sind:

1. f ist surjektiv.
2. f ist injektiv.
3. f ist bijektiv.

Hinweis: $|A| = \sum_{a \in A} |f^{-1}(a)|$.

Aufgabe 1.3:

Das kartesische Produkt $A \times A$ einer Menge A mit sich selbst lässt sich formal auch mit Hilfe der Potenzmenge 2^A definieren. Seien a, b Elemente von A. Dann soll das geordnete Paar (a, b) definiert sein als die Teilmenge von 2^A, die genau die Mengen $\{a\}$ und $\{a, b\}$ enthält, also kurz geschrieben: $(a, b) := \big\{\{a\}, \{a, b\}\big\}$. Seien $a, b, c, d \in A$. Zeige, dass die folgende Äquivalenz gilt: $(a, b) = (c, d) \iff a = c$ und $b = d$.

Aufgabe 1.4:

Wir betrachten die Abbildung $f : X \to Y$. Seien $A, B \subseteq X$ und $U, V \subseteq Y$. Zeige Folgendes:

1. $f^{-1}(Y \setminus U) = X \setminus f^{-1}(U)$.
2. $f^{-1}(U \cap V) = f^{-1}(U) \cap f^{-1}(V)$.
3. $f(A \cap B) \subseteq (f(A) \cap f(B))$. Gilt auch Gleichheit?
4. $A \subseteq f^{-1}(f(A))$. Gilt auch Gleichheit?

Aufgabe 1.5:

Zeige, dass jeder Baum mit mindestens zwei Knoten mindestens zwei Blätter haben muss. *Hinweis*: Sei $v_1, v_2, \ldots, v_r$ ein *längster* einfacher Weg in dem Baum. Zeige, dass dann $d(v_1) = 1$ und $d(v_r) = 1$ gelten muss.

Aufgabe 1.6:

Für einen ungerichteten Graphen $G = (V, E)$ mit n Knoten sei $\alpha(G)$ die maximale Anzahl $|S|$ der Knoten einer unabhängigen Menge $S \subseteq V$ und $\chi(G)$ sei die chromatische Zahl von G. Zeige, dass dann $n/\alpha(G) \leq \chi(G) \leq n - \alpha(G) + 1$ gilt.

Aufgabe 1.7:

Sei $\mathcal{E} = \{X \colon X \subseteq \mathbb{N},\ X \text{ endlich}\}$ die Menge aller endlichen Teilmengen von $\mathbb{N}$. Wir definieren $f : \mathcal{E} \to \mathbb{N}$ durch $f(\emptyset) = 0$ und $f(X) = \sum_{x \in X} 2^x$ für $\emptyset \neq X \in \mathcal{E}$. Zeige, dass f eine Bijektion von $\mathcal{E}$ auf $\mathbb{N}$ ist. *Hinweis*: Warum ist die Binärdarstellung einer natürlichen Zahl eindeutig? Die für alle reelle Zahlen x mit $|x| \neq 1$ geltende Gleichung $\sum_{i=0}^{k} x^i = (x^{k+1} - 1)/(x - 1)$ könnte nützlich sein. (Wir werden diese Gleichung erst später in Abschnitt 8.1 beweisen.)

2 Logik und Beweismethoden

Die Logik ist die Hygiene, deren sich der Mathematiker bedient, um seine Gedanken gesund und kräftig zu erhalten.

- Hermann Weyl

Wir haben bereits einige Aussagen bewiesen, ohne die *logische Struktur* der Beweise zu betonen. Diese Struktur ist aber in der Beweisführung äußerst wichtig, da jeder Schritt eines mathematischen Beweises logisch korrekt sein muss. Deswegen lohnt es sich, dies etwas genauer anzuschauen.

2.1 Aussagen

Aristoteles (384–322 v. Ch.) hat den Begriff der »Aussage« so definiert: Eine *Aussage* ist ein sprachliches Gebilde, von dem es sinnvoll ist, zu sagen, es sei *wahr* oder *falsch*. Eine Aussage also ist ein Satz, der entweder wahr oder falsch ist, aber nie beides zugleich.

Wahre Aussagen haben den *Wahrheitswert* **1** und falsche Aussagen den Wahrheitswert **0**. Zum Beispiel ist die Aussage $A =$ »15 ist durch 3 teilbar« wahr (hat also den Wahrheitswert **1**) aber die Aussage $B =$ »16 ist kleiner 12« ist falsch (und hat deshalb den Wahrheitswert **0**).

Nicht jeder Satz ist eine Aussage! Um ein Beispiel für einen Satz vorzustellen, der weder wahr noch falsch sein kann und deshalb keine Aussage ist, sehen wir uns Russell's Paradoxon an:

»Dieser Satz ist falsch.«

Angenommen, der Satz wäre wahr, dann müsste er falsch sein. Gehen wir aber davon aus, dass der Satz falsch ist, dann müsste er wahr sein. Mit diesem Paradoxon hat Russell sehr prägnant die tief verwurzelte Annahme der Mathematik, dass allen Aussagen ein Wahrheitswert zugeordnet sei, erschüttert und eine tiefe Grundlagenkrise der Mathematik zu Beginn des 20. Jahrhunderts ausgelöst.

Wir werden dieses Paradoxon aber außer Acht lassen (die Mathematiker sollten schon allein damit fertig werden) und bleiben bei Aristoteles: Wir werden nur die Aussagen betrachten, die entweder wahr oder falsch sind, aber nie beides zugleich.

Als nächstes schauen wir uns an, wie man einfachste (atomare) Aussagen in kompliziertere Aussagen, die sogenannten *aussagenlogischen Formeln*, umwandeln kann. Dazu benutzt man die folgenden Verknüpfungen von Aussagen (dabei bezeichnen A und B zwei Aussagen):

A	B	$A \wedge B$	$A \vee B$	$A \leftrightarrow B$	$A \oplus B$
0	0	0	0	1	0
0	1	0	1	0	1
1	0	0	1	0	1
1	1	1	1	1	0

A	$\neg A$
1	0
0	1

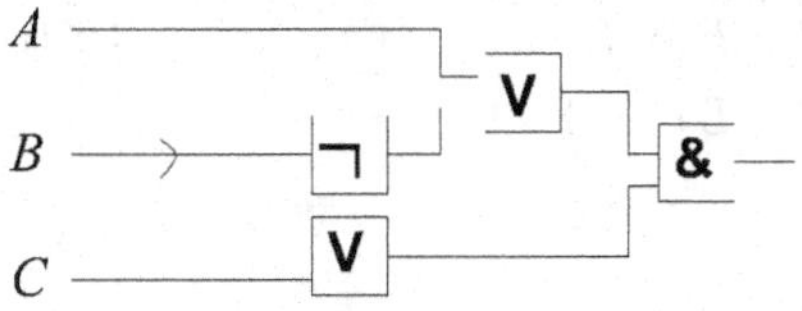

Bild 2.1: Darstellung von $(A \vee \neg B) \wedge (A \vee C)$.

Eine weitere wichtige Verknüpfung ist die *Implikation* $A \rightarrow B$ (lies *wenn* A, *dann* B; ist A wahr, dann auch B):

A	B	$A \rightarrow B$
0	0	1
0	1	1
1	0	0
1	1	1

Insbesondere ist $A \rightarrow B$ immer wahr, wenn A falsch ist! Ist das sinnvoll? Dazu ein Beispiel von Bertrand Russel.

»Wenn $1 = 0$ ist, bin ich der Papst!«

Beweis: Aus $1 = 0$ folgt $2 = 1$. Da der Papst und ich 2 Personen sind, sind wir 1 Person.□

Die Implikation $A \rightarrow B$ sagt also nur, dass B wahr sein muss, *falls* die Aussage A wahr ist. Sie sagt aber nicht, dass B auch *tatsächlich* wahr ist! Die Implikation ist eine der wichtigsten logischen Verknüpfungen in der Mathematik: Sie erlaubt logisch konsistente Theorien zu bilden, ohne sich um die (tatsächliche) Richtigkeit der ursprünglichen Aussagen (der sogenannten »Axiome«) zu kümmern. Findet man eine reelle Situation, in der alle diese Axiome gelten, so gelten dann auch alle, vorher daraus abgeleiteten Aussagen!

Aussagenlogische Formeln kann man als Schaltkreise (oder Schaltpläne) darstellen (Bild 2.1). Eine solche Darstellung ist die Grundlage der heutigen Computer.

Aussagenlogische Formeln können *erfüllbar* sein (d. h. wahr bei geeigneter Wahl der Wahrheitswerte der atomaren Aussagen) oder auch nicht, z. B. $A \wedge \neg A$; dann heißen sie *Kontradiktionen* (Widersprüche). *Tautologien* sind immer wahr, z. B. $A \vee \neg A$.

Zwei aussagenlogischen Formeln F und H heißen (logisch) *äquivalent* (Bezeichnung $F \iff H$), wenn sie bei jeder Belegung der in ihnen vorkommenden Aussagenvariablen denselben Wert annehmen, d. h. wenn $F \leftrightarrow H$ eine Tautologie ist. Die folgenden Äquivalenzen von aussagenlogischen Formeln erlauben, komplizierte Formel zu vereinfachen:

$$\begin{aligned}
\neg(\neg A) &\iff A && \text{Doppelnegation}\\
\neg(A \vee B) &\iff \neg A \wedge \neg B && \text{deMorgans Regeln}\\
\neg(A \wedge B) &\iff \neg A \vee \neg B &&\\
A \rightarrow B &\iff \neg B \rightarrow \neg A && \text{Kontraposition}\\
&\iff \neg A \vee B &&
\end{aligned}$$

$$A \wedge (B \vee C) \iff (A \wedge B) \vee (A \wedge C) \qquad \text{Distributivität}$$
$$A \vee (B \wedge C) \iff (A \vee B) \wedge (A \vee C).$$

Beispiel 2.1:

Wir wollen die Formel $\neg(\neg A \wedge B) \wedge (A \vee B)$ vereinfachen:

$$\begin{array}{rl} \neg(\neg A \wedge B) \wedge (A \vee B) & \\ (\neg(\neg A) \vee (\neg B)) \wedge (A \vee B) & \text{deMorgans Regel} \\ (A \vee \neg B) \wedge (A \vee B) & \text{Doppelnegation} \\ A \vee (\neg B \wedge B) & \text{Distributivität} \\ A \vee \mathbf{0} & \\ A. & \end{array}$$

Mit Mengen kann man genauso »rechnen« wie mit Aussagen!

Mengen	Aussagen
$A \cup B$	$A \vee B$
$A \cap B$	$A \wedge B$
$A \subseteq B$	$A \to B$
$\overline{A}$	$\neg A$

So ist zum Beispiel $\overline{A \cup B} = \overline{A} \cap \overline{B}$ (deMorgans Regel), usw.

2.2 Prädikate und Quantoren

Die bisher betrachtete Aussagenlogik erweist sich als nicht ausreichend, um allgemeine logische Aussagen zu treffen. So wollen wir beispielsweise Aussagen über Elemente von Mengen treffen. Dazu benutzt man sogenannte »Prädikate«.

Ein *n-stelliges Prädikat* über M ist einfach eine n-stellige Abbildung $P : M^n \to \{\mathbf{0}, \mathbf{1}\}$. Ein Prädikat $P(x_1, \ldots, x_n)$ nimmt also in Abhängigkeit von der Belegung der x_i mit Elementen aus M den Wert »wahr« oder »falsch« an.

Um Prädikate in Aussagen umzuwandeln, benutzt man sogenannte *Quantoren*: den *Allquantor* $\forall x$ (für alle $x \in M$) und den *Existenzquantor* $\exists x$ (es gibt ein $x \in M$). Jeder Quantor *bindet* das freie Vorkommen der Variablen, die er quantifiziert. Die mit dem Allquantor gebildeten Aussagen werden *Allaussagen* genannt, und die mit dem Existenzquantor gebildeten Aussagen heißen *Existenzaussagen*.

1. Die Aussage $\exists x\, P(x)$ ist genau dann wahr, wenn es mindestens ein a in M existiert, so dass $P(a)$ wahr ist.

2. Die Aussage $\forall x\, P(x)$ ist genau dann wahr, wenn $P(a)$ für jedes a aus M wahr ist.

Beispiel 2.2:

Sei $M = \mathbb{N}$ und $P(x) =$ »x ist eine Primzahl«. Dann stellt $\forall x P(x)$ die Aussage »Für jedes n aus $\mathbb{N}$ gilt: n ist eine Primzahl« dar. Diese Aussage ist falsch, da z. B. 4 keine Primzahl ist. Die Aussage $\exists x P(x)$ ist aber wahr, da z. B. 3 eine Primzahl ist.

Die Quantoren $\forall$ und $\exists$ können nun auf mehrstellige Prädikate angewendet werden: Sei P ein n-stelliges Prädikat und $1 \leq i \leq n$, dann ist $\forall x_i\, P(x_1, \ldots, x_n)$ wieder ein Prädikat, bei dem eine Variable, die Variable x_i, »gebunden« ist. $\forall x_i\, P(x_1, \ldots, x_n)$ ist also ein $(n-1)$-stelliges Prädikat, auf das wieder ein Quantor angewandt werden kann. Analoges gilt für $\exists x_i\, P(x_1, \ldots, x_n)$. Dabei heißt x_i *gebundene Variable*, alle anderen heißen *freie Variablen.*

Um aus einem Prädikat mit mehreren Variablen durch Quantifizierung Aussagen (d. h. nullstellige Prädikate) zu erhalten, muss *jede* freie Variable durch einen gesonderten Quantor gebunden werden.

Alle innerhalb der Aussagenlogik gültigen Äquivalenzen gelten auch in der Prädikatenlogik. Darüber hinaus existieren noch weitere Äquivalenzen, welche die Quantoren miteinbeziehen:

$$\begin{array}{rcll}
\neg\,(\exists x\; P(x)) & \iff & \forall x\; \neg P(x) & \text{Negationsregeln} \\
\neg\,(\forall x\; P(x)) & \iff & \exists x\; \neg P(x) & \\
(\forall x\; P(x)) \wedge (\forall x\; Q(x)) & \iff & \forall x\; P(x) \wedge Q(x) & \text{Ausklammerungsregel} \\
(\exists x\; P(x)) \vee (\exists x\; Q(x)) & \iff & \exists x\; P(x) \vee Q(x) & \\
\forall x \forall y\; P(x,y) & \iff & \forall y \forall x\; P(x,y) & \text{Vertauschregeln} \\
\exists x \exists y\; P(x,y) & \iff & \exists y \exists x\; P(x,y)\,. &
\end{array}$$

Man schreibt oft:

$$\begin{array}{l}
\forall x \in M : P(x) \text{ anstatt } \forall x (x \in M \rightarrow P(x)); \\
\exists x \in M : P(x) \text{ anstatt } \exists x (x \in M \;\wedge\; P(x))\,.
\end{array}$$

Diese Schreibweise passt auch wunderbar mit der Negation zusammen. So gilt zum Beispiel

$$\begin{array}{rcl}
\neg\,[\forall x \in M : P(x)] & \iff & \neg\,[\forall x\,(x \in M \rightarrow P(x))] \iff \exists x\; \neg\,(x \notin M \vee P(x)) \\
& \iff & \exists x\,(x \in M \wedge \neg P(x)) \iff \exists x \in M : \neg P(x)
\end{array}$$

und

$$\begin{array}{rcl}
\neg\,[\exists x \in M : P(x)] & \iff & \neg\,[\exists x\,(x \in M \wedge P(x))] \iff \forall x\; (x \notin M \vee \neg P(x)) \\
& \iff & \forall x\,(x \in M \rightarrow \neg P(x)) \iff \forall x \in M : \neg P(x)\,.
\end{array}$$

Man schreibt auch $\exists! x\; P(x)$ für »es gibt *genau ein* x mit $P(x) = \mathbf{1}$«.

Hier sind ein paar Fehler, die häufig im Umgang mit Aussagen und Quantoren gemacht werden.

1. Bei *verschiedenen* Quantoren kommt es auf die *Reihenfolge* der Quantoren an! So bezeichne zum Beispiel $P(x, y)$ das Prädikat »$x \geq y$«; x und y seien Variablen über den Universum $\mathbb{N}$. Dann ist $\forall y \exists x\, P(x, y)$ wahr. Aber $\exists x \forall y\, P(x, y)$ ist falsch.

2. Die folgenden Formelpaare sind *nicht* äquivalent, obwohl sie den Ausklammerungsregeln sehr ähnlich sind (siehe Aufgabe 2.2):

$$(\forall x\, P(x)) \vee (\forall x\, Q(x)) \quad \text{mit} \quad \forall x\, P(x) \vee Q(x)\,;$$
$$(\exists x\, P(x)) \wedge (\exists x\, Q(x)) \quad \text{mit} \quad \exists x\, P(x) \wedge Q(x)\,.$$

3. Falsche Übersetzung von umgangssprachlichen Implikationen. Wenn $A =$ »ich bin mit meinen Hausaufgaben fertig« und $B =$ »ich werde ins Kino gehen«, dann besagt $A \to B$ »ich werde ins Kino gehen, *wenn* ich mit meinen Hausaufgaben fertig bin«, wobei $B \to A$ besagt: »ich werde ins Kino gehen, *nur wenn* ich mit meinen Hausaufgaben fertig bin«.

4. Falsche Negierung von Aussagen ohne deMorgans Regeln zu benutzen: $\neg(A \vee B)$ und $\neg A \vee \neg B$ sind *nicht* äquivalent! Das Gleiche gilt für Mengenoperationen: so ist z. B. $\overline{A \cup B} = \overline{A} \cap \overline{B}$, nicht aber $\overline{A \cup B} = \overline{A} \cup \overline{B}$.

5. Falsche Negierung von Aussagen mit Quantoren. Man will zum Beispiel die Aussage $A =$ »1 ist die größte reelle Zahl« mit dem folgendem »Argument« beweisen. Angenommen, es gibt eine andere größte Zahl y. Es ist nun $1 < y$, also ist y insbesondere eine positive Zahl, d. h. wir können die Ungleichung mit y multiplizieren und erhalten $y < y^2$. Das ist aber ein Widerspruch zu der Annahme, dass y die größte reelle Zahl ist, also folgt die Behauptung und somit ist 1 die größte reelle Zahl.

   Wo liegt der Fehler? In der Negation der Behauptung A! Die richtige Negation $\neg A$ müsste lauten: 1 ist nicht die größte reelle Zahl.

6. Falsche Beschreibung einer Existenzaussage als $\exists x(A(x) \to B(x))$ anstatt $\exists x(A(x) \wedge B(x))$. Zum Beispiel die Aussage »Es gibt eine ungerade Zahl, die prim ist« hat die Form

$$\exists x(U(x) \wedge P(x))\,,$$

   nicht $\exists x(U(x) \to P(x))$. Eine Faustregel ist: Nach einem $\exists$-Quantor folgt normalerweise ein UND, nicht die Implikation.

7. Falsche Beschreibung einer »Für-alle-Aussage« als $\forall x(A(x) \wedge B(x))$ anstatt $\forall x\ (A(x) \to B(x))$. Zum Beispiel die (falsche!) Aussage »Jede gerade Zahl ist prim« hat die Form

$$\forall x(G(x) \to P(x))\,,$$

   nicht $\forall x(G(x) \wedge P(x))$. Eine Faustregel ist: Nach einem $\forall$-Quantor folgt normalerweise eine Implikation, nicht UND.

8. Negation von Aussagen mit Quantoren, insbesondere in der Umgangssprache. Zum Beispiel: Die Negation von »manche Katzen mögen Wurst« ist *nicht* die Aussage

»manche Katzen hassen Wurst«, sondern »keine Katze mag Wurst« oder »alle Katzen hassen Wurst«.

2.3 Logische Beweisregeln

Gott existiert, weil die Mathematik widerspruchsfrei ist, und der Teufel existiert, weil wir das nicht beweisen können.

\- Andre Weil

Es gibt ein paar grundlegende logische Regeln, wie man eine neue wahre Aussage aus bereits als wahr bekannten Aussagen ableiten kann. Diese Regeln haben die Form

$$\frac{A_1, A_2, \ldots, A_n}{B}$$

und ihre Bedeutung ist: *falls alle Aussagen* A_1, A_2, ..., A_n *wahr sind, dann ist auch die Aussage* B *wahr*, d. h. $A_1 \wedge A_2 \wedge \cdots \wedge A_n \to B$ ist eine Tautologie.

Hier sind die wichtigsten Beweisregeln. Ihre Gültigkeit kann man durch die Betrachtung der entsprechenden Wahrheitstabellen nachweisen (Übungsaufgabe!).

1. *Modus ponens.* Ist A wahr und folgt B aus A, dann ist auch B wahr:

$$\frac{A, \quad A \to B}{B}.$$

2. *Logische Schlusskette.* Folgt B aus A und C aus B, dann folgt auch C aus A:

$$\frac{A \to B, \quad B \to C}{A \to C}.$$

3. *Kontrapositionsregel.* Folgt $\neg A$ aus $\neg B$, dann muss auch B aus A folgen:

$$\frac{\neg B \to \neg A}{A \to B}.$$

4. *Widerspruchsregel* (Reductio ad absurdum). Ist eine Aussage B falsch und würde aus $\neg A$ das Gegenteil folgen, so ist die Aussage A wahr:

$$\frac{\neg B, \quad \neg A \to B}{A}.$$

Beispiel 2.3: Kontrapositionsregel

Sei a eine beliebige ganze Zahl. Wir wollen die folgende Aussage beweisen:

Wenn a^2 *eine gerade Zahl ist, dann ist* a *gerade.*

Dazu betrachten wir die Aussagen

$$A = \text{»}a^2 \text{ ist gerade«}, \quad B = \text{»}a \text{ ist gerade«}$$

und wollen zeigen, dass $A \to B$ eine wahre Aussage ist. Wir zeigen die kontrapositive Aussage $\neg B \to \neg A$: Wenn a ungerade ist, dann ist auch a^2 ungerade. Ist a ungerade, so ist $a = 2k + 1$ für eine ganze Zahl k. Durch das Quadrieren erhalten wir

$$a^2 = (2k+1)^2 = 4k^2 + 4k + 1 = 2(2k^2 + 2k) + 1\,.$$

Da k eine ganze Zahl ist, ist auch $(2k^2 + 2k)$ eine ganze Zahl. Also ist a^2 ungerade, wie behauptet. □

Die Widerspruchsregel ist die am häufigsten benutzte Beweisregel in der Mathematik überhaupt. In diesem Buch werden wir diese Regel sehr oft verwenden. An dieser Stelle demonstrieren wir die Regel mit einem wichtigen Satz.

Satz 2.4: Satz von Euklid
Es gibt unendlich viele Primzahlen.

Beweis:
Wir beweisen den Satz durch einen Widerspruch. Dazu nehmen wir das Gegenteil des Satzes an. Es sei $\{p_1, p_2, \ldots, p_k\}$ die endliche Menge aller Primzahlen. Wir betrachten dann die Zahl $n = p_1 p_2 \cdots p_k + 1$. Nun haben wir nur zwei Möglichkeiten: Entweder n ist prim oder nicht. Wir zeigen, dass unsere Annahme in beiden Fällen zu einem Widerspruch führt.

Fall 1: Angenommen n ist eine Primzahl. Da nach Annahme $\{p_1, p_2, \ldots, p_k\}$ *alle* Primzahlen enthält, muss n eine von diesen Zahlen sein. Das ist aber ein Widerspruch, da nach ihrer Definition die Zahl n echt größer als jede dieser Zahlen ist.

Fall 2: Angenommen n ist keine Primzahl. Dann muss n durch eine Primzahl p ohne Rest teilbar sein. Nach unserer Annahme muss p eine der Zahlen $p_1, p_2, \ldots, p_k$ sein und damit das Produkt $p_1 p_2 \cdots p_k$ ohne Rest teilen. Dann ergibt aber n geteilt durch p den Rest 1, ein Widerspruch.

Da wir in beiden möglichen Fällen einen Widerspruch zu unserer Annahme »es gibt nur endlich viele Primzahlen« erhalten haben, war diese Annahme falsch. □

2.4 Induktion: Beweis von $\forall x\ P(x)$

Als nächstes werden wir ein einfaches aber überraschend mächtiges Beweisprinzip für Aussagen der Form $\forall n \in \mathbb{N}:\ P(n)$ kennenlernen – die *Induktion.* [1]

2.4.1 Das Induktionsprinzip

Die Grundidee der Induktion[2] beruht auf dem axiomatischen Aufbau der natürlichen Zahlen nach Peano: Man kann jede natürliche Zahl dadurch erhalten, indem man, beginnend mit der 0, wiederholt 1 addiert. Entsprechend beweist man eine Eigenschaft $P(n)$

1 In der Literatur benutzt man oft den Namen »vollständige Induktion«, obwohl keine »nicht vollständige« Induktion bekannt ist!

2 Wer hat die Induktion erfunden? Das ist nicht ganz klar. Klar ist nur, dass Francesco Maurolico die Induktion in seinem Buch *Arithmeticorum Libri Due* (1575) benutzt hat, um zu zeigen, dass die Summe der ersten n ungeraden Zahlen gleich n^2 ist; siehe Aufgabe 2.7.

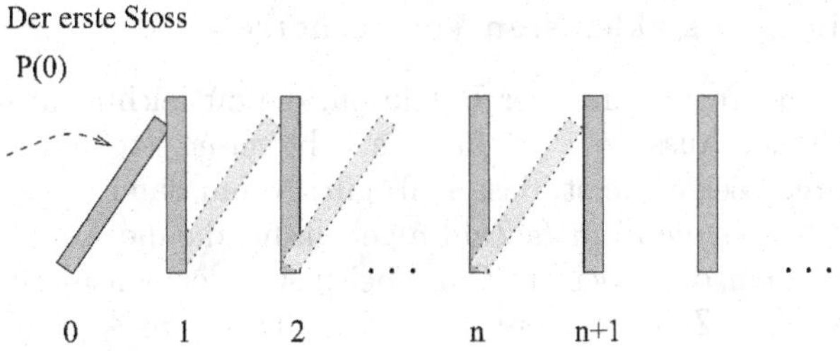

Bild 2.2: Induktionsbasis: Der erste Dominostein fällt, wenn er angestoßen wird. Induktionsschritt: Der $(n+1)$-erste Stein fällt, *falls* der n-te fällt.

für jede natürliche Zahl n, indem man zuerst die Eigenschaft $P(0)$ – die so genannte *Induktionsbasis* – beweist, und anschließend zeigt, dass für beliebige natürliche Zahlen n aus $P(n)$ auch $P(n+1)$ folgt – der so genannte *Induktionsschritt*:

(a) Induktionsbasis: Zeige, dass $P(0)$ gilt.

(b) Induktionsschritt $n \mapsto n+1$: Für beliebiges $n \in \mathbb{N}$ zeige, dass $P(n) \to P(n+1)$ gilt.

Man nennt n die *Induktionsvariable* oder den *Induktionsparameter*.

Auf den ersten Blick scheint ein solches Argument etwas verwirrend: Es scheint als ob wir in dem Induktionsschritt die zu beweisende Aussage »$\forall n \in \mathbb{N} : P(n)$« zugrunde legen. Dies ist aber nicht der Fall, denn man kann die Implikation $P(n) \to P(n+1)$ auch dann beweisen, wenn man nichts über den tatsächlichen Wahrheitswert von $P(n)$ weiß: Um $P(n) \to P(n+1)$ zu beweisen, können wir *annehmen*, dass $P(n)$ wahr ist!

Nach (a) wissen wir, dass $P(0)$ gilt, und nach (b) wissen wir, dass auch $P(0) \to P(1)$ gilt. Dann muss auch $P(1)$ gelten (modus ponens). Aus der Gültigkeit von $P(1)$ und $P(1) \to P(2)$ können wir wiederum die Gültigkeit von $P(2)$ schließen, usw. Da wir jede natürliche Zahl n durch die wiederholte Addition von 1 aus 0 erreichen können, folgt daraus die Gültigkeit von $P(n)$ für alle n.

Ein Standardbeispiel der Induktion ist eine unendliche Folge der Dominosteine mit der Aussage $P(n)$ interpretiert als »der n-te Dominostein fällt um« (Bild 2.2). Die Induktionsbasis ist »der Stein 0 fällt um« (da wir ihn anstoßen). Der Induktionsschritt $P(n) \to P(n+1)$ ist »der Stein $n+1$ fällt um, falls der Stein n umfällt«.

Beachte, dass man nicht unbedingt von Null starten muss. Will man eine Aussage $\forall n \geq m : P(n)$, also die Aussage »$P(n)$ gilt für alle $n \geq m$« für eine feste natürliche Zahl m beweisen, so ist $P(m)$ die Induktionsbasis.

Nicht immer ist es im Induktionsschritt einfach, alleine von $P(n)$ auf $P(n+1)$ zu schließen. Betrachtet man den Induktionsschritt genauer, so sieht man, dass man eigentlich sogar die Gültigkeit von $P(0) \wedge \cdots \wedge P(n)$ als Voraussetzung nutzen kann. D. h. es reicht, die Gültigkeit von

$$P(0) \wedge P(1) \wedge \cdots \wedge P(n) \to P(n+1)$$

für alle n zu zeigen. Diese Variante nennt man *verallgemeinerte Induktion*.

2.4.2 Das Prinzip des »kleinsten Verbrechers«

Es gibt auch eine andere Variante der Induktion, die oft leichter anzuwenden ist. Will man die Gültigkeit der Aussage $P(n)$ für alle n beweisen, so kann man einen Widerspruchsbeweis führen. Zeige zuerst, dass $P(0)$ gilt. Nimm dann an, dass $P(n)$ *nicht* für alle n gilt. Dann muss es die ***kleinste*** Zahl n geben, für die die Aussage $P(n)$ nicht gilt; diese Zahl n nennt man das »kleinste Gegenbeispiel« oder den »kleinsten Verbrecher«. Da n die kleinste solche Zahl ist, muss $P(m)$ für alle $0 \leq m \leq n-1$ gelten. Es reicht dann zu beweisen, dass es keinen solchen »kleinsten Verbrecher« geben kann.

Warum ist dieses Prinzip dasselbe wie die Induktion? Sei n ein »kleinster Verbrecher«. Zunächst müssen wir den Fall $n = 0$ ausschließen, und das ist genau die Induktionsbasis. Für $n > 0$ wissen wir, dass $P(n-1)$ gilt, nicht aber $P(n)$. Um einen Widerspruch zu erhalten, reicht es somit die Gültigkeit der Implikation $P(n-1) \rightarrow P(n)$, also den Induktionsschritt zu beweisen.

2.4.3 Falsche Anwendungen

Um die Gefahren bei Anwendung des Induktionsprinzips zu zeigen, beginnen wir mit einigen falschen Anwendungen.

Beispiel 2.5:

Unsere erste (nicht ernst gemeinte) Behauptung ist: *In einen Koffer passen unendlich viele Paare von Socken.*

»Beweis« durch Induktion: Induktionsbasis: $n = 1$. Ein paar Socken passt in einen leeren Koffer.

Induktionsschritt $n \mapsto n+1$: In einem Koffer sind n Paar Socken. Ein paar Socken passt immer noch rein, dies ist eine allgemeingültige Erfahrung. Also sind nun $n+1$ Paar Socken in dem Koffer. □

Wo ist der Fehler? Die Induktion ist ein ***konstruktives*** Beweisverfahren und solche Beweise erfordern auch konstruktive Argumente. Im Sockenbeispiel war das Argument »die Erfahrung sagt, dass immer noch ein paar Socken mehr in den Koffer passt« nicht konstruktiv. Ein konstruktives Argument sollte genau sagen *wo die Lücke für das weitere Paar Socken sein wird*!

Man vergisst oft, die Induktionsbasis zu verifizieren.

Beispiel 2.6:

Sei $P(n)$ die Aussage »$\forall n \in \mathbb{N} : n = n+1$«. Der Induktionsschritt $P(n) \rightarrow P(n+1)$ ist für alle n eine wahre Aussage, denn $n = n+1 \rightarrow (n+1) = (n+1)+1$ gilt. Aber $P(0)$ ist falsch, da $0 = 1$ nicht gilt.

Will man eine Aussage $\forall n \geq m : P(n)$ beweisen, so muss der Induktionsschritt $n \mapsto n+1$ für alle $n \geq m$, also auch für $n = m$ gelten.

Beispiel 2.7: Elefanten

Wir betrachten die Aussage $P(n) =$ »wenn sich unter n Tieren ein Elefant befindet, dann sind alle diese Tiere Elefanten«.

Induktionsbasis: $n = 1$: Wenn von einem Tier eines ein Elefant ist, dann sind alle diese Tiere Elefanten.

Induktionsschritt: $n \mapsto n+1$. Sei unter $n+1$ Tieren eines ein Elefant. Wir stellen die Tiere so in eine Reihe, dass sich dieser Elefant unter den ersten n Tieren befindet. Nach der Induktionsannahme sind dann alle diese ersten n Tiere Elefanten. Damit befindet sich aber auch unter den letzten n Tieren ein Elefant, womit diese auch alle Elefanten sein müssen. Also sind alle $n + 1$ Tiere Elefanten. □

Wo ist das Argument falsch? Im Fall $n + 1 = 2$ kann man den Elefanten zwar so stellen, dass er bei den ersten $n = 1$ Tieren steht. Folglich sind alle Tiere unter den ersten $n = 1$ Tieren Elefanten. Aber deshalb befinden sich unter den *letzten* $n = 2 - 1 = 1$ Tieren nicht notwendig Elefanten. Daher gilt $P(1) \to P(2)$ nicht.

Mit der Induktion kann man Aussagen nicht nur über natürliche Zahlen, sondern auch über die Elemente einer beliebigen Menge M beweisen. Will man eine Aussage der Form »für alle $x \in M$ gilt $Q(x)$« beweisen, so wählt man zunächst eine Abbildung $f : M \to \mathbb{N}$ aus, die jedem Objekt $x \in M$ seine »Länge« $f(x)$ zuweist, und probiert die Aussage $\forall n \in \mathbb{N} : P(n)$ mit

$$P(n) = \text{»für alle } x \in M \text{ mit } f(x) = n \text{ gilt } Q(x)\text{«} \tag{2.1}$$

mittels Induktion zu beweisen. Ist zum Beispiel M die Menge aller Graphen mit bestimmten Eigenschaften, so kann man als $f(x)$ die Anzahl der Knoten oder der Kanten in x nehmen. In dieser Situation ist n nur ein Parameter, der der ganzen Menge $f^{-1}(n)$ der Elemente aus M zugewiesen ist.

In solchen Fällen muss man aber sehr vorsichtig mit dem Induktionsschritt $n \mapsto n+1$ umgehen.

Ein häufiger Fehler ist der folgende. Man nimmt ein beliebiges Element $x \in M$ der Länge $f(x) = n + 1$ und »manipuliert« es, um ein Element x' der Länge $f(x') = n$ zu erhalten. Da x' eine kleinere Länge $f(x')$ als $f(x)$ hat, schließt man daraus, dass »nach Induktionsvoraussetzung« auch $Q(x')$ gelten muss. Dies muss aber nicht unbedingt der Fall sein: Das neue Element x' muss in der Menge M liegen, denn die Aussage $P(n)$ spricht nur über die Elemente in M! Man muss also noch $x' \in M$ nachweisen.

Beispiel 2.8: Jetzt knallt es aber richtig!

Wir wollen die folgende verblüffende Aussage »beweisen«:

Alle natürlichen Zahlen sind gleich.

In diesem Fall ist $M = \mathbb{N} \times \mathbb{N}$ die Menge aller Paare $x = (a, b)$ der natürlichen Zahlen und wir wollen zeigen, dass $a = b$ für alle solche Paare gilt. Dazu nehmen wir die Längenfunktion $f(a, b) = \max\{a, b\}$ und betrachten die Aussagen

$$P(n) = \text{»für alle } (a, b) \in \mathbb{N} \times \mathbb{N} \text{ mit } \max\{a, b\} = n \text{ gilt } a = b\text{«}.$$

Induktionsbasis $n = 0$ ist richtig, denn aus $a, b \in \mathbb{N}$ und $\max\{a, b\} = 0$ folgt $a = 0$ und $b = 0$, also $a = b$.

Induktionsschritt: $n \mapsto n+1$. Nehmen wir an, dass $P(n)$ gilt, und betrachten ein beliebiges Paar von Zahlen $a, b \in \mathbb{N}$ mit $\max\{a, b\} = n+1$. Dann ist $\max\{a-1, b-1\} = n$ und nach Induktionsannahme gilt $a-1 = b-1$ und damit auch $a = b$. □

Wo ist der Fehler? Aus $\max\{a, b\} = n+1$ folgt zwar $\max\{a-1, b-1\} = n$, aber die Induktionsvoraussetzung wird damit nicht unbedingt erfüllt: Wenn wir zum Beispiel $a = 0$ und $b = 1$ betrachten, dann ist zwar $\max\{a-1, b-1\} = 0$ immer noch eine natürliche Zahl, die Zahl $a - 1 = -1$ aber nicht!

Um eine Aussage $P(n)$ von der Form (2.1) zu beweisen, wird auch gerne der folgende Fehler gemacht. Man nimmt ein beliebiges Element x' der Länge $f(x') = n$, manipuliert es, um ein ebenfalls »beliebiges« Element x der Länge $f(x) = n+1$ zu erhalten, und weist anschließend die Implikation $Q(x') \to Q(x)$ nach. Ist das gelungen, so »folgert« man daraus, dass die Aussage $Q(x)$ auch für *alle* Elemente x der Länge $n+1$ gelten muss. (Dieses Vorwärts-Verfahren ist man ja schließlich von den Zahlen her gewohnt.) Die Gültigkeit von $Q(x)$ für die konstruierten Elemente x garantiert aber alleine noch nicht, dass die Aussage $Q(x)$ auch für *alle* Elemente x der Länge $n+1$ gelten muss. Es kann Elemente der Länge $n+1$ in M geben, die nicht durch diese Konstruktion erreicht werden.

Beispiel 2.9:

Wenn ein ungerichteter Graph $G = (V, E)$ zusammenhängend ist, also wenn für zwei beliebige Knoten $u, v \in V$ mindestens ein Weg von u nach v existiert, dann muss jeder Knoten mit mindestens einem anderen Knoten benachbart (d. h. adjazent) sein. Ist die Umkehrung auch richtig? Natürlich nicht: Als Gegenbeispiel kann man einen Graphen nehmen, der nur aus zwei knotendisjunkten Kanten besteht. Trotzdem wollen wir die folgende Aussage »beweisen«.

Behauptung 2.10: Eine falsche Behauptung!

Wenn jeder Knoten in einem ungerichteten Graphen mit mindestens einem anderen Knoten benachbart ist, dann ist der Graph zusammenhängend.

»Beweis«: Wir gehen induktiv vor und wählen die Zahl n der Knoten als Induktionsvariable. Die Länge eines Graphen $G = (V, E)$ ist also $f(G) = |V|$. Sei $P(n)$ die folgende Aussage: Wenn in einem Graphen G mit n Knoten jeder Knoten mit mindestens einem anderen Knoten benachbart ist, dann ist G zusammenhängend. Wir wollen »zeigen«, dass $P(n)$ für alle n gilt.

Für die Induktionsbasis $n = 1$ ist $P(n)$ offensichtlich richtig, da es keinen anderen Knoten gibt. Der Fall $n = 2$ ist auch offensichtlich, da in diesem Fall der Graph nur aus einer Kante besteht.

Induktionsschritt $n \mapsto n+1$. Wir nehmen einen beliebigen Graphen $G_n = (V, E)$ mit $|V| = n$ Knoten, in dem jeder Knoten mit mindestens einem anderen Knoten benachbart ist. Dann fügen wir einen neuen Knoten $x \notin V$ hinzu. Da x mit mindestens einem anderen Knoten benachbart sein muss und als Nachbarn nur Knoten aus V in Frage kommen, verbinden wir x mit mindestens einem Knoten aus V. Sei G_{n+1} der dabei enstehende Graph mit $n+1$ Knoten. Wir wollen »zeigen«, dass auch G_{n+1} zusammenhängend sein muss. Dafür betrachten wir zwei beliebige Knoten u und v aus $V \cup \{x\}$. Gehören diese beiden Knoten zu V, so muss es nach Induktionsvoraussetzung einen Weg von u nach v (im Graphen G_n und somit auch in G_{n+1}) geben.

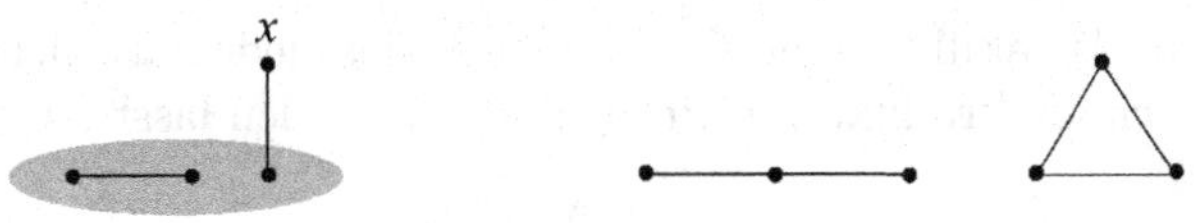

Bild 2.3: Der Graph links liegt in M_4, da jeder sein Knoten einen Nachbarn hat. Die Menge M_3 besteht aus zwei Graphen rechts.

Sei nun $v \notin V$, d. h. $v = x$. Nach Definition von G_{n+1} muss der Knoten x mindestens einen Nachbarn $y \in V$ haben. Nach Induktionsvoraussetzung muss es daher einen Weg von u nach y in G_n geben, der sich durch die Kante $\{x, y\}$ zu einem Weg von u nach x (über y) erweitern lässt. Also ist der Graph G_{n+1} zusammenhängend. □

Wo ist der Fehler? Sei M_n die Menge aller Graphen mit n Knoten, in denen jeder Knoten mit mindestens einem anderen Knoten benachbart ist. In dem obigen »Beweis« geht man davon aus, dass man *jeden* Graphen in M_{n+1} aus mindestens einem Graphen in M_n auf die beschriebene Weise konstruieren kann. Dies ist aber falsch! So gehört zwar der in Bild 2.3 links gezeichnete Graph zu M_4, er kann aber aus keinem der Graphen in M_3 konstruiert werden, da M_3 nur aus den in Bild 2.3 rechts gezeichneten zwei Graphen besteht.

2.4.4 Richtige Anwendungen

Nun (endlich) folgen einige Beispiele für die Sätze, die man leicht (und richtig!) mittels Induktion beweisen kann.

Satz 2.11: Bernoulli-Ungleichung

Für jede reelle Zahl $x \geq -1$ und für jede natürliche Zahl $n \geq 1$ gilt

$$(1+x)^n \geq 1 + nx\,.$$

Beweis:

Wir führen den Beweis mittels Induktion über n.

Induktionsbasis: Für $n = 1$ gilt $1 + x \geq 1 + x$.

Induktionsschritt $n \mapsto n+1$: Gilt $(1+x)^n \geq 1 + nx$, so gilt auch

$$\begin{aligned}(1+x)^{n+1} &= (1+x)^n \cdot (1+x) \\ &\geq (1+nx)\cdot(1+x) && 1+x \geq 0 \\ &= 1 + nx + x + nx^2 \\ &= 1 + (n+1)x + nx^2 && nx^2 \geq 0 \\ &\geq 1 + (n+1)x\,.\end{aligned}$$

□

Wir zeigen nun mittels verallgemeinerter Induktion, dass jede natürliche Zahl, die größer oder gleich 2 ist, sich als Produkt von Primzahlen darstellen lässt.[3] Es gilt zum Beispiel $1815 = 3 \cdot 5 \cdot 11 \cdot 11$.

Satz 2.12: Primzahldarstellung

Sei n eine natürliche Zahl, und $n \geq 2$. Dann ist n Produkt von Primzahlen.

Beweis:

Wir führen den Beweis mittels verallgemeinerter Induktion.

Induktionsbasis $n = 2$: Da 2 eine Primzahl ist, ist 2 triviales Produkt von sich selbst, also Produkt einer Primzahl.

Induktionsschritt $n \to n+1$: Sei n beliebig und nehmen wir an, dass *alle* Zahlen von 2 bis n sich als Produkte von Primzahlen schreiben lassen. Wir zeigen, dass dann $n+1$ ebenfalls ein Produkt von Primzahlen ist. Dazu machen wir eine Fallunterscheidung.

Fall 1: Angenommen $n+1$ ist eine Primzahl. Dann ist $n+1$ die einzige Primzahl, aus der das Produkt $n+1$ besteht.

Fall 2: Angenommen $n+1$ ist keine Primzahl. Dann gibt es zwei echte Teiler von $n+1$, also natürliche Zahlen a und b mit $2 \leq a, b < n+1$, so dass $n+1 = ab$ gilt. Da a und b beide kleiner als $n+1$ sind, können wir die Induktionsvoraussetzung nutzen und die Zahlen a und b als Produkte von Primzahlen schreiben. Dann ist $n+1 = ab$ auch ein Produkt von Primzahlen. □

Die Folge der sogenannten *harmonischen Zahlen* $H_1, H_2, H_3, \ldots$ ist definiert durch

$$H_n = 1 + \frac{1}{2} + \frac{1}{3} + \cdots + \frac{1}{n}.$$

Satz 2.13: Harmonische Zahlen

Für alle $n = 0,1,\ldots$ gilt:

$$1 + \frac{n}{2} \leq H_{2^n} \leq n + 1.$$

Beweis:

Induktionsbasis: Für $n = 0$ gilt $1 + \frac{0}{2} \leq H_{2^0} = 1 \leq 0 + 1$.
Induktionsvoraussetzung: Es gilt $1 + \frac{n}{2} \leq H_{2^n} \leq n + 1$ für ein festgelegtes n. Unter Anwendung der Induktionsvoraussetzung folgt

$$H_{2^{n+1}} = \overbrace{1 + \frac{1}{2} + \ldots + \frac{1}{2^n}}^{\geq 1 + \frac{n}{2}} + \overbrace{\frac{1}{2^n + 1} + \ldots + \frac{1}{2^{n+1}}}^{2^n \text{ Zahlen}}.$$

3 Zur Erinnerung: $p \in \mathbb{N}$ ist eine *Primzahl* genau dann, wenn $p \geq 2$ gilt und p *nur* durch 1 und p teilbar ist. Achtung: 1 ist also *keine* Primzahl!

Die letzte Summe besteht aus 2^n Zahlen und die kleinste davon ist $\frac{1}{2^{n+1}}$. Somit trägt diese Summe mindestens $2^n \cdot \frac{1}{2^{n+1}} = \frac{1}{2}$ bei, was die erwünschte Ungleichung

$$H_{2^{n+1}} \geq 1 + \frac{n}{2} + \frac{1}{2} = 1 + \frac{n+1}{2}$$

ergibt. Da $\frac{1}{2^n+1}$ die größte der letzten 2^n Zahlen ist, gilt auch

$$H_{2^{n+1}} \leq n + 1 + \frac{2^n}{2^n+1} \leq n + 2 = (n+1) + 1 . \qquad \square$$

Nun zeigen wir, wie man einige wichtige Eigenschaften von Bäumen mittels Induktion relativ leicht beweisen kann.

Satz 2.14:
Jeder Baum mit n Knoten hat $n-1$ Kanten.

Beweis:
Wir beweisen den Satz mittels Induktion über n. Induktionsbasis $n=1$ ist offenbar richtig. Wir nehmen nun an, dass die Aussage des Satzes wahr ist für alle Bäume mit höchstens n Knoten. Sei B ein beliebiger Baum mit $n+1$ Knoten. Da $n+1 \geq 2$, besitzt B mindestens ein Blatt (siehe Aufgabe 1.5), also einen Knoten v vom Grad $d(v) = 1$. Sei e die zu v adjazente Kante mit dem zweiten Endpunkt u, also $e = \{v, u\}$, und sei B' der Baum mit n Knoten, der durch Entnahme des Knoten v und der Kante e entsteht. Dann hat B' nach Induktionsannahme hat $n-1$ Kanten. Für B ergibt sich damit eine Kantenzahl von $(n-1)+1 = n$. $\square$

In vielen Anwendungen ist ein Knoten des Baumes B als Startknoten ausgezeichnet; dann spricht man über einen *Wurzelbaum.* In einem solchen Baum kann das Verhältnis der einzelnen Knoten des Baumes zueinander begrifflich gut beschrieben werden. Dazu benutzt man den Begriff der *Tiefe* eines Knotens.

Als *Tiefe* eines Knotens v von B wird der Abstand von v zur Wurzel (d. h. die Anzahl der Kanten in dem eindeutigen Weg von v zur Wurzel) bezeichnet. Die *Tiefe* $t(B)$ von B ist die maximale Tiefe eines Knotens von T. Alle Knoten gleicher Tiefe bilden ein *Knotenniveau.* Als *Kinder* eines Knotens v von B werden sämtliche Knoten bezeichnet, die zu v benachbart sind und deren Tiefe die von v um eins übersteigt; v heißt *Vater* seiner Kinder. Knoten ohne Kinder heißen *Blätter* (Bild 2.4).

In einem *binären Baum* hat jeder innere Knoten genau zwei Kinder. Was kann man dann über die Tiefe $t(B)$ eines binären Baums B sagen, wenn man die Anzahl der Blätter $|B|$ kennt? Man kann leicht zeigen, dass es sowohl Bäume mit $t(B) = |B| - 1$ wie auch Bäume mit $t(B) = \log_2 |B|$ geben kann (siehe Bild 2.5). Wir werden nun beweisen, dass $\log_2 |B|$ bereits die untere Schranke für die Tiefe ist.

Satz 2.15:
Für jeden binären Wurzelbaum B gilt: $t(B) \geq \log_2 |B|$, d. h.

$$\text{Tiefe}(B) \geq \log_2(\text{Anzahl der Blätter}).$$

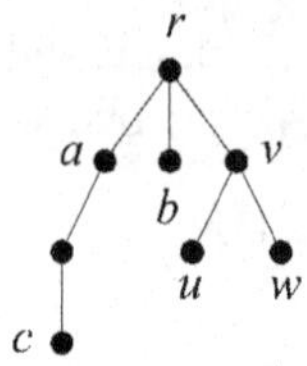

Bild 2.4: Dieser Wurzelbaum mit der Wurzel r hat die Tiefe 3; u und w sind Kinder des Knotens v, und v besitzt die Tiefe 1; a, b und v bilden ein Knotenniveau und c, b, u, w sind die Blätter.

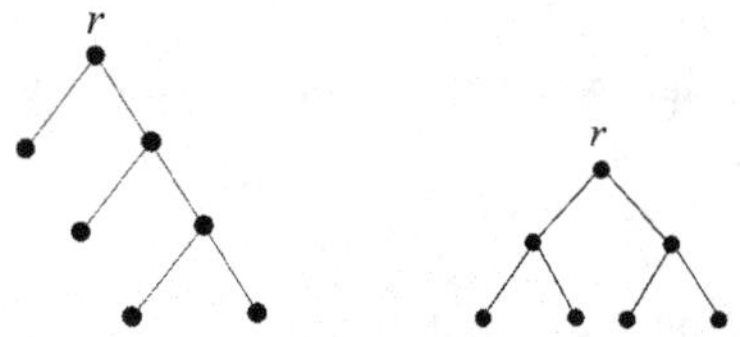

Bild 2.5: Diese beiden binären Bäume haben $|B| = 4$ Blätter; der erste Baum hat die Tiefe $3 = |B| - 1$, während der zweite die Tiefe $2 = \log_2 |B|$ hat.

Beweis:

Wir führen den Beweis mittels Induktion über die Tiefe $t = t(B)$.

Basis $t = 0$: In diesem Fall besteht B nur aus einem Knoten. Dieser Knoten ist ein Blatt, es gilt also $|B| = 1$. Da $1 \leq 2^0$ bzw. $\log_2 1 \leq 0$ gilt, ist die Behauptung für $t = 0$ wahr.

Induktionsschritt $t - 1 \mapsto t$: Sei die Behauptung bereits für alle binären Bäume der Tiefe $\leq t-1$ bewiesen und sei B ein beliebiger binärer Baum der Tiefe $t = t(B)$. Wir wollen zeigen, dass $|B| \leq 2^{t(B)}$ gilt, was äquivalent zu $t(B) \geq \log_2 |B|$ ist.

Sei r die Wurzel von B und seien $\{r, u\}$ und $\{r, v\}$ die beiden mit r inzidenten Kanten. Wir betrachten die beiden in u und v wurzelnden Teilbäume B_u und B_v von B. Beide diese Teilbäume haben Tiefe höchstens $t - 1$ und für die Anzahl der Blätter gilt: $|B_u| + |B_v| = |B|$. Nach Induktionsannahme gilt also

$$|B_u| \leq 2^{t(B_u)} \quad \text{und} \quad |B_v| \leq 2^{t(B_v)}.$$

Wir erhalten damit

$$|B| = |B_u| + |B_v| \leq 2^{t(B_u)} + 2^{t(B_v)} \leq 2 \cdot 2^{t-1} \leq 2^t. \qquad \square$$

2.5 Induktion und Entwurf von Algorithmen

Anwendungen der Induktion findet man in allen mathematischen Gebieten, von Mengenlehre bis Geometrie, von Differenzialrechnung bis Zahlentheorie. Sogar der Beweis des großen Fermat'schen Satzes (Andrew Wiles, 1993) verwendet die Induktion (neben vielen anderen Argumenten).

Die Induktion ist auch in der Informatik wichtig, denn rekursive Algorithmen sind

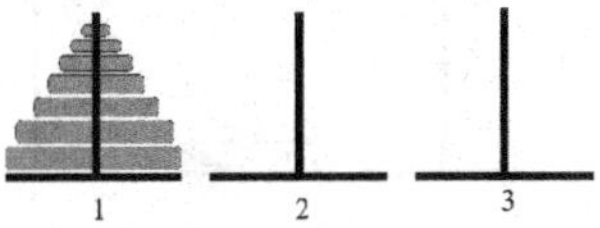

Bild 2.6: Das Spiel »Türme von Hanoi«.

induktive Beschreibungen von Objekten. Deshalb ist Induktion nicht nur für den *Beweis*, dass ein gegebener Algorithmus korrekt ist, geeignet – man kann sie auch für den *Entwurf* der Algorithmen benutzen! Das allgemeine Schema – als *dynamisches Programmieren* bekannt – ist das folgende:

Dynamisches Programmieren Um ein Problem zu lösen, löse zuerst *Teilprobleme* und kombiniere die Lösungen der Teilprobleme zu einer Lösung des ursprünglichen Problems.

2.5.1 Türme von Hanoi

Das folgende Spiel »Türme von Hanoi« wurde 1883 von Eduard Lucas erfunden. Wir haben drei Stäbe 1, 2 und 3. Ursprünglich besitzt der 1. Stab n Ringe, wobei die Ringe in absteigender Größe auf dem Stab aufgereiht sind (mit dem größten Ring als unterstem Ring). Die Stäbe 2 und 3 sind leer (siehe Bild 2.6). Ein Zug besteht darin, einen zuoberst liegenden Ring von einem Stab zu einem anderen zu bewegen. Der Zug ist aber nur dann erlaubt, wenn der Ring auf einen größeren Ring gelegt wird oder wenn der Stab leer ist. Das Spiel ist erfolgreich beendet, wenn alle Ringe von Stab 1 nach Stab 2 bewegt wurden.

Man kann dieses Problem mittels Induktion lösen. Sei $P(n)$ die Aussage: »Wir haben einen Algorithmus, der das Problem für n Scheiben löst.«

Induktionsbasis: $P(0)$ ist wahr, da wir dann überhaupt keine Scheiben haben.

Induktionsschritt: Angenommen, wir wissen bereits, wie man das Problem für $n-1$ Scheiben lösen kann und wollen einen Algorithmus für n Scheiben entwerfen. Dazu beobachten wir, dass das Problem, n Scheiben von Stab 1 zu Stab 2 zu befördern, sich wie folgt lösen lässt:

1. Zunächst verlege die obersten $n-1$ Scheiben von Stab 1 zum als Hilfsstab genutzten Stab 3 (nach Induktionsannahme wissen wir, wie dies zu tun ist):

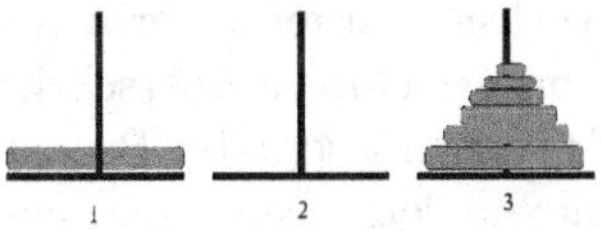

2. Dann verlege die jetzt zuoberst liegende Scheibe von Stab 1 nach Stab 2:

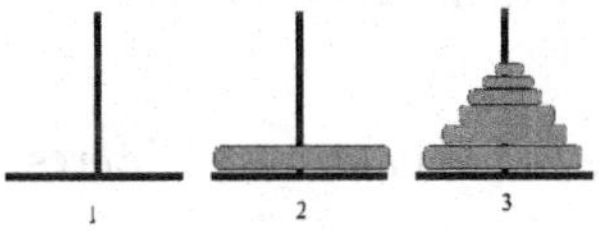

3. Anschließend verlege wieder $n-1$ Scheiben vom Hilfsstab 3 nach Stab 2 (nach Induktionsannahme wissen wir, wie dies zu tun ist):

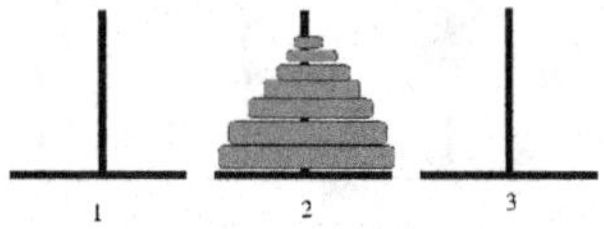

Damit können wir ein rekursives Programm Hanoi$(n; a, b, c)$, das die gegebenen n Scheiben von Stab a auf Stab b befördert, wie folgt beschreiben.

Algorithmus 2.16: Hanoi$(n; a, b, c)$

1. Rufe Hanoi$(n-1; a, c, b)$ auf (befördere die obersten $n-1$ Scheiben von Stab a zu Stab c).
2. Verlege die zuoberst liegende Scheibe von Stab a nach Stab b.
3. Rufe Hanoi$(n-1; c, b, a)$ auf (verlege $n-1$ Scheiben vom Hilfsstab c nach Stab b).

Zu beachten ist dabei, dass sich die Rollen der drei Stäbe (Ausgangs-, Ziel- und Hilfsstab) ständig wechseln.

2.5.2 Das Rucksackproblem

Für diejenigen Leser, die das vorherige Beispiel als zu »spielerisch« empfunden haben, geben wir eine ernsthaftere algorithmische Anwendung der Induktion an.

Eine mathematische Modellierung einer alltäglichen Situation: Geht ein Bergsteiger auf eine mehrtägige Wanderung, hat er sich reiflich zu überlegen, welche Dinge er unbedingt mitführen sollte. Dabei muss er die begrenzte Tragfähigkeit seines Körpers beachten, sein Rucksack sollte also nicht zu schwer sein.

Kann unser Bergsteiger unter n Gegenständen auswählen, hat jeder Gegenstand j eine bestimmte Masse (oder Gewicht) g_j und einen für die Wanderung wichtigen Wert w_j, es ergibt sich somit ein Optimierungsproblem. Zusätzlich wollen wir die Tragfähigkeit des Bergsteigers nicht außer Acht lassen und nehmen an, dass der Bergsteiger höchstens eine Masse von G kg mit sich herumschleppen kann.

In der mathematischen Sprache klingt das Problem so: Es sind m Objekte $1, 2, \ldots, m$ mit Gewichten $g_1, g_2, \ldots, g_m$ und Werten $w_1, w_2, \ldots, w_m$ vorgegeben, ebenso wie eine Gewichtsschranke G (die Tragfähigkeit des Bergsteigers), alle sind positive natürliche Zahlen. D.h. die Eingabe besteht aus $2m+1$ natürlichen Zahlen (Gewichte, Werte und die Gewichtsschranke). Der Rucksack ist mit einer Auswahl von Objekten so zu bepacken, dass einerseits die Gewichtsschranke G nicht überschritten wird und dass andererseits der Gesamtwert maximal ist. Wir suchen also unter Beachtung der Gewichtsschranke G eine Auswahl der Objekte mit maximalem Wert, d. h. eine Teilmenge $I \subseteq \{1, \ldots, m\}$ der Objekte mit

$$\sum_{i \in I} g_i \leq G, \quad \text{so dass der Gesamtwert} \quad \sum_{i \in I} w_i \quad \text{größtmöglich ist}.$$

Einfachheitshalber betrachten wir ein etwas leichteres Problem: Wir wollen nur den Gesamtwert

$$P(m, G) := \max\Big\{ \sum_{i \in I} w_i \;:\; I \subseteq \{1, \ldots, m\} \text{ und } \sum_{i \in I} g_i \leq G \Big\}$$

einer optimalen Bepackung und nicht die Bepackung I selbst berechnen. Das Problem sieht trotzdem sehr schwer aus – es gibt 2^m verschiedene Auswahlmöglichkeiten für I. Ein trivialer Algorithmus, der alle Teilmengen I ausprobiert, würde also eine in der Eingabelänge exponentielle Zeit benötigen. Nichtsdestoweniger kann man das Problem mit Hilfe der Induktion in nur $m \cdot G$ Schritten lösen.

Als unsere Teilprobleme betrachten wir für alle $n \leq m$ und $K \leq G$ die Zahlen

$$P(n, K) := \max\Big\{\sum_{i \in I} w_i \;:\; I \subseteq \{1, \ldots, n\} \text{ und } \sum_{i \in I} g_i \leq K\Big\}.$$

D.h. $P(n, K)$ ist der optimale Wert beim Packen eines Rucksacks der Größe K mit einer Auswahl der Objekte nur aus den ersten n Objekten $1, \ldots, n$. Wir wollen $P(m, G)$ berechnen.

Induktionsbasis: Ist $n = 0$, so gilt $P(0, K) = 0$ für alle $K = 1,2, \ldots, G$.

Induktionsannahme: Wir wissen, wie man die Zahlen $P(n-1, K)$ für alle $1 \leq K \leq G$ berechnen kann. Wir wollen dann die Zahlen $P(n, K)$ für alle $1 \leq K \leq G$ berechnen. Es sei $I \subseteq \{1, \ldots, n\}$ eine *optimale* Bepackung des Rucksacks bis zur Gewichtsschranke K, d.h. es gilt $\sum_{i \in I} w_i = P(n, K)$. Es gibt nur zwei mögliche Fälle: Entweder $n \in I$ (das letzte Objekt n ist im Rucksack) oder $n \notin I$ (das letzte Objekt bleibt draußen). Ist $n \notin I$, so gilt offensichtlich $P(n, K) = P(n-1, K)$, denn in diesem Fall war bereits eine optimale Bepackung des Rucksacks der Größe K mit Objekten aus $\{1, \ldots, n-1\}$ vorhanden. Es bleibt also nur, den Fall $n \in I$ zu betrachten.

Behauptung 2.17:

Aus $P(n, K) = \sum_{i \in I} w_i$ und $n \in I$ folgt $P(n-1, K-g_n) = \sum_{i \in I \setminus \{n\}} w_i$ und somit auch

$$P(n, K) = \sum_{i \in I} w_i = w_n + \sum_{i \in I \setminus \{n\}} w_i = w_n + P(n-1, K-g_n).$$

Beweis:

Die Gleichheit $P(n, K) = \sum_{i \in I} w_i$ bedeutet, dass I eine optimale Bepackung des Rucksacks mit den ersten n Objekten $1, \ldots, n$ bis zur Gewichtsschranke K ist. Wir wissen auch, dass das letzte Objekt n zu I gewhört. Wir müssen zeigen, dass $I \setminus \{n\}$ eine optimale Bepackung des Rucksacks mit den ersten $n-1$ Objekten $1, \ldots, n-1$ bis zur Gewichtsschranke $K - g_n$ ist.

Gäbe es eine andere Auswahl $J \subseteq \{1, \ldots, n-1\}$ mit

$$\sum_{j \in J} g_j \leq K - g_n \quad \text{und} \quad \sum_{j \in J} w_j > \sum_{j \in I \setminus \{n\}} w_j,$$

so wäre auch

$$\sum_{j \in J \cup \{n\}} w_j = w_n + \sum_{j \in J} w_j > w_n + \sum_{j \in I \setminus \{n\}} w_j = \sum_{j \in I} w_j,$$

was unmöglich ist, da I eine optimale Auswahl der Objekte aus $\{1, \ldots, n\}$ ist. □

Damit haben wir gezeigt, dass

$$P(n, K) = \max\left\{P(n-1, K),\ P(n-1, K-g_n) + w_n\right\}$$

für alle $1 \leq n \leq m$ und alle $1 \leq K \leq G$ gilt. Wir können also den Wert $P(m, G)$ der optimalen Bepackung systematisch durch eine Schleife mit $m \cdot G$ Maximumsbildungen aus den schon errechneten Werten berechnen.

2.6 Aufgaben

Aufgabe 2.1:

Von den folgenden drei Aussagen ist genau eine richtig.

A: Hans hat mindestens tausend Bücher.

B: Hans hat weniger als tausend Bücher.

C: Hans hat mindestens ein Buch.

Wieviele Bücher hat Hans?

Aufgabe 2.2:

Zeige, dass die folgenden Formelpaare *nicht* äquivalent sind:

$$(\forall x\, P(x)) \vee (\forall x\, Q(x)) \quad \text{mit} \quad \forall x\, P(x) \vee Q(x)$$
$$(\exists x\, P(x)) \wedge (\exists x\, Q(x)) \quad \text{mit} \quad \exists x\, P(x) \wedge Q(x)\,.$$

Hinweis: Um zu zeigen, dass zwei Formelpaare A und B nicht äquivalent sind, reicht es ein Gegenbeispiel anzugeben. D. h. es reicht ein Universum M und die Prädikate $P(x)$ und $Q(x)$ auf M anzugeben, für die die Äquivalenz $A \iff B$ nicht gilt.

Aufgabe 2.3:

Gib einen Widerspruchs-Beweis für die folgende Aussage an. Für jede natürliche Zahl $a \geq 2$ und für jede natürliche Zahl n gilt: Wenn a ein Teiler von n ist, dann ist a kein Teiler von $n+1$.

Aufgabe 2.4:

Eine reelle Zahl x ist genau dann *rational*, wenn es zwei ganze Zahlen a und b mit der Eigenschaft $x = a/b$ gibt; sonst ist die Zahl *irrational*. Zeige, dass $\sqrt{2}$ eine irrationale Zahl ist. *Hinweis*: Widerspruchsregel. Wäre $\sqrt{2}$ eine rationale Zahl, dann könnte man diese Zahl als Quotient a/b zweier ganzen Zahlen a und b darstellen, wobei a und b keinen gemeinsamen Teiler $k \geq 2$ haben. Zeige, dass in jeder Darstellung $\sqrt{2} = a/b$ die Zahlen a und b beide gerade sein müssen.

Aufgabe 2.5:

Eine Schnecke kriecht tagsüber einen Meter an einer Mauer nach oben, rutscht aber nachts um die Hälfte der erreichten Höhe wieder nach unten. Bezeichnen wir mit h_n die am n-ten Abend erreichte Höhe, so ist $h_{n+1} = \frac{1}{2}h_n + 1$. Zeige, dass

$$h_n = 2 - \frac{1}{2^{n-1}}$$

für alle $n = 1,2,\ldots$ gilt.

Aufgabe 2.6:

Zeige, dass eine Menge aus n Elementen genau 2^n Teilmengen besitzt. *Hinweis*: Induktion über n. Für ein festes Element a und jede Teilmenge S gilt entweder $a \in S$ oder $a \notin S$.

Aufgabe 2.7:

Zeige, dass die Summe $1 + 3 + 5 + \cdots + (2n - 1)$ der ersten n ungeraden natürlichen Zahlen gleich n^2 ist. *Hinweis*: Induktion.

Aufgabe 2.8:

Zeige, dass für jede natürliche Zahl n die Zahlen $n^3 + 2n$ und $n^3 - n$ durch 3 teilbar sind. *Hinweis*: Induktion.

Aufgabe 2.9:

Zeige, dass für jede natürliche Zahl $n \geq 1$ die Ungleichung $\sum_{k=1}^{n} \frac{1}{\sqrt{k}} \geq \sqrt{n+1}$ gilt. *Hinweis*: Nach der Anwendung der Induktionsvoraussetzung reduziert sich das Problem auf eine Ungleichung, deren Gültigkeit man durch Quadrieren nachweisen kann.

Aufgabe 2.10:

Zeige, dass für jede natürliche Zahl n gilt: $\sum\limits_{i=0}^{n} 2^i = 2^{n+1} - 1$.

Aufgabe 2.11:

Zeige, dass für alle natürlichen Zahlen $n, k \geq 1$ gilt: $1 + k/n \leq (1 + 1/n)^k$. *Hinweis*: Zeige, dass die Ungleichung für jedes *festes* n und alle $k = 0,1,\ldots$ gilt.

Aufgabe 2.12: Induktion und das Geld

Zeige mittels Induktion: Jeder Geldbetrag von mindestens 4 Cents lässt sich allein mit Zwei- und Fünfcentstücken bezahlen.

Aufgabe 2.13: Jensen-Ungleichung

Eine reellwertige Funktion $f(x)$ heißt *konvex*, falls für jede reelle Zahl λ zwischen 0 und 1 gilt:

$$f(\lambda a + (1 - \lambda)b) \leq \lambda f(a) + (1 - \lambda) f(b) .$$

D. h. $f(x)$ ist konvex in einem Intervall (a, b) mit $a < b$, falls alle Werte $f(x)$ unterhalb der Geraden durch $(a, f(a))$ und $(b, f(b))$ liegen (Bild 2.7). Gilt die Ungleichung in der anderen Richtung (also $\geq$), so heißt die Funktion $f(x)$ *konkav*.

Sei $f(x)$ eine konvexe Funktion. Seien $0 \leq \lambda_i \leq 1$ mit $\sum_{i=1}^{r} \lambda_i = 1$. Zeige, dass dann die Ungleichung

$$f(\lambda_1 x_1 + \cdots + \lambda_r x_r) \leq \lambda_1 f(x_1) + \cdots + \lambda_r f(x_r)$$

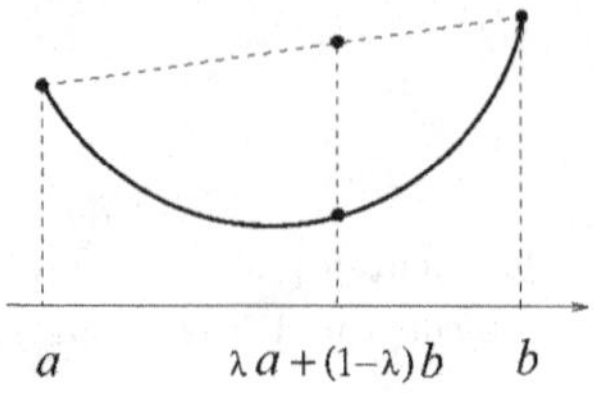

Bild 2.7: Eine konvexe Funktion.

gilt. Diese Ungleichung ist als *Jensen-Ungleichung* bekannt. *Hinweis*: Induktion über r. Ist die Funktion $f(x)$ konkav, so gilt die umgekehrte Ungleichung.

Aufgabe 2.14: Induktion und Algorithmen

Wir betrachten das folgende Maximierungsproblem. Gegeben sind eine endliche Menge A und eine Abbildung $f : A \to A$. Das Ziel ist, eine größtmögliche Teilmenge $S \subseteq A$ zu finden, so dass die Einschränkung f_S von f auf S eine Bijektion ist, d. h. es muss Folgendes gelten:

1. $f(S) \subseteq S$,
2. für alle $y \in S$ gibt es genau ein $x \in S$ mit $f(x) = y$.

Zeige, wie man dieses Problem mit Hilfe der Induktion lösen kann. *Hinweis*: Reduziere das Problem für Mengen A mit n Elementen auf dasselbe Problem für Mengen mit $n - 1$ Elementen.

Aufgabe 2.15: Das »Berühmtheits-Problem«

An einer Party nehmen n Personen teil. Eine *Berühmtheit* ist eine Person X, die keine andere der $n - 1$ Teilnehmer kennt aber allen anderen Personen bekannt ist. Wir kommen in eine solche Party und wollen wissen, ob da eine Berühmtheit gibt und, falls ja, diese Berühmtheit auch herausfinden. Wir können nur die Fragen stellen, ob eine Person eine andere Person kennt oder nicht. Insgesamt gibt es also $n(n - 1)$ mögliche Fragen.

Zeige, wie man dieses Problem mit nur $3(n-1)$ Fragen lösen kann. *Hinweis*: Benutze Induktion, d. h. reduziere das Problem von n auf $n - 1$ Personen.

3 Kombinatorik

Ein Mathematiker ist eine Maschine, die Kaffee in Theoreme verwandelt.

- Paul Erdős

Kombinatorik beschäftigt sich vor allem mit *endlichen* Mengen. In der klassischen Kombinatorik geht es hauptsächlich um Fragen vom Typ: »Auf wie viele Arten kann man ...«, was im Extremfall heißen soll »Kann man überhaupt ...?«. Um vernünftig über solche Fragen reden zu können, bilden wir die Menge der Objekte, die uns interessieren, und fragen nach ihrer Mächtigkeit. In der Kombinatorik haben sich dazu einige spezielle Regeln herausgebildet, die alle ganz klar sind, sobald man sie einmal gesehen hat, auf die man aber erst einmal kommen muss.

3.1 Kombinatorische Abzählregeln

Die einfachsten kombinatorischen Abzählregeln sind in dem folgenden Satz gesammelt.

Satz 3.1:

1. *Gleichheitsregel*: Wenn zwischen Mengen A und B eine bijektive Abbildung existiert, dann gilt: $|A| = |B|$.
2. *Summenregel*: Sind die Mengen $A_1, A_2, \dots, A_k$ paarweise disjunkt, dann gilt:
$$|A_1 \cup A_2 \cup \dots \cup A_k| = |A_1| + |A_2| + \dots + |A_k| .$$
3. *Zerlegungsregel*: Ist $f : A \to B$ eine Abbildung, dann gilt:
$$|A| = \sum_{b \in B} |f^{-1}(b)| .$$
4. *Produktregel*: Für endliche Mengen $A_1, \dots, A_k$ gilt:
$$|A_1 \times A_2 \times \dots \times A_k| = |A_1| \cdot |A_2| \cdots |A_k| .$$

Beweis:

Die ersten zwei Regeln sind trivial. Die 3. Regel folgt aus der Summenregel, da die Mengen $f^{-1}(b)$ disjunkt sind und ihre Vereinigung die ganze Menge A ergibt.

Um die 4. Regel zu beweisen, reicht es zu zeigen, dass $|A \times B| = |A| \cdot |B|$ für endliche Mengen A, B gilt. Das kann man mittels Induktion nach $n := |A|$ beweisen (dabei sei B beliebig aber fest). Induktionsbasis: für $n = 0$ ist $A = \emptyset$, also auch $A \times B = \emptyset$.

Induktionsschritt: $n \mapsto n + 1$. Sei A eine ***beliebige*** Menge mit $|A| = n + 1$ Elementen. Wegen $n + 1 \geq 1$ existiert ein Element $a \in A$. Wir betrachten die Menge

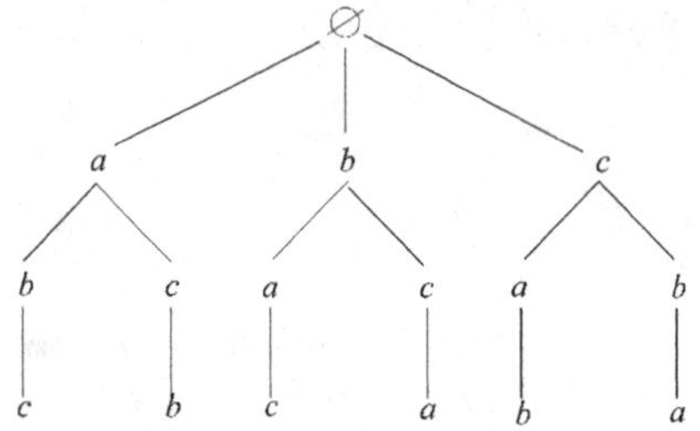

Bild 3.1: Veranschaulichung der Konstruktion der sechs Permutationen von $\{a, b, c\}$.

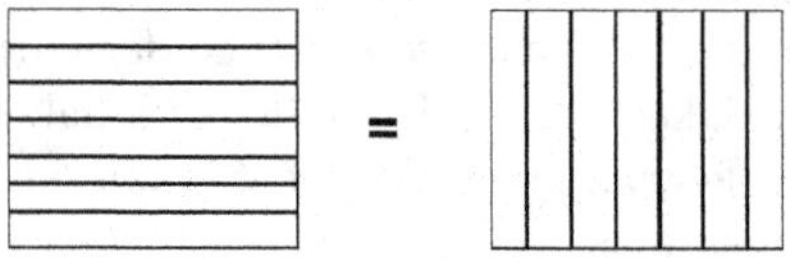

Bild 3.2: Die Summe über die Zeilen ist gleich der Summe über die Spalten.

$X := A \setminus \{a\}$. Dann hat X nur n Elemente, erfüllt also $|X \times B| = n \cdot |B|$ nach Induktionsvoraussetzung. Wegen

$$A \times B = (\{a\} \times B) \cup (X \times B) \quad \text{und } (\{a\} \times B) \cap (X \times B) = \emptyset$$

folgt aus der Summenregel

$$|A \times B| = |\{a\} \times B| + |X \times B| = |B| + n \cdot |B| = (n+1) \cdot |B| = |A| \cdot |B| . \qquad \square$$

Die Produktregel besagt insbesondere Folgendes: Wenn man ein Objekt in k Schritten konstruiert, und man im i-ten Schritt die Wahl zwischen s_i Möglichkeiten hat, dann kann man das Objekt insgesamt auf $s_1 \cdot s_2 \cdot \ldots \cdot s_k$ Arten konstruieren. Man kann sich diese Regel mit einem Baumdiagramm veranschaulichen (siehe Bild 3.1).

3.2 Prinzip des doppelten Abzählens

Das sogenannte *Prinzip des doppelten Abzählens* ist die folgende offensichtliche Aussage: Wenn wir die Elemente einer endlichen Menge in zwei verschiedenen Reihenfolgen abzählen (und dabei jeweils keine Fehler machen), dann werden wir die gleichen Antworten erhalten. Anschaulich ist das Prinzip im Bild 3.2 dargestellt. Das Prinzip selbst folgt unmittelbar aus der Summenregel.

Satz 3.2: Prinzip des doppelten Abzählens

Sei A eine Tabelle mit m Zeilen, n Spalten und mit Elementen 0 und 1. Sei z_i die Anzahl der Einsen in der i-ten Zeile, und s_j die Anzahl der Einsen in der j-ten

Spalte. Dann gilt

$$\sum_{i=1}^{m} z_i = \sum_{j=1}^{n} s_j = \text{Gesamtzahl der Einsen in } A\,.$$

Beispiel 3.3: Satz von Euler

Ein typisches Beispiel ist der folgende Satz von Euler aus dem Jahre 1736. Er besagt, dass in jedem(!) ungerichteten Graphen $G = (V, E)$ die Summe der Grade aller Knoten gerade sein muss. Es gilt nämlich

$$\sum_{u \in V} d(u) = 2 \cdot |E|\,.$$

Um das zu beweisen, betrachten wir eine aus $n = |V|$ Zeilen und $m = |E|$ Spalten bestehende Tabelle. Wir beschriften die Zeilen mit Knoten $u \in V$ und die Spalten mit Kanten $e \in E$. Der Eintrag zu (u, e) ist gleich 1, falls u ein Endknoten von e ist, und ist sonst gleich 0. Dann hat die Zeile zu jedem Knoten u genau $d(u)$ Einsen und die Spalte zu jeder Kante e genau 2 Einsen. Die Behauptung folgt also direkt aus dem Prinzip des doppelten Abzählens.

Beispiel 3.4:

Gäste treffen sich auf einer Party. Diejenigen, die sich kennen, schütteln sich die Hände. Wir behaupten, dass auf jeder Party die Anzahl der Gäste, die eine *ungerade* Anzahl von Bekannten begrüßen, *gerade* sein muss. Warum? Wir stellen die Gäste als Knoten eines »Bekanntschaftsgraphen« dar, wobei u und v mit einer Kante genau dann verbunden sind, wenn u und v sich kennen. Der Grad $d(u)$ von u ist also die Anzahl der Gäste in der Party, die u kennt (und deren Hand u schüttelt). Da nach Beispiel 3.3 die Summe aller Grade $d(u)$ *gerade* sein muss, muss die Anzahl der Gäste u mit einem ungeraden Grad $d(u)$ gerade sein.

Wir geben nun zwei ernsthaftere Anwendungen des Prinzip des doppelten Abzählens an.

Beispiel 3.5: Durchschnittliche Anzahl der Teiler

Wieviele Teiler hat eine Zahl? Wenn wir die Anzahl der Teiler einer natürlichen Zahl k durch $\tau(k)$ bezeichnen, dann verhält sich diese Funktion höchst unregelmäßig: Ist k prim, so ist $\tau(k) = 2$ (es gibt nur zwei Teiler: 1 und k); ist $k = 2^m$ eine Zweierpotenz, so ist $\tau(k) = m + 1$, usw. Es ist deshalb etwas überraschend, dass man die *durchschnittliche* Anzahl

$$\widetilde{\tau}(n) = \frac{\tau(1) + \tau(2) + \cdots + \tau(n)}{n}$$

der Teiler der ersten n Zahlen ziemlich exakt bestimmen kann: Diese Anzahl ist logarithmisch in n.

Satz 3.6:

$\ln n - 1 \leq \widetilde{\tau}(n) \leq \ln n + 1.$

Tabelle 3.1: $T(i,j) = 1$ genau dann, wenn j durch i teilbar ist

	1	2	3	4	5	6	7	8	9	10	11	12
1	1	1	1	1	1	1	1	1	1	1	1	1
2		1		1		1		1		1		1
3			1			1			1			1
4				1				1				1
5					1					1		
6						1						1
7							1					
8								1				

Beweis:

Wir wenden das Prinzip des doppelten Abzählens an. Dazu betrachten wir eine Tabelle T mit n Zeilen und n Spalten und mit Einträgen $T(i,j) = 1$, falls j durch i ohne Rest teilbar ist, und $T(i,j) = 0$ sonst (siehe Tabelle 3.1). Die Spalte zu j hat also genau $\tau(j)$ Einsen. Aufsummiert über alle n Spalten ergibt sich daher ingesamt $S_n = \tau(1) + \cdots + \tau(n)$ Einsen.

Wieviele Einsen enthält nun die Zeile zu i? Diese Zahl ist gleich der Anzahl der durch i teilbaren Zahlen in $\{1,2,\ldots,n\}$, d. h. ist gleich der Anzahl r der Vielfachen $i, 2i, \ldots, ri$ von i mit $ri \leq n$. Somit ist die Anzahl der Einsen in der i-ten Zeile gleich der größten *ganzen* Zahl r mit $r \leq n/i$; diese Zahl ist durch $\lfloor n/i \rfloor$ bestimmt (Gauß-Klammern). Nach dem Prinzip des doppelten Abzählens gilt also

$$\widetilde{\tau}(n) = \frac{1}{n} S_n = \frac{1}{n} \sum_{i=1}^{n} \left\lfloor \frac{n}{i} \right\rfloor \leq \frac{1}{n} \sum_{i=1}^{n} \frac{n}{i} = \sum_{i=1}^{n} \frac{1}{i} \,.$$

Die Summe $H_n = \sum_{i=1}^{n} \frac{1}{i}$ auf der rechten Seite ist als »harmonische Reihe« bekannt. Die Abschätzungen $1 + \frac{1}{2}\log_2 n \leq H_n \leq 1 + \log_2 n$ haben wir bereits in Satz 2.13 mittels Induktion bewiesen. Es gelten aber auch die etwas schärferen Abschätzungen $\ln n < H_n \leq \ln n + 1$, die wir erst viel später beweisen werden (siehe Satz 10.37). Da $x - 1 < \lfloor x \rfloor \leq x$ für jede reelle Zahl x gilt, können wir $\widetilde{\tau}(n)$ mittels H_n nach oben wie auch nach unten abschätzen:

$$\ln n - 1 < H_n - 1 < \widetilde{\tau}(n) \leq H_n \leq \ln n + 1 \,.$$

□

Beispiel 3.7: Graphen mit verbotenen Teilgraphen

Eine typische Fragestellung in der Graphentheorie ist die folgende: Für einen festen Graphen H, wieviele Kanten kann ein H-freier Graph mit n Knoten maximal enthalten? Ein Graph G ist *H-frei*, falls H kein Teilgraph von G ist.

Man kann diese Frage auch für einen »Freundschaftsgraphen« $G = (V,E)$ stellen. Die Knoten $u \in V$ sind Personen, und eine Kante $\{u,v\} \in E$ bedeutet, dass u

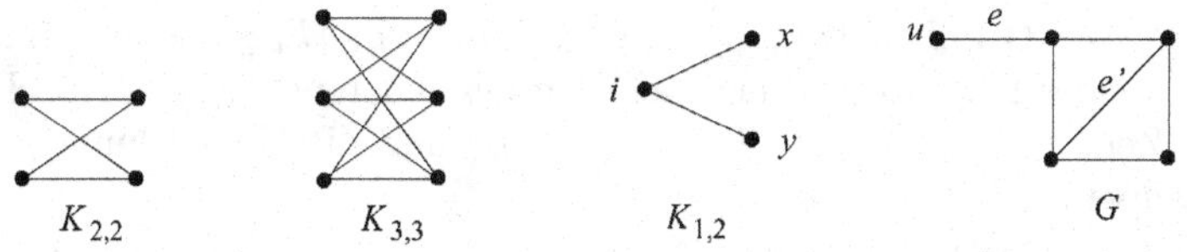

Bild 3.3: Vollständige bipartite Graphen $K_{2,2}$, $K_{3,3}$ und $K_{1,2}$. Der Graph G ist nicht $K_{2,2}$-frei: Es reicht den Knoten u und die Kanten e, e' zu entfernen, um $K_{2,2}$ zu erhalten.

mit v befreundet sind. Hat dieser Graph $n = |V|$ Knoten, so kann es maximal[1] $\binom{n}{2} = n^2/2 - n/2$ Freundschaften (Kanten) geben: Jeder ist mit jedem befreundet.

Frage 1: Wieviele Freundschaften kann es geben, wenn keine zwei befreundeten Personen *einen* gemeinsamen Freund haben? Ist K_3 ein *Dreieck*, also ein aus drei benachbarten Knoten bestehender Graph, so fragen wir, wieviel Kanten ein K_3-freier Graph enthalten kann? Die Antwort ist hier: Bis zu $n^2/4$ Kanten! Dazu reicht es einen vollständigen bipartiten Graphen $K_{r,r}$ mit $r = n/2$ zu nehmen (Bild 3.3); wir werden in Abschnitt 3.4 (Beispiel 3.23) zeigen, dass dies auch optimal ist: Kein dreiecksfreier Graph kann mehr als $n^2/4$ Kanten enthalten.

Frage 2: Wieviele Freundschaften kann es geben, wenn keine zwei (diesmal nicht unbedingt befreundeten) Personen *zwei* gemeinsame Freunde haben? Ist $K_{2,2}$ ein vollständiger bipartiter Graph auf 4 Knoten (siehe Bild 3.3 links), so fragen wir nun, wieviel Kanten ein $K_{2,2}$-freier Graph enthalten kann. Interessanterweise wird dann die maximale mögliche Anzahl der Kanten drastisch auf $n^{3/2}$ reduziert!

Satz 3.8:

Jeder $K_{2,2}$-freie ungerichtete Graph mit n Knoten kann höchstens $n^{3/2}$ Kanten enthalten.

Beweis:

Sei $G = (V, E)$ ein $K_{2,2}$-freier Graph mit $V = \{1, \ldots, n\}$. Seien $d_1, d_2, \ldots, d_n$ die Grade der Knoten in G. Wir wollen zunächst zeigen, dass dann die Ungleichung

$$\sum_{i=1}^{n} \binom{d_i}{2} \leq \binom{n}{2} \tag{3.1}$$

gilt. Dazu wenden wir das Prinzip des doppelten Abzählens an. Wir betrachten nämlich eine aus n Zeilen und $m = \binom{n}{2}$ Spalten bestehende Tabelle T. Wir interpretieren die Zeilen als Knoten $1, 2, \ldots, n$ und die Spalten als Knotenpaare $\{x, y\}$ mit $x \neq y$. Der Eintrag zu $(i, \{x, y\})$ ist gleich 1, falls der Knoten i mit *beiden* Knoten x und y verbunden ist, und ist sonst gleich 0. Die Anzahl $|T|$ der Einsen in der Tabelle T ist also genau die Anzahl der Teilgraphen $K_{1,2}$ in G (siehe Bild 3.3).

Wegen der $K_{2,2}$-Freiheit von G kann jede Spalte $\{x, y\}$ von T höchstens eine Eins enthalten, sonst hätten wir eine Kopie von $K_{2,2}$ in G entdeckt: Einsen in den Einträgen $(i, \{x, y\})$ und $(j, \{x, y\})$ für $i \neq j$ bedeuten ja die Anwesenheit

1 Hier bezeichnet $\binom{n}{2} = \frac{1}{2}n(n-1)$ die Anzahl der 2-elementigen Teilmengen von $\{1, \ldots, n\}$; wir werden diese Zahlen im nächsten Abschnitt genauer betrachten.

eines $K_{2,2}$-Graphen $\{i, j, x, y\}$ in G. Somit gilt $|T| \leq m = \binom{n}{2}$. Andererseits, trägt jedes Paar $\{x, y\}$ der Nachbarn des Knotens i genau eine Eins in der i-ten Zeile bei. Somit gilt $|T| = \sum_{i=1}^{n} \binom{d_i}{2}$ und die Ungleichung (3.1) ist damit bewiesen.

Da nach Beispiel 3.3 $|E| = \frac{1}{2}\sum_{i=1}^{n} d_i$ gilt, genügt es, aus (3.1) eine obere Schranke für die Summe $\sum_{i=1}^{n} d_i$ abzuleiten. Wir können o.B.d.A. annehmen, dass $d_i \geq 1$ für alle $i = 1, \ldots, n$ gilt. Dann gilt auch $\binom{d_i}{2} = d_i(d_i - 1)/2 \geq \frac{1}{2}(d_i - 1)^2$, was zusammen mit $\binom{n}{2} \leq \frac{1}{2}n^2$ und (3.1) die Ungleichung

$$\sum_{i=1}^{n}(d_i - 1)^2 \leq n^2$$

liefert. Nun benutzen wir die Cauchy–Schwarz-Ungleichung[2]

$$\sum_{i=1}^{n} x_i y_i \leq \sqrt{\sum_{i=1}^{n} x_i^2}\sqrt{\sum_{i=1}^{n} y_i^2}$$

mit $x_i = d_i - 1$ und $y_i = 1$, und erhalten

$$2|E| - n = \sum_{i=1}^{n}(d_i - 1) \leq \sqrt{\sum_{i=1}^{n}(d_i - 1)^2} \cdot \sqrt{\sum_{i=1}^{n} 1} \leq \sqrt{n^2} \cdot \sqrt{n} = n^{3/2}$$

und somit auch $|E| \leq \frac{1}{2}(n^{3/2} + n) \leq n^{3/2}$. □

3.3 Binomialkoeffizienten

Sei X eine endliche Menge mit $n = |X|$ Elementen und $k \leq n$. Eine *k-elementige* Teilmenge von X ist eine Menge $\{x_1, x_2, \ldots, x_k\}$ aus k verschiedenen Elementen von X (die Ordnung hier ist unwichtig!). Die Anzahl solcher Teilmengen bezeichnet man mit $\binom{n}{k}$ und nennt diese Zahl *binomischer Koeffizient* (oder *Binomialkoeffizient*). Also ist

$$\binom{n}{k} := \text{Anzahl der } k\text{-elementigen Teilmengen einer } n\text{-elementigen Menge.}$$

Beachte, dass $\binom{n}{k}$ auch die Anzahl der 0-1 Folgen der Länge n mit k Einsen ist; eine Eins bzw. eine Null an Position i sagt uns, ob das i-te Element von X gewählt bzw. nicht gewählt wird. Eine andere wichtige Beobachtung ist, dass jede k-elementige Teilmenge $A \subseteq X$ eindeutig durch ihr Komplement, also die $(n - k)$-elementige Teilmenge $X \setminus A$, bestimmt ist. Somit ist die Anzahl der k-elementigen Teilmengen einer n-elementigen Menge gleich der Anzahl der $(n - k)$-elementigen Teilmengen derselben Menge. Daraus

2 Wir werden diese Ungleichung erst später beweisen (siehe Satz 6.16 in Abschnitt 6.5).

folgt

$$\binom{n}{k} = \binom{n}{n-k}. \tag{3.2}$$

Eine k-*Permutation* von X ist eine geordnete Folge $(x_1, x_2, \ldots, x_k)$ aus k verschiedenen Elementen von X (die Ordnung ist hier wichtig!). Die Anzahl solcher Folgen bezeichnet man mit $(n)_k$. Für $k = n$ schreibt man $n!$ statt $(n)_n$, gesprochen: »n *Fakultät*«; man setzt auch $0! = 1$ (nur eine Vereinbarung).

Numerisch lassen sich die Binomialkoeffizienten und Fakultäten wie folgt berechnen:

Satz 3.9:

Es gilt

$$(n)_k = n(n-1)\cdots(n-k+1)$$

und

$$\binom{n}{k} = \frac{(n)_k}{k!} = \frac{n!}{k!(n-k)!} = \frac{n}{1} \cdot \frac{n-1}{2} \cdot \frac{n-2}{3} \cdot \ldots \cdot \frac{n-k+1}{k}.$$

Beweis:

Die erste Gleichheit folgt unmittelbar aus der Produktregel: Es gibt n Möglichkeiten, das erste Element x_1 auszuwählen; danach gibt es immer noch $n-1$ Möglichkeiten, das zweite Element x_2 aus $n-1$ noch verbleibenden Elementen auszuwählen, usw. Letztendlich gibt es $n-(k-1) = n-k+1$ Möglichkeiten das k-te Element x_k auszuwählen. Insgesamt gibt es also $n(n-1)\cdots(n-k+1)$ Möglichkeiten eine geordnete Folge $(x_1, x_2, \ldots, x_k)$ aus k verschiedenen Elementen einer n-elementigen Menge auszuwählen.

Eine geordnete Folge $(x_1, x_2, \ldots, x_k)$ aus k verschiedenen Elementen einer n-elementigen Menge kann man auch auf eine andere Weise auswählen: Zuerst wählt man eine k-elementige Teilmenge $\{x_1, x_2, \ldots, x_k\}$ aus k verschiedenen Elementen und dann permutiert man diese Teilmenge. Im ersten Schritt haben wir $\binom{n}{k}$ Möglichkeiten und im zweiten $k!$ Möglichkeiten; also insgesamt $\binom{n}{k} \cdot k! = (n)_k$ Möglichkeiten, woraus $\binom{n}{k} = (n)_k / k!$ folgt. □

Es gibt viele nützliche Gleichungen, die die Arbeit mit Binomialkoeffizienten erleichtern. Um solche Gleichungen zu erhalten, reicht es in den meisten Fällen, die *kombinatorische* (nicht die *numerische*, im Satz 3.9 angegebene) Beschreibung der Binomialkoeffizienten auszunutzen. So haben wir zum Beispiel die Gleichung 3.2 erhalten. In einer ähnlichen Weise kann man auch andere Gleichungen beweisen.

Satz 3.10: Pascal'scher Rekurrenzsatz

$$\binom{n+1}{k} = \binom{n}{k-1} + \binom{n}{k}.$$

Beweis:

Sei X eine Menge mit $|X| = n + 1$ Elementen. Fixiere ein beliebiges $x \in X$. Die Anzahl der k-elementigen Teilmengen von X, die das Element x enthalten, ist $\binom{n}{k-1}$ und die Anzahl der k-elementigen Teilmengen von X, die das Element x vermeiden (d. h. nicht enthalten), ist $\binom{n}{k}$. Da es keine anderen k-elementigen Teilmengen in X gibt, folgt die Behauptung. □

3.3.1 Auswahl mit Wiederholungen

Wieviele Möglichkeiten gibt es, b Bonbons an k Kinder zu verteilen? Wenn wir nicht mehr Bonbons als Kinder haben ($b \leq k$), dann sollten wir keinem der Kinder mehr als ein Bonbon geben. Jede Auswahlmöglichkeit entspricht einer Auswahl der b (glücklichen) Kinder, die diese b Bonbons bekommen sollen. Dies ist eine Auswahl *ohne Wiederholungen.* Die Anzahl der Verteilungsmöglichkeiten ist in diesem Fall gleich $\binom{k}{b}$: Wir wählen einfach b Kinder aus insgesamt k, die die Bonbons bekommen sollen.

Angenommen, wir haben genug Bonbons ($b \geq k$) aber wir kümmern uns nicht darum, ob jedes Kind ein Bonbon kriegt. In diesem Fall ist unsere Auswahl *mit Wiederholungen*: Wir können ein und dasselbe Kind mehrmals wählen. Um die Anzahl der Auswahlmöglichkeiten in diesem Fall zu bestimmen, stellen wir die Bonbons in einer Reihe auf und laden die Kinder nacheinander ein. Jedes Kind nimmt von den verbleibenden Bonbons keins, eins oder mehrere bis wir es anhalten und das nächste Kind einladen. Jede solche Verteilung der Bonbons entspricht genau einer Folge aus Nullen und Einsen der Länge $b + (k - 1) = b + k - 1$ mit $k - 1$ Einsen:

$$\underbrace{0\ldots0}_{x_1}1\underbrace{0\ldots0}_{x_2}1\underbrace{0\ldots0}_{x_3}1\ldots\ldots1\underbrace{0\ldots0}_{x_k},$$

wobei x_i die Anzahl der von dem i-ten Kind gesammelten Bonbons ist, bis wir es weg schicken. Da wir unfair sind, kann es passieren, dass einige x_i's auch gleich Null sind. Nach der Definition der Binomialkoeffizienten, gibt es genau $\binom{b+k-1}{k-1} = \binom{b+k-1}{b}$ 0-1 Folgen der Länge $b + k - 1$ mit $k - 1$ Einsen; hier haben wir die Gleichung (3.2) ausgenutzt. Somit haben wir genau $\binom{b+k-1}{b}$ Möglichkeiten, die Bonbons zu verteilen.

Dieses »Bonbon-Argument« liefert uns den folgenden Fakt:

Behauptung 3.11:

Die Anzahl der nicht negativen ganzzahligen Lösungen $(x_1, \ldots, x_k)$ der Gleichung

$$x_1 + \cdots + x_k = b$$

ist gleich $\binom{b+k-1}{b}$.

3.3.2 Binomischer Lehrsatz

Der folgende, (aus heutiger Sicht) einfache aber äußerst nützliche Satz, bekannt als *Binomischer Lehrsatz*, wurde ca. 1666 von Sir Isaac Newton bewiesen. Dieser Satz erklärt den Namen: Binomialkoeffizienten sind die Koeffizienten, die auftreten, wenn man den »binomischen« Ausdruck $(x + y)^n$ ausmultipliziert.

Satz 3.12: Binomischer Lehrsatz

Sei n eine positive ganze Zahl. Dann gilt für alle reellen Zahlen x und y:

$$(x+y)^n = \sum_{k=0}^{n} \binom{n}{k} x^k y^{n-k} .$$

Beweis:

Wenn wir die Terme

$$(x+y)^n = \underbrace{(x+y)\cdot(x+y)\cdot\ldots\cdot(x+y)}_{n-\text{mal}}$$

ausmultiplizieren, dann gibt es für jedes $k = 0,1,\ldots,n$ genau $\binom{n}{k}$ Möglichkeiten den Term $x^k y^{n-k}$ zu erhalten. Warum? Man erhält den Term $x^k y^{n-k}$ genau dann, wenn man aus n Möglichkeiten – den n Faktoren $(x+y)$ – genau k mal den ersten Summanden x wählt. □

Man kann den binomischen Lehrsatz auch mittels Induktion über n beweisen (Aufgabe 3.6).

Beachte, dass der binomische Lehrsatz eine Verallgemeinerung der uns bereits aus der Schule bekannten Gleichung $(x+y)^2 = x^2 + 2xy + y^2$ ist:

$$(x+y)^2 = \binom{2}{0} x^0 y^2 + \binom{2}{1} x^1 y^1 + \binom{2}{2} x^2 y^0 = x^2 + 2xy + y^2 .$$

Beispiel 3.13: Parität der Zahlenpotenzen

Obwohl einfach, ist der binomische Lehrsatz in vielen Situationen sehr nützlich. Um ein typisches Beispiel anzugeben, werden wir die folgende Eigenschaft der ganzen Zahlen zeigen (vgl. Beispiel 2.3): Für jede ganze Zahl n und für jede natürliche Zahl $k \geq 1$ gilt

$$n^k \text{ ist ungerade} \iff n \text{ ist ungerade}.$$

Die Richtung ($\Rightarrow$) folgt nach der Kontrapositionsregel: Wäre nämlich n gerade, würde also $n = 2m$ für eine ganze Zahl m gelten, so wäre auch $n^k = 2^k(m^k)$ eine gerade Zahl. Um die andere Richtung ($\Leftarrow$) zu beweisen, nehmen wir an, dass n ungerade ist, d. h. n hat die Form $n = 2m + 1$ für eine ganze Zahl m. Wir setzen $x = 2m$, $y = 1$ und wenden den binomischen Lehrsatz an:

$$n^k = (2m+1)^k = 1 + (2m)^1\tbinom{k}{1} + (2m)^2\tbinom{k}{2} + \cdots + (2m)^k\tbinom{k}{k} .$$

Also hat unsere Zahl n^k die Form 1 plus eine gerade Zahl, und muss deshalb ungerade sein.

Gemäß Gleichung (3.2) steigt für jedes feste n der Wert der Binomialkoeffizienten bis zur Mitte und dann fällt er wieder:

$$1 = \binom{n}{0} < \binom{n}{1} < \ldots < \binom{n}{\lfloor n/2 \rfloor} = \binom{n}{\lceil n/2 \rceil} > \ldots > \binom{n}{n-1} > \binom{n}{n} = 1\,.$$

Nach dem binomischen Lehrsatz ist die Summe aller diesen $n+1$ Zahlen gleich 2^n:

$$\sum_{k=0}^{n} \binom{n}{k} = \sum_{k=0}^{n} \binom{n}{k} 1^k 1^{n-k} = (1+1)^n = 2^n\,,$$

was der Anzahl aller Teilmengen einer n-elementigen Menge entspricht.

Für wachsende n und k ist es i. A. schwer, den Binomialkoeffizienten $\binom{n}{k}$ exakt auszurechnen. Andererseits reicht es für viele Anwendungen, nur die Zuwachsrate (wie schnell oder wie langsam $\binom{n}{k}$ wächst) zu wissen. Dafür genügen bereits die folgenden Abschätzungen:

Lemma 3.14: Abschätzungen der Binomialkoeffizienten

Für alle natürlichen Zahlen $0 < k \leq n$ gilt

$$\left(\frac{n}{k}\right)^k \leq \binom{n}{k} \leq \left(\frac{\mathrm{e}n}{k}\right)^k .$$

Beweis:

Untere Schranke: Zunächst beobachten wir, dass

$$\frac{n}{k} \leq \frac{n-r}{k-r}$$

für alle $n \geq k \geq 1$ und $0 \leq r < k$ gilt. Warum? Wir können diese Ungleichung als $n(k-r) \leq k(n-r)$ oder äquivalent als $kr \leq nr$ umschreiben. Daraus folgt:

$$\left(\frac{n}{k}\right)^k = \frac{n}{k} \cdot \frac{n}{k} \cdots \frac{n}{k} \leq \frac{n}{k} \cdot \frac{n-1}{k-1} \cdots \frac{n-k+1}{1} = \binom{n}{k}.$$

Obere Schranke: Nach der für alle $x \in \mathbb{R}$, $x \neq 0$ geltenden Ungleichung[3] $1 + x < \mathrm{e}^x$ und dem binomischen Lehrsatz gilt:

$$\mathrm{e}^{nt} > (1+t)^n = \sum_{j=0}^{n} \binom{n}{j} t^j \geq \binom{n}{k} t^k .$$

Für $t = k/n$ erhält man die erwünschte Ungleichung

$$\mathrm{e}^k > \binom{n}{k} \left(\frac{k}{n}\right)^k .$$

□

3 Siehe Lemma 10.19 für den Beweis.

Für die Fakultäten reichen oft die folgenden Abschätzungen völlig aus:

$$\left(\frac{n}{2}\right)^{n/2} \le n! \le n^n$$

In Abschnitt 8.1 werden wir die etwas besseren Abschätzungen

$$\mathrm{e}\left(\frac{n}{\mathrm{e}}\right)^n < n! < \mathrm{e}n\left(\frac{n}{\mathrm{e}}\right)^n$$

beweisen. Die beste bekannte Abschätzung ist durch die berühmte *Stirling-Formel*[4] gegeben:

$$\sqrt{2\pi n}\left(\frac{n}{\mathrm{e}}\right)^n \le n! \le \sqrt{2\pi n}\left(\frac{n}{\mathrm{e}}\right)^n \mathrm{e}^{1/12n}\,. \qquad (3.3)$$

Beispiel 3.15: Ist Kombinatorik nur etwas für Kinder?

Die bisher betrachteten Aussagen könnten den Eindruck erwecken, dass die Kombinatorik eine »Freizeitmathematik« ist: Gehe einfach alle Möglichkeiten durch und zähle dabei. Wie das folgende Beispiel zeigt, trügt der Schein: In einigen, einfach aussehenden kombinatorischen Problemen können auch sehr schwierige mathematische Fragen versteckt sein!

Aus dem Satz von Pythagoras folgt, dass die Gleichung $x^2 + y^2 = z^2$ unendlich viele Lösungen hat: Jedes rechteckige Dreieck mit Seitenlängen $x = a^2 - b^2$, $y = 2ab$ und $z = a^2 + b^2$ für beliebige $a, b \in \mathbb{N}$ gibt uns eine Lösung.

Der berühmte Fermat'sche Satz wurde im 17. Jahrhundert von Pierre de Fermat formuliert, aber erst 1994 von Wiles und Taylor bewiesen. Er besagt, dass die n-te Potenz einer Zahl, wenn $n > 2$ ist, nicht als Summe zweier Potenzen des gleichen Grades dargestellt werden kann; gemeint sind ganze Zahlen in $\mathbb{Z}\setminus\{0\}$ und natürliche Potenzen. Formaler gesagt bedeutet dies: Die Gleichung $x^n + y^n = z^n$ besitzt für ganzzahlige $x, y, z \ne 0$ und natürliche Zahlen $n > 2$ keine Lösungen. Erstaunlich ist dieser Satz, weil es für $n = 2$ unendlich viele Lösungen der Gleichung gibt, und weil Fermat sogleich behauptet hatte, er wisse einen Beweis, den er allerdings nicht mitteilte und den Mathematiker bisher nicht wiederfinden konnten. Der mehr als 350 Jahre später gefundene Beweis verwendet Mittel, die Fermat keinesfalls zur Verfügung gestanden haben.

Andererseits, ist der Fermat'sche Satz zu der folgenden »unschuldig aussehenden«, rein kombinatorischen Aussage *äquivalent.*

Wir werfen n Bälle in Urnen. Einige Urnen sind rot, einige blau und der Rest trägt keine Farbe. Wir markieren jede Verteilung der Bälle mit $(r, b) \in \{0,1\}^2$, wobei $r = 1$ genau dann, wenn mindestens eine rote Urne getroffen wird, und $b = 1$ genau dann, wenn mindestens eine blaue Urne getroffen wird. Sei x die Anzahl der Urnen, die *nicht* rot sind (also blau oder keine Farbe), und y die Anzahl der Urnen, die *nicht* blau sind (also rot oder keine Farbe, siehe Bild 3.4). Schließlich sei z die Gesamtanzahl der Urnen.

Nach der Produktregel (Satz 3.1(4)) können wir die n Bälle in z^n verschiedenen Weisen verteilen; x^n von diesen Verteilungen treffen keine rote Urne und y^n treffen

4 James Stirling *Methodus Differentialis*, 1730.

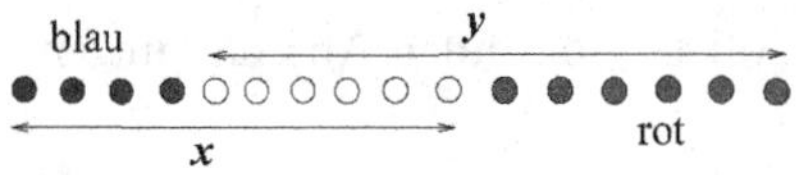

Bild 3.4: x ist die Anzahl der nicht roten und y der nicht blauen Urnen.

keine blaue. Sei A_{rb} die Anzahl der mit (r, b) markierten Verteilungen. Dann gilt: $x^n = A_{00} + A_{01}$, $y^n = A_{00} + A_{10}$ und $z^n = A_{00} + A_{01} + A_{10} + A_{11}$. Somit gilt $x^n + y^n = z^n$ genau dann, wenn $A_{00} = A_{11}$ gilt. D. h. der letzte Satz von Fermat ist genau dann falsch, wenn die folgende (kombinatorische!) Aussage richtig ist: *Man kann die Anzahl und die Färbung der Urnen so auswählen, dass es bei* $n > 2$ *Bällen genau so viele mit* (1,1) *markierte wie mit* (0,0) *markierte Verteilungen gibt.*

3.4 Das Taubenschlagprinzip: Beweis von $\exists x\ P(x)$

Das sogenannte *Taubenschlagprinzip* oder *Schubfachprinzip*, in der englischsprachigen Literatur auch als *Pigeonhole Principle* bezeichnet, geht auf den deutschen Mathematiker G. L. Dirichlet zurück (Peter Gustav Dirichlet Lejeune, 1805-1859). Dieses Prinzip erlaubt, Existenzaussagen $\exists x\ P(x)$ für eine endliche Menge M zu beweisen, ohne ein konkretes Element $a \in M$, für das $P(a)$ gilt, anzugeben! Das Prinzip selbst ist sehr einfach: Halten sich $r + 1$ Tauben auf r Nistplätzen auf, so gibt es mindestens einen Nistplatz, in dem sich wenigstens zwei Tauben befinden.

Ist das Verhältnis von Nistplätzen zu Tauben nicht nur $k+1$ zu k sondern zum Beispiel $2k + 1$ zu k, so kann man sogar schließen, dass auf einem der Nistplätze mindestens 3 Tauben sitzen müssen.

Satz 3.16: Taubenschlagprinzip
Halten sich $sr + 1$ Tauben auf r Nistplätzen auf, so gibt es mindestens einen Nistplatz, auf dem sich wenigstens $s + 1$ Tauben befinden.

Wäre das nämlich nicht der Fall, so hätten wir höchstens sr Tauben insgesamt. Das Taubenschlagprinzip kann man auch anders formulieren. Seien A und B zwei nicht-leere endliche Mengen und sei $f : A \to B$ eine Abbildung. (Elemente von A sind die Tauben und Elemente von B sind die Nistplätze.) Dann muss es ein Element $b \in B$ geben mit

$$|f^{-1}(b)| \geq \left\lceil \frac{|A|}{|B|} \right\rceil .$$

Beispiel 3.17:
In einer Gruppe von 8 Leuten haben (mindestens) zwei am gleichen Wochentag Geburtstag. Warum? Seien die Leute »Tauben« und die Wochentage »Nistplätze«. Wir haben also $r = 7$ Nistplätze und $r + 1$ Tauben. Das Taubenschlagprinzip (mit $s = 1$) garantiert in dieser Situation die Existenz eines Wochentages, an dem also mindestens $s + 1 = 2$ Leute der Gruppe Geburtstag haben.

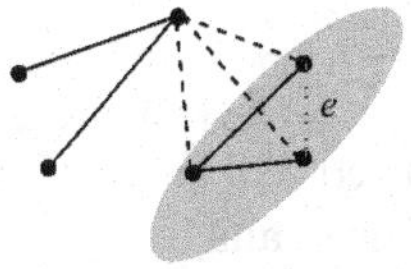

Bild 3.5: Ist das Paar e befreundet oder verfeindet?

Bild 3.6: Der Sandkasten und seine Aufteilung.

Beispiel 3.18:

Wir nehmen nun an, dass je zwei Leute entweder befreundet oder befeindet sind. Dann gilt Folgendes:

($*$) In jeder Gruppe von 6 Leuten gibt es 3 Leute, die paarweise befreundet oder paarweise verfeindet sind.

Diese Aussage ist die einfachste Form des 1930 bewiesenen berühmten Satzes von Frank Plumpton Ramsey, der zur Geburt der *Ramseytheorie* – einem Gebiet der diskreten Mathematik – geführt hat.

Das Problem lässt sich auch als Graphenproblem stellen. Die Gruppe von Leuten steht für eine Menge von Knoten. Sind zwei Leute befreundet, so wird eine Kante zwischen den beiden entsprechenden Knoten erstellt, d. h. die beiden Knoten sind benachbart; sind zwei Leute verfeindet, so liegt keine Kante zwischen den entsprechenden Knoten. Damit ist die Kantenmenge bestimmt. Die Behauptung liest sich dann folgendermaßen: Jeder Graph mit 6 Knoten enthält 3 Knoten, die entweder paarweise benachbart oder paarweise nicht benachbart sind. Den Beweis kann man leicht aus der Abbildung 3.5 ablesen. Frage: Gilt die Behauptung ($*$) mit 5 statt 6 Leuten in der Gruppe?

Beispiel 3.19:

Ein Sandkasten hat die Form eines gleichseitigen Dreiecks mit Seiten der Länge 2 Meter (Bild 3.6 links). In diesem Sandkasten wollen 5 Kinder spielen. Das Problem ist nur, dass die Kinder mehr als einen Meter voneinander entfernt sein sollen, da sie sonst kräftig streiten werden. Ist es möglich, die 5 Kinder so im Sandkasten zu verteilen, dass endlich die Ruhe herrscht?

Die Antwort ist: Nein! Teile den Sandkasten in 4 Teile auf, wie im Bild 3.6 (rechts) gezeigt ist – das sind unsere »Nistplätze«. Da wir mehr als 4 Kinder haben, werden mindestens 2 Kinder auf einem Nistplatz (=kleinem Dreieck) sitzen, und der Abstand zwischen diesen Kindern wird höchstens 1 Meter sein.

Beispiel 3.20:

Behauptung: In *jeder* Menge $S \subseteq \mathbb{Z}$ von $|S| = 1000$ ganzen Zahlen gibt es zwei Zahlen $x \neq y$, so dass $x - y$ durch 573 teilbar ist.

Das Problem sieht sehr schwer aus – diese 1000 Zahlen können doch beliebig sein! Auch unsere gute Freundin – die Induktion – kann hier nur wenig helfen. Andererseits, können wir die Behauptung mit dem Taubenschlagprinzip in ein paar Zeilen beweisen.

Beweis: Als Tauben nehmen wir die Elemente von S und als Nistplätze die Elemente von $R = \{0,1,\ldots,572\}$. Wir setzen die Taube $x \in S$ auf den Nistplatz $r \in R$ genau dann, wenn x geteilt durch 573 den Rest r ergibt. Da $|S| > |R|$ gilt, müssen sich mindestens zwei Tauben x und y auf einem Nistplatz r aufhalten. Das bedeutet, dass x und y geteilt durch 573 denselben Rest r ergeben, und damit muss $x - y$ durch 573 teilbar sein.

Beachte, dass die Wahl der Zahlen (1000 und 573) hier absolut unwichtig war – wichtig ist nur, dass $|S| > |R|$ gilt: Ist $n > m$, so muss jede Menge aus n Zahlen zwei Zahlen x und y enthalten, deren Differenz $x - y$ durch m teilbar ist.

Auf dem ersten Blick scheint das Taubenschlagprinzip nur einfache Schlussfolgerungen zuzulassen kann. Wie die folgenden Anwendungen zeigen, trügt der Schein! Man kann nämlich mit diesem Prinzip einige klassische Resultate beweisen. Hier beschränken wir uns auf ein paar typische Beispiele.

Beispiel 3.21: Approximation von irrationalen Zahlen

Im folgenden Satz geht es um die Existenz rationaler Approximationen von irrationalen Zahlen. Der Beweis war die erste nicht triviale Anwendung des Taubenschlagprinzips in der Mathematik überhaupt! Diese Anwendung hat Dirichlet gemacht, deshalb nennt man das Prinzip oft *Dirichlet's Prinzip*.

Satz 3.22: Dirichlet, 1879

Sei x eine reelle Zahl und nicht rational. Für jede natürliche Zahl n existiert eine rationale Zahl p/q mit $1 \leq q \leq n$ und

$$\left| x - \frac{p}{q} \right| < \frac{1}{n\,q} \leq \frac{1}{q^2}\,.$$

Beweis:

Ist x eine reelle Zahl, so definieren wir $L(x)$ als der Abstand zwischen x und der *ersten* ganzen Zahl, die links von x steht: $L(x) := x - \lfloor x \rfloor$. Es ist klar, dass dieser Abstand zwischen 0 und 1 liegen muss.

Sei $x \in \mathbb{R} \setminus \mathbb{Q}$ eine reelle aber irrationale Zahl. Als »Tauben« nehmen wir $n + 1$ Zahlen $L(ax)$ für $a = 1, 2, \ldots, n + 1$ und sortieren sie in die folgenden n Intervalle ein, die die »Nistplätze« darstellen:

$$\left(0, \frac{1}{n}\right), \left(\frac{1}{n}, \frac{2}{n}\right), \ldots, \left(\frac{n-1}{n}, 1\right).$$

Die Ränder der Intervalle werden *nicht* angenommen, da x reell und nicht

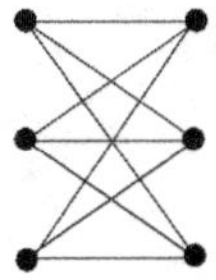

Bild 3.7: Ein vollständiger bipartiter Graph mit 6 Knoten.

rational ist. Da wir mehr Tauben als Nistplätze haben, müssen nach dem Taubenschlagprinzip mindestens zwei Zahlen – dies seien $L(ax)$ und $L(bx)$ – in einem Intervall liegen. Da jedes der Intervalle kürze als $1/n$ ist, muss der Abstand zwischen diesen zwei Zahlen kleiner als $1/n$ sein:

$$\begin{aligned}|L(ax) - L(bx)| &= |(ax - \lfloor ax\rfloor) - (bx - \lfloor bx\rfloor)| \\ &= |\overbrace{(a-b)}^{q}x - \overbrace{(\lfloor ax\rfloor - \lfloor bx\rfloor)}^{p}| < \frac{1}{n}.\end{aligned}$$

Damit haben wir zwei ganze Zahlen p und q gefunden, für die die Ungleichung $|qx - p| < 1/n$ und damit auch die Ungleichung $|x - p/q| < 1/nq$ gilt. Da q die Differenz zweier ganzer Zahlen ist, welche sich im Bereich $1, 2, \ldots, n+1$ bewegen, gilt auch $q \leq n$. □

Beispiel 3.23: Dreiecksfreie Graphen

Um kompliziertere Existenzaussagen der Form

$$\forall x\ (P(x) \to \exists y\ Q(x,y))$$

zu beweisen, lohnt es sich oft die beide Beweisprinzipien – Induktion und das Taubenschlagprinzip – zu kombinieren.

Ein *Dreieck* in einem ungerichteten Graphen besteht aus drei benachbarten Knoten. Uns interessiert nun die Frage: Wieviele Kanten kann ein Graph haben, ohne dass er ein Dreieck enthält?

Es gibt Graphen mit $2n$ Knoten und n^2 Kanten, die *kein* Dreieck enthalten: Man kann zum Beispiel einen vollständigen bipartiten Graphen nehmen (Bild 3.7).

Es ist deshalb interessant, dass ein *beliebiger* Graph mit $2n$ Knoten und mindestens $n^2 + 1$ Kanten bereits Dreiecke enthalten muss!

Satz 3.24: Mantel 1907

Wenn ein Graph G mit $2n$ Knoten mindestens $n^2 + 1$ Kanten besitzt, dann besitzt G ein Dreieck.

Beweis:

Der Beweis erfolgt per Induktion nach n. Induktionsbasis $n = 1$: In diesem Fall ist die Behauptung wahr, denn beide Seiten der Implikation sind falsch (ein Graph mit 2 Knoten kann keine 2 Kanten besitzen).

Induktionsschritt $n \mapsto n+1$: Wir nehmen an, dass die Behauptung für n gilt und betrachten jetzt einen *beliebigen* Graphen $G = (V, E)$ mit $|V| = 2(n+1)$

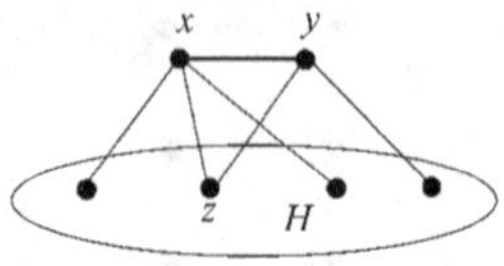

Bild 3.8: Es führen mehr Kanten von x und y als H Knoten hat.

Knoten und $|E| \geq (n+1)^2 + 1$ Kanten. Die beiden Knoten x und y seien adjazent in G, d. h. es gilt $\{x, y\} \in E$. Wir entfernen aus G die Knoten x und y (mit den entsprechenden Kanten) und erhalten einen Teilgraphen H von G mit $|V| - 2 = 2n$ Knoten.

Sollte H *mehr* als n^2 Kanten haben, dann greift die Induktionsvoraussetzung und H enthält ein Dreieick. In diesem Fall gilt der Satz, da somit auch G das Dreieck enthält.

Also nehmen wir nun an, dass der Teilgraph H *höchstens* n^2 Kanten hat. Sei F die Menge aller Kanten, die von den Knoten x und y zu Knoten in H führen. Insgesamt haben wir $|F| \geq |E| - n^2 - 1 \geq ((n+1)^2 + 1) - n^2 - 1 = 2n+1$ solchen Kanten. (Wir müssen aus $|E| - n^2$ noch 1 abziehen, da $\{x, y\}$ zu E gehört.) Wir haben also $2n + 1$ Kanten die von x bzw. y in den Teilgraphen H mit $2n$ Knoten führen (siehe Bild 3.8). Diese Kanten betrachten wir als »Tauben« und die Knoten des Graphen H als »Nistplätze«. Nach dem Taubenschlagprinzip muss in H ein Knoten z existieren, der mit x *und* y jeweils eine Kante hat. Folglich besitzt G das Dreieck $\{x, y, z\}$. □

Fazit: Obwohl das Taubenschlagprinzip so »trivial« aussieht, ist es ein nützliches Werkzeug, um Existenzaussagen zu beweisen. Man muss nur in jeder Situation gut überlegen, was die »Tauben« und was die »Nistplätze« sein sollen.

3.5 Widerspruchsregel und Entwurf von Algorithmen

Beweise sind nicht nur für die Begründung der Aussagen wichtig, oft helfen sie auch, gute Algorithmen zu entwerfen. Hier demonstrieren wir dies an einem Beispiel.

Ein *Matching* in einem ungerichteten Graphen $G = (V, E)$ ist eine Menge $M \subseteq E$ von paarweise disjunkten Kanten (Kanten sind Paare $e = \{u, v\}$ von Knoten, also 2-elementige Mengen). Ein Matching M heißt *maximal*, falls es keine Matchings mit mehr als $|M|$ Kanten gibt. Das folgende Problem hat viele Anwendungen in der Informatik (z. B. Zuweisung der Jobs zu Prozessoren): Für einen gegebenen Graphen G finde ein maximales Matching in G. Man braucht also einen Algorithmus zur Bestimmung von maximalen Matchings. Wir werden nun zeigen, wie man einen mathematischen Widerspruchsbeweis benutzen kann, um einen solchen Algorithmus für »dichte« Graphen (also Graphen mit vielen Kanten) zu entwerfen.

Ein Matching M heißt *erweiterbar*, falls es eine Kante $e \in E \setminus M$ gibt, so dass $M \cup \{e\}$ wieder ein Matching ist. Sonst heißt das Matching *unerweiterbar*. Es ist klar, dass jedes maximale Matching unerweiterbar ist. Andererseits, ist ein unerweiterbares Matching leicht zu konstruieren: Nimm zuerst eine beliebige Kante e_1 in M auf, nimm dann eine

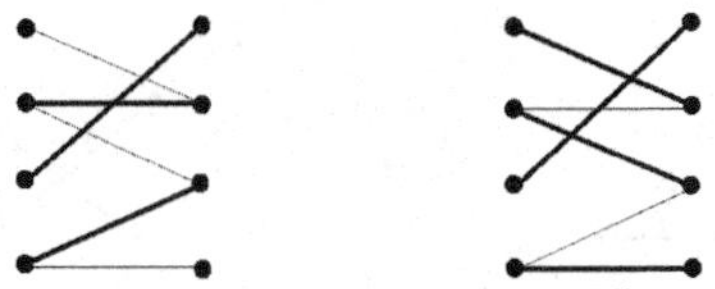

Bild 3.9: Ein unerweiterbares Matching M, das nicht maximal ist. Das Matching M' ist bereits maximal und sogar perfekt.

zweite Kante e_2, die disjunkt mit e_1 ist (falls es eine solche gibt), dann eine dritte Kante e_3, die disjunkt mit e_1 und e_2 ist (falls es eine solche gibt), usw. Die Prozedur stoppt, wenn es keine Kanten mehr gibt, die disjunkt mit allen bereits aufgenommenen Kanten sind. Das Problem dabei ist, dass ein so erzeugtes Matching nicht unbedingt *maximal* sein muss (siehe Bild 3.9).

Wir wollen nun beweisen, dass man in »dichten« Graphen aus jedem unerweiterbaren aber nicht maximalen Matching ein größeres Matching konstruieren kann.

Hat der Graph $|V| = 2n$ Knoten, so heißt ein Matching M *perfekt*, falls $|M| = n$ gilt. Beachte, dass ein perfektes Matching auch maximal ist.

Satz 3.25:

Hat ein Graph $2n$ Knoten und haben seine Knoten mindestens den Grad n, so besitzt der Graph ein perfektes Matching.

Beweis:

Wir betrachten einen beliebigen (ungerichteten) Graphen $G = (V, E)$ mit $|V| = 2n$ Knoten und nehmen an, dass jeder Knoten $v \in V$ den Grad $d(v) \geq n$ hat. Ist $n = 1$, so besteht der Graph aus einer einzigen Kante und die Behauptung ist richtig. Wir können also annehmen, dass $n > 1$ gilt. Wir wollen zeigen, dass dann G ein perfektes Matching enthalten muss. Dazu führen wir einen Widerspruchsbeweis durch.

Sei $M \subseteq E$ ein *maximales* Matching und sei $V(M) \subseteq V$ seine Knotenmenge. Wir wollen zeigen, dass M ein perfektes Matching sein muss.

Angenommen M ist kein perfektes Matching. Dann $|M| \leq n - 1$ und somit auch $|V(M)| \leq 2n - 2$. Außerdem gilt $|M| \geq 1$, denn jede einzelne Kante ist auch ein Matching. Wegen $|V(M)| \leq 2n - 2$ müssen mindestens zwei Knoten x und y außerhalb der Menge $V(M)$ liegen. Außerdem, dürfen diese Knoten nicht adjazent sein, denn sonst könnte man das Matching M durch die Hinzunahme der Kante $\{x, y\}$ erweitern, was wegen der Maximalität von M unmöglich ist.

Sei nun $E_{x,y} \subseteq E$ die Menge der aus diesen zwei Knoten ausgehenden Kanten. Wir beobachten, dass der zweite Endpunkt jeder dieser Kanten in $V(M)$ liegen muss, da man sonst das Matching M durch die Hinzunahme dieser Kante erweitern könnte, ein Widerspruch zur Maximalität von M. Also muss jede der (aus x oder y ausgehenden)

$$|E_{x,y}| = d(x) + d(y) \geq 2n$$

Kanten inzident mit einer Kante $e \in M$ sein, d. h. einen gemeinsamen Endpunkt mit e haben. Da wir aber nur $|M| < n$ Kanten insgesamt in M haben, muss es

Bild 3.10: Vergrößerung eines Matchings.

nach dem Taubenschlagprinzip eine Kante $e = \{u, v\}$ in M geben, die inzident mit $|E_{x,y}|/|M| > 2$, also mit mindestens drei, Kanten aus $E_{x,y}$ ist. Dann muss mindestens einer der Knoten x und y mit zwei von diesen drei Kanten inzident sein; wir nehmen o.B.d.A. an, dass dies der Knoten x ist (siehe Bild 3.10). Wir haben also drei Kanten $\{x, u\}, \{x, v\}$ und $\{y, u\}$ (oder $\{y, v\}$). Nun können wir ein größeres Matching als M erhalten, indem wir die Kante $e = \{u, v\}$ aus M entfernen und zwei Kanten $\{x, v\}$ und $\{y, u\}$ hinzunehmen (siehe Bild 3.10). Dies ist aber ein Widerspruch zu der Annahme, dass M ein *maximales* Matching war. □

Wir wollen uns nun nicht nur mit der Existenz eines perfekten Matchings in einem Graphen G mit $2n$ Knoten und minimalem Grad mindestens n zufrieden geben, sondern auch ein solches Matching *finden*. Dazu bestimmen wir zuerst ein unerweiterbares Matching M; wir haben bereits gezeigt, dass dies keine schwierige Aufgabe ist. Nun benutzen wir den Beweis von Satz 3.25 um ein größeres Matching M' zu bestimmen. Ist M' immer noch nicht perfekt, dann benutzen wir wiederum dasselbe Argument, um ein noch größeres Matching zu bestimmen, usw.

In dem Beweis von Satz 3.25 haben wir das sogenannte »Prinzip des maximalen Gegenbeispiels« angewendet. Man will zeigen, dass ein Parameter p (in unserem Fall war das die Anzahl der Kanten in einem Matching) einen bestimmten Wert n erreichen kann. Zunächst zeigt man, dass p nicht Null ist, d. h. mindestens den Wert 1 erreicht. Danach nimmt man an, dass p den Wert n nicht erreichen kann, und betrachtet den *maximalen* von p erreichbaren Wert $k < n$. Der letzte (und der schwierigste) Schritt ist, einen Widerspruch zur Maximalität der Wertes k zu erhalten; wir haben dies durch die Erweiterung eines Matchings M mit $k = |M|$ Kanten zu einem Matching mit $k + 1$ Kanten erhalten.

3.6 Aufgaben

Aufgabe 3.1:

Zeige mit Hilfe des binomischen Lehrsatzes:

1. Der Wert $(1 - \sqrt{5})^n + (1 + \sqrt{5})^n$ ist für jedes $n \in \mathbb{N}$ ganzzahlig.
2. Der Wert $(\sqrt{2} + \sqrt{3})^n + (\sqrt{2} - \sqrt{3})^n$ ist für jedes *gerade* $n \in \mathbb{N}$ ganzzahlig.

Aufgabe 3.2:

Zeige die Gleichung $\binom{n}{k+1} = \binom{n}{k}\frac{n-k}{k+1}$. *Hinweis*: Satz 3.9.

Aufgabe 3.3:

Zeige, dass für jedes k das Produkt von k aufeinanderfolgenden natürlichen Zahlen durch $k!$ teilbar ist. *Hinweis*: Betrachte $\binom{n+k}{k}$.

Aufgabe 3.4:

Zeige die folgende Rekursionsgleichung $\binom{n}{k} = \frac{n}{k}\binom{n-1}{k-1}$. *Hinweis*: Benutze das Prinzip des doppelten Abzähens, um $k \cdot \binom{n}{k} = n \cdot \binom{n-1}{k-1}$ zu zeigen. Zähle dabei alle Paare (x, M) mit $x \in M$, $M \subseteq \{1,2,\ldots,n\}$ und $|M| = k$.

Aufgabe 3.5:

Seien $0 \leq l \leq k \leq n$. Zeige die Gleichung $\binom{n}{k}\binom{k}{l} = \binom{n}{l}\binom{n-l}{k-l}$. *Hinweis*: Benutze das Prinzip des doppelten Abzählens, um die Anzahl aller Paare (L, K) der Teilmengen von $\{1,\ldots,n\}$ mit $L \subseteq K$, $|L| = l$ und $|K| = k$ zu bestimmen.

Aufgabe 3.6:

Beweise den binomischen Lehrsatz mittels Induktion.
Hinweis: $(x+y)^{n+1} = (x+y) \cdot (x+y)^n$.

Aufgabe 3.7:

Beweise die Gleichung $\sum_{i=0}^{n}\binom{n}{i}^2 = \binom{2n}{n}$. Diese Gleichung ist ein Spezialfall der *Cauchy-Vandermonde Identität* $\binom{x+y}{z} = \sum_{i=0}^{z}\binom{x}{i}\binom{y}{z-i}$. Zeige die Korrektheit der Cauchy-Vandermonde Identität. *Hinweis*: In einer Stadt wohnen x Frauen und y Männer, und die Einwohner wollen so viele Clubs wie möglich zu bilden. Die einzige Einschränkung ist, dass jeder Club genau z Teilnehmer haben muss. Dann ist $\binom{x+y}{z}$ die Anzahl aller Clubs. Was ist dann $\binom{x}{i}\binom{y}{z-i}$?

Aufgabe 3.8:

Wir sagen, dass eine endliche Menge gerade bzw. ungerade ist, falls sie eine gerade bzw. ungerade Anzahl an Elementen enthält. Zeige, dass jede endliche, nicht-leere Menge genau so viele gerade wie auch ungerade Teilmengen enhalten muss. *Hinweis*: Fixiere ein Element.

Aufgabe 3.9:

Gib eine geschlossene Form für die Summe $\displaystyle\sum_{i=0}^{n}\binom{n}{i}2^i$ an.

Aufgabe 3.10:

Sei K das durchschnittliche Kapital (in Euro) eines deutschen Bürgers. Betrachte eine Person als »reich«, falls sie mindestens $K/2$ Euro besitzt. Zeige, dass die reichen Personen mindestens die Hälfte des gesamten Geldes besitzen.

Aufgabe 3.11: Durchschnittliche Tiefe der Wurzelbäume

Sei B ein binärer Wurzelbaum mit Blättern $1,2,\ldots,n$. Sei t_i die Tiefe des i-ten Blattes.

1. Zeige die folgende *Kraft-Ungleichung*:

$$\sum_{i=1}^{n} 2^{-t_i} \leq 1 .$$

Hinweis: Markiere die Kanten des Baumes mit Bits 0 und 1 (links oder rechts). Wieviele 0-1 Vektoren sind mit der Markierung des Weges zu einem Blatt konsistent? Kann ein Vektor konsistent mit zwei solchen Wegen sein?

2. Zeige, dass die Durchnittstiefe eines Blattes mindestens $\log_2 n$ beträgt:

$$\frac{1}{n}\sum_{i=1}^{n} t_i \geq \log_2 n .$$

Hinweis: Wende die Jensen-Ungleichung (Aufgabe 2.13) mit $f(x) = \log_2 x$, $x_i = 2^{-t_i}$ und $\lambda_i = 1/n$ für alle i an und benutze Teil 1.

Aufgabe 3.12: Geometrisches und arithmetisches Mittel

Seien $a_1, \ldots, a_n$ nicht-negative Zahlen. Zeige, dass dann die folgende Ungleichung gilt:

$$\left(\prod_{i=1}^{n} a_i\right)^{1/n} \leq \frac{1}{n}\sum_{i=1}^{n} a_i .$$

Hinweis: Jensen-Ungleichung, siehe Aufgabe 2.13, mit $f(x) = \mathrm{e}^x$ und $x_i = \ln a_i$.

Aufgabe 3.13:

Sei $S \subset \{1,2,\ldots,2n\}$ mit $|S| = n+1$. Zeige:

a) Es gibt zwei Zahlen a, b in S, so dass $b = a+1$ gilt. *Hinweis*: Betrachte die Nistplätze $(i, i+1)$.
b) Es gibt zwei Zahlen a, b in S, so dass $a+b = 2n+1$ gilt. *Hinweis*: Betrachte die Nistplätze $(i, 2n-i+1)$, $i = 1,2,\ldots,n$.
c) Es gibt zwei Zahlen $a \neq b$ in S, so dass a ein Teiler von b ist. *Hinweis*: Stelle die Zahlen in $\{1,2,\ldots,2n\}$ als Produkte von der Form $x2^k$ dar, wobei x eine ungerade Zahl ist, und betrachte die ungeraden Zahlen in $\{1,2,\ldots,2n\}$ als Nistplätze.

Aufgabe 3.14:

Seien $A_1, \ldots, A_m$ Teilmengen einer endlichen Menge X. Für $x \in X$ sei $d(x) = |\{i\colon x \in A_i\}|$ die Anzahl der Teilmengen, die das Element x enthalten. Zeige, dass dann die Gleichung $\sum_{i=1}^{m} |A_i| = \sum_{x\in X} d(x)$ gilt. *Hinweis*: Das Prinzip des doppelten Abzählens.

Aufgabe 3.15:

Ein *Matching* in einem ungerichteten Graphen ist eine Menge von paarweise disjunkten Kanten (Kanten sind Knotenpaare). Ein *Stern* ist ein Menge von Kanten, die einen Knoten gemeinsam haben. Zeige: Jeder ungerichtete Graph mit mehr als $2(k-1)^2$ Kanten muss ein Matching oder einen Stern mit k Kanten enthalten. *Hinweis*: Wenn sich ein Matching zu keinem größeren Matching erweitern lässt, was bedeutet dies für die verbleibenden Kanten?

Teil II

Algebra und Zahlentheorie

4 Modulare Arithmetik

Die Zahl ist das Wesen aller Dinge.
- Pythagoras von Samos

Wir wissen aus der Schule, wie man in manchen *unendlichen* Mengen wie $\mathbb{N}, \mathbb{Q}$ oder $\mathbb{R}$ rechnen kann. Jeder (klassische) Computer kann aber nur in einer *endlichen* Menge der Zahlen

$$\mathbb{Z}_n = \{0,1,\ldots,n-1\}$$

rechnen, wobei n durch die Speicherkapazität beschränkt ist. Wie kann er nun in einer solchen Menge vernünftig addieren und subtrahieren? Die Antwort ist einfach: Rechne *zyklisch*! Im täglichen Leben rechnen wir ständig »zyklisch«, dies wird besonders bei der Zeitrechnung offensichtlich. Addieren und subtrahieren kann man hier sehr einfach. Es ist 9 Uhr. Wie spät wird es nach 5 Stunden? Wie spät war es vor 3 Stunden? Die Frage bleibt also, wie soll man zyklisch multiplizieren und dividieren? Dies ist die wichtigste Frage der sogenannten *modularen Arithmetik*, und wir werden in diesem Kapitel diese Frage beantworten.

4.1 Teilbarkeit, Division mit Rest

Eine ganze Zahl $a \neq 0$ ist ein *Teiler* von $b \in \mathbb{Z}$ (und b ist ein *Vielfaches* von a), falls es ein $q \in \mathbb{Z}$ mit $b = qa$ gibt. Dann sagt man auch, dass b durch a *teilbar* ist und bezeichnet dies mit $a|b$. Null 0 ist also durch alle Zahlen teilbar aber keine Zahl $b \neq 0$ ist durch Null teilbar. Die Zahlen ± 1 und $\pm b$ heißen *triviale Teiler* von b. *Primzahlen* sind natürliche Zahlen $p \geq 2$, die keine nicht-trivialen Teiler haben, d.h. nur durch 1 und sich selbst teilbar sind. Achtung: 1 ist *keine* Primzahl!

Unmittelbar aus der Definition folgen nachstehende Teilbarkeitsregeln:

1. Aus $a|b$ folgt $a|bc$ für alle c.
2. Aus $a|b$ und $b|c$ folgt $a|c$ (Transitivität).
3. Aus $a|b$ und $a|c$ folgt $a|(sb+tc)$ für alle s und t.
4. Aus $a|(b+c)$ und $a|b$ folgt $a|c$.
5. Ist $c \neq 0$, so gilt $a|b \iff ac|bc$.
6. Aus $a|b$ und $b|a$ folgt $a = \pm b$.

Lemma 4.1: Teilen mit Rest
Seien a, b ganze Zahlen mit $b \neq 0$. Dann gibt es ganze Zahlen q und r, so dass $a = qb + r$ und $0 \leq r < |b|$ gilt. Hierbei sind q und r eindeutig bestimmt.

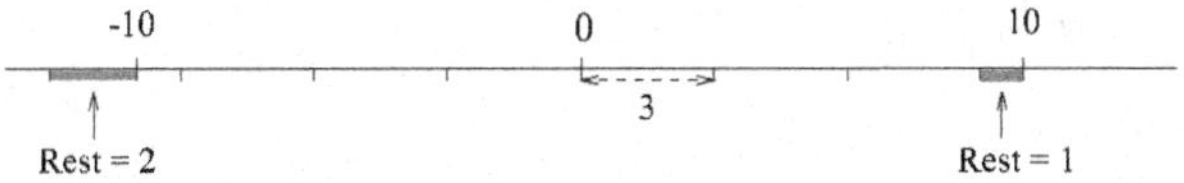

Bild 4.1: $10 \bmod 3 = 1$ aber $-10 \bmod 3 = 2$.

Die (eindeutig bestimmte) Zahl r nennt man *Rest* von a modulo b und bezeichnet sie mit

$$r = a \bmod b\,.$$

Beachte, dass der Rest immer nicht-negativ sein muss. So ist z. B. $10 \bmod 3 = 1$ aber $-10 \bmod 3 = 2$, da $-10 = (-4) \cdot 3 + 2$ gilt (siehe Bild 4.1).

Beweis:

Sei S die Menge aller *natürlichen* Zahlen der Form $a - xb$ mit $x \in \mathbb{Z}$. Da $b \neq 0$ gilt, ist diese Menge nicht leer und muss daher das *kleinste* Element $r = a - qb \geq 0$ enthalten. Dann gilt aber auch $a = qb + r$. Um $r < |b|$ zu zeigen, sei $r \geq |b|$. Wegen $0 \leq r - |b| < r$ gehört dann aber die Zahl $r - |b| = (a - qb) - |b| = a - (q \pm 1)b$, die kleiner als r ist, auch zu der Menge S, ein Widerspruch.

Um die Eindeutigkeit zu zeigen, sei $a = qb + r$ und $a = q'b + r'$ mit $0 \leq r, r' < |b|$. Dann ist die Zahl $r - r' = b(q' - q)$ ein Vielfaches von b. Wegen $|r - r'| < |b|$ kann dies nur dann der Fall sein, wenn $r = r'$ und damit auch $q = q'$ gilt. □

Zwei ganze Zahlen a und b, die den gleichen Rest modulo $n \in \mathbb{N}_+$ besitzen, werden *kongruent modulo* n genannt. Man schreibt in diesem Fall $a \equiv b \bmod n$. So bedeutet insbesondere $a \equiv 0 \bmod n$, dass a durch n teilbar ist.

Man muss klar zwischen den Bezeichnungen »$a \equiv b \bmod n$« und »$a = b \bmod n$« unterscheiden. Die erste Bezeichnung sagt, dass die Reste $a \bmod n$ und $b \bmod n$ gleich sind, während die zweite sagt, dass a der Rest von b modulo n *ist* und damit auch zwangsweise $0 \leq a < n$ gelten muss.

Die folgende Eigenschaft der Kongruenzen werden wir oft benutzen, ohne das explizit zu erwähnen. Oft benutzt man diese Eigenschaft auch als Definition von $a \equiv b \bmod n$.

Lemma 4.2:

Für $a, b \in \mathbb{Z}$ gilt $a \equiv b \bmod n$ genau dann, wenn $a - b$ durch n teilbar ist.

Beweis:

Wir schreiben $a = q_1 n + r_1$ und $b = q_2 n + r_2$ mit $0 \leq r_1, r_2 < n$. Das Lemma sagt nun: $r_1 = r_2 \iff a - b = (q_1 - q_2)n + (r_1 - r_2)$ durch n teilbar ist. Die Richtung $\Rightarrow$ ist völlig klar. Die andere Richtung $\Leftarrow$ gilt, weil $|r_1 - r_2| < n$ ist. □

Die folgenden Eigenschaften der Kongruenzen kann man leicht aus der Definition ableiten (Übungsaufgabe!).

Lemma 4.3:

Seien $d \in \mathbb{N}$, $x \equiv y \bmod n$ und $a \equiv b \bmod n$. Dann gilt:

1. $x + a \equiv y + b \bmod n$.

2. $x - a \equiv y - b \bmod n$.
3. $xa \equiv yb \bmod n$.
4. $x^d \equiv y^d \bmod n$.

4.2 Teilerfremde Zahlen

Primzahlen sind »souverän«, in dem Sinn, dass sie keine Teiler außer -1, $+1$ und sich selbst besitzen. Sie sind also »unteilbar«. Man kann diesen Begriff auch auf Paare von beliebigen Zahlen erweitern: Zwei Zahlen sind *relativ prim* oder *teilerfremd*, falls sie keine gemeinsamen Teiler außer -1 und $+1$ besitzen. Dies ist ein der wichtigsten Begriffe der modularen Arithmetik.

Definition:

Der *größte gemeinsame Teiler* (a, b) (oder $\mathrm{ggT}(a, b)$) von a und b ist die größte ganze Zahl $d \geq 1$, die beide diese Zahlen teilt. Die Zahlen a und b sind *teilerfremd* oder *relativ prim*, falls $(a, b) = 1$ gilt.

Beachte, dass eine Primzahl p relativ prim zu *allen* Zahlen $1,2,\ldots,p-1$ ist.

Linearkombinationen von zwei Zahlen $a, b \in \mathbb{Z}$ sind alle Zahlen der Form $ax + by$ mit $x, y \in \mathbb{Z}$. Eine Linearkombination $ax + by$ ist *positiv*, falls $ax + by \geq 1$ gilt.

Satz 4.4:

(a, b) ist die kleinste positive Linearkombination von a und b.

Beweis:

Sei $d = (a, b)$ und sei t die *kleinste* Zahl in der Menge

$$A = \{ax + by \colon x, y \in \mathbb{Z}\} \cap \mathbb{N}_+.$$

(Beachte, dass A nicht leer ist.) Aus $d|a$ und $d|b$ folgt $d|t$. Wir wollen zeigen, dass auch $t|a$ und $t|b$ gilt, woraus $t|d$ und damit auch $t = d$ folgen wird.

Um $t|a$ zu zeigen, schreiben wir $a = qt + r$ mit $q \in \mathbb{Z}$ und $0 \leq r < t$, woraus $r = a - qt$ folgt. Wir wissen, dass t die Form $ax + by$ mit $x, y \in \mathbb{Z}$ hat. Deshalb ist die Zahl

$$r = a - qt = a - q(ax + by) = a(1 - qx) + b(-qy)$$

auch eine nicht negative (wegen $r \geq 0$) Linearkombination von a und b. Da aber $0 \leq r < t$ gilt und t als die *kleinste* positive Linearkombination von a und b gewählt war, ist das nur dann möglich, wenn $r = 0$ gilt.

Die Teilbarkeit von b durch t folgt mit demselben Argument. □

Im Allgemeinen muss n nicht unbedingt eine der Zahlen a und b teilen, wenn n ihr Produkt ab teilt: z. B. $4|2 \cdot 6$ aber weder $4|2$ noch $4|6$ gilt. Was auffällt ist, dass keine der beiden Zahlen $a = 2$ und $b = 6$ relativ prim zu $n = 4$ ist.

Satz 4.5: Euklid'scher Hilfssatz

Aus $n|ab$ und $(a,n) = 1$ folgt $n|b$. Insbesondere gilt: Teilt eine Primzahl p das Produkt ab, so muss p mindestens eine der Zahlen a oder b teilen.

Beweis:

Nach Satz 4.4 können wir $1 = (n,a)$ als eine Linearkombination $1 = nx + ay$ darstellen. Dann gilt auch $b = bnx + bay$. Da n beide Summanden bnx und bay teilt, muss n auch ihre Summe b teilen. □

Beispiel 4.6:

Wir wollen zeigen, dass $\sqrt{p}$ für jede Primzahl p eine irrationale Zahl ist. Angenommen, $\sqrt{p}$ ist rational. Dann muss es zwei ganze Zahlen a und b mit $\sqrt{p} = \frac{a}{b}$ und $(a,b) = 1$ geben, woraus $a^2 = pb^2$ folgt. Daher muss $p|a^2$ und nach Satz 4.5 auch $p|a$ gelten. Sei $a = px$. Aus $a^2 = pb^2$ folgt $(px)^2 = pb^2$ und damit auch $px^2 = b^2$. Also muss p die Zahl b^2 und (wieder nach Satz 4.5) auch die Zahl b teilen. Somit muss p ein gemeinsamer Teiler von a und b sein, was aber unmöglich ist, da $p > 1$ und $(a,b) = 1$ gelten.

Beispiel 4.7:

Seien $1 \le k < p$ ganze Zahlen. Ist p prim, dann gilt

$$\binom{p}{k} \equiv 0 \bmod p\,.$$

Um das zu beweisen, setzen wir $x = p(p-1)\cdots(p-k+1)$, $a = \binom{p}{k}$ und $b = k!$. Nach Satz 3.9 gilt $x = a \cdot b$. Da x offensichtlich durch p teilbar ist, muss p mindestens einen der Terme a oder b teilen. Da aber k *kleiner* als p ist, kann p keinen der Faktoren von $b = 1 \cdot 2 \cdot 3 \cdots k$ teilen. Somit kann p nach Satz 4.5 auch nicht die Zahl b teilen und daher muss (wiederum nach Satz 4.5) $p|a$ gelten.

Korollar 4.8:

Aus $(n,a) = (n,b) = 1$ folgt $(n,ab) = 1$.

Beweis:

Wir führen einen Widerspruchsbeweis durch. Ist $(n,ab) \ge 2$, dann müssen beide Zahlen ab und n durch eine Primzahl $p \ge 2$ teilbar sein. Aus $p|n$ und $(n,a) = 1$ folgt, dass a nicht durch p teilbar sein kann. Aber dann muss nach Satz 4.5 die zweite Zahl b durch p teilbar sein, ein Widerspruch mit $(n,b) = 1$. □

In $\mathbb{Z}$ kann man für $a \neq 0$ die Gleichung $x \cdot a = y \cdot a$ mit a kürzen, d. h. beide Seiten der Gleichung durch a teilen:

$$x \cdot \cancel{a} = y \cdot \cancel{a} \quad \Rightarrow \quad x = y\,, \quad \text{falls } a \neq 0.$$

In $\mathbb{Z}_n$ kann man dies *nicht* mehr ohne weiteres tun:

$$2 \cdot \cancel{3} \equiv 4 \cdot \cancel{3} \bmod 6 \quad \Rightarrow 2 \equiv 4 \bmod 6 \qquad \leftarrow \text{das ist falsch!}$$

Nichtsdestotrotz, kann man auch die modulare Gleichung $x \cdot a = y \cdot a \bmod n$ mit a kürzen, falls a und n teilerfremd sind.

Lemma 4.9: Kürzungsregel

Ist a teilerfremd zu n und gilt $ax \equiv ay \bmod n$, so gilt auch $x \equiv y \bmod n$.

Beweis:

Aus $ax \equiv ay \bmod n$ folgt, dass $ax - ay = (x-y)a$ durch n teilbar ist. Da aber a teilerfremd zu n ist, muss dann (laut Satz 4.5) $x - y$ durch n teilbar sein, d. h. es muss $x \equiv y \bmod n$ gelten. □

Sei $n > 0$ eine natürliche Zahl. Geteilt durch n ergibt nach Lemma 4.1 jede ganze Zahl einen eindeutigen Rest in $\{0,1,\ldots,n-1\}$. Somit zerfällt die Menge $\mathbb{Z}$ der ganzen Zahlen in n disjunkte Teilmengen $n\mathbb{Z}, n\mathbb{Z}+1, n\mathbb{Z}+2, \ldots, n\mathbb{Z}+(n-1)$ mit

$$n\mathbb{Z}+r = \{an + r \colon a \in \mathbb{Z}\}, \quad r = 0,1,\ldots,n-1\,.$$

Wählt man eine beliebige Zahl aus jeder dieser Teilmengen, so erhält man eine Repräsentantenmenge. Eine *Repräsentantenmenge* modulo n ist also eine Teilmenge $R \subseteq \mathbb{Z}$ mit $|R| = n$ Elementen, so dass keine zwei Zahlen in R kongruent modulo n sind.

Beispiel 4.10:

Für $n = 5$ bildet jede der fünf Zeilen eine Restklasse modulo 5:

$\cdots$	-10	-5	0	5	10	15	20	$\cdots$
$\cdots$	-9	-4	1	6	11	16	21	$\cdots$
$\cdots$	-8	-3	2	7	12	17	22	$\cdots$
$\cdots$	-7	-2	3	8	13	18	23	$\cdots$
$\cdots$	-6	-1	4	9	14	19	24	$\cdots$

Eine Repräsentantenmenge ist z. B. die Menge $\{0,1,2,3,4\}$, aber auch die Menge $R = \{0,1,-1,2,-2\}$.

Die »natürlichste« Repräsentantenmenge modulo n ist $\mathbb{Z}_n = \{0,1,\ldots,n-1\}$.

Ist $a \in \mathbb{Z}$ und ist $R \subseteq \mathbb{Z}$ eine Repräsentantenmenge modulo n, so muss die Menge aR der Zahlen $ax \bmod n$ mit $x \in R$ nicht unbedingt auch eine Repräsentantenmenge modulo n sein. Betrachte zum Beispiel den Fall $n = 4$ und $a = 2$. Dann ist $R = \{0,1,2,3\}$ zwar eine Repräsentantenmenge modulo 4, nicht aber die Menge $2R = \{0,2\}$. Ist aber a relativ prim zu n, so muss auch aR eine Repräsentantenmenge modulo n sein.

Lemma 4.11:

Sei $R \subseteq \mathbb{Z}$ eine Repräsentantenmenge modulo n. Ist a relativ prim zu n, dann ist auch $aR = \{ax \bmod n \colon x \in R\}$ eine Repräsentantenmenge modulo n.

Beweis:

Nach der Definition von R gilt $|aR| = n$ (alle Zahlen in R sind ja verschieden). Deshalb reicht es zu zeigen, dass keine zwei Zahlen ax und ay mit $x \neq y$ denselben Rest modulo n haben können. Ist $ax \equiv ay \bmod n$, so können wir (nach Lemma 4.9) beide Seiten dieser Gleichung durch a teilen, um $x \equiv y \bmod n$ zu erhalten. Aber dann muss $x = y$ gelten, da (wieder nach der Definition von R) keine zwei Zahlen in R denselben Rest modulo n haben können. □

Dieser Satz gibt uns eine sehr interessante Eigenschaft der Repräsentantenmenge $\mathbb{Z}_p$ für eine Primzahl p: Für alle ganzen Zahlen $a \neq 0$ ist die durch $\varphi(x) = x \bmod p$ definierte Abbildung $\varphi : a\mathbb{Z}_p \to \mathbb{Z}_p$ eine Bijektion! D. h. modulo p ist $0, a, 2a, 3a, \ldots, (p-1)a$ einfach eine Permutation von $0,1,2,3,\ldots,p-1$.

So ist zum Beispiel $R = \{0,1,2,3,4\}$ eine Repräsentantenmenge modulo 5 und unter der Multiplikation mit 3 modulo 5 bleibt die Menge unverändert:

$$\begin{array}{rcccccc} x & = & 0 & 1 & 2 & 3 & 4\,, \\ 3x & = & 0 & 3 & 6 & 9 & 12\,, \\ 3x \bmod 5 & = & 0 & 3 & 1 & 4 & 2\,. \end{array}$$

Satz 4.12: Satz von Bézout

Ist a relativ prim zu n, dann ist die Gleichung $ax \equiv b \bmod n$ in $\mathbb{Z}$ lösbar und die Lösung ist modulo n eindeutig.

Beweis:

Es sei R eine Repräsentantenmenge modulo n. Dann gibt es ein eindeutiges Element in R, dass kongruent zu b modulo n ist. Nach Lemma 4.11 ist auch aR eine Repräsentantenmenge modulo n. Daher muss es ein (ebenfalls eindeutiges) Element $ax_0 \in aR$ mit $x_0 \in R$ geben, dass kongruent zu b modulo n ist. Somit muss x_0 die eindeutige Lösung von $ax \equiv b \bmod m$ sein. □

Beispiel 4.13:

Wir wollen eine Lösung $x \in \mathbb{Z}_7$ der Gleichung $2x \equiv 3 \bmod 7$ finden. Dazu betrachten wir die Repräsentantenmenge $R = \mathbb{Z}_7$ und erhalten:

$x \in \mathbb{Z}_7$	$2x \in \mathbb{Z}$	$2x \bmod 7$
0	0	0
1	2	2
2	4	4
3	6	6
4	8	1
⑤	10	③
6	12	5

Somit ist $x_0 = 5$ die Lösung von $2x \equiv 3 \bmod 7$.

4·3 Rechnen modulo n

Wir wollen nun in der Menge $\mathbb{Z}_n = \{0,1,\ldots,n-1\}$ rechnen. Addition wie auch Multiplikation sind hier einfach: Für $a, b \in \mathbb{Z}_n$ berechne $a + b$ bzw. ab in $\mathbb{Z}$ und nimm die Reste modulo n.

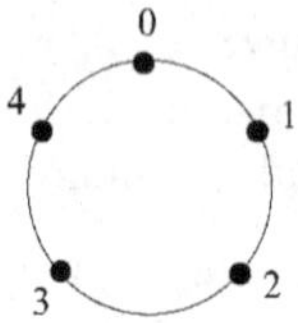

Bild 4.2: Rechnen in $\mathbb{Z}_5$.

Die zwei anderen Operationen $a - b$ und a/b sind in allen algebraischen Strukturen durch die Addition und die Multiplikation definiert:

$$b - a := b + y\,, \quad \text{wobei } y \text{ die Lösung von } y + a = 0 \text{ ist;}$$
$$b/a := b \cdot z\,, \quad \text{wobei } z \text{ die Lösung von } z \cdot a = 1 \text{ ist.}$$

Die Zahlen y und z heißen dann entsprechend die *additive* und das *multiplikative* Inverse von a und werden mit $y = -a$ und $z = a^{-1}$ bezeichnet.

Beispiel 4.14:

Was ist $2 - 3$ in $\mathbb{Z}_7$? Das additive Inverse -3 von $a = 3$ modulo 7 ist 4, da $4 < 7$ und $3 + 4 = 0$ modulo 7 gilt. Damit gilt $2 - 3 = 2 + (-3) = 2 + 4 = 6$ in $\mathbb{Z}_7$.

Die Menge $\mathbb{Z}_n$ kann man sich als einen Kreis vorstellen. Dann sind die Operationen $a+b$ und $a-b$ besonders einfach auszuführen. Will man $a+b$ (bzw. $a-b$) berechnen, so startet man im Punkt a und läuft den Kreis b Schritte vorwärts (bzw. rückwärts). Somit gilt insbesondere $-a = n - a$ für alle $a \in \mathbb{Z}_n$. Will man $ab \bmod n$ berechnen, so startet man im Punkt 0 und läuft ab Schritte vorwärts. In $\mathbb{Z}_5$ ist zum Beispiel $2 + 4 = 1$, $2 - 4 = 3$ und $2 \cdot 4 = 3$ (siehe Bild 4.2).

Die Division modulo n ist etwas komplizierter. Um durch $a \in \mathbb{Z}_n$ modulo n dividieren zu können, muss in $\mathbb{Z}_n$ ein Element (das multiplikative Inverse) $a^{-1} \in \mathbb{Z}_n$ mit $a \cdot a^{-1} \equiv 1 \bmod n$ enthalten sein. Dann gilt in $\mathbb{Z}_n$

$$\text{Division durch } a = \text{Multiplikation mit } a^{-1}.$$

Beispiel 4.15:

Was ist $2/3$ in $\mathbb{Z}_7$? Das multiplikative Inverse von $a = 3$ modulo 7 ist $a^{-1} = 5$, da $5 < 7$ und $3 \cdot 5 = 15 = 1 \bmod 7$ gilt. Damit gilt $2/3 = 2 \cdot a^{-1} = 2 \cdot 5 = 10 = 3$ in $\mathbb{Z}_7$.

Da $x \cdot 0 = 1$ keine Lösung haben kann, hat 0 kein multiplikatives Inverses. Also kann man (wie auch in $\mathbb{R}$) in keiner der Mengen $\mathbb{Z}_n$ durch Null dividieren!

Ist $a \in \mathbb{Z}_n$ ungleich Null, kann man dann durch a dividieren? Die Antwort ist: Nicht immer.

Beispiel 4.16:

Wir betrachten die Restklasse $\mathbb{Z}_4 = \{0,1,2,3\}$ modulo 4:

+	0	1	2	3
0	0	1	2	3
1	1	2	3	0
2	2	3	0	1
3	3	0	1	2

·	0	1	2	3
0	0	0	0	0
1	0	①	2	3
2	0	2	0	2
3	0	3	2	①

Anhand der Multiplikationstabelle erkennt man, dass für die Zahlen 1 und 3 ihre multiplikativen Inversen $1^{-1} = 1$ und $3^{-1} = 3$ existieren. Also kann man in $\mathbb{Z}_4$ durch diese zwei Zahlen auch dividieren. So ist z. B. $2/3 = 2 \cdot (3^{-1}) = 2 \cdot 3 = 2$. Aber die Zahl 2 hat kein multiplikatives Inverses in $\mathbb{Z}_4$ (die Zeile zu 2 enthält keine Eins). Deshalb kann man in $\mathbb{Z}_4$ nicht durch 2 dividieren.

Beispiel 4.17:

Wir betrachten nun die Restklasse $\mathbb{Z}_5 = \{0,1,2,3,4\}$ modulo 5:

+	0	1	2	3	4
0	0	1	2	3	4
1	1	2	3	4	0
2	2	3	4	0	1
3	3	4	0	1	2
4	4	0	1	2	3

·	0	1	2	3	4
0	0	0	0	0	0
1	0	①	2	3	4
2	0	2	4	①	3
3	0	3	①	4	2
4	0	4	3	2	①

Division hier ist durch *alle* Zahlen $a \in \mathbb{Z}_5 \setminus \{0\}$ möglich, da alle diese Zahlen ihre multiplikativen Inversen haben: $1^{-1} = 1$, $2^{-1} = 3$, $3^{-1} = 2$ und $4^{-1} = 4$.

Wir haben gerade gesehen, dass man modulo n nur durch bestimmte Zahlen dividieren kann. Welche Zahlen sind das? Oder anders gefragt: Welche Zahlen besitzen ein multiplikatives Inverses modulo n?

Satz 4.18: Existenz von multiplikativen Inversen

Für eine ganze Zahl a existiert ihr multiplikatives Inverses modulo n genau dann, wenn a relativ prim zu n ist.

Beweis:

Sind a und n relativ prim, so hat nach dem Satz von Bézout die Gleichung $ax \equiv 1 \bmod n$ eine (sogar genau eine) Lösung in $\mathbb{Z}_n$, und diese Lösung ist das multiplikative Inverse von a modulo n.

Wir nehmen nun an, dass die Zahlen a und n *nicht* relativ prim sind, also dass diese beiden Zahlen durch eine Zahl $d \geq 2$ teilbar sind. Hat nun $ax \equiv 1 \bmod n$ eine Lösung $x \in \mathbb{Z}_n$, so muss (nach Lemma 4.2) die Zahl n (und damit auch die Zahl d) die Differenz $ax - 1$ teilen. Da aber a durch d teilbar ist, muss auch 1 durch d teilbar sein, ein Widerspruch. □

Damit existieren für genau die Zahlen aus

$$\mathbb{Z}_n^\times := \{a \in \mathbb{Z}_n : a \neq 0 \text{ und } a \text{ ist relativ prim zu } n\}$$

ihre multiplikativen Inversen. D. h. wir können modulo n jede Zahl in $\mathbb{Z}_n$ durch jede der Zahlen aus $\mathbb{Z}_n^\times$ dividieren. So sind z. B. $\mathbb{Z}_4^\times = \{1,3\}$ und $\mathbb{Z}_5^\times = \{1,2,3,4\} = \mathbb{Z}_5 \setminus \{0\}$. Die Anzahl der Elemente in $\mathbb{Z}_n^\times$ bezeichnet man mit $\phi(n)$; man nennt diese Funktion die *Euler'sche Funktion*. Es ist bekannt, dass für alle $n \geq 5$ Folgendes gilt:

$$\phi(n) > \frac{n}{6 \ln \ln n}.$$

4.4 Euklid'scher Algorithmus

Wie kann man den größten gemeinsamen Teiler (a, b) berechnen, ohne zuvor mühsam alle Teiler von a und b zu bestimmen? Wie kann man das multiplikative Inverse a^{-1} modulo n berechnen? Dafür gibt es ein gutes altes Verfahren – den *Euklid'schen Algorithmus* (Euklid aus Alexandria, ca. 325 - 265 vor Christus). Die Idee des Euklid'schen Algorithmus ist, aus zwei Zahlen den größten gemeinsamen Teiler schrittweise herauszudividieren.

Der Algorithmus basiert auf den folgenden zwei einfachen Beobachtungen:

1. Aus $b|a$ folgt $(a, b) = b$.
2. Aus $a = bt + r$ folgt $(a, b) = (b, r)$.
   Beweis: Jeder gemeinsame Teiler von a und b muss auch $r = a - bt$ teilen, woraus $(a, b) \leq (b, r)$ folgt. Die andere Richtung $(b, r) \leq (a, b)$ ist auch richtig, da jeder Teiler von b und r auch $a = bt + r$ teilen muss.

Algorithmus 4.19:

Gegeben sei $a, b \in \mathbb{Z}$ und $a \geq b > 0$. Ist $b \neq 0$, so berechne den Rest $r = a \bmod b$ und ersetze $a := b$ und $b := r$. Ist $b = 0$, dann gib den Wert von a als Ausgabe.

Beispiel 4.20:

Wir wollen den größten gemeinsamen Teiler von $a = 348$ und $b = 124$ berechnen:

$$\begin{aligned} 348 &= 2 \cdot 124 + 100 \\ 124 &= 1 \cdot 100 + 24 \\ 100 &= 4 \cdot 24 + 4 \\ 24 &= 6 \cdot 4 + 0 \end{aligned}$$

a	b	r
348	124	100
124	100	24
100	24	4
24	4	0
4	0	stop

Somit ist $(348,124) = 4$.

Beispiel 4.21:

Wir wollen den größten gemeinsamen Teiler von $a = 4864$ und $b = 3458$ berechnen:

$$\begin{aligned}
4864 &= 1 \cdot 3458 + 1406 \\
3458 &= 2 \cdot 1406 + 646 \\
1406 &= 2 \cdot 646 + 114 \\
646 &= 5 \cdot 114 + 76 \\
114 &= 1 \cdot 76 + 38 \\
76 &= 2 \cdot 38 + 0
\end{aligned}$$

a	b	r
4864	3458	1406
3458	1406	646
1406	646	114
646	114	76
114	76	38
76	38	0
38	0	stop

Somit ist $(4864{,}3458) = 38$.

Wir wissen bereits (Satz 4.18), dass man in $\mathbb{Z}_n$ durch alle Zahlen $a \in \mathbb{Z}_n$, $a \neq 0$ dividieren kann, die relativ prim zu n sind. Dazu müssen wir aber die multiplikativen Inversen $a^{-1} \bmod n$ auch finden können. Für kleine Zahlen kann man einfach alle Zahlen $x = 1,2,\ldots$ der Reihe nach ausprobieren bis $ax - 1$ durch n teilbar ist; dann ist $x = a^{-1}$. Für große Zahlen ist dieses triviale Verfahren zu zeitaufwänding. Viel schneller geht es mit dem Euklid'schen Algorithmus.

Angefangen mit der Eingabe $n, a \in \mathbb{Z}$, teilt der Algorithmus n durch a mit Rest: $n = q_0 \cdot a + r_0$; somit ist der Rest r_0 als Linearkombination

$$r_0 = \underline{n} - q_0 \cdot \underline{a}$$

von n und a dargestellt. Im nächsten Schritt berechnet der Algorithmus $a = q_1 \cdot r_0 + r_1$; somit ist der Rest r_1 als eine Linearkombination

$$r_1 = a - q_1 \cdot r_0 = a - q_1(n - q_0 a) = -q_1 \cdot \underline{n} + (1 + q_0 q_1) \cdot \underline{a}$$

von n und a dargestellt, usw. Am Ende erhalten wir eine Darstellung von $d = (n, a)$ als Linearkombination $d = ax + ny$ von n und a. Gilt nun $d = 1$, so muss $ax \equiv 1 \bmod n$ wegen $ny \equiv 0 \bmod n$ gelten, und $x \bmod n$ ist das gesuchte multiplikative Inverse von a modulo n.

Beispiel 4.22:

Wir wollen das multiplikative Inverse von $a = 5$ modulo $n = 7$ bestimmen:

$$\begin{aligned}
7 &= 1 \cdot 5 + 2 && \rightarrow 2 = \underline{7} - \underline{5}, \\
5 &= 2 \cdot 2 + 1 && \rightarrow 1 = \underline{5} - 2 \cdot 2 = \underline{5} - 2(\underline{7} - \underline{5}) = 3 \cdot \underline{5} - 2 \cdot \underline{7}.
\end{aligned}$$

Somit ist $5^{-1} \bmod 7 = 3$.

Beispiel 4.23:

Wir wollen das multiplikative Inverse von $a = 61$ modulo $n = 130$ bestimmen:

$$\begin{aligned}
130 &= 2 \cdot 61 + 8 && \rightarrow 8 = \underline{130} - 2 \cdot \underline{61}, \\
61 &= 7 \cdot 8 + 5 && \rightarrow 5 = \underline{61} - 7 \cdot 8 = \underline{61} - 7(\underline{130} - 2 \cdot \underline{61}) = -7 \cdot \underline{130} + 15 \cdot \underline{61}
\end{aligned}$$

$$\begin{aligned} 8 = 1 \cdot 5 + 3 \qquad & \rightarrow 3 = 8 - 5 = (\underline{130} - 2 \cdot \underline{61}) - (-7 \cdot \underline{130} + 15 \cdot \underline{61}) \\ & \quad = 8 \cdot \underline{130} - 17 \cdot \underline{61}\,, \\ 5 = 1 \cdot 3 + 2 \qquad & \rightarrow 2 = 5 - 3 = -15 \cdot \underline{130} + 32 \cdot \underline{61}\,, \\ 3 = 1 \cdot 2 + 1 \qquad & \rightarrow 1 = 3 - 2 = 23 \cdot \underline{130} - 49 \cdot \underline{61}\,. \end{aligned}$$

Somit ist $x = -49$ und $y = 23$ eine Lösung von $61x + 130y = 1$. Aus $-49 \equiv 81 \bmod 130$ folgt $61^{-1} \bmod 130 = 81$.

Wenn wir den Euklid'schen Algorithmus auf zwei ganzen Zahlen $a > b > 0$ starten, wieviele Iterationen wird er dann brauchen?

Behauptung 4.24:
Für beliebige natürliche Zahlen a und b wird der Euklid'sche Algorithmus in höchstens $\log_2(ab)$ Schritten terminieren.

Beweis:
In erstem Schritt erzeugt der Algorithmus das Paar (b, r) mit $r = a \bmod b$. Aus $r < b$ folgt $a \geq b + r > 2r$, was die Ungleichung $r < a/2$ und damit auch $br < b(a/2)$ liefert. Also wird das Produkt $a \cdot b$ in jedem Schritt mehr als halbiert. Läuft der Algorithmus $k+1$ Schritte, so kann das entsprechende Produkt P_k im Schritt k noch nicht gleich Null sein; also $P_k \geq 1$. Andererseits, muss nach der obigen Beobachtung $P_k < (ab)/2^k$ gelten, woraus $2^k < ab$ und somit folgt auch $k < \log_2(ab)$. □

4.5 Primzahlen

Eine wichtige Eigenschaft der Primzahlen ist die Tatsache, dass sich alle ganzen Zahlen (außer 0 und ± 1) *eindeutig* als Produkte von Primzahlen darstellen lassen.

Satz 4.25: Fundamentalsatz der Arithmetik
Jede ganze Zahl $a \notin \{-1, 0, 1\}$ lässt sich bis auf die Reihenfolge der Faktoren auf genau eine Weise als Produkt von Primzahlen schreiben. D. h. es gibt eine eindeutige Menge von Primzahlen $p_1, \ldots, p_k$ und positive natürliche Zahlen $s_1, \ldots, s_k$ mit

$$a = \pm p_1^{s_1} p_2^{s_2} \cdots p_k^{s_k}\,.$$

Aus diesem Satz ist klar, warum man $p = 1$ nicht als eine Primzahl betrachtet: Sonst hätten wir keine *eindeutige* Zerlegung!

Beweis:
Die Existenz einer solchen Primzahlzerlegung haben wir bereits mittels Induktion bewiesen (siehe Satz 2.12). Zur Eindeutigkeit: Sind $p_1 p_2 \cdots p_s = q_1 q_2 \cdots q_r$ zwei Primzahlzerlegungen von n (wobei hier eine Primzahl mehrmals vorkommen kann), dann teilt p_1 das Produkt rechts. Nach dem Euklid'schen Hilfssatz (Satz 4.5) muss p_1 mindestens einen der Terme q_i teilen, woraus $p_1 = q_i$ für ein i folgt. Durch Umnummerierung der q_i's wird $p_1 = q_1$ erreicht. Dann bleibt $p_2 \cdots p_s = q_2 \cdots q_r$ und durch Wiederholung desselben Schlusses ergibt sich schließlich $r = s$ und $p_i = q_i$ für alle i nach eventueller Umnummerierung der q_i's. □

Beispiel 4.26: Perfekte Quadrate

Stellen wir uns einen langen Korridor mit N Türen vor. Anfangs sind alle Türen geschlossen. Entlang des Korridors laufen nacheinander N Personen und öffnen oder schließen die Türen nach der folgenden Regel: Die k-te Person öffnet bzw. schließt die k-te Tür und jede k-te Tür ab dieser Tür, d. h. sie öffnet bzw. schließt die Türen mit den Nummern $k, 2k, 3k, \ldots$. Welche Türen bleiben offen, wenn alle N Personen durchgelaufen sind?

Antwort: Die Tür n bleibt genau dann offen, wenn n ein *perfektes Quadrat* ist, d. h. wenn $n = m^2$ für eine natürliche Zahl m gilt.

Betrachten wir die Tür n. Diese Tür wurde genau dann von der k-ten Person angefasst (geöffnet oder geschlossen), wenn n durch k teilbar ist. Da am Anfang alle Türen geschlossen waren, bleibt am Ende die Tür n genau dann offen, wenn sie von einer *ungeraden* Anzahl von Personen geöffnet wurde. Somit bleibt die Tür n genau dann offen, wenn die Anzahl $\tau(n)$ der Teiler von n ungerade ist (1 und n sind auch Teiler von n).

Sei $n > 1$ (die erste Tür bleibt sowieso offen). Wir betrachten die Primzahlzerlegung $n = \prod_{i=1}^{m} p_i^{s_i}$ von n. Dann ist

$$\tau(n) = \prod_{i=1}^{m} (s_i + 1)$$

(Aufgabe 4.11). Also ist $\tau(n)$ genau dann ungerade, wenn alle $s_i + 1$ ungerade sind, was genau dann der Fall ist, wenn alle s_i's gerade sind, d. h. $s_i = 2r_i$ für geeignete r_i's gilt. Somit bleibt die n-te Tür genau dann offen, wenn

$$n = \prod_{i=1}^{m} p_i^{s_i} = \prod_{i=1}^{m} p_i^{2r_i} = \Big(\prod_{i=1}^{m} p_i^{r_i}\Big)^2$$

ein perfektes Quadrat ist.

Da die Primzahlzerlegungen teilerfremder Zahlen keine gemeinsamen Primzahlen enthalten dürfen, erhalten wir den folgenden nützlichen Fakt.

Lemma 4.27:

Ist eine ganze Zahl x duch a und durch b teilbar und sind a und b teilerfremd, dann ist x auch durch das Produkt ab teilbar.

Nun beweisen wir den bekannten »kleinen Satz« von Fermat (Pierre de Fermat, 1601-1655), der sich – insbesondere in der Kryptographie – als sehr nützlich erwiesen hat.

Satz 4.28: Kleiner Satz von Fermat

Ist p eine Primzahl und a eine natürliche Zahl, dann gilt

$$a^p \equiv a \bmod p\,.$$

Falls p kein Teiler von a ist, dann gilt insbesondere

$$a^{p-1} \equiv 1 \bmod p\,.$$

Beweis: **Induktiver Beweis**

Wir führen eine Induktion über a durch. Die Induktionsbasis $a = 0$ ist trivial.

Induktionsschritt: $a \mapsto a + 1$. Wir wenden den binomischen Lehrsatz an und erhalten:

$$(a+1)^p = \sum_{k=0}^{p} \binom{p}{k} \cdot a^k\,.$$

Nach Beispiel 4.7 sind alle Binomialkoeffizienten $\binom{p}{k}$ mit $k \notin \{0,p\}$ durch p teilbar. Wegen $\binom{p}{0} = \binom{p}{p} = 1$ und der Induktionsannahme gilt somit auch

$$(a+1)^p \equiv a^p + 1 \equiv (a+1) \bmod p\,.$$

Ist nun p kein Teiler von a, so kann man nach der Kürzungsregel (Lemma 4.9) beide Seiten der Kongruenz $a^p \equiv a \bmod p$ durch a dividieren, um die gewünschte Kongruenz $a^{p-1} \equiv 1 \bmod p$ zu erhalten. □

Für den zweiten Teil des Satzes führen zeigen wir einen alternativen Beweis.

Beweis: **Direkter Beweis**

Sei p kein Teiler von a. Dann ist a relativ prim zu p. Wenn wir modulo p rechnen, dann müssen nach dem Satz von Bézout (Satz 4.12) alle Zahlen $a, 2a, 3a, \ldots, (p-1)a$ verschieden sein. Außerdem, kann keine dieser Zahlen gleich 0 sein: Falls für ein k mit $1 \leq k \leq p-1$ nämlich $ka \equiv 0a \bmod p$ gälte, so könnten wir die Gleichung kürzen, was $k \equiv 0 \bmod p$ liefern würde; aber die Zahl $k \leq p-1$ ist zu klein dafür. Wenn wir also die Zahlen $a, 2a, 3a, \ldots, (p-1)a$ modulo p betrachten, dann erhalten wir genau die Zahlen $1, 2, \ldots, p-1$ (vielleicht in einer anderen Reihenfolge). Deshalb muss auch das Produkt

$$a \cdot 2a \cdot 3a \cdots (p-1)a = a^{p-1} \cdot (p-1)!$$

modulo p dem Produkt

$$1 \cdot 2 \cdot 3 \cdots (p-1) = (p-1)!$$

gleichen, d. h. es muss

$$a^{p-1} \cdot (p-1)! \equiv (p-1)! \bmod p$$

muss. Da p und $(p-1)!$ offenbar teilerfremd sind (Euklid'scher Hilfssatz), können wir nach der Kürzungsregel (Lemma 4.9) diese modulare Gleichung mit $(p-1)!$ kürzen, was die gewünschte Kongruenz $a^{p-1} \equiv 1 \bmod p$ liefert. □

Ist p prim, so kann man das multiplikative Inverse a^{-1} in $\mathbb{Z}_p$ sehr leicht berechnen:

$$a^{-1} = a^{p-2}.$$

Nun so weit so gut ... aber wie soll man die Potenzen a^m modulo n schnell berechnen? Ein trivialer Algorithmus $a^m = a \cdot a \cdots a$ benötigt fast m Multiplikationen. Es gibt aber einen viel schnelleren Algorithmus, der mit *logarithmisch* vielen (anstatt satten m) Multiplikationen auskommt. Dazu bestimme zuerst die 0-1 Bits $\epsilon_0, \epsilon_1, \ldots, \epsilon_r$ mit $r \leq \log_2(m+1)$ in der Binärdarstellung von m, d. h. $m = \sum_{i=0}^{r} \epsilon_i 2^i$. Das erste Bit ϵ_0 ist 1 genau dann, wenn m ungerade ist. Um das zweite Bit ϵ_1 zu bestimmen, ersetze m durch $\lfloor \frac{m}{2} \rfloor$. Dann ist $\epsilon_1 = 1$ genau dann, wenn diese (neue) Zahl ungerade ist, usw. Nun gilt

$$a^m = a^{\sum_{i:\epsilon_i=1} 2^i} = \prod_{i:\epsilon_i=1} a^{2^i}.$$

Somit reicht es, nur die $r+1$ Zahlen

$$a,\ a^2,\ a^{2^2} = (a^2)^2,\ a^{2^3} = (a^{2^2})^2,\ \ldots, a^{2^r}$$

modulo n auszurechnen, wobei jede nächste Zahl einfach das Quadrat der vorigen ist!

Da Primzahlen das »Skelett« der Zahlen bilden, haben sie die Köpfe der Menschen seit Ewigkeiten beschäftigt. Dass es unendlich viele Primzahlen gibt, haben wir bereits in Abschnitt 2.3 (Satz 2.4) bewiesen. Solche Zahlen auch *explizit* anzugeben, ist aber eine etwas schwierigere Aufgabe. Die größte bekannte Primzahl ist $2^{13\,466\,917} - 1$, eine Dezimalzahl mit 4 053 946 Ziffern.

Eine alte und für verschiedene Anwendungen (z. B. in der Kryptographie) wichtige Frage ist: Kann man »schnell« bestimmen, ob eine gegebene Zahl n prim ist? »Schnell« bedeutet hier in Zeit $(\ln n)^c$ für eine nicht allzu große Konstante c, d. h. polynomiell in der Bitlänge von n. Einen solchen Algorithmus haben vor kurzem drei Informatiker aus Indien entdeckt.[1] Die Laufzeit des Algorithmus ist ungefähr $(\ln n)^{12}$.

Es gibt auch viele wichtige Fragen über die *Struktur* der Menge aller Primzahlen. Eine dieser Fragen ist, wie dicht liegen die Primzahlen in der Menge aller natürlichen Zahlen?

Man kann ziemlich leicht zeigen (siehe Aufgabe 4.12), dass es beliebig lange Lücken zwischen zwei Primzahlen gibt: Für alle $k \geq 1$ gibt es eine natürliche Zahl a, so dass keine der Zahlen $a+1, a+2, \ldots, a+k$ eine Primzahl ist. Nichtsdestotrotz, ist bekannt, dass zwischen n und $2n$ immer mindestens eine Primzahl liegen muss! Dieser Satz hat der russische Mathematiker Panfuty Tschebyschev im Jahre 1850 bewiesen. Der Satz ist aber unter der Namen *Bertrands Postulat* bekannt, da Joseph Betrand diesen Sachverhalt als erster vermutet und bis zu $n = 3\,000\,000$ verifiziert hat.

Satz 4.29: Bertrands Postulat

Für alle natürlichen Zahlen $n \geq 1$ gibt es eine Primzahl p mit $n < p \leq 2n$.

Paul Erdős hat 1932 bewiesen, dass es sogar mindestens $n/30 \log_2 n$ solche Primzahlen gibt!

1 M. Agrawal, N. Kayal, N. Saxena, PRIMES is in *P*, *Annals of Mathematics*, **160** (2004), 781–793.

Einer der berühmtesten Sätze über die Primzahlen – der sogenannte *Primzahlsatz* – besagt, dass ungefähr $n/\ln n$ der Zahlen in dem Intervall $2, 3, \ldots, n$ Primzahlen sind. Dies war von Hadamard und de la Vallée-Poussin im Jahre 1896 bewiesen worden.

Satz 4.30: Primzahlsatz

Sei $\pi(x)$ die Anzahl der Primzahlen in dem Intervall $2, 3, \ldots, x$. Dann gilt für alle $x \geq 17$

$$\frac{x}{\ln x} < \pi(x) < 1{,}25506 \cdot \frac{x}{\ln x}.$$

Somit gibt es »ungefähr« $x/\ln x$ Zahlen zwischen 1 und x, die prim sind.

Es gibt auch viele andere interessante Resultate über die Primzahlen. So besagt zum Beispiel der berühmte Satz von Hardy und Ramanujan aus dem Jahre 1917, dass fast jede natürliche Zahl n »ungefähr« $\ln\ln n$ Primteiler besitzt.

Viele Fragen bleiben aber immer noch offen. So vermutet man zum Beispiel, dass *jede gerade natürliche Zahl $n \geq 4$ eine Summe zweier Primzahlen ist.* Das ist die sogenannte *Golbach'sche Vermutung.* Zum Beispiel: $4 = 2 + 2$, $6 = 3 + 3$, $8 = 3 + 5$, usw. Es ist bereits gezeigt, dass die Vermutung für alle geraden Zahlen $n \leq 10^{16}$ gilt. Im Jahr 1939 hat Schnirelman gezeigt, dass jede gerade Zahl eine Summe von höchstens 300000 Primzahlen ist. Das war nur ein Anfang – heute wissen wir bereits, dass jede gerade Zahl die Summe von 6 Primzahlen ist.

Ist $p > 2$ eine Primzahl, so muss sie ungerade sein. Somit kann $p + 1$ keine Primzahl sein. D. h. der Abstand $|q - p|$ zwischen je zwei Primzahlen ist mindestens 2. Sind p und $p + 2$ beide prim, so nennt man diese Zahlen *Zwillinge* oder *Primzahlzwillinge.* Solche sind zum Beispiel die Paare $(3,5), (5,7), (11,13), (17,19)$. Man vermutet (bereits seit 2000 Jahren!), dass *es unendlich viele Zwillinge gibt* (»twin primes conjecture«). Im Jahr 1966 hat Chen gezeigt, dass es unendlich viele Primzahlen p gibt, so dass $p + 2$ ein Produkt von höchstens zwei Primzahlen ist. Also ist diese Vermutung »fast« bewiesen.

4.6 Chinesischer Restsatz

In vielen Mathematikbüchern aus alten Zeiten, angefangen bei über 2000 Jahre alten chinesischen Mathematikbüchern (Handbuch der Arithmetik von Sun-Tzun Suan-Ching), aber auch im berühmten *Liber abaci* von Leonardo von Pisa (Fibonacci), finden sich Aufgaben, in denen Zahlen gesucht werden, die bei Division durch verschiedene andere Zahlen vorgegebene Reste lassen. Fangen wir zur Demonstration mit einem Beispiel an:

> »Wie alt bist Du?« wird Daisy von Donald gefragt. »So was fragt man eine Dame doch nicht« antwortet diese. »Aber wenn Du mein Alter durch drei teilst, bleibt der Rest zwei«. »Und wenn man es durch fünf teilt?« »Dann bleibt wieder der Rest zwei. Und jetzt sage ich Dir auch noch, dass bei Division durch sieben der Rest fünf bleibt. Nun müsstest Du aber wissen, wie alt ich bin.«

Übersetzt in die heutige mathematische Sprache lautet diese Aufgabe so: Man finde eine Zahl, die bei Division durch 3, 5, 7 die Reste 2, 2, 5 lässt. Zu lösen ist also das modulare Gleichungssystem:

$$\begin{aligned} x &\equiv 2 \bmod 3 \\ x &\equiv 2 \bmod 5 \\ x &\equiv 5 \bmod 7\,. \end{aligned} \tag{4.1}$$

Eine ähnliche Aufgabe stammt von Sun-Tzun Suan-Ching (zwischen 280 und 473 vor Christus).

Den folgenden allgemeinen Satz, der alle solche Probleme »mit einem Schuß« löst, hat Ch'in-Chiu-Shao im Jahre 1247 bewiesen.

Satz 4.31: Chinesischer Restsatz

Seien $m_1, \ldots, m_r$ paarweise teilerfremde, positive Zahlen und M sei das Produkt dieser Zahlen. Dann gibt es für beliebig gewählte Zahlen $a_1, \ldots, a_r$ *genau eine* Zahl x mit $0 \leq x < M$, die alle Kongruenzen

$$x \equiv a_i \bmod m_i \quad \text{für alle } i = 1, \ldots, r$$

simultan erfüllt.

Die Lösung ist durch $x = \sum_{i=1}^{r} a_i M_i s_i \bmod M$ gegeben, wobei $M_i = M/m_i$ und $s_i = M_i^{-1} \bmod m_i$ das multiplikative Inverse von M_i modulo m_i ist.

Beweis:

Setze $M_i := M/m_i = m_1 \cdots m_{i-1} \cdot m_{i+1} \cdots m_r$ und beachte, dass $(m_i, M_i) = 1$ für alle $i = 1, \ldots, r$ gilt (siehe Korollar 4.8). Nach dem Satz von Bézout (Satz 4.12) hat jedes M_i sein multiplikatives Inverses $s_i = M_i^{-1} \bmod m_i$. Wir setzen

$$x := a_1 M_1 s_1 + a_2 M_2 s_2 + \cdots + a_r M_r s_r$$

und überprüfen, ob es die obigen Kongruenzen erfüllt. Zuerst stellen wir fest, dass m_i stets ein Teiler von M_j für $i \neq j$ ist, d. h. $M_j \equiv 0 \bmod m_i$ gilt. Daraus folgt für alle i

$$x \equiv 0 + \cdots + 0 + a_i M_i s_i + 0 + \cdots + 0 \equiv a_i \cdot 1 \equiv a_i \bmod m_i.$$

Zum Beweis der Eindeutigkeit nehmen wir an, dass es zwei Lösungen $0 \leq x < y < M$ gibt. Dann sind nach Lemma 4.2 alle m_i Teiler von $y - x$. Nach der Voraussetzung (paarweise teilerfremd) und Lemma 4.27 ist auch M ein Teiler von $y - x$, was nur dann möglich ist, wenn $y - x = 0$ gilt. □

Beispiel 4.32:

Wie alt ist Daisy denn nun? Um das rauszukriegen, müssen wir das modulare Gleichungssystem (4.1) lösen. Wir wenden den chinesischen Restsatz an. Die Zahlen $M, M_i = M/m_i$ und $s_i = M_i^{-1} \bmod m_i$ sehen in unserem Fall so aus: $M = 3 \cdot 5 \cdot 7 = 105$ und

$$M_1 = 105/3 = 35 \equiv 2 \bmod 3 \qquad s_1 = 2^{-1} \bmod 3 = 2$$

$$M_2 = 105/5 = 21 \equiv 1 \bmod 5 \qquad s_2 = 1^{-1} \bmod 5 = 1$$
$$M_3 = 105/7 = 15 \equiv 1 \bmod 7 \qquad s_3 = 1^{-1} \bmod 7 = 1\,.$$

Nach dem Chinesischen Restsatz ist die Lösung x durch

$$x = 2 \cdot 35 \cdot 2 + 2 \cdot 21 \cdot 1 + 5 \cdot 15 \cdot 1 = 257 \equiv 47 \bmod 105$$

gegeben. Somit ist Daisy 47 Jahre alt.

Warum ist der Chinesisch Restsatz auch für einen Informatiker interessant? Einfach, weil man mit ihm große Zahlen mittels viel kleinerer Zahlen *eindeutig* kodieren kann. Ist z. B. $n = pq$ ein Produkt zweier Primzahlen p und q, dann ist die durch

$$f(x) = \big(x \bmod p,\ x \bmod q\big) \in \mathbb{Z}_p \times \mathbb{Z}_q$$

definierte Abbildung $f : \mathbb{Z}_n \to \mathbb{Z}_p \times \mathbb{Z}_q$ eine *injektive* Abbildung. D. h. keine zwei verschiedenen Zahlen in $\mathbb{Z}_n$ können kongruent modulo p *und* modulo q sein! Das Paar $f(x)$ nennt man auch »Fingerabdruck« von x.

Satz 4.33: Fingerabdrucksatz

Sei $P = \prod_{i=1}^{r} p_i$ ein Produkt verschiedener Primzahlen $p_1, \ldots, p_r$. Dann gilt für alle Zahlen $a, b < P$

$$a = b \iff a \equiv b \bmod p_i \text{ für alle } i = 1, \ldots, r\,.$$

In anderen Worten, anstatt zwei (große) Zahlen zu vergleichen reicht es einige wenige (viel kleinere) Zahlen – nämlich ihre Reste modulo $p_1, \ldots, p_r$ – zu vergleichen. Diese Eigenschaft spielt in dem Entwurf von vielen Algorithmen eine große Rolle.

Beweis:

Da $a < P$ ist, kann nach dem Chinesischen Restsatz nur eine Zahl x mit $0 \leq x < P$ alle Kongruenzen $x \equiv a \bmod p_i$ simultan erfüllen, nämlich die Zahl $x = a$ selbst. □

So haben zum Beispiel keine zwei Zahlen aus 0,1, ... ,14 dieselben Reste modulo 3 und 5:

	0	1	2	3	4
0	0	6	12	3	9
1	10	1	7	13	4
2	5	11	2	8	14

Hier ist der Eintrag in der i-ten Zeile und j-ten Spalte die einzige Zahl $a \in \{0,1,\ldots,14\}$ mit $a \bmod 3 = i$ und $a \bmod 5 = j$.

4.7 Anwendung in der Kryptographie: RSA-Codes*

Nachrichten so zu verschlüsseln, dass sie kein Unbefugter versteht, ist nicht nur der Traum von kleinen Jungs oder von Spionen – es ist mittlerweile unser Alltag geworden. Das allgemeine Modell ist das folgende: Eine Nachricht besteht aus einer Zahl $a \in \mathbb{Z}_n$ (n groß genug), die der Sender Bob (der Bankkunde) der Empfängerin Alice (einer Bankangestellten) so mitteilen will, dass kein Lauscher die Nachricht versteht.

Dazu wendet Bob eine Bijektion $f : \mathbb{Z}_n \to \mathbb{Z}_n$ auf a an und sendet die Zahl $f(a)$ an Alice. Kennt Alice eine Funktion g mit der Eigenschaft $g(f(a)) = a$ (die Umkehrfunktion $g(x) = f^{-1}(x)$ von f), so kann sie die Nachricht a rekonstruieren.

Eine der Schwierigkeiten der verschlüsselten Kommunikation ist die Tatsache, dass Alice und Bob vor dem Senden der Nachricht eine Verschlüsselungsmethode (d. h. Funktionen f und $g = f^{-1}$) verabreden muss, damit die Empfängerin die Nachricht versteht.

1976 überlegten sich Rivest, Shamir und Adleman, dass die Verschlüsselungsfunktion f eigentlich nicht geheim zu sein muss; wichtig ist nur, dass die Funktion *schwer umkehrbar* ist: Ohne die Umkehrfunktion $g = f^{-1}$ zu wissen, ist es für einen Lauscher sehr schwer, aus dem Wert $b = f(a)$ die Zahl a zu bestimmen, *auch wenn er die Funktion f kennt.*

Hat Alice eine solche (schwer umkehrbare) Funktion f, so kann sie f bekannt geben. Zum Beispiel kann sie diese Funktion auf ihrer Web-Seite veröffentlichen. Diese Funktion f ist also der »Public-Key«. Die Umkehrfunktion $g = f^{-1}$ (den »Secret-Key«) behält Alice für sich. (auch Bob kennt sie nicht).

Als eine schwer umkehrbare Funktion $f : \mathbb{Z}_n \to \mathbb{Z}_n$ benutzt das RSA-Verfahren eine Funktion von der Form $f(x) = x^e \bmod n$ mit einer speziell gewählten Zahl e.

Algorithmus 4.34: RSA-Algorithmus

Wähle zwei große Primzahlen[2] p, q und gehe wie folgt vor:

1. Berechne $n = pq$ wie auch $\phi(n) = (p-1)(q-1)$. Nachrichten sind dann Zahlen aus $\mathbb{Z}_n = \{0,1,\ldots,n-1\}$.
2. Wähle eine *kleine* Zahl e, die teilerfremd zu $\phi(n)$ ist; dies ist der »Public-Key«.
3. Berechne das multiplikative Inverse $d = e^{-1} \bmod \phi(n)$; dies ist der »Secret-Key«.
4. Mache das Paar (n, e) für alle bekannt. Die Verschlüsselungsfunktion ist dann $f(x) = x^e \bmod n$.

Als Entschlüsselungsfunktion benutzt Alice die Funktion $g(x) = x^d \bmod n$. Ist g tatsächlich eine Umkehrfunktion von $f(x) = x^e \bmod n$? Also gilt

$$x^{ed} \bmod n = x$$

für alle $x \in \mathbb{Z}_n$? Um das zu beweisen, reicht es nach dem Fingerabrucksatz (Satz 4.33) zu zeigen, dass x die beiden Kongruenzen $x^{ed} \equiv x \bmod p$ und $x^{ed} \equiv x \bmod q$ erfüllt; wegen $n = pq$ und $x < n$ muss dann auch $x^{ed} \bmod n = x$ gelten. Wir zeigen nur die erste modulare Gleichung $x^{ed} \equiv x \bmod p$ (die zweite ist analog). Dazu unterscheiden wir zwei Fälle.

Fall 1: Angenommen x ist durch p teilbar. Dann muss aber auch $x^{ed} - x$ durch p teilbar sein, woraus $x^{ed} \equiv x \bmod p$ folgt.

Fall 2: Angenommen x ist nicht durch p teilbar. Dann muss nach dem kleinen Satz von Fermat $x^{p-1} \equiv 1 \bmod p$ gelten. Nach der Auswahl von Public-Key e und Secret-Key d gilt $ed \equiv 1 \bmod \phi(n)$. Somit ist $ed - 1 = k\phi(n)$ ein Vielfaches von $\phi(n) = (p-1)(q-1)$.

---

2 Als notwendige Bedingung wird heute empfohlen, p und q jeweils als 256-Bit Zahl zu wählen: Der Faktorisierungsweltrekord liegt bei 512 Bit, d. h. bei Zahlen, die aus zwei Primfaktoren von je 256 Bit zusammengesetzt sind.

Da x^{p-1} modulo p gleich 1 ist, muss daher auch die Zahl $x^{ed-1} = (x^{p-1})^{k(q-1)}$ modulo p gleich 1 sein. Multiplizieren wir beide Seiten der Äquivalenz $x^{ed-1} \equiv 1 \bmod p$ mit x, so erhalten wir $x^{ed} \equiv x \bmod p$. □

Beispiel 4.35:

Wir demonstrieren den RSA-Algorithmus an einem sehr einfachen Beispiel. Wähle $p = 11$ und $q = 3$.

1. Berechne $n = pq = 33$ wie auch $\phi(n) = (p-1)(q-1) = 10 \cdot 2 = 20$. Nachrichten sind dann die Zahlen aus $\mathbb{Z}_n = \{0,1,\ldots,32\}$.
2. Wähle eine *kleine* Zahl e, die teilerfremd zu $\phi(n) = 20$ ist. Wir wählen $e = 3$; dies ist unser »Public-Key«.
3. Berechne das multiplikative Inverse $d = e^{-1} \bmod \phi(n)$. Wir müssen $3^{-1} \bmod 20$ berechnen, d. h. ein d finden, so dass $3d - 1$ durch 20 teilbar ist. Einfaches Ausprobieren $d = 1,2,3,\ldots$ ergibt $d = 7$; dies ist unser »Secret-Key«.
4. Mache das Paar $(n, e) = (33,3)$ für alle bekannt. Die Verschlüsselungsfunktion ist dann $f(x) = x^3 \bmod 33$.

Angenommen, Bob will uns nun die Nachricht $x = 7$ verschicken. Er kodiert x als

$$f(x) = x^e \bmod n = 7^3 \bmod 33 = 343 \bmod 33 = 13\,.$$

Um die kodierte Nachricht $f(x) = 13$ zu entschlüsseln, müssen wir $f(x)^d \bmod n = 13^7 \bmod 33$ berechnen. Hier müssen wir nicht die ganze Potenz 13^7 ausrechnen. Stattdessen können wir die Gleichheit

$$ab \bmod n = (a \bmod n)(b \bmod n) \bmod n$$

benutzen (Aufgabe 4.4). Mit dieser Beobachtung können wir also wie folgt fortfahren:

$$\begin{aligned} f(x)^d &= 13^7 \bmod 33 = 13^{3+3+1} \bmod 33 = 13^3 \cdot 13^3 \cdot 13 \bmod 33 \\ &= (13^3 \bmod 33)(13^3 \bmod 33)(13 \bmod 33) \bmod 33 \\ &= (2197 \bmod 33)(2197 \bmod 33)(13 \bmod 33) \bmod 33 \\ &= 19 \cdot 19 \cdot 13 \bmod 33 = 4693 \bmod 33 = 7\,. \end{aligned}$$

Wie könnte man den RSA-Code brechen? Der Lauscher hat die verschlüsselte Nachricht – die Zahl $b = f(a)$ – gesehen. Genau wie Bob, kennt er die Zahlen n und e wie auch die Verschlüsselungsfunktion $f(x) = x^e \bmod n$. Er weiß auch, dass $f : \mathbb{Z}_n \to \mathbb{Z}_n$ eine *Bijektion* ist (sonst hätte das ganze Verfahren gar nicht funktioniert!). Also kann er »einfach« den Wert $f(x)$ für alle $x \in \mathbb{Z}_n$ berechnen bis er das einzige x mit $f(x) = b$ $(= f(a))$ findet; dann muss ja auch $x = a$ gelten, und er hat die Nachricht geknackt! Wirklich? Ganz und gar nicht! Ein solcher Vorgang ist für den Lauscher absolut hoffnungslos, denn die Menge $\mathbb{Z}_n$ ist zu groß: Da n mindestens eine 512-Bit Zahl ist, hat $\mathbb{Z}_n$ mehr als $2^{512} > 10^{500}$ Elemente! (Das uns bekannte Universum besteht aus wenigen als 10^{100} Atomen.) Also muss der Lauscher irgendwie die Zahl $d = e^{-1} \bmod \phi(n)$ herauskriegen. Die Zahl e ist ihm bekannt. Er weiss auch, dass $\phi(n) = (p-1)(q-1)$ gelten muss, wobei p und q die Primfaktoren von ihm auch bekannter Zahl $n = pq$ ist. Um die Zahl $\phi(n)$ herauszukriegen, muss er daher die Zahl n in Primfaktoren zerlegen und bisher keine effizienten

(Polynomiellzeit) Algorithmen für die Primzahlzerlegung bekannt sind.

4.8 Anwendung: Schneller Gleichheitstest*

Zwei Personen an den Enden eines Nachrichtenkanals wollen zwei natürliche Zahlen $a, b \leq 2^{10.000}$ auf Gleichheit hin überprüfen. Die Übertragung ist aber teuer und wir wollen, die Anzahl der übertragenen Bits möglichst niedrig halten.

Das folgende Verfahren erlaubt einen Vergleich der beiden Zahlen. Dabei werden anstelle der 10.000 Bits einer Zahl nur $202k$ Bits gesendet, wobei k ein Parameter ist, dessen Rolle später erklärt wird:

1. Wähle zufällig Primzahlen $p_1, \ldots, p_k$ zwischen 2^{100} und 2^{101}.
2. Übertrage die Zahlen p_i und $a \bmod p_i$ für alle $i = 1, \ldots, k$.
3. Falls $a \not\equiv b \bmod p_i$ für ein i, gib die Antwort »$a \neq b$« aus. Andernfalls treffe die Entscheidung »$a = b$«.

Wie in RSA-Codes, setzt das Verfahren voraus, dass man sich die benötigten Primzahlen leicht verschaffen kann. Darauf werden wir nicht eingehen.

Wir wollen nun die Wahrscheinlichkeit abschätzen, dass das Verfahren zu einer Fehlentscheidung führt. Die Fehlentscheidung kann nur dann auftreten, wenn die Zahlen a und b verschieden sind und trotzdem $a \equiv b \bmod p_i$ für alle $i = 1, \ldots, k$ gilt. Sei P die Menge aller Primzahlen zwischen 2^{100} und 2^{101}. Nach dem Primzahlsatz (Satz 4.30) gilt für die Anzahl $\pi(x)$ aller Primzahlen $p < x$ die asymptotische Formel $\pi(x) \sim x/\ln x$. Zwischen 2^{100} und 2^{101} gibt es daher approximativ

$$|P| = \pi(2^{101}) - \pi(2^{100}) \approx \frac{2^{101}}{\ln 2^{101}} - \frac{2^{100}}{\ln 2^{100}} \geq \frac{2^{100}}{100} \geq 10^{23} \geq 99 \cdot 10^{21}$$

solcher Primzahlen. Für gegebene Zahlen a und b sei $P(a,b) = \{q \in P \colon a \equiv b \bmod q\}$.

Behauptung 4.36:

Sind $a, b \leq 2^{10.000}$ und $a \neq b$, so gilt $|P(a,b)| < 100$.

Beweis:

Um die Behauptung zu beweisen, nehmen wir an, dass $P(a,b)$ mindestens 100 Primzahlen $q_1, \ldots, q_{100}$ enthält. Aus dem Fingerabdrucksatz folgt $a \equiv b \bmod M$ mit $M = q_1 \cdots q_{100}$ (siehe Satz 4.33). Es gilt $M > (2^{100})^{100} = 2^{10.000}$. Nach der Annahme $a, b \leq 2^{10.000}$ folgt daher $a = b$. □

Eine Fehlentscheidung ist also nur dann möglich, wenn $a \neq b$ gilt und das Verfahren zufälligerweise nur Primzahlen aus $P(a,b)$ auswählt. Bei k-facher unabhängiger Wahl einer Primzahl ist die Fehlerwahrscheinlichkeit also höchstens

$$\left(\frac{|P(a,b)|}{|P|}\right)^k \approx \left(\frac{99}{99 \cdot 10^{21}}\right)^k = 10^{-21 \cdot k}.$$

Schon für $k = 1$ ist dies ein verschwindend kleiner Wert.

4.9 Aufgaben

Aufgabe 4.1:

Zeige, dass $n^4 + 4$ für $n > 1$ *keine* Primzahl ist. *Hinweis*: Stelle $n^4 + 4$ als ein Produkt von zwei Summen dar.

Aufgabe 4.2:

Zeige: Eine ganze Zahl $n \in \mathbb{N}$ in Dezimaldarstellung $n = \sum_{i=0}^{k} a_i 10^i$ ist durch 3 teilbar genau dann, wenn $\sum_{i=0}^{k} a_i$ durch 3 teilbar ist.

Aufgabe 4.3:

Zeige, dass für alle $a \in \mathbb{Z}$ und $n \in \mathbb{N}_+$ die Zahl $a^n - 1$ durch $a - 1$ teilbar ist. *Hinweis*: Ist $f_n(x) = x^n + x^{n-1} + \cdots + x + 1$, was ist dann $xf_n(x) - f_{n-1}(x)$?

Aufgabe 4.4:

Zeige, dass modulo n die Reste von ab und $(a \bmod n)(b \bmod n)$ gleich sind. *Hinweis*: Definition von $x \bmod n$.

Aufgabe 4.5:

Zeige: Teilt c beide Zahlen $a \geq b$, so teilt c auch den Rest $r = a \bmod b$.

Aufgabe 4.6:

Seien a und b zwei ganze Zahlen. Zeige:

(a) Ist a gerade und b ungerade, so gilt $(a, b) = (a/2, b)$.

(b) Ist a gerade und b gerade, so gilt $(a, b) = 2 \cdot (a/2, b/2)$.

Aufgabe 4.7:

Zeige, dass für alle ganzen Zahlen $a, b \in \mathbb{Z}$ und $n \geq 1$ gilt: $(an, bn) = n \cdot (a, b)$. *Hinweis*: Satz 4.4.

Aufgabe 4.8:

Fibonacci-Zahlen $f_0, f_1, f_3, \ldots$ sind rekursiv wie folgt definiert: $f_0 = 0$, $f_1 = 1$ und $f_{n+2} = f_{n+1} + f_n$ für $n \geq 0$. Zeige, dass für $n \geq 2$ je zwei aufeinander folgende Fibonacci-Zahlen f_n und f_{n+1} teilerfremd sind, d. h. $(f_n, f_{n+1}) = 1$ für alle $n \geq 0$ gilt. *Hinweis*: Induktion.

Aufgabe 4.9: Modulare Gleichungen

Zeige Folgendes: Die Gleichung $ax \equiv b \bmod n$ hat eine Lösung in $\mathbb{Z}_n$ genau dann, wenn b durch $d = (a, n)$ teilbar ist. *Hinweis*: Satz von Bézout.

Aufgabe 4.10: Binomischer Lehrsatz modulo p

Es sei p eine Primzahl und x, y ganze Zahlen. Zeige, dass dann $(x+y)^p \equiv x^p + y^p \bmod p$ gilt. *Hinweis*: Binomischer Lehrsatz und Beispiel 4.7.

Aufgabe 4.11: Anzahl der Teiler

Sei $n = \prod_{i=1}^{m} p_i^{s_i}$ die Primzahlzerlegung einer natürlichen Zahl $n \geq 2$ und $\tau(n)$ sei die Anzahl der nicht-negativen Teiler von n. Zeige, dass dann $\tau(n) = \prod_{i=1}^{m}(s_i + 1)$ gilt. *Hinweis*: Die einzigen Teiler von $p_i^{s_i}$ sind die Zahlen $p_i^0 = 1, p_i, p_i^2, \ldots, p_i^{s_i}$. Wende die Produktregel (Satz 3.1) an. Warum sind die Teiler verschieden?

Aufgabe 4.12: Lücken zwischen Primzahlen

Zeige, dass es beliebig lange Lücken in der Menge der Primzahlen gibt. D. h. für jedes $k \in \mathbb{N}_+$ gibt es ein $a \in \mathbb{N}$, so dass keine der Zahlen $a+1, a+2, \ldots, a+k$ eine Primzahl ist. *Hinweis*: Betrachte $a = (k+1)! + 1$.

Aufgabe 4.13: Wurzeln modulo p

Sei p eine Primzahl. Eine Zahl $x \in \mathbb{Z}_p$ ist ein *Wurzel*, falls es ein $a \in \mathbb{Z}_p$ mit $x^2 = a$ modulo p gilt. Zeige, dass es mindestens $h = \lfloor p/2 \rfloor$ *verschiedene* Wurzeln in $\mathbb{Z}_p$ gibt. *Hinweis*: Zeige, dass alle Zahlen $0^2, 1^2, 2^2, \ldots, h^2$ modulo p verschieden sind.

Aufgabe 4.14: Satz von Legendre

In der Primzahlzerlegung einer Zahl m kann eine Primzahl p *mehrmals* vorkommen, d. h. $\chi_p(m) := \max\{r : p^r | m\}$ kann größer als Eins sein. Zeige:

$$\chi_p(n!) = \sum_{k \geq 1} \left\lfloor \frac{n}{p^k} \right\rfloor .$$

Hinweis: Genau $\lfloor n/p^k \rfloor$ der Faktoren $1, 2, 3, \ldots, n$ von $n! = 1 \cdot 2 \cdot 3 \cdots n$ sind durch p^k teilbar.

Aufgabe 4.15:

Sei $\phi(n)$ die Anzahl der Zahlen im Intervall $1, 2, \ldots, n-1$, die relativ prim zu n sind. Zeige: Für jede Primzahl p und alle $k \in \mathbb{N}$ gilt $\phi(p^k) = p^{k-1}(p-1)$.

Aufgabe 4.16:

Zeige: Sind p, q verschiedene Primzahlen, so gilt $\phi(pq) = \phi(p)\phi(q)$. *Hinweis*: Bestimme die Anzahl der Zahlen zwischen 1 und $n = pq$, die *nicht* teilerfremd zu n sind.

Aufgabe 4.17:

Sei $p > 2$ eine Primzahl. Zeige:

$$\sum_{k=1}^{p-1} k^{p-1} \equiv -1 \bmod p \quad \text{und} \quad \sum_{k=1}^{p-1} k^p \equiv 0 \bmod p .$$

Hinweis: Kleiner Satz von Fermat. Außerdem gilt $\sum_{k=1}^{n} k = n(n+1)/2$ (arithmetische Reihe).

Aufgabe 4.18:

Seien $a \neq b$ zwei Zahlen in $\{1, 2, \ldots, N\}$. Zeige, dass es höchstens $\log_2 N$ Primzahlen p mit $a \equiv b \bmod p$ geben kann. *Hinweis*: Chinesischer Restsatz.

5 Algebraische Strukturen

Du wolltest doch Algebra, da hast Du den Salat.
- Jules Verne

Wenn wir in der Menge $\mathbb{Z}$ der ganzen Zahlen rechnen und nur die Addition $x + y$ der Zahlen betrachten, so wissen wir, dass die Assoziativitätsregel $(x + y) + z = x + (y + z)$ gilt. Außerdem gibt es für jede Zahl $x \in \mathbb{Z}$ ihr »Inverses«, also eine Zahl $-x \in \mathbb{Z}$ mit $x + (-x) = 0$. Betrachtet man nun eine völlig andere Menge, wie zum Beispiel die Menge S_n aller Permutationen von $\{1, \ldots, n\}$ mit der Verknüpfung $f \circ g(x) = g(f(x))$ der Permutationen anstatt der Addition der Zahlen, so kann man sich ganz schnell davon überzeugen, dass die Struktur $(S_n, \circ)$ auch diese zwei Eigenschaften besitzt: Anstatt 0 nehmen wir die identische Permutation $e(x) = x$, und das Inverse von f ist dann einfach die Umkehrfunktion f^{-1}. Die Strukturen $(\mathbb{Z}, +, 0)$ und $(S_n, \circ, e)$ haben also etwas gemeinsam. Dieses »Gemeinsame« nennt man die »Gruppeneigenschaften«.

Daran erkennt man bereits, wozu Algebra gut ist: Hat man einmal etwas für eine ***abstrakte*** algebraische Struktur mit bestimmten Eigenschaften bewiesen, dann wird das auch in allen ***konkreten*** Strukturen mit diesen Eigenschaften gelten!

In diesem Kapitel werden wir die wichtigsten algebraischen Strukturen kennenlernen: Gruppen, Ringe, Körper und lineare Räume.

Der Name »Algebra« kommt von dem Titel des Buches »Hisab al-jabr w'al-muqabala« von *Abu Ja'fair Muhammad ibn Musa Al-Khwarizmi*, einem persischen Mathematiker, der vor mehr als 1200 Jahren in Bagdad lebte. Aus seinem Namen (*Al-Khwarizmi*) ist auch der Begriff »Algorithmus« entstanden. Er war hauptsächlich an der Lösung verschiedenen algebraischen Gleichungen (meist quadratischen) interessiert. Seine Methode war, mit geeigneten Transformationen, die Gleichung zu einer Standardform zu überführen.

5.1 Gruppen

Sei M eine beliebige Menge. Unter einer *Verknüpfung* auf M versteht man eine Abbildung $\circ : M \times M \to M$ von $M \times M$ nach M (so etwas wie eine Addition oder Multiplikation). Dies bedeutet, dass jedem Paar (x, y) mit x, y aus M ein eindeutiges Element $\circ(x, y)$ aus M zugeordnet wird. Wie aus der Schule gewohnt, werden wir die Operation $\circ$ zwischen die zu verknüpfenden Elemente x und y, also als $x \circ y$ schreiben.

Definition:

Eine Verknüpfung $\circ$ auf M heißt

1. ***assoziativ***, falls $(x \circ y) \circ z = x \circ (y \circ z)$ für alle $x, y, z \in M$ gilt;
2. ***kommutativ***, falls $x \circ y = y \circ x$ für alle $x, y \in M$ gilt.

Ist die Verknüpfung $\circ$ assoziativ, so heißt die Struktur $(M, \circ)$ *Halbgruppe*; ist die Verknüpfung zusätzlich kommutativ, so handelt es sich um eine ***kommutative Halbgruppe***.

Beispiel 5.1:

In $\mathbb{R}$ sind die Verknüpfungen $x + y$ und $x \cdot y$ assoziativ und kommutativ. Die Verknüpfungen $x - y$, x/y und x^y sind dagegen weder assoziativ noch kommutativ. (Zeige dies!)

In vielen Strukturen $(M, \circ)$ gibt es ein sogenanntes *neutrales Element* $e \in M$, das im gewissen Sinne »nichts tut«: Für alle $x \in M$ gilt $x \circ e = e \circ x = x$.

Eine Halbgruppe $(M, \circ, e)$ mit neutralem Element nennt man auch *Monoid.* Beachte, dass das neutrale Element eines Monoids eindeutig bestimmt ist: Sind nämlich e und e' beides neutrale Elemente, so gilt dann $e = e'$ nach der Definition (mit x einmal als e und einmal als e').

Beispiel 5.2:

In $(\mathbb{N}, +)$ ist $e = 0$, während in $(\mathbb{N}, \cdot)$ $e = 1$ gilt.

Hat man ein neutrales Element $e \in M$, so kann man fragen, ob es für jedes $x \in M$ ein Element $y \in M$ mit $x \circ y = e$ gibt.

Definition:

Ein *Inverses* von $x \in M$ in einem Monoid $(M, \circ, e)$ ist ein Element $y \in M$ mit $x \circ y = y \circ x = e$.

Beispiel 5.3:

In $(\mathbb{Z}, +)$ ist $-x$ das Inverse von $x \in \mathbb{Z}$, und in $(\mathbb{R}, \cdot)$ ist $1/y$ das Inverse von $y \in \mathbb{R}$, $y \neq 0$.

Definition: Gruppen

Eine *Gruppe* ist ein Monoid $(G, \circ, e)$, in dem jedes Element ein Inverses hat. D. h. eine Struktur $(G, \circ)$ mit einer Verknüpfung $\circ$ ist eine Gruppe, falls die folgenden drei Bedingungen erfüllt sind:

1. Es gibt ein neutrales Element $e \in G$.
2. Jedes Element $x \in G$ hat ein Inverses $x^{-1} \in G$.
3. Die Verknüpfung $\circ$ ist assoziativ.

Ist die Verknüpfung $\circ$ auch kommutativ, so heißt die Gruppe *kommutativ* oder *abelsche* Gruppe (Niels Henrik Abel, 1802–1829).

Die Menge $\mathbb{Z}$ der ganzen Zahlen mit der üblichen Addition $+$ bildet eine abelsche Gruppe mit dem neutralen Element $e = 0$ und den Inversen $x^{-1} = -x$. Dagegen ist $(\mathbb{N}, +)$ keine Gruppe mehr, denn (wie vorher) ist $e = 0$ das neutrale Element, aber keine natürliche Zahl $x \neq 0$ besitzt ein Inverses $x^{-1} = -x$ in $\mathbb{N}$. Die Struktur $(\mathbb{Z}, -)$ ist nicht einmal eine Halbgruppe, da die Verknüpfung $x - y$ nicht assoziativ ist: $(3-2)-1 = 0 \neq 2 = 3-(2-1)$.

Lemma 5.4: Gruppeneigenschaften

In jeder Gruppe $(G, \circ, e)$ gilt Folgendes:

1. Jedes Element $x \in G$ hat genau ein Inverses $x^{-1} \in G$.

2. Für alle $x \in G$ gilt $(x^{-1})^{-1} = x$.
3. Für alle $x, y \in G$ gilt $(x \circ y)^{-1} = y^{-1} \circ x^{-1}$ (beachte die Reihenfolge!).
4. Kürzungsregel: Aus $x \circ y = x \circ z$ folgt $y = z$.
5. Ist G endlich, so sind die Gleichungen $x \circ a = b$ und $a \circ x = b$ für alle $a, b \in G$ eindeutig lösbar.[1]

Beweis:

(1) Sind $y \in G$ und $y' \in G$ beide Inverse von $x \in G$, so gilt

$$y = y \circ e = y \circ (x \circ y') = (y \circ x) \circ y' = e \circ y' = y' .$$

(2) Ist $y := x^{-1}$, so gilt

$$x = x \circ e = x \circ (y \circ y^{-1}) = (x \circ y) \circ y^{-1} = e \circ y^{-1} = y^{-1} = (x^{-1})^{-1} .$$

(3) Es gilt

$$(x \circ y) \circ (y^{-1} \circ x^{-1}) = x \circ (y \circ y^{-1}) \circ x^{-1} = x \circ e \circ x^{-1} = x \circ x^{-1} = e .$$

Genauso gilt auch $(y^{-1} \circ x^{-1}) \circ (x \circ y) = e$. Somit ist das Element $y^{-1} \circ x^{-1}$ das gesuchte Inverse von $x \circ y$.

(4) »Multipliziere« beide Seiten der Gleichung $x \circ y = x \circ z$ mit x^{-1}.

(5) Sei $G = \{g_1, \ldots, g_n\}$ und betrachte die Elemente $a \circ g_1, \ldots, a \circ g_n$; diese sind wegen der Kürzungsregel paarweise verschieden. Da alle diese Elemente in G liegen und G nur n Elemente hat, muss $G = \{a \circ g_1, \ldots, a \circ g_n\}$ gelten. Da aber b auch ein Element von G ist, muss es ein i mit $b = a \circ g_i$ geben; also ist $x = g_i$ die Lösung von $a \circ x = b$. Die Lösbarkeit von $y \circ a = b$ folgt analog. □

Um sich besser zu erinnern, warum in der Berechnung des Inversen $(x \circ y)^{-1} = y^{-1} \circ x^{-1}$ die Reihenfolge der Elemente vertauscht sein muss, gibt es eine einfache Merkregel. Sei x die Operation »ziehe die Socken an« und y die Operation »ziehe die Schuhe an«, so dass $x \circ y$ die Operation »ziehe die Socken und dann die Schuhe an« bedeutet. Was ist dann die inverse Operation für $x \circ y$?

Beispiel 5.5:

Sei S_n die Menge aller bijektiven Abbildungen f von $[n] = \{1, \ldots, n\}$ nach $[n]$, d. h. die Menge aller Permutationen von $[n]$. Als Verknüpfung $\circ$ der Permutationen betrachten wir ihre Hintereinanderausführung $f \circ g(x) = f(g(x))$. Dann ist $(S_n, \circ, e)$ eine Gruppe mit der identischen Permutation $e(x) = x$ als neutralem Element und dem Inversen f^{-1} (Umkehrfunktion); diese Gruppe ist aber nicht kommutativ, denn i.A. gilt die Gleichung $f \circ g = g \circ f$ nicht (siehe Aufgabe 5.5(b)).

Beispiel 5.6:

Wir betrachten die Menge $\mathbb{Z}_n = \{0,1, \ldots, n-1\}$ mit der Addition $+$ und der Multiplikation $\cdot$ modulo n.

---

1 Eindeutige Lösbarkeit von $x \circ a = b$ bedeutet, dass es zu jedem a, b genau ein x gibt, das die Gleichung $x \circ a = b$ erfüllt.

1. Ist $(\mathbb{Z}_n, +)$ eine Gruppe? Ja, das ist eine abelsche (d. h. kommutative) Gruppe mit neutralem Element 0 und mit dem Inversen $a^{-1} = n - a$ von a.
2. Ist $(\mathbb{Z}_n, \cdot)$ eine Gruppe? Nein, da zum Beispiel 0 kein Inverses hat.
3. Ist dann $(\mathbb{Z}_n \setminus \{0\}, \cdot)$ eine Gruppe? Nicht unbedingt! Für $n = 2$ und $n = 3$ ist das eine abelsche Gruppe, aber für $n = 4$ nicht mehr:

·	1	2	3
1	1	2	3
2	2	0	2
3	3	2	1

.

Die Menge {1,2,3} ist nicht durch · abgeschlossen, denn es gilt $2 \cdot 2 \bmod 4 = 0 \notin \mathbb{Z}_4 \setminus \{0\}$. Außerdem hat 2 kein Inverses.

4. $(\mathbb{Z}_5 \setminus \{0\}, \cdot)$ ist wiederum eine Gruppe:

·	1	2	3	4
1	1	2	3	4
2	2	4	1	3
3	3	1	4	2
4	4	3	2	1

.

Im Algemeinen gilt folgendes: Ist $n > 1$ *keine* Primzahl, also $n = ab$ für $a, b \geq 2$, so ist $(\mathbb{Z}_n \setminus \{0\}, \cdot)$ mit der Multiplikation · modulo n keine Gruppe mehr! Warum? Da $a \cdot b = 0 \bmod n$ gilt und 0 nicht in $\mathbb{Z}_n \setminus \{0\}$ liegt. Trotzdem gibt es auch für zusammengesetztes $n > 1$ (zusammengesetzt = nicht prim) eine nicht-triviale Teilmenge von $\mathbb{Z}_n$ mit Gruppenstruktur. Diese Teilmenge ist uns bereits bekannt:

$$\mathbb{Z}_n^\times := \{a \in \mathbb{Z}_n : a \neq 0 \text{ und } (a, n) = 1\}.$$

Satz 5.7:

Für jedes $n > 1$ ist $(\mathbb{Z}_n^\times, \cdot)$ mit der Multiplikation modulo n eine kommutative Gruppe.

Beweis:

Nach Korollar 4.8 ist die Menge $\mathbb{Z}_n^\times$ unter der Multiplikation modulo n abgeschlossen. Die Multiplikation · ist offensichtlich kommutativ und $1 \in \mathbb{Z}_n^\times$ ist ein neutrales Element in $(\mathbb{Z}_n^\times, \cdot)$. Nach dem Satz von Bézout hat jedes Element $a \in \mathbb{Z}_n^\times$ ein multiplikatives Inverses a^{-1} in $\mathbb{Z}_n$. Außerdem liegt dieses Inverse auch in $\mathbb{Z}_n^\times$. Warum? Sei $d = (a^{-1}, n)$. Aus $a \cdot a^{-1} = 1 + kn$, $d|a^{-1}$ und $d|n$ folgt $d|1$, also muss $d = 1$ gelten. □

Nicht jede Teilmenge $M \subseteq G$ einer Gruppe $(G, \circ, e)$ ist auch eine Gruppe. So ist z. B. $(\mathbb{Z}, +, 0)$ eine Gruppe, aber $(\mathbb{N}, +, 0)$ ist keine Gruppe mehr. Die Teilmengen mit Gruppenstruktur nennt man Untergruppen.

Definition: Untergruppe

Sei $(G, \circ, e)$ eine beliebige Gruppe. Eine Teilmenge $H \subseteq G$ heißt *Untergruppe* von G, wenn das neutrale Element e zu H gehört und $(H, \circ, e)$ eine Gruppe ist. Die Untergruppe H ist *trivial*, falls $H = \{e\}$ oder $H = G$ gilt.

So sind zum Beispiel $(\mathbb{Z}, +, 0)$ und $(\mathbb{Q}, +, 0)$ (nicht-triviale) Untergruppen von $(\mathbb{R}, +, 0)$; $(\mathbb{Q} \setminus \{0\}, \cdot, 1)$ ist Untergruppe von $(\mathbb{R} \setminus \{0\}, \cdot, 1)$.

Wir können sogar *alle* Untergruppen der Gruppe $(\mathbb{Z}, +, 0)$ bestimmen. Zunächst beobachten wir, dass für alle $m \in \mathbb{N}$ die Menge $m\mathbb{Z} := \{mx : x \in \mathbb{Z}\}$ aller durch m teilbaren Zahlen eine Untergruppe von $(\mathbb{Z}, +, 0)$ bildet. Es ist bemerkenswert, dass diese Untergruppen auch die *einzigen* nicht trivialen Untergruppen von $(\mathbb{Z}, +, 0)$ sind. Das ist die wichtigste Eigenschaft der ganzen Zahlen überhaupt!

Satz 5.8: Untergruppen der ganzen Zahlen

Ist $(H, +, 0)$ eine nicht triviale Untergruppe von $(\mathbb{Z}, +, 0)$, so gilt $H = m\mathbb{Z}$ für ein $m \in \mathbb{N}$.

Beweis:

Sei $(H, +, 0)$ eine nicht triviale Untergruppe von $(\mathbb{Z}, +, 0)$. Wegen $H \neq \{0\}$, muss H mindestens eine positive Zahl enthalten (sonst hätten die Zahlen in H keine Inversen). Sei $m \in H$ $(m \geq 1)$ die *kleinste* dieser Zahlen. Wir wollen zeigen, dass dann $H = m\mathbb{Z}$ gilt.

Ist x eine beliebige Zahl in $m\mathbb{Z}$, so hat sie die Form $x = \pm qm$ für ein $q \in \mathbb{N}$, d. h. man erhält x, indem man die Zahl m (oder die Zahl $-m$) q mal aufaddiert. Da aber m in H liegt und H eine Gruppe ist, folgt die Inklusion $m\mathbb{Z} \subseteq H$.

Sei nun x eine beliebige Zahl aus H. Wir wollen zeigen, dass x durch m teilbar ist, und daher muss x in $m\mathbb{Z}$ liegen. Nach Lemma 4.1 kann man x als $x = qm + r$ mit $0 \leq r < m$ schreiben. Da beide Zahlen x und m in H liegen und H eine Untergruppe von $(\mathbb{Z}, +, 0)$ ist, muss auch die Zahl $r = x - qm$ in H liegen. Wäre $r \neq 0$, so hätten wir wegen $r < m$ einen Widerspruch mit der Auswahl von m. Also muss $r = 0$ gelten, d. h. x ist durch m ohne Rest teilbar, woraus $x \in m\mathbb{Z}$ folgt. Somit haben wir auch die umgekehrte Inklusion $H \subseteq m\mathbb{Z}$ bewiesen. □

Sei $(G, \circ, e)$ eine Gruppe. Für jede Teilmenge $H \subseteq G$ und für jedes Gruppenelement $a \in G$ wird die Menge $a \circ H := \{a \circ x : x \in H\}$ *Nebenklasse* (oder *Linksnebenklasse*) von a bezüglich H genannt. Die *Rechtsnebenklasse* $H \circ a$ ist analog definiert. In kommutativen Gruppen sind diese beide Nebenklassen gleich.

Beispiel 5.9:

Wir betrachten die Untergruppe $H = 5\mathbb{Z} := \{5x : x \in \mathbb{Z}\}$ der Gruppe $(\mathbb{Z}, +, 0)$. Die Nebenklassen $2 + H$ und $7 + H$ sind dann gleich: $7 + 5x = 2 + 5(x + 1)$. Es gibt genau 5 voneinander verschiedene Nebenklassen, nämlich die Restklassen modulo 5.

Eine wichtige Eigenschaft der Nebenklassen ist, dass sie Gruppen disjunkt zerlegen.

Satz 5.10:

Sei $(H, \circ, e)$ eine Untergruppe der Gruppe $(G, \circ, e)$. Dann gehört jedes Element $x \in G$ zu *genau einer* Nebenklasse von H.

Beweis:

Wegen $e \in H$ gehört jedes $x \in G$ zu der Nebenklasse $x \circ H$. Es bleibt also zu zeigen, dass keines der Elementen von G zu zwei *verschiedenen* Nebenklassen gehören kann. Wir nehmen deshalb an, dass $a \circ H \cap b \circ H \neq \emptyset$ gilt. Dann gilt $a \circ w = b \circ v$ und somit auch $a = b \circ v \circ w^{-1}$ für geeignete $w, v \in H$. Wegen $v \circ w^{-1} \circ u \in H$ für alle $u \in H$ muss daher auch $a \circ u = b \circ (v \circ w^{-1} \circ u)$ für alle $u \in H$ in $b \circ H$ liegen. Deswegen gilt $a \circ H \subseteq b \circ H$. Die andere Richtung $b \circ H \subseteq a \circ H$ folgt analog. □

Nun können wir einen der Hauptsätze der Gruppentheorie beweisen. Die *Ordnung* einer endlichen Gruppe $(G, \circ, e)$ ist die Anzahl $|G|$ ihrer Elemente. Der folgende Satz besagt, dass die Ordnung jeder Untergruppe einer endlichen Gruppe deren Ordnung teilt.

Satz 5.11: Satz von Lagrange

Ist $(G, \circ, e)$ eine *endliche* Gruppe und $(H, \circ, e)$ eine Untergruppe von G, dann ist $|G|/|H|$ genau die Anzahl der Nebenklassen von H.

Beweis:

Seien $a_1 \circ H, \ldots, a_n \circ H$ alle verschiedenen Nebenklassen von H. Diese Mengen sind nach Satz 5.10 disjunkt und ihre Vereinigung ist gleich G. Nach der Kürzungsregel gilt $|a \circ H| = |H|$ für jedes $a \in G$, d. h. die Nebenklassen besitzen die gleiche Mächtigkeit. Damit ist nach der Summenregel 3.1(2)

$$|G| = |a_1 \circ H \cup a_2 \circ H \cup \cdots \cup a_n \circ H| = |a_1 \circ H| + |a_2 \circ H| + \cdots + |a_n \circ H| = n \cdot |H|.$$

□

In einer Gruppe $(G, \circ, e)$ ist a^k die Abkürzung für $a \circ a \circ \cdots \circ a$ (k mal) und a^{-k} die Abkürzung für $a^{-1} \circ a^{-1} \circ \cdots \circ a^{-1}$ (k mal). Man setzt auch $a^0 = e$. So ist zum Beispiel $a^k = ka$ in der Gruppe $(\mathbb{Z}, +, 0)$.

Lemma 5.12:

Ist $(G, \circ, e)$ eine endliche Gruppe und $a \in G$, dann ist $H_a := \{a^0, a^1, a^2, \ldots\}$ eine Untergruppe von G.

Beweis:

Da es nur endlich viele Gruppenelemente gibt, muss mindestens ein Glied in der Folge $a, a^2, a^3, \ldots$ mehrfach vorkommen, z. B. $a^i = a^j$ mit $i < j$. Wegen der Gruppenregeln haben wir sofort $e = a^i \circ (a^i)^{-1} = a^i \cdot (a^{-1})^i = a^j \circ (a^{-1})^i = a^{j-i}$. Außerdem gilt: $a^{-1} = a^{j-i-1}$. □

Ist G endlich, so muss auch die Menge H_a endlich sein. Die Anzahl $|H_a|$ der Elemente in dieser Untergruppe heißt die *Ordnung* des Elements a in G. D. h. die Ordnung von a ist die kleinste Zahl $k \geq 1$ mit $a^k = e$. Dann gilt $H_a = \{e, a, a^2, \ldots, a^{k-1}\}$.

Eine Gruppe $(G, \circ, e)$ heißt *zyklisch*, wenn es ein Element $a \in G$ mit $H_a = G$ gibt; jedes derartige a heißt *erzeugendes Element* (oder Erzeugendes) von G.

Beispiel 5.13:

Wir betrachten die Gruppe $(\mathbb{Z}_5, +, 0)$ mit $\mathbb{Z}_5 = \{0,1,2,3,4\}$. Dann ist jedes $a \in \mathbb{Z}_5$ mit $a \neq 0$ ein erzeugendes Element dieser Gruppe:

Erzeugendes				
1	$\overbrace{1}^{1}$	$\overbrace{1+1}^{2}$	$\overbrace{1+1+1}^{3}$	$\overbrace{1+1+1+1}^{4}$
2	$\overbrace{2}^{2}$	$\overbrace{2+2}^{4}$	$\overbrace{2+2+2}^{1}$	$\overbrace{2+2+2+2}^{3}$
3	$\overbrace{3}^{3}$	$\overbrace{3+3}^{1}$	$\overbrace{3+3+3}^{4}$	$\overbrace{3+3+3+3}^{2}$
4	$\overbrace{4}^{4}$	$\overbrace{4+4}^{3}$	$\overbrace{4+4+4}^{2}$	$\overbrace{4+4+4+4}^{1}$

Satz 5.14:

Jede endliche Gruppe G, deren Ordnung $|G|$ eine Primzahl ist, ist zyklisch.

Beweis:

Sei $(G, \circ, e)$ eine endliche Gruppe, deren Ordnung $p = |G| \geq 2$ eine Primzahl ist. Nimm ein beliebiges Element $a \in G$ mit $a \neq e$ und betrachte die von a erzeugte zyklische Untergruppe H_a. Nach dem Satz von Lagrange, muss $|H_a|$ ein Teiler von $p = |G|$ sein. Da aber p prim ist, kann das nur dann der Fall sein, wenn $|H_a|$ gleich 1 oder p ist. Aus $a \neq e$ folgt $|H_a| \geq 2$ und damit auch $|H_a| = p$. Da aber $H_a \subseteq G$ gilt, folgt die Behauptung: $G = H_a$. □

Satz 5.15:

Sei $(G, \circ, e)$ eine endliche Gruppe mit $n = |G|$ Elementen. Dann gilt:

1. $a^n = e$ für alle $a \in G$.
2. Ist G zyklisch, so ist auch jede Untergruppe $H \subseteq G$ zyklisch.

Beweis:

(1) Sei $k = |H_a|$ die Ordnung von a in G; dann gilt $a^k = e$. Da H_a eine Untergruppe von G ist, sagt uns der Satz von Lagrange, dass $n/k = |G|/k$ eine ganze Zahl sein muss. Dann gilt auch: $a^n = (a^k)^{n/k} = e^{n/k} = e$.

(2) Sei nun $G = \{a^0, a^1, \ldots, a^{n-1}\}$ eine zyklische Gruppe und $H \subseteq G$ ihre Untergruppe. Ist $H = \{e\}$, so ist H zyklisch. Sei nun $H \neq \{e\}$. Dann gibt es mindestens eine positive natürliche Zahl s mit $a^s \in H$. Sei s die *kleinste* solche Zahl. Ist $x \in H$, $x \neq e$ beliebig, so liegt x auch in G, woraus $x = a^m$ für ein $m \geq 1$ folgt. Nach der Definition von s gilt $m \geq s$. Wir teilen m durch s und erhalten $m = qs + r$ für ein $0 \leq r < s$. Aus $x = a^m = a^{qs} \circ a^r$ folgt $a^r = a^{-qs} \circ a^m$ und wegen $a^{-qs} = (a^s)^{-q} \in H$ und $a^m \in H$ auch $a^r \in H$. Daraus folgt $r = 0$, denn sonst hätten wir einen Widerspruch zur Auswahl von s. Somit gilt $x = a^{qs} = (a^s)^q$ und H ist eine zyklische Gruppe mit dem erzeugenden Element a^s. □

Sei $\mathbb{Z}_n^\times := \{a \in \mathbb{Z}_n \colon a \neq 0 \text{ und } (a,n) = 1\}$. Die Menge $\mathbb{Z}_n^\times$ bildet eine multiplikative Gruppe (siehe Satz 5.7) und ihre Ordnung $|\mathbb{Z}_n^\times|$ wird durch die berühmte *Euler'sche Funktion* $\phi(n)$ bestimmt (siehe Abschnitt 4.3):

$$\phi(n) = \text{ Anzahl der Zahlen in } 1,2,\ldots,n-1, \text{ die relativ prim zu } n \text{ sind}.$$

Für jede Primzahl p gilt also $\phi(p) = p-1$. Satz 5.15(1) liefert uns sofort den folgenden Satz von Euler, der in der Kryptographie benutzt wird (siehe Abschnitt 4.7). Ein Spezialfall dieses Satzes, den kleinen Satz von Fermat, haben wir bereits direkt bewiesen.

Satz 5.16: **Satz von Euler**

Für jedes $a \in \mathbb{Z}_n^\times$ gilt $a^{\phi(n)} \equiv 1 \bmod n$.

5.2 Morphismen: Vergleich der algebraischen Strukturen

Hat man zwei Strukturen $(G, \circ)$ und $(H, *)$, so kann man fragen, was diese Strukturen gemeinsam haben, man will also die strukturellen Eigenschaften der Verknüpfungen $\circ$ und $*$ miteinander vergleichen. Hat man eine Abbildung $f : G \to H$ der zugrundeliegenden Mengen, so wird sie uns nur wenig helfen, wenn sie keinerlei Beziehung zu den Verknüpfungen $\circ$ und $*$ hat. Man betrachtet daher in der Regel nur *strukturerhaltende* Abbildungen, d. h. solche, die mit den Verknüpfungen verträglich sind. Um die Verknüpfungen explizit anzugeben, schreibt man oft $f : (G, \circ) \to (H, *)$; dies ist aber nur eine Schreibweise! Gemeint ist dabei die Abbildung $f : G \to H$.

Definition: **Morphismen**

Eine Abbildung $f : (G, \circ) \to (H, *)$ ist ein *Morphismus* (oder *Homomorphismus*), wenn für alle $x, y \in G$ gilt:

$$f(x \circ y) = f(x) * f(y).$$

Ist f auch bijektiv, so heißt diese Abbildung ein *Isomorphismus*; Existiert ein solcher Isomorphismus, dann nennt man die Strukturen $(G, \circ)$ und $(H, *)$ *isomorph*. Ein Morphismus $f : G \to G$ von G in sich selbst heißt *Endomorphismus*.

Ist $f : (G, \circ) \to (H, *)$ ein Isomorphismus, so bedeutet dies, dass die Strukturen $(G, \circ)$ und $(H, *)$ bis auf Umbenennung der Elemente gleich sind: Man kann mit Hilfe der Abbildung f jederzeit zwischen G und H hin- und herwechseln (Bild 5.1).

Beispiel 5.17:

Die Abbildung $f : (\mathbb{R} \times \mathbb{R}, +) \to (\mathbb{R}, +)$ mit $f(x_1, x_2) = 2x_1 + x_2$ ist ein Morphismus, denn für alle $(x_1, x_2), (y_1, y_2) \in \mathbb{R} \times \mathbb{R}$ gilt

$$\begin{aligned} f((x_1, x_2) + (y_1, y_2)) &= f(x_1 + y_1, x_2 + y_2) \\ &= 2(x_1 + y_1) + (x_2 + y_2) \\ &= (2x_1 + x_2) + (2y_1 + y_2) \\ &= f(x_1, x_2) + f(y_1, y_2). \end{aligned}$$

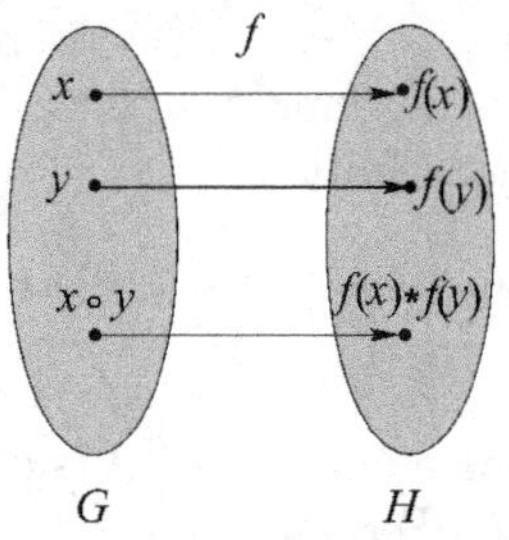

Bild 5.1: Isomorphe Strukturen.

Die Abbildung f ist aber kein Isomorphismus, denn sie ist nicht injektiv: Es gilt zum Beispiel $f(1,-2) = f(0,0) = 0$.

Sei $\mathbb{R}_{\geq 0}$ bzw. $\mathbb{R}_{>0}$ die Menge aller reellen Zahlen x mit $x \geq 0$ bzw. $x > 0$. Die durch $f(x) = 2^x$ definierte Abbildung $f : (\mathbb{R}_{\geq 0}, +, 0) \to (\mathbb{R}_{>0}, \cdot, 1)$ ist ein Morphismus, denn für alle $x, y \in \mathbb{R}$ gilt

$$f(x+y) = 2^{x+y} = 2^x \cdot 2^y = f(x) \cdot f(y)\,.$$

Die Umkehrabbildung $g(x) = \log_2 x$ ist auch ein Morphismus:

$$g(x \cdot y) = \log_2(xy) = \log_2 x + \log_2 y = g(x) + g(y)\,.$$

Also sind diese beide Strukturen isomorph.

Unmittelbar aus der Definition kann man die folgenden Eigenschaften der Morphismen ableiten. Ist $f : (G, \circ, e_G) \to (H, *, e_H)$ ein Morphismus von Gruppen, dann gilt:

1. $f(e_G) = e_H$ (das neutrale Element bleibt erhalten).
2. Für alle $x \in G$ gilt $f(x^{-1}) = f(x)^{-1}$ (die Inversen bleiben erhalten).
3. Ist f bijektiv, so ist auch die Umkehrabbildung f^{-1} ein Morphismus.

Satz 5.18: Satz von Cayley

Zwei zyklische Gruppen sind genau dann isomorph, wenn sie die gleiche Ordnung besitzen.

Beweis:

Die erste Richtung ($\Rightarrow$) ist aus Anzahlgründen klar. Um die zweite Richtung ($\Leftarrow$) zu beweisen, seien $(G, \circ)$ und $(H, *)$ zwei zyklische Gruppen mit den erzeugenden Elementen $g \in G$ und $h \in H$. Sei $|G| = |H|$. Wir betrachten die durch $f(g^k) := h^k$ für alle $k = 0,1,\ldots$ definierte Bijektion $f : G \to H$. Für alle $x, y \in G$ existieren $i, j \in \mathbb{N}$ mit $x = g^i$ und $y = g^j$. Dann gilt

$$\begin{aligned} f(x \circ y) &= f(g^i \circ g^j) = f(g^{i+j}) = h^{i+j} = h^i * h^j \\ &= f(g^i) * f(g^j) = f(x) * f(y). \end{aligned}$$

Damit sind G und H isomorph. □

Da $(\mathbb{Z}_m, +, 0)$ für jede natürliche Zahl m eine zyklische Gruppe mit dem erzeugenden Element 1 ist, erhalten wir als Korollar, dass diese Gruppen bis auf Isomorphie die *einzigen* endlichen zyklischen Gruppen sind!

5·3 Ringe und Körper

Bisher haben wir nur Strukturen $(G, \circ)$ mit einer Verknüpfung (»Multiplikation« oder »Addition«) betrachtet. Man will natürlich auch Strukturen haben, in denen man sowohl addieren/subtrahieren als auch multiplizieren/dividieren kann. Strukturen, in denen man alles (außer vielleicht der Division) tun kann, heißen »Ringe«.

Definition: Ring

Eine Struktur $(R, +, \cdot, 0, 1)$ ist ein *Ring*, falls Folgendes gilt:

1. $(R, +, 0)$ ist eine abelsche (d. h. kommutative) Gruppe.
2. $(R \setminus \{0\}, \cdot, 1)$ ist ein Monoid (die Multiplikation ist assoziativ und es gibt ein neutrales Element).
3. Es gelten die Distributivgesetze:

$$x \cdot (y + z) = (x \cdot y) + (x \cdot z) \quad \text{und} \quad (x + y) \cdot z = (x \cdot z) + (y \cdot z).$$

So sind zum Beispiel $(\mathbb{Z}, +, \cdot, 0, 1)$ wie auch $(\mathbb{Z}_m, +, \cdot, 0, 1)$ für alle natürlichen Zahlen $m \geq 2$ Ringe.

In Ringen kann man also addieren, subtrahieren und multiplizieren. Nur dividieren kann man hier nicht ohne weiteres. Strukturen, in denen man auch dividieren kann, heißen »Körper«.

Definition: Körper

Eine Struktur $(\mathbb{F}, +, \cdot, 0, 1)$ ist ein *Körper*, falls folgendes gilt:

1. Beide $(\mathbb{F}, +, 0)$ und $(\mathbb{F} \setminus \{0\}, \cdot, 1)$ sind abelsche (d. h. kommutative) Gruppen.
2. Es gelten die Distributivgesetze.

In jedem Körper $\mathbb{F}$ gibt es zwei neutrale Elemente 0 und 1. Außerdem hat jedes Element $x \in \mathbb{F}$ mit $x \neq 0$ zwei Inverse: Das additive Inverse $-x$ (mit $x + (-x) = 0$) und das multiplikative Inverse x^{-1} (mit $x \cdot x^{-1} = 1$). Es ist daher zu klären, wie sich diese Inversen miteinander »vertragen«.

Lemma 5.19: Körpereigenschaften

In jedem Körper $(\mathbb{F}, +, \cdot, 0, 1)$ gilt für alle $x, y \in \mathbb{F}$:

(a) $0 \cdot x = 0$.
(b) $(-x) \cdot y = x \cdot (-y) = -(x \cdot y)$.
(c) $(-x)^{-1} = -x^{-1}$, falls $x \neq 0$.
(d) Aus $x \cdot y = 0$ folgt $x = 0$ oder $y = 0$ (oder beides).

Beweis:

(a) Aus $0 \cdot x = (0+0) \cdot x = 0 \cdot x + 0 \cdot x$ folgt $0 = 0 \cdot x$ nach Subtraktion von $0 \cdot x$.

(b) Nach Teil (a) gilt $(-x) \cdot y + x \cdot y = (-x+x) \cdot y = 0 \cdot y = 0$. Somit ist $(-x) \cdot y$ das additive Inverse $-(x \cdot y)$ von $x \cdot y$. Die Aussage für $x \cdot (-y)$ folgt analog.

(c) Nach Teil (b) gilt $(-x^{-1}) \cdot (-x) = x^{-1} \cdot x = 1$. Somit ist $-x^{-1}$ das multiplikative Inverse von $-x$.

(d) Ist $x \cdot y = 0$ und $x \neq 0$, so folgt $y = 0$ durch die Multiplikation mit x^{-1}. □

Die bekanntesten Körper sind der Körper $\mathbb{Q}$ der rationalen Zahlen und der Körper $\mathbb{R}$ der reellen Zahlen. Gibt es Körper mit endlich vielen Elementen? Ja, sogar sehr viele!

Satz 5.20:

Ist p prim, so ist $(\mathbb{Z}_p, +, \cdot, 0, 1)$ ein Körper.

Beweis:

$(\mathbb{Z}_p, +)$ ist eine kommutative Gruppe: $0 \in \mathbb{Z}_p$ ist das neutrale Element und das additive Inverse von $a \in \mathbb{Z}_p$ ist $p-a$. Auch bezüglich der Multiplikation ist $\mathbb{Z}_p \setminus \{0\}$ eine kommutative Gruppe: $1 \in \mathbb{Z}_p \setminus \{0\}$ ist das neutrale Element und nach dem kleinen Satz von Fermat ist $a^{-1} = a^{p-2}$ das multiplikative Inverse von a. □

Somit gibt es für jede Primzahl p einen Körper mit genau p Elementen. Man kann auch zeigen, dass es Körper mit $q = p^m$ Elementen für jedes $m \geq 1$ gibt. Diese Körper heißen *Galois Körper* (engl. Galois field) und werden mit $GF(q)$ bezeichnet (Evariste Galois 1811–1832). Die Hauptidee, wie man solche Körper konstruieren kann, werden wir etwas später in Beispiel 5.28 demonstrieren.

Die Körper $\mathbb{Z}_p = GF(p)$ für Primzahlen p haben im Vergleich zu den rationalen, reellen und komplexen Zahlen eine sehr merkwürdige Eigenschaft: Wenn man p-mal 1 aufsummiert, kommt $p = 0$ heraus. Um diese Eigenschaft auszudrücken, benutzt man den Begriff der »Charakteristik« des Körpers.

Sei $(\mathbb{F}, +, \cdot, 0, 1)$ ein Körper. Falls es eine natürliche Zahl n gibt, für die

$$\underbrace{1+1+\cdots+1}_{n \text{ mal}} = 0$$

gilt, dann heißt die kleinste solche Zahl die *Charakteristik* von $\mathbb{F}$ und wird mit $\operatorname{char}(\mathbb{F})$ bezeichnet. Gibt es kein solches n, so definiert man $\operatorname{char}(\mathbb{F}) = 0$.

Nach dem Satz 5.20 kommt *jede* Primzahl als Charakteristik eines Körpers vor. Interessanterweise gilt auch die Umkehrung:

Satz 5.21:

Die Charakteristik eines Körpers $\mathbb{F}$ ist stets 0 oder eine Primzahl.

Beweis:

Angenommen die Charakteristik von $\mathbb{F}$ ist ein Produkt $pq \neq 0$ von zwei natürlichen Zahlen $p \neq 1$ und $q \neq 1$. Dann gilt

$$0 = \underbrace{1+1+\cdots+1}_{pq} = \underbrace{(1+1+\cdots+1)}_{p} \cdot \underbrace{(1+1+\cdots+1)}_{q} .$$

Somit erhalten wir $ab = 0$ für zwei Elemente $a, b \in \mathbb{F} \setminus \{0\}$ mit

$$a = \underbrace{(1 + 1 + \cdots + 1)}_{p} \quad \text{und} \quad b = \underbrace{(1 + 1 + \cdots + 1)}_{q} .$$

Dies bedeutet aber, dass die Menge $\mathbb{F} \setminus \{0\}$ nicht unter der Multiplikation abgeschlossen ist und damit kann $(\mathbb{F} \setminus \{0\}, \cdot, 1)$ keine Gruppe sein, ein Widerspruch. □

Beachte, dass auch für einen *endlichen* Körper seine Charakteristik nicht unbedingt gleich der Anzahl der Elemente sein muss. So hat zum Beispiel der Galois Körper $GF(p^m)$ genau p^m Elemente, aber seine Charakteristik ist nach Satz 5.21 gleich p.

Ein Ring $(R, +, \cdot, 0, 1)$ heißt *kommutativ*, falls $x + y = y + x$ für alle $x, y \in R$ gilt. Ein Ring, in dem aus $x \cdot y = 0$ entweder $x = 0$ oder $y = 0$ (oder beides) folgt, heißt *nullteilerfrei*.

So ist zum Beispiel $(\mathbb{Z}, +, \cdot, 0, 1)$ ein kommutativer nullteilerfreier Ring, aber kein Körper, da $(\mathbb{Z} \setminus \{0\}, \cdot, 1)$ keine Gruppe ist: Außer ± 1 hat keine Zahl ein multiplikatives Inverses.

Ist $m = ab > 1$ eine natürliche Zahl, die keine Primzahl ist, dann ist auch $(\mathbb{Z}_m, +, \cdot, 0, 1)$ ein kommutativer Ring mit Eins, aber nicht nullteilerfrei, da $ab \equiv 0 \bmod m$ gilt.

Beispiel 5.22:

Für eine Menge Ω und einen Ring $(R, +, \cdot, 0, 1)$ sei R^Ω die Menge aller Abbildungen $f : \Omega \to R$. Wenn wir die Addition und die Multiplikation der Elemente von R^Ω punktweise definieren, also

$$(f \oplus g)(\omega) := f(\omega) + g(\omega) \quad \text{und} \quad (f \odot g)(\omega) := f(\omega) \cdot g(\omega) \qquad (\omega \in \Omega)$$

setzen, dann erhält $(R^\Omega, \oplus, \odot)$ die Struktur eines Rings, der *Funktionenring* genannt wird. Die neutralen Elemente sind die Funktionen f_0 und f_1 mit $f_0(\omega) = 0$ und $f_1(\omega) = 1$ für alle $\omega \in \Omega$. Ist der Ring R kommutativ, so ist auch der Ring R^Ω kommutativ. Für $|\Omega| \geq 2$ ist aber R^Ω nicht nullteilerfrei: Enthält Ω zwei Elemente $a \neq b$, so enthält R^Ω zwei Abbildungen f und g mit $f(a) = g(b) = 1$, $f(b) = g(a) = 0$ und $f(\omega) = g(\omega) = 0$ für alle $\omega \in \Omega \setminus \{a, b\}$. Dann gilt zwar $f \odot g = f_0$ aber weder f noch g ist gleich f_0.

Ein kommutativer und nullteilerfreier Ring $(R, +, \cdot, 0, 1)$ ist ein »hübscher Ring«, er kann zu einem Körper (seinem *Quotientenkörper*) erweitert werden, ganz analog wie man den Ring der ganzen Zahlen $\mathbb{Z}$ zu dem Körper der rationalen Zahlen $\mathbb{Q}$ erweitert: Man betrachtet die Menge aller geordneten Paare $(a, b) \in R \times R$ mit $b \neq 0$ und schreibt sie formal als Brüche $\frac{a}{b}$; zwei Brüche $\frac{a}{b}$ und $\frac{c}{d}$ werden als gleich angesehen, wenn $ad = bc$ gilt. Die Addition und die Multiplikation sind definiert durch $\frac{a}{b} + \frac{c}{d} = \frac{ad+cb}{bd}$ und $\frac{a}{b} \cdot \frac{c}{d} = \frac{a \cdot c}{b \cdot d}$. Die neutralen Elemente sind $(0,1) = \frac{0}{1}$ und $(1,1) = \frac{1}{1}$. Das additive Inverse von $\frac{a}{b}$ ist $\frac{-a}{b}$ und das multiplikative Inverse von $\frac{a}{b}$ mit $a \neq 0$ ist $\frac{b}{a}$.

5.4 Polynome

Ein Polynom $f(x)$ über einem Körper $\mathbb{F}$ ist gegeben durch einen Ausdruck der Gestalt

$$f(x) = a_n x^n + a_{n-1} x^{n-1} + \cdots + a_1 x + a_0 .$$

Die a_i stammen aus dem Körper $\mathbb{F}$ und werden *Koeffizienten* genannt. Glieder $a_i x^i$ mit $a_i = 0$ dürfen wir aus der Summe weglassen bzw. zu der Summe beliebig hinzufügen. Wir betrachten also zwei Polynome als identisch, falls sie dieselben Glieder haben, abgesehen von Summanden mit dem Koeffizient 0.

Der *Grad* $\deg(f)$ von $f(x)$ ist die größte Zahl i, so dass $a_i \neq 0$ gilt. Das zugehörige a_i bezeichnen wir als den *Anfangskoeffizienten* oder den *höchsten Koeffizienten* von f. Ist $f(x) = 0$ ein Nullpolynom, so ist sein Grad als $\deg(f) = -\infty$ definiert.

Mit Polynomen kann man rechnen wie mit ganzen Zahlen. Zwei Polynome

$$f(x) = a_n x^n + a_{n-1} x^{n-1} + \cdots + a_1 x + a_0$$
$$g(x) = b_m x^m + b_{m-1} x^{m-1} + \cdots + b_1 x + b_0$$

lassen sich addieren (hier können wir o. B. d. A. $m = n$ annehmen)

$$(f+g)(x) := (a_n + b_n) x^n + \cdots + (a_1 + b_1) x + (a_0 + b_0)$$

und multiplizieren

$$(fg)(x) := c_{2n} x^{2n} + c_{2n-1} x^{2n-1} + \cdots + c_1 x + c_0$$

mit

$$c_k := \sum_{i+j=k} a_i b_j = a_0 b_k + a_1 b_{k-1} + \cdots + a_{k-1} b_1 + a_k b_0 .$$

Man multipliziert also zwei Polynome, indem man zwei Summen gliedweise ausmultipliziert und die entsprechenden Glieder zu x^k zusammensetzt. Da die Distributivgesetze in dem Körper $\mathbb{F}$ der Koeffizienten gelten, gelten sie auch für die so definierte Addition und Multiplikation der Polynome. Damit bilden die Polynome über $\mathbb{F}$ den *Polynomring* über $\mathbb{F}$, der mit $\mathbb{F}[x]$ bezeichnet wird.

Die Polynomringe $\mathbb{F}[x]$ haben viele Gemeinsamkeiten mit dem Ring $\mathbb{Z}$ der ganzen Zahlen. Insbesondere kann man ein Polynom $p(x)$ des Grades n durch ein Polynom $q(x)$ des Grades $m \leq n$ mit Rest dividieren.

Lemma 5.23: Division mit Rest

Zu Polynomen $f(x) \neq 0$ und $g(x) \neq 0$ mit $\deg(f) \geq \deg(g)$ existieren eindeutig bestimmte Polynome $q(x)$ und $r(x)$, so dass $f(x) = q(x)g(x) + r(x)$ gilt mit $\deg(r) < \deg(g)$ oder $r(x) = 0$.

Beweis:

Seien a_n und b_m die Anfangskoeffizienten von $f(x)$ und $g(x)$, wegen $\deg(f) \geq \deg(g)$ gilt also $n \geq m$. Wir können g aus f herausdividieren, also das Polynom $f_1(x) = f(x) - p(x)$ mit $p(x) = a_n b_m^{-1} x^{n-m} g(x)$ bilden. Offenbar hat f_1 einen kleineren

Grad als f, da $p(x)$ den Term $a_n x^n$ enthält. Gilt $\deg(f_1) \geq m$, so kann g aus f_1 ein weiteres Mal herausdividiert werden. Dies lässt sich fortsetzen bis ein Polynom r vom Grad kleiner m oder aber das Nullpolynom übrigbleibt. Die Eindeutigkeit kann man ähnlich wie in Lemma 4.1 zeigen. □

Beispiel 5.24:

Seien $f(x) = x^3 + x + 1$ und $g(x) = x^2 + x + 1$ zwei Polynome über dem Körper $\mathbb{Z}_2$ (wir rechnen modulo 2). Wegen $-a = a$ für $a \in \mathbb{Z}_2$ gilt

$$f_1(x) = f(x) - xg(x) = x^3 + x + 1 - x \cdot (x^2 + x + 1) = x^2 + 1\,;$$
$$f_2(x) = f_1(x) - 1g(x) = x^2 + 1 - 1 \cdot (x^2 + x + 1) = x\,.$$

Somit ist $f(x) = q(x)g(x) + r(x)$ mit $q(x) = x + 1$ und $r(x) = x$.

Jedes Polynom $f(x)$ bestimmt in einer natürlichen Weise eine Funktion von $\mathbb{F}$ nach $\mathbb{F}$, indem für x ein $a \in \mathbb{F}$ eingesetzt und der Ausdruck in $\mathbb{F}$ ausgewertet wird. Das Ergebnis dieser Auswertung wird mit $f(a)$ bezeichnet und der *Wert von $f(x)$ an der Stelle a* genannt.

Man beachte, dass zwischen Polynomen und Polynomfunktionen im Allgemeinen unterschieden werden muss, da verschiedene Polynome (z. B. x und x^3 über $\mathbb{Z}_3$) dieselbe Polynomfunktion darstellen können. Betrachtet man jedoch Polynome über *unendlichen* Körpern, dann stellen verschiedene Polynome auch immer verschiedene Polynomfunktionen dar.

Ein $a \in \mathbb{F}$ heißt *Nullstelle* des Polynoms $f(x)$, falls $f(a) = 0$ gilt.

Lemma 5.25:

Die Zahl $a \in \mathbb{F}$ ist genau dann eine Nullstelle von $f(x)$, wenn es ein Polynom $g(x)$ mit $f(x) = g(x) \cdot (x - a)$ gibt.

Beweis:

Es reicht nur die Richtung ($\Rightarrow$) zu beweisen, die andere ist trivial. Sei $f(a) = 0$. Nach Lemma 5.23 ist $f(x) = q(x)(x-a) + r(x)$, wobei $r = 0$ oder $\deg(r) < \deg(x-a) = 1$ ist. Auf jeden Fall ist $r = b$ für eine Konstante $b \in \mathbb{F}$. Einsetzen von $x = a$ liefert $r(a) = f(a) - q(a)(a - a) = 0$, woraus $r = 0$ folgt. □

Korollar 5.26:

Jedes Polynom $f(x) \neq 0$ vom Grad n kann höchstens n verschiedene Nullstellen haben.

Eine wichtige Aufgabenstellung im Bezug auf Polynome ist die sogenannte *Interpolation* von Polynomen, d. h. es soll ein Polynom gefunden werden, das an vorgegebenen Stellen vorgegebene Werte annimmt. Die wichtigste Anwendung besteht in der Approximation (Annäherung) von Funktionen durch Polynome. Darüber hinaus ist die Interpolation ein wichtiger Bestandteil für schnelle Algorithmen zur Polynommultiplikation.

Satz 5.27: **Interpolationsformel von Lagrange**

Gegeben seien n verschiedene Stellen $a_1, \ldots, a_n \in \mathbb{F}$ und n Werte $b_1, \ldots, b_n \in \mathbb{F}$. Dann erfüllt das Polynom

$$p(x) = \sum_{i=1}^{n} b_i \cdot \frac{x - a_1}{a_i - a_1} \cdot \ldots \cdot \frac{x - a_{i-1}}{a_i - a_{i-1}} \cdot \frac{x - a_{i+1}}{a_i - a_{i+1}} \cdot \ldots \cdot \frac{x - a_n}{a_i - a_n}$$

die Bedingung $p(a_i) = b_i$ für alle $1 \leq i \leq n$. Außerdem ist $p(x)$ das einzige Polynom vom Grad $\leq n - 1$, das diese Bedingung erfüllt.

Beweis:

Die erste Aussage ist trivial, denn für $x = a_i$ sind alle Terme in der Summe, außer dem i-ten Term, gleich Null. Es bleibt also nur die zweite Aussage (Eindeutigkeit) zu beweisen. Sei $p'(x)$ ein Polynom vom Grad $\leq n-1$ mit $p'(a_i) = b_i$ für alle $1 \leq i \leq n$. Dann hat das Polynom $q(x) = p(x) - p'(x)$ mindestens n *verschiedene* Nullstellen $a_1, \ldots, a_n$. Da aber der Grad von $q(x)$ kleiner als n ist, muss $q(x)$ nach Korollar 5.26 ein Nullpolynom sein. □

Somit ist jedes Polynom $p(x)$ vom Grad n (als Funktion) durch seine Werte an beliebigen $n + 1$ Stellen *eindeutig* bestimmt.

5.4.1 Modulo-Rechnung für Polynome

Sei nun $p(x)$ ein festes Polynom in $\mathbb{F}[x]$. Man sagt, dass zwei Polynome $f(x)$ und $g(x)$ *kongruent modulo* $p(x)$ sind und schreibt $f(x) \equiv g(x) \bmod p(x)$, falls $f(x) - g(x)$ durch $p(x)$ teilbar ist. Nach Lemma 5.23 ist jedes Polynom $f(x)$ in $\mathbb{F}[x]$ mit einem eindeutigen Polynom $r(x)$ vom Grad $\deg(r) < \deg(g)$ modulo $p(x)$ kongruent.

Mit $\mathbb{F}[x]/p(x)$ bezeichnet man die Menge aller Polynome $f(x)$ in $\mathbb{F}[x]$ vom Grad $\deg(f) < \deg(p)$ mit der Addition und der Multiplikation modulo $p(x)$. Die Summe $f(x) + g(x)$ von zwei solchen Polynomen ist auch ein Polynom in $\mathbb{F}[x]/p(x)$. Das Produkt $f(x)g(x)$ ist das (einzige) Polynom $r(x)$ in $\mathbb{F}[x]/p(x)$, das kongruent zu $f(x)g(x)$ modulo $p(x)$ ist. Genauso wie $\mathbb{Z}_m$, ist $\mathbb{F}[x]/p(x)$ für jedes Polynom $p(x)$ ein Ring.

Beispiel 5.28:

Dieses Beispiel soll zeigen, wie man die Galois Körper $GF(p^n)$ für $n \geq 1$ und beliebige Primzahlen p konstruieren kann. Wir wissen, dass $\mathbb{Z}_2$ und $\mathbb{Z}_3$ Körper sind. Gibt es Körper mit 4 Elementen? Wir können nicht einfach $\mathbb{Z}_4$ nehmen, da $\mathbb{Z}_4$ kein Körper ist (die Zahl $2 \in \mathbb{Z}_4$ hat kein multiplikatives Inverses). Nichtsdestotrotz kann man einen Körper mit 4 Elementen folgendermaßen konstruieren.

Wir betrachten den Ring $\mathbb{Z}_2/p(x) = \{0{,}1, x{,}1 + x\}$ mit $p(x) = x^2 + x + 1$. Wegen $2x = 0$ und $-x = x$ in $\mathbb{Z}_2$ ergeben die Polynome x^2, $x(1 + x)$ und $(1 + x)^2$ geteilt durch $p(x)$ die folgenden Reste:

$$\begin{aligned} x^2 \bmod p(x) &= -x - 1 = 1 + x\,, \\ x(1 + x) \bmod p(x) &= -1 = 1\,, \\ (x + 1)^2 \bmod p(x) &= x^2 + 2x + 1 \bmod p(x) = x^2 + 1 \bmod p(x) = -x = x\,. \end{aligned}$$

Die Additions- und Multiplikationstabellen sehen also folgendermaßen aus:

$+$	0	1	x	$1+x$
0	0	1	x	$1+x$
1	1	0	$1+x$	x
x	x	$1+x$	0	1
$1+x$	$1+x$	x	1	0

$\cdot$	0	1	x	$1+x$
0	0	0	0	0
1	0	1	x	$1+x$
x	0	x	$1+x$	1
$1+x$	0	$1+x$	1	x

Wir sehen, dass das etwas mehr als nur ein Ring ist: Jedes Element (außer dem Nullpolynom) hat ein multiplikatives Inverses! Somit ist $\mathbb{Z}_2/p(x)$ ein Körper mit $2^2 = 4$ Elementen. Dieser Körper $GF(4) = (\{0,1,a,b\},+,\cdot)$ hat also vier Elemente und die Additions- wie auch Multiplikationstabellen sehen folgendermaßen aus (mit $x \mapsto a$ und $1+x \mapsto b$):

$+$	0	1	a	b
0	0	1	a	b
1	1	0	b	a
a	a	b	0	1
b	b	a	1	0

$\cdot$	0	1	a	b
0	0	0	0	0
1	0	1	a	b
a	0	a	b	1
b	0	b	1	a

.

Aber nicht für jedes Polynom $p(x)$ ist $\mathbb{F}[x]/p(x)$ ein Körper: Betrachte dazu zum Beispiel die Multiplikationstabelle in $\mathbb{Z}_2[x]/(x^2+1)$:

$\cdot$	0	1	x	$1+x$
0	0	0	0	0
1	0	1	x	$1+x$
x	0	x	1	$1+x$
$1+x$	0	$1+x$	$1+x$	0

Was $\mathbb{Z}_2[x]/(x^2+x+1)$ zu einem Körper gemacht hat, ist dass das Polynom $p(x) = x^2+x+1$ ein *irreduzibles Polynom* über dem Körper $\mathbb{Z}_2$ ist, d. h. es gibt keine zwei Polynome $f(x)$ und $g(x)$ von kleinerem Grad mit $p(x) = f(x)g(x)$. Man kann zeigen (wir werden dies nicht tun), dass es für jede Primzahl p und für jede positive natürliche Zahl $n \geq 1$ ein irreduzibles Polynom $p(x)$ vom Grad n über dem Körper $\mathbb{Z}_p$ gibt. Ein solches Polynom kann man wie in dem obigen Beispiel benutzen, um den Galois Körper $GF(p^n)$ zu konstruieren.

5·5 Komplexe Zahlen: Rechnen in der Zahlenebene

Die ganzen Zahlen hat der liebe Gott gemacht, alles andere ist Menschenwerk.

\- Leopold Kronecker

Die letzte Schöpfung des Menschen ist die Menge der sogenannten »komplexen Zahlen«. Diese Zahlen sind aus dem Wunsch entstanden, solche Gleichungen wie $x^2+1=0$ zu lösen. Im Laufe der Jahre hat dies zu der Menge $\mathbb{C}$, bekannt als die Menge der »komplexen Zahlen«, geführt. Diese Menge besteht aus allen geordneten Paaren $z = (a,b)$ der reellen Zahlen, d. h. aus Punkten in der Ebene $\mathbb{R}^2$. Die reellen Zahlen $a \in \mathbb{R}$ sind dann Punkte von der Form $(a,0)$ mit $a \in \mathbb{R}$ – das sind die Punkte der x-Achse. Die Zahl b ist der *Imaginärteil* von $z = (a, b)$; dieser Teil entspricht der y-Koordinate. Man bezeichnet die Koordinaten von $z = (a, b)$ auch als $\operatorname{Re} z = a$ und $\operatorname{Im} z = b$. Die Summe und das Produkt solcher Paare sind definiert durch

$$(a, b) + (c, d) := (a + c, b + d) \quad \text{und} \quad (a, b) \cdot (c, d) := (ac - bd, ad + bc)\,.$$

Die Summe ist also als eine »ganz normale« komponentenweise Summe der Vektoren in $\mathbb{R}^2$ definiert. Nur das Produkt sieht etwas »magisch« aus. Diese »Magie« wird aber verschwinden, wenn wir das Paar $z = (a, b)$ als die Summe $z = a + bi$ schreiben, wobei $i = \sqrt{-1}$ als eine »neue Zahl« (oder eine Variable) mit der Eigenschaft $i^2 = -1$ verstanden wird. Diese neue »Zahl« entspricht dem Paar $i = (0,1)$ und man nennt sie *imaginäre Einheit*:

$$i^2 = (0,1) \cdot (0,1) = (0 \cdot 0 - 1 \cdot 1, 0 \cdot 1 + 1 \cdot 0) = (-1,0) = -1\,.$$

Die Schreibweise als Summe $a + bi$ ist praktisch, da man so die üblichen Rechenregeln für reelle Zahlen benutzen kann. So gilt zum Beispiel

$$(a + bi) \cdot (c + di) = ac + bci + adi + bdi^2 = (ac - bd) + (ad + bc)i\,.$$

Man kann sich leicht überzeugen, dass die Menge $\mathbb{C}$ der komplexen Zahlen einen Körper bezüglich der so definierten Addition und Multiplikation bildet. Das neutrale Element bezüglich der Addition ist $0 = (0,0)$ und das additive Inverse von $z = a + bi$ ist $-z = (-a) + (-b)i$. Das neutrale Element bezüglich der Multiplikation ist $1 = (1,0)$ (wieder eine reelle Zahl!) und das multiplikative Inverse von $z = a + bi$ ist

$$z^{-1} = \frac{a}{a^2 + b^2} - \frac{b}{a^2 + b^2} i\,.$$

(Beachte, dass $a^2 + b^2 \neq 0$ für alle $z \neq 0$ gilt, denn aus $a + bi \neq 0$ folgt $a \neq 0$ oder $b \neq 0$.) Probe:

$$z \cdot z^{-1} = (a + bi) \cdot \Big(\frac{a}{a^2 + b^2} - \frac{b}{a^2 + b^2} i\Big) = \frac{(a + bi) \cdot (a - bi)}{a^2 + b^2} = \frac{a^2 + b^2}{a^2 + b^2} = 1\,.$$

Zur Veranschaulichung der Multiplikation benutzt man die sogenannte *Polarkoordinatendarstellung* der komplexen Zahlen. Eine komplexe Zahl $z = a + ib$, d. h. ein Punkt (a, b) in der Ebene $\mathbb{R}^2$, ist durch Angabe ihres Abstandes zum Nullpunkt

$$|z| = \sqrt{a^2 + b^2}$$

und des Winkels θ, den der Strahl von 0 durch z mit der reellen Achse bildet, eindeutig bestimmt (Bild 5.2). Man nennt $|z|, \theta$ die *Polarkoordinaten* von z. Der Winkel θ heißt das *Argument* von z, $\theta = \arg(z)$; es ist bis auf ganzzahlige Vielfache von 2π eindeutig bestimmt. Die (reelle!) Zahl $|z|$ heißt der *Betrag* von z. Durch geometrische Definition des Kosinus und Sinus ergibt sich $a = |z| \cos\theta$ sowie $b = |z| \sin\theta$ (Bild 5.2). Damit ergibt

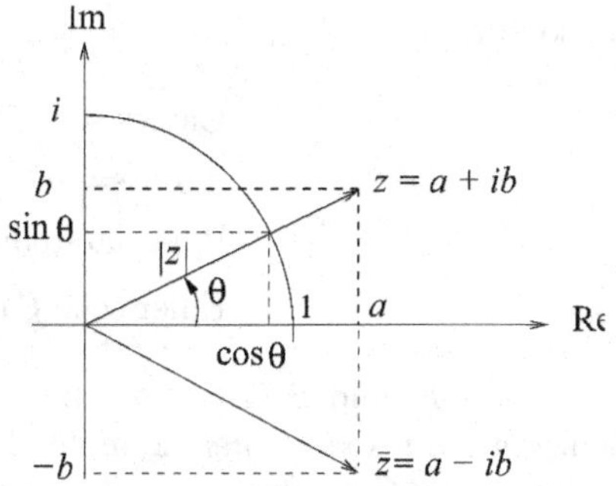

Bild 5.2: Polarkoordinatendarstellung von $z = a + bi$.

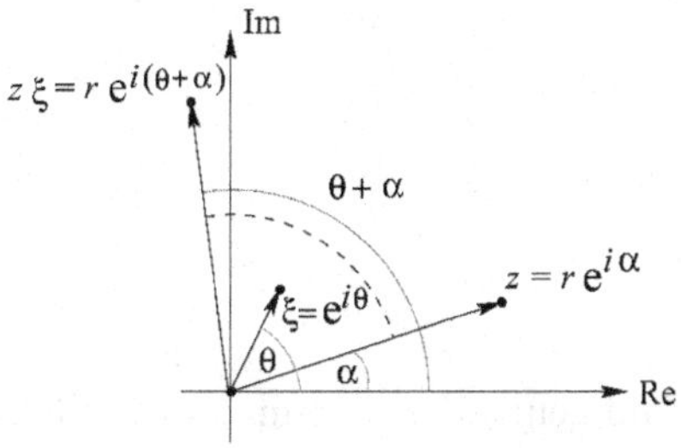

Bild 5.3: Eine Multiplikation mit $\xi = e^{i\theta}$, $|\xi| = 1$, bewirkt eine Drehung um den Winkel θ. Eine Multiplikation mit einer komplexen Zahl ist also eine Drehstreckung.

sich für z die Darstellung

$$z = a + ib = |z|(\cos\theta + i\sin\theta)\,.$$

Wenn man i als eine »Zahl« mit der Eigenschaft $i^2 = -1$ betrachtet, dann kann man komplexe Zahlen auch in der *Euler'schen Form* darstellen (wir werden dies in Abschnitt 10.4 beweisen, siehe Beispiel 10.24):

$$\cos\theta + i\sin\theta = e^{i\theta}\,.$$

Zusammen mit der sogenannten Formel von Moivre (siehe Aufgabe 5.17)

$$(\cos\theta + i\sin\theta)^n = \cos n\theta + i\sin n\theta$$

folgt daraus, dass für die komplexe Funktion e^z die gleichen Potenzrechenregeln wie im Reellen gelten. Um zwei komplexe Zahlen $z_1 = r_1 \cdot e^{i\theta_1}$ und $z_2 = r_2 \cdot e^{i\theta_2}$ in Polarkoordinatendarstellung zu multiplizieren, reicht es also, das Produkt der Längen zu bilden und die Winkel zu addieren (siehe Bild 5.3): $z_1 \cdot z_2 = r_1 r_2 \cdot e^{i(\theta_1+\theta_2)}$. Die Division ist auch einfach: $z_1/z_2 = (r_1/r_2)e^{i(\theta_1-\theta_2)}$.

Wir fassen nun die verschiedenen Darstellungen der komplexen Zahlen zusammen. Ist z eine komplexe Zahl mit dem Realteil a, dem Imaginärteil b, sowie Argument $\arg(z) = \theta$

und Betrag $|z| = \sqrt{a^2 + b^2}$, so gilt

$$\begin{aligned} z &= (a, b) && \text{Cartesische Form} \\ &= a + bi && \text{mit } i^2 = -1 \\ &= |z|(\cos\theta + i\sin\theta) && \text{Polardarstellung} \\ &= |z|\mathrm{e}^{i\theta} && \text{Euler'sche Form}\,. \end{aligned}$$

Zwei komplexe Zahlen $z = a + bi$ und $\overline{z} = a - bi$, die sich nur im Vorzeichen des Imaginärteils unterscheiden, werden als *konjugiert* komplex bezeichnet. Die konjugierte Zahl entspricht einer Spiegelung ihres Gegenstücks an der reellen Achse (siehe Bild 5.2).

Für die Konjugation gelten die folgenden Regeln.

Lemma 5.29:

1. $\overline{z_1 + z_2} = \overline{z_1} + \overline{z_2}$.
2. $\overline{-z} = -\overline{z}$.
3. $\overline{z_1 - z_2} = \overline{z_1} - \overline{z_2}$.
4. $\overline{z_1 \cdot z_2} = \overline{z_1} \cdot \overline{z_2}$.
5. $\overline{(1/z)} = 1/\overline{z}$.
6. $\overline{(z_1/z_2)} = \overline{z_1}/\overline{z_2}$.
7. z ist eine reelle Zahl genau dann, wenn $\overline{z} = z$ gilt.
8. Ist $z = a + bi$, so gilt
$$a = \frac{z + \overline{z}}{2}, \quad b = \frac{z - \overline{z}}{2i}\,.$$
9. Ist $z = a + bi$, so gilt $z \cdot \overline{z} = |z|^2$.
10. Division: Für $x, z \in \mathbb{C}$ mit $z \neq 0$ gilt
$$\frac{1}{z} = \frac{\overline{z}}{z \cdot \overline{z}} = \frac{\overline{z}}{|z|^2} \quad \text{und} \quad \frac{x}{z} = \frac{x \cdot \overline{z}}{z \cdot \overline{z}} = \frac{x \cdot \overline{z}}{|z|^2}\,.$$

Alle diese Regeln kann man durch einfaches Nachrechnen verifizieren. Zum Beispiel (4): Sind $z_1 = a_1 + b_1 i$ und $z_2 = a_2 + b_2 i$, so gilt (unter Beachtung von $i^2 = -1$)

$$\begin{aligned} \overline{z_1} \cdot \overline{z_2} &= (a_1 - b_1 i) \cdot (a_2 - b_2 i) = a_1 a_2 - a_1 b_2 i - a_2 b_1 i + b_1 b_2 i^2 \\ &= (a_1 a_2 - b_1 b_2) - (a_1 b_2 + a_2 b_1) i = \overline{z_1 \cdot z_2}\,. \end{aligned}$$

Die Haupteigenschaft der komplexen Zahlen ist, dass nun nicht nur die Gleichung $z^2 - 1 = 0$, sondern auch jede Gleichung $f(z) = 0$ für ein *beliebiges* Polynom $f(z)$ stets lösbar ist. Ein Beweis dieses Fundamentalsatzes war schon Gauß bekannt. Der Beweis ist aber nicht einfach und wir verzichten auf ihn.

Satz 5.30: Fundamentalsatz der Algebra

Für jedes nicht konstante Polynom $f(z) = c_0 + c_1 z + \cdots + c_n z^n$ über $\mathbb{C}$ mit $n \geq 1$ und $c_n \neq 0$ gibt es ein $z \in \mathbb{C}$ mit $f(z) = 0$.

Genauer gilt sogar, dass die Anzahl der Nullstellen, wenn sie mit der richtigen Vielfachheit gezählt werden, insgesamt gleich dem Grad des Polynoms ist.

Nach Lemma 5.25 kann man jedes Polynom $f(z)$ in lineare Faktoren $f(z) = c_n(z - w_1)(z - w_2)\cdots(z - w_n)$ zerlegen, wobei alle $w_1, w_2, \ldots, w_n$ Nullstellen von $f(z)$ sind. Sind die Koeffizienten c_i des Polynoms $f(z)$ *reelle* Zahlen, dann kann man das Polynom sogar in lineare $z - a$ und quadratische $z^2 - az + b$ Faktoren zerlegen, wobei nun a, b *reelle* Zahlen sind; solche Faktoren nennt man *reelle Faktoren.*

Satz 5.31: Polynome mit reellen Koeffizienten

Sei $f(z)$ ein nicht-konstantes Polynom mit reellen Koeffizienten.

1. Gilt $f(z) = 0$ für ein $z \in \mathbb{C}$, so gilt auch $f(\overline{z}) = 0$.
2. Man kann $f(z)$ in reelle lineare und reelle quadratische Faktoren zerlegen.

Die erste Behauptung bedeutet, dass nicht-reelle Nullstellen bei Polynomen mit reellen Koeffizienten immer paarweise auftreten, das heißt, die Anzahl der komplexen Nullstellen ist gerade. Daraus kann man auch folgern, dass jedes Polynom mit reellen Koeffizienten und ungeradem Grad eine reelle Nullstelle hat.

Beweis:

(1) Sei $f(z) = a_0 + a_1 z + a_2 z^2 + \cdots + a_n z^n$ ein Polynom mit reellen Koeffizienten. Dann gilt

$$\begin{aligned} 0 = \overline{0} = \overline{f(z)} &= \overline{a_0} + \overline{a_1 z} + \overline{a_2 z^2} + \cdots + \overline{a_n z^n} \\ &= \overline{a_0} + \overline{a_1}\,\overline{z} + \overline{a_2}\,\overline{z}^2 + \cdots + \overline{a_n}\,\overline{z}^n && \text{Lemma 5.29(4)} \\ &= a_0 + a_1\overline{z} + a_2\overline{z^2} + \cdots + a_n\overline{z^n} && \text{Lemma 5.29(7)} \\ &= f(\overline{z})\,. \end{aligned}$$

(2) Nach Satz 5.30 kann man $f(z)$ in komplexe lineare Faktoren zerlegen. Sei $z - w$ einer dieser Faktoren mit $w \in \mathbb{C}\setminus\mathbb{R}$. Nach Teil (1) muss dann auch $z - \overline{w}$ ein Faktor von $f(z)$ sein. Dann ist aber $(z - w)(z - \overline{w})$ bereits ein *reeller* quadratischer Faktor von $f(z)$:

$$(z - w)(z - \overline{w}) = z^2 - (w + \overline{w})z + w\overline{w} = z^2 - (2\operatorname{Re} w)z + |w|^2\,.$$

□

Beispiel 5.32:

Das Polynom $f(z) = z^4 + 1$ besitzt keine reellen Nullstellen, wohl aber komplexe: Die Zerlegung $f(z) = (z^2 - i)(z^2 + i)$ ergibt vier Nullstellen $\pm(1+i)/\sqrt{2}$ und $\pm(1-i)/\sqrt{2}$. D. h. $f(z)$ hat vier komplexe Nullstellen $w, \overline{w}, -w, -\overline{w}$ mit $w = \frac{1}{\sqrt{2}} + \frac{1}{\sqrt{2}}i$. Unter Beachtung von $2 \cdot \operatorname{Re} w = 2 \cdot (1/\sqrt{2}) = \sqrt{2}$ und $w \cdot \overline{w} = |w|^2 = \frac{1}{2} + \frac{1}{2} = 1$, ergibt dies eine Zerlegung des Polynoms in reelle quadratische Faktoren:

$$\begin{aligned} z^4 + 1 &= (z - w)(z - \overline{w})(z + w)(z + \overline{w}) \\ &= (z^2 - 2z\operatorname{Re} w + w\overline{w})(z^2 + 2z\operatorname{Re} w + w\overline{w}) \\ &= (z^2 - \sqrt{2}z + 1)(z^2 + \sqrt{2}z + 1)\,. \end{aligned}$$

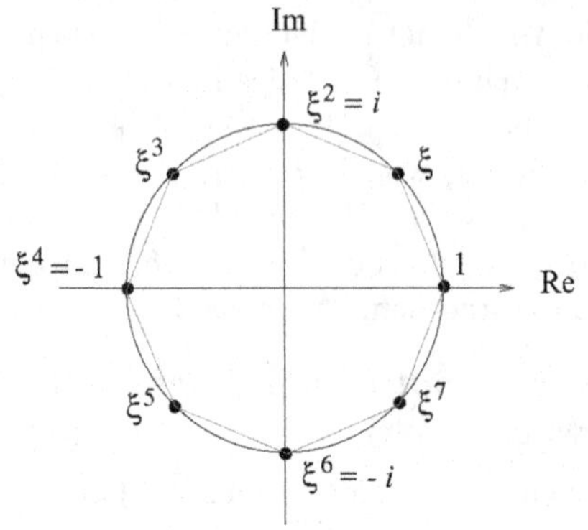

Bild 5.4: Die primitive 8-te Einheitswurzel $\xi = e^{\frac{2\pi i}{8}}$ und ihre Potenzen; $\xi^2 = i$ ist eine 4-te Einheitswurzel.

Beispiel 5.33: Einheitswurzeln

Eine n-te *Einheitswurzel* ist eine Zahl ξ mit $\xi^n = 1$. Die n-ten Einheitswurzel sind also die Nullstellen des Polynoms $x^n - 1$, daher gibt es höchstens n verschiedene. Der Körper $\mathbb{R}$ der reellen Zahlen hat nur ± 1 als Einheitswurzeln, weil aus $x^n = 1$ auch $|x| = 1$ folgt. Anders sieht es für den Körper $\mathbb{C}$ der komplexen Zahlen aus: Hier hat man für jedes $n = 1,2,\ldots$ sogar n verschiedene n-te Einheitswurzeln. Diese kann man mit Hilfe des Euler'schen Satzes leicht bestimmen.

Dazu betrachten wir komplexe Zahlen der Form $z = \mathrm{e}^{2\pi i x}$. Wir suchen zunächst die Lösungen $x \in \mathbb{R}$ der Gleichung $\left(\mathrm{e}^{2\pi i x}\right)^n = 1$. Wir schreiben diese Gleichung als $\mathrm{e}^{i\theta} = 1$ mit $\theta = 2\pi n x$ um. Wegen $\mathrm{e}^{i\theta} = \cos\theta + i\sin\theta$, ist $\mathrm{e}^{i\theta} = 1$ genau dann, wenn $\cos\theta = 1$ und $\sin\theta = 0$ gilt, was genau dann der Fall ist, wenn $\theta \in \{0,2\pi,4\pi,\ldots\}$ gilt. Somit erhalten wir $\left(e^{2\pi i x}\right)^n = 1$ genau dann, wenn x eine der Zahlen $0, \frac{1}{n}, \frac{2}{n}, \frac{3}{n}, \ldots$ ist. Beschränkt man sich auf $x \in [0,1)$, so bekommt man eine Umrundung des Einheitskreises (siehe Bild 5.4) mit den Werten $x = 0, \frac{1}{n}, \frac{2}{n}, \frac{3}{n}, \ldots, \frac{n-1}{n}$. Damit sind die Zahlen $1, \xi, \xi^2, \ldots, \xi^{n-1}$ mit

$$\xi := \mathrm{e}^{\frac{2\pi i}{n}} = \cos\frac{2\pi}{n} + i\sin\frac{2\pi}{n}$$

n-te Einheitswurzeln; man nennt sie *primitive n-te Einheitswurzeln.* Die n-ten Einheitswurzeln bilden in der Zahlenebene die Ecken eines gleichmäßigen n-Ecks mit Radius 1 (siehe Bild 5.4). Die Einheitswurzeln benutzt man zum Beispiel, um zwei Polynome vom Grad n mit $n\log_2 n$ (statt n^2) arithmetischen Operationen zu multiplizieren (die sogenannte »schnelle Fourier Transformation«). Dabei spielt die folgende Eigenschaft eine entscheidende Rolle: Ist ξ eine primitive n-te Einheitswurzel (n gerade), so ist ξ^2 eine primitive $(n/2)$-te Einheitswurzel: $(\xi^2)^{n/2} = \xi^n = 1$. D. h. das Quadrieren halbiert die Anzahl der Einheitswurzeln (Bild 5.4).

5.5.1 Anwendung: Schnelle Fourier Transformation*

Gegeben ist eine unbekannte Funktion $f : \mathbb{C} \to \mathbb{C}$. Wir wissen nur, dass es sich um ein Polynom vom Grad $n-1$ handelt, also $f(z) = \sum_{i=0}^{n-1} c_i z^i$, wobei uns die Koeffizienten

c_i unbekannt sind. Unser Ziel ist, die Funktion $f(z)$ möglichst schnell zu rekonstruieren. Dabei können wir o. B. d. A. annehmen, dass n gerade ist: Wir dürfen ja Glieder $c_i x^i$ mit $c_i = 0$ zu der Summe beliebig hinzufügen.

Da der Grad des Polynoms $f(z)$ kleiner als n ist, kann es höchstens $n-1$ *verschiedene* Nullstellen haben. Somit ist das Polynom $f(z)$ durch seine Werte $f(a_1), \ldots, f(a_n)$ an n beliebigen *verschiedenen* Punkten $a_1, \ldots, a_n \in \mathbb{C}$ *eindeutig* bestimmt. Würde nämlich ein anderes Polynom $g(z)$ vom Grad $n-1$ mit $g(a_i) = f(a_i)$ für alle $i = 1, \ldots, n$ geben, so hätte das Polynom $h(z) = f(z) - g(z)$ mindestens n verschiedene Nullstellen $a_1, \ldots, a_n$. Da aber der Grad des Polynoms $h(z)$ kleiner als n ist, hätten wir somit einen Widerspruch mit Korollar 5.26.

Es ist klar, dass ungefähr n^2 Operationen für die Auswertung des Polynoms $f(z)$ an n Punkten ausreichen. Die sogenannte ***schnelle Fourier-Transformation*** kommt aber mit ungefähr $n \log_2 n$ Operationen vollkom aus! Diese (in vielen Algorithmen implementierte) Transformation beruht auf zwei Ideen.

Die erste Idee ist, den Wert eines Polynoms $f(z) = \sum_{i=0}^{m} c_i z^i$ vom Grad m (m sei gerade) in einem Punkt a durch die Werte zweier Polynome vom Grad höchstens $m/2$ im Punkt a^2 auszudrücken:

$$f(z) = f_{\text{even}}(z^2) + z \cdot f_{\text{odd}}(z^2)$$

mit

$$\begin{aligned} f_{\text{even}}(z) &= c_0 + c_2 z + c_4 z^2 + c_6 z^3 + \cdots + c_{2k} z^k + \cdots + c_m z^{m/2}\,, \\ f_{\text{odd}}(z) &= c_1 + c_3 z + c_5 z^2 + c_7 z^3 + \cdots + c_{2k+1} z^k + \cdots + c_{m-1} z^{\lfloor (m-1)/2 \rfloor}\,. \end{aligned}$$

Beispiel 5.34:

Sei $f(z) = a_0 + c_1 z + c_2 z^2 + c_3 z^3 + c_4 z^4 + c_5 z^5 + c_6 z^6$. Dann gilt

$$\begin{aligned} f_{\text{even}}(z) &= c_0 + c_2 z + c_4 z^2 + c_6 z^3\,, \\ f_{\text{odd}}(z) &= c_1 + c_3 z + c_5 z^2\,, \\ f_{\text{even}}(z^2) + z \cdot f_{\text{odd}}(z^2) &= c_0 + c_2 z^2 + c_4 z^4 + c_6 z^6 \\ &\quad + z(c_1 + c_3 z^2 + c_5 z^4) = f(z)\,. \end{aligned}$$

Die zweite Idee ist, die Auswertungspunkte $a_1, \ldots, a_n$ sehr spezifisch auszuwählen. Man betrachtet nämlich als Auswertungspunkte die Potenzen $1, \xi, \xi^2, \ldots, \xi^{n-1}$ der n-ten Einheitswurzel $\xi = e^{\frac{2\pi i}{n}}$; wir nehmen hier an, dass n eine gerade Zahl ist. Der große Vorteil dieser Auswahl ist, dass das Quadrat ξ^2 eine $(n/2)$-te Einheitwurzel ist:

$$\xi^2 = (e^{\frac{2\pi i}{n}})^2 = e^{\frac{2\pi i}{(n/2)}}\,.$$

Will man nun das Polynom $f(z)$ an n Potenzen der n-ten Einheitswurzel ξ auswerten, so reicht es, die Polynome $f_{\text{even}}(z)$ und $f_{\text{odd}}(z)$ auf $n/2$ Potenzen der $(n/2)$-ten Einheitswurzel $\zeta = \xi^2$ auszuwerten:

$$f(\xi^i) = f_{\text{even}}(\zeta^i) + \xi^i \cdot f_{\text{odd}}(\zeta^i), \qquad i = 0,1, \ldots, n/2 - 1\,. \tag{5.1}$$

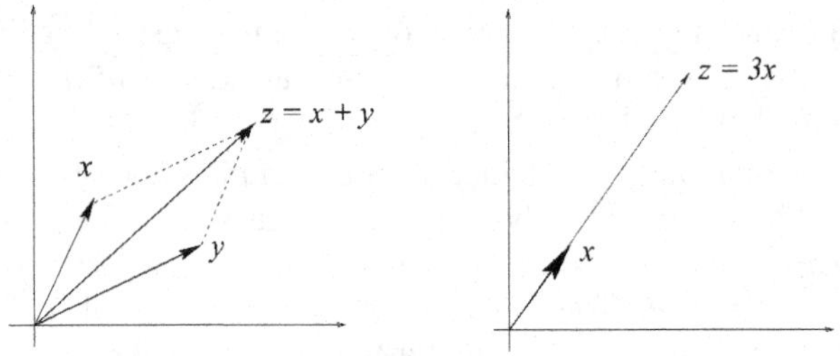

Bild 5.5: Zwei lineare Operationen mit Vektoren.

D.h. anstatt ein Polynom des Grades $n-1$ auf n Punkten $1, \xi, \xi^2, \ldots, \xi^{n-1}$ auszuwerten, reicht es zwei Polynome des Grades $n/2-1$ auf $n/2$ Punkten $1, \zeta, \zeta^2, \ldots, \zeta^{n/2-1}$ auszuwerten. Somit halbiert sich in jedem Schritt der Grad der Polynome sowie die Anzahl der Auswertungspunkte. Dabei braucht man zusätzlich in jedem Schritt nur eine lineare Anzahl cn der Operationen, um die Ausdrücke (5.1) auszurechnen.

Sei nun $T(n)$ die Anzahl der arithmetischen Operationen, die man für die Berechnung der schnellen Fourier-Transformation für ein Polynom vom Grad n benötigt. Da sich der Grad der Polynome in jedem Schritt halbiert, gilt $T(n) \leq 2 \cdot T(n/2) + cn$. Durch Einsetzen $n \to n/2 \to n/2^2 \to \cdots \to n/2^k$ bis $k = \log_2 n$ erhalten wir wegen $T(n/2^k) = T(1) \leq c$

$$T(n) \leq 2T(n/2) + cn \leq 2^2 T(n/2^2) + 2cn/2 + cn \leq \ldots \leq (2^k + kn)c = cn \log_2(2n)\,.$$

5.6 Lineare Räume

Sei $\mathbb{F}$ ein endlicher oder unendlicher Körper. Ein Vektor $\boldsymbol{u} \in \mathbb{F}^n$ ist eine endliche Folge $\boldsymbol{u} = (u_1, \ldots, u_n)$ von nicht unbedingt verschiedenen Zahlen $u_i \in \mathbb{F}$. Vektoren kann man komponentenweise addieren

$$\boldsymbol{u} + \boldsymbol{v} = (u_1 + v_1, \ldots, u_n + v_n)$$

und mit einer Zahl (oder Skalar) $\lambda \in \mathbb{F}$ multiplizieren

$$\lambda \boldsymbol{u} = (\lambda u_1, \ldots, \lambda u_n)\,.$$

Betrachtet man Vektoren in $\mathbb{R}^2$ als aus dem Punkt (0,0) ausgehende Pfeile, so kann man diese beiden Operationen wie im Bild 5.5 veranschaulichen.

Nicht jede Teilmenge von Vektoren in $\mathbb{F}^n$ ist unter diesen zwei Operationen abgeschlossen. Abgeschlossene Teilmengen heißen *Vektorräume*.

Definition: Vektorraum

Eine Teilmenge $V \subseteq \mathbb{F}^n$ ist ein *Vektorraum* über dem Körper $\mathbb{F}$, falls Folgendes gilt:

1. Aus $\boldsymbol{u} \in V$ und $\lambda \in \mathbb{F}$ folgt $\lambda \boldsymbol{u} \in V$.
2. Aus $\boldsymbol{u}, \boldsymbol{v} \in V$ folgt $\boldsymbol{u} + \boldsymbol{v} \in V$.

Da V nach (2) unter der Addition abgeschlossen ist, bildet $(V, +, \boldsymbol{0})$ eine (additive) abelsche Gruppe, wobei der Nullvektor $\boldsymbol{0} = (0, \ldots, 0)$ das neutrale Element ist. Man kann daher auch allgemeinere, auf anderen abelschen Gruppen aufgebaute »Vektorräume« betrachten.

Ein *linearer Raum*[2] über einem Körper $\mathbb{F}$ ist eine additive abelsche Gruppe $(V, +, \mathbf{0})$, die mit einer zusätzlichen Operation $\mathbb{F} \times V \to V$ »Multiplikation mit Skalar« versehen ist. Elemente $\boldsymbol{v} \in V$ nennt man *Vektoren* und Elemente $\lambda \in \mathbb{F}$ *Skalare*. Das Produkt von $\lambda \in \mathbb{F}$ und $\boldsymbol{v} \in V$ bezeichnet man mit $\lambda\boldsymbol{v} \in V$. Die Multiplikation mit Skalaren muss sich mit den Körperoperationen wie auch mit der Gruppenoperation $+$ »vertragen«. Wir fördern:

(L1) $(\lambda \cdot \mu)\boldsymbol{v} = \lambda(\mu\boldsymbol{v})$;

(L2) $(\lambda + \mu)\boldsymbol{v} = \lambda\boldsymbol{v} + \mu\boldsymbol{v}$ (die erste Addition in $\mathbb{F}$, die zweite in V);

(L3) $\lambda(\boldsymbol{u} + \boldsymbol{v}) = \lambda\boldsymbol{u} + \lambda\boldsymbol{v}$ (beide Additionen in V);

(L4) $1\boldsymbol{v} = \boldsymbol{v}$.

Mit anderen Worten, ein linearer Raum ist eine Menge V, deren Elemente sich addieren und mit einem Skalar multiplizieren lassen, wobei die Summe der Vektoren und das Vielfache eines Vektors wieder Elemente der Menge sind.

Aus den Bedingungen, die einen linearen Raum V definieren, kann man zum Beispiel Folgendes für alle $\lambda \in \mathbb{F}$ und $\boldsymbol{v} \in V$ ableiten.

Behauptung 5.35:

1. $0\boldsymbol{v} = \mathbf{0}$;
2. $\lambda\mathbf{0} = \mathbf{0}$;
3. $\lambda\boldsymbol{v} = \mathbf{0} \iff \lambda = 0$ oder $\boldsymbol{v} = \mathbf{0}$;
4. $(-1)\boldsymbol{v} = -\boldsymbol{v}$, wobei $-\boldsymbol{v}$ das Inverse von $\boldsymbol{v}$ in V ist.

Beweis:

1. Nach (L2) ist $0\boldsymbol{v} = (0+0)\boldsymbol{v} = 0\boldsymbol{v} + 0\boldsymbol{v}$, woraus $0\boldsymbol{v} = \mathbf{0}$ folgt.
2. Setze $\boldsymbol{u} = \boldsymbol{v} = \mathbf{0}$ in (L3) ein und benutze Teil (1).
3. Die Richtung »$\Leftarrow$« haben wir bereits bewiesen. Sei nun $\lambda\boldsymbol{v} = \mathbf{0}$ und $\lambda \neq 0$. Dann existiert das multiplikative Inverse $\lambda^{-1} \in \mathbb{F}$ und wir erhalten

$$\mathbf{0} \overset{(2)}{=} \lambda^{-1}(\lambda\boldsymbol{v}) \overset{(L1)}{=} (\lambda^{-1}\lambda)\boldsymbol{v} = 1\boldsymbol{v} \overset{(L4)}{=} \boldsymbol{v}\,.$$

4. Dass $(-1)\boldsymbol{v}$ das additive Inverse $-\boldsymbol{v}$ von $\boldsymbol{v}$ in V sein muss, folgt aus

$$(-1)\boldsymbol{v} + \boldsymbol{v} \overset{(L4)}{=} (-1)\boldsymbol{v} + 1\boldsymbol{v} \overset{(L2)}{=} ((-1)+1)\boldsymbol{v} = 0\boldsymbol{v} \overset{(1)}{=} \mathbf{0}\,.$$ □

Man beachte, dass jeder Vektorraum $V \subseteq \mathbb{F}^n$ auch ein linearer Raum ist, da die komponentenweise Addition wie auch die Multiplikation mit Skalaren die Bedingungen (L1)-(L4) trivialerweise erfüllen. Es gibt aber auch andere lineare Räume.

---

2 In der Literatur benutzt man auch für diese allgemeineren Räume den Namen »Vektorraum«. Um Missverständnisse zu vermeiden, werden wir in diesem Buch den Namen »Vektorraum« für speziele, aus »echten« Vektoren bestehende lineare Räume beibehalten.

Beispiel 5.36: Raum der Funktionen

Sei $\mathbb{F}$ ein Körper und sei Ω eine beliebige Menge. Sei $V = \mathbb{F}^{\Omega}$ die Menge aller Abbildungen $f : \Omega \to \mathbb{F}$. Wir können die Summe $f + g$ zweier Funktionen argumentweise definieren: $(f + g)(x) := f(x) + g(x)$. Dann bildet $(V, +, \mathbf{0})$ mit $\mathbf{0}(x) = 0$ für alle $x \in \Omega$ eine additive abelsche Gruppe. Definiert man auch die Multiplikation mit Skalaren argumentweise $(\lambda f)(x) := \lambda \cdot f(x)$ für alle $x \in \Omega$, so erhält die Menge V der Abbildungen $f : \Omega \to \mathbb{F}$ die Struktur eines linearen Raumes.

Sei V ein beliebiger linearer Raum und sei $A \subseteq V$ eine beliebige Teilmenge, die möglicherweise keinen linearen Raum bildet. Eine *Linearkombination* von Vektoren in A ist ein Vektor der Form

$$\lambda_1 \boldsymbol{v}_1 + \cdots + \lambda_k \boldsymbol{v}_k$$

mit $\lambda_i \in \mathbb{F}$ und $\boldsymbol{v}_i \in A$ für alle $i = 1, \ldots, k$. D. h. Linearkombinationen sind *endliche* Summen von Vektoren oder Vielfache von Vektoren. (Wir betrachten also nur *endliche* Summen, auch wenn die Menge A unendlich ist!) Die Menge aller Linearkombinationen von Vektoren in A wird durch $\operatorname{span}(A)$ bezeichnet. So ist zum Beispiel

$$\begin{aligned} \operatorname{span}(\{\mathbf{0}\}) &= \{\mathbf{0}\}; \\ \operatorname{span}(\{\boldsymbol{v}\}) &= \{\lambda \boldsymbol{v} : \lambda \in \mathbb{F}\}; \\ \operatorname{span}(\{\boldsymbol{v}_1, \ldots, \boldsymbol{v}_m\}) &= \{\lambda_1 \boldsymbol{v}_1 + \cdots + \lambda_m \boldsymbol{v}_m : \lambda_1, \ldots, \lambda_m \in \mathbb{F}\}. \end{aligned}$$

Man kann sich leicht überzeugen, dass die Menge $\operatorname{span}(A)$ für *jede* nicht-leere Teilmenge $A = \{\boldsymbol{v}_1, \ldots, \boldsymbol{v}_m\}$ einen linearen Raum bildet: Liegen $\boldsymbol{x} = \lambda_1 \boldsymbol{v}_1 + \cdots + \lambda_m \boldsymbol{v}_m$ und $\boldsymbol{y} = \mu_1 \boldsymbol{v}_1 + \cdots + \mu_m \boldsymbol{v}_m$ in $\operatorname{span}(A)$ und ist $\gamma \in \mathbb{F}$, so liegen die beiden Vektoren

$$\begin{aligned} \boldsymbol{x} + \boldsymbol{y} &= (\lambda_1 + \mu_1)\boldsymbol{v}_1 + \cdots + (\lambda_m + \mu_m)\boldsymbol{v}_m, \\ \gamma \boldsymbol{x} &= (\gamma\lambda_1)\boldsymbol{v}_1 + \cdots + (\gamma\lambda_m)\boldsymbol{v}_m \end{aligned}$$

auch in $\operatorname{span}(A)$. Man sagt in diesem Fall, dass $\operatorname{span}(A)$ der von den Vektoren in A *erzeugte* oder *aufgespannte* lineare Raum ist; die Menge A selbst heißt dann das *Erzeugendensystem* von $\operatorname{span}(A)$. Manchmal nennt man $\operatorname{span}(A)$ auch *lineare Hülle* von A. Gilt $V = \operatorname{span}(A)$ für eine *endliche* Menge A, so sagt man, dass V ein *endlich erzeugter* linearer Raum ist; in diesem Buch werden wir nur solche Räume betrachten.

Beispiel 5.37: Raum der Polynome

Sei V die Menge aller Polynome vom Grad höchstens n über einem Körper $\mathbb{F}$. Bezüglich der in Abschnitt 5.4 definierten Addition bildet V eine abelsche Gruppe mit dem Nullpolynom als neutralem Element. Die Multiplikation mit Skalar erfüllt außerdem alle vier Bedingungen (L1)–(L4). Somit bildet V einen linearen Raum. Da jedes Polynom vom Grad höchstens n eine Linearkombination $p(x) = a_0 + a_1 x + a_2 x^2 + \cdots + a_n x^n$ der Polynome $1, x, x^2, \ldots, x^n$ ist, bildet $A = \{1, x, x^2, \ldots, x^n\}$ ein Erzeugendensystem für V.

Eine wichtige Eigenschaft linearer Räume ist, dass sie »robust« gegen sogenannten *Elementartransformationen* sind.

Behauptung 5.38: Elementartransformationen

Sei $V = \operatorname{span}(A)$ ein linearer Raum über einem Körper $\mathbb{F}$. Der Raum V bleibt unverändert, wenn man:

1. Einen Vektor $\boldsymbol{v} \in A$ durch einen Vektor $\mu\boldsymbol{v}$ mit $\mu \in \mathbb{F}$, $\mu \neq 0$ ersetzt.
2. Einen Vektor $\boldsymbol{v}_1 \in A$ durch einen Vektor $\boldsymbol{v}_1 + \boldsymbol{v}_2$ mit $\boldsymbol{v}_2 \in A$ ersetzt.

Beweis:

Wegen $\lambda\boldsymbol{v} = \frac{\lambda}{\mu}(\mu\boldsymbol{v})$ und $\lambda_1(\boldsymbol{v}_1 + \boldsymbol{v}_2) + \lambda_2\boldsymbol{v}_2 = \lambda_1\boldsymbol{v}_1 + (\lambda_1 + \lambda_2)\boldsymbol{v}_2$ ergeben die Linearkombinationen in A und in der veränderten Menge dieselben Vektoren. □

Sei V ein linearer Raum und sei $A = \{\boldsymbol{v}_1, \ldots, \boldsymbol{v}_n\} \subseteq V$ ein Erzeugendensystem von V, es gelte also $\operatorname{span}(A) = V$. Welche Vektoren (wenn überhaupt) kann man aus A weglassen, ohne die Erzeugungseigenschaft zu zerstören? Ein Vektor in A, sei es o. B. d. A. der letzte Vektor $\boldsymbol{v}_n$, ist »überflüssig«, wenn $\operatorname{span}(A \setminus \{\boldsymbol{v}_n\}) = \operatorname{span}(A)$ gilt, also wenn $\boldsymbol{v}_n$ bereits in $\operatorname{span}(\boldsymbol{v}_1, \ldots, \boldsymbol{v}_{n-1})$ enthalten ist. Dann gibt es Skalare $\lambda_1, \ldots, \lambda_{n-1}$ mit $\boldsymbol{v}_n = \lambda_1\boldsymbol{v}_1 + \cdots + \lambda_{n-1}\boldsymbol{v}_{n-1}$ bzw. $\mathbf{0} = \lambda_1\boldsymbol{v}_1 + \cdots + \lambda_n\boldsymbol{v}_n$ mit $\lambda_n \neq 0$ (nämlich $\lambda_n = -1$). Anders ausgedrückt: Der Nullvektor lässt sich als eine Linearkombination der Vektoren $\boldsymbol{v}_i$ darstellen, wobei nicht alle Koeffizienten gleich Null sind. Diese Beobachtung führt uns zum folgenden allerwichtigsten Konzept der linearen Algebra.

Definition: Lineare Unabhängigkeit

Vektoren $\boldsymbol{v}_1, \ldots, \boldsymbol{v}_n \in V$ heißen *linear unabhängig*, wenn keiner von ihnen überflüssig ist, d. h. wenn aus

$$\lambda_1\boldsymbol{v}_1 + \cdots + \lambda_n\boldsymbol{v}_n = \mathbf{0}$$

stets $\lambda_1 = \lambda_2 = \ldots = \lambda_n = 0$ folgt.

Oder anders ausgedrückt, $\boldsymbol{v}_1, \ldots, \boldsymbol{v}_n$ sind linear unabhängig, wenn der Nullvektor $\mathbf{0} = (0, \ldots, 0)$ nur die triviale Darstellung $\mathbf{0} = 0\boldsymbol{v}_1 + \cdots + 0\boldsymbol{v}_n$ zulässt. Man sagt auch, dass eine Menge B von Vektoren linear unabhängig ist, falls alle Vektoren in B linear unabhängig sind. Somit ist B genau dann linear unabhängig, wenn $\boldsymbol{u} \notin \operatorname{span}(B \setminus \{\boldsymbol{u}\})$ für alle $\boldsymbol{u} \in B$ gilt. Wir merken uns also:

Vektoren sind linear unabhängig $\iff$ keiner der Vektoren ist überflüssig.

Beachte, dass jede *Teilmenge* einer linear unabhängigen Menge von Vektoren auch linear unabhängig ist. Außerdem, kann der Nullvektor $\mathbf{0}$ in *keiner* linear unabhängigen Menge enthalten sein.

Beispiel 5.39:

Wir betrachten die folgenden vier Vektoren über dem Körper $\mathbb{R}$ der reellen Zahlen:

$$\boldsymbol{v}_1 = (2,0,0),\ \boldsymbol{v}_2 = (0,1,0),\ \boldsymbol{v}_3 = (0,0,1),\ \boldsymbol{v}_4 = (1,0,1)\,.$$

Dann sind die Vektoren $\boldsymbol{v}_1, \boldsymbol{v}_3, \boldsymbol{v}_4$ linear abhängig, denn es gilt $\boldsymbol{v}_4 = \frac{1}{2}\boldsymbol{v}_1 + \boldsymbol{v}_3$. Aber die ersten drei Vektoren $\boldsymbol{v}_1, \boldsymbol{v}_2, \boldsymbol{v}_3$ sind linear unabhängig. Warum? In jeder der drei Koordinaten hat nur einer der Vektoren eine von Null verschiedene Zahl.

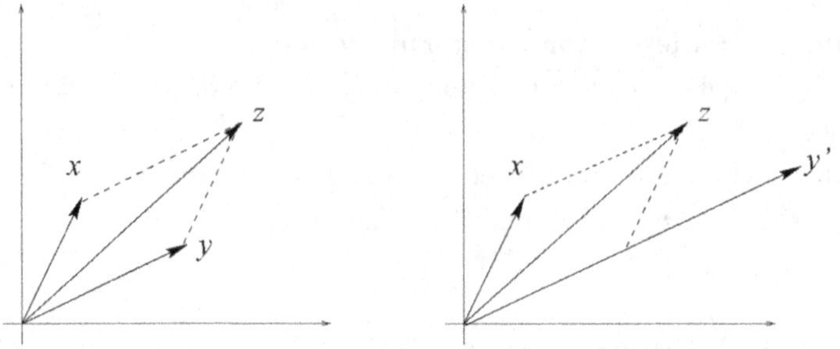

Bild 5.6: Vektoren $\boldsymbol{x}, \boldsymbol{y}, \boldsymbol{z}$ sind linear abhängig, da $\boldsymbol{z} = \boldsymbol{x} + \boldsymbol{y}$ gilt. Vektoren $\boldsymbol{x}, \boldsymbol{y}', \boldsymbol{z}$ sind auch linear abhängig, da $\boldsymbol{z} = \boldsymbol{x} + \frac{1}{2}\boldsymbol{y}'$ gilt.

Beispiel 5.40:

Sei V der lineare Raum aller Abbildungen $f : \mathbb{R} \to \mathbb{R}$ über dem Körper $\mathbb{R}$ mit der argumentweise definierten Addition und Multiplikation mit Skalaren (siehe Beispiel 5.36). Wir betrachten zwei Elemente $f, g \in V$ mit $f(x) = 2x$ und $g(x) = |x|$ und wollen untersuchen, ob die Menge $A = \{f, g\}$ linear unabhängig ist. Dazu nehmen wir eine beliebige Darstellung $\lambda_1 f + \lambda_2 g = \mathbf{0}$ des Nullvektors $\mathbf{0} \in V$. (Der Nullvektor entspricht der Abbildung $\mathbf{0}(x) = 0$ für alle $x \in \mathbb{R}$.) Dann muss

$$0 = (\lambda_1 f + \lambda_2 g)(x) = 2\lambda_1 x + \lambda_2 |x|$$

für *alle* $x \in \mathbb{R}$ gelten. Insbesondere muss diese Gleichung auch für $x = -1$ und $x = 1$ gelten, was zu den Gleichungen

$$0 = -2\lambda_1 + \lambda_2;$$
$$0 = 2\lambda_1 + \lambda_2$$

führt. Aus der ersten Gleichung folgt $\lambda_2 = 2\lambda_1$ und aus der zweiten $\lambda_2 = -2\lambda_1$, also $\lambda_2 = -\lambda_2$, woraus $\lambda_2 = 0$ und somit auch $\lambda_1 = 0$ folgt. Dies zeigt, dass die Menge $A = \{f, g\}$ linear unabhängig ist.

Wenn man das Konzept der linearen Unabhängigkeit betrachtet, muss man klarstellen, über welchem Körper $\mathbb{F}$ man gerade arbeitet. Vektoren, die über einem unendlichen Körper (wie $\mathbb{Q}$ oder $\mathbb{R}$) linear unabhängig sind, müssen nicht unbedingt auch über endlichen Körper linear unabhängig sein!

Beispiel 5.41:

Wir betrachten die folgenden drei Vektoren: $\boldsymbol{v}_1 = (1{,}1{,}0)$, $\boldsymbol{v}_2 = (0{,}1{,}1)$ und $\boldsymbol{v}_3 = (1{,}0{,}1)$. Wenn wir über dem Körper $\mathbb{R}$ der reellen Zahlen arbeiten, dann sind diese Vektoren linear unabhängig. Um das zu verifizieren, betrachten wir die Gleichung $a\boldsymbol{v}_1 + b\boldsymbol{v}_2 + c\boldsymbol{v}_3 = \mathbf{0}$. Diese ergibt für die einzelnen Komponenten die drei Gleichungen über $\mathbb{R}$: $a + c = 0$, $a + b = 0$ und $b + c = 0$. Aus den beiden letzten Gleichungen folgt $a = c$ und die erste Gleichung ergibt somit $2c = 0$, woraus $c = 0$ und somit auch $a = b = c = 0$ folgt.

Arbeitet man aber über dem Körper $\mathbb{Z}_2$, dann sind diese Vektoren bereits linear abhängig, denn es gilt: $\boldsymbol{v}_1 + \boldsymbol{v}_2 = \boldsymbol{v}_3 \bmod 2$.

5.6.1 Basis und Dimension

Sei V ein linearer Raum. Eine Teilmenge $B \subseteq V$ heißt *Basis* von V, falls B eine *kleinste* erzeugende Menge für V ist. Mit anderen Worten, $B \subseteq V$ ist genau dann eine Basis von V, wenn gilt:

1. $\text{span}(B) = V$;
2. B ist linear unabhängig.

So bildet zum Beispiel die Menge $S = \{\boldsymbol{e}_1, \boldsymbol{e}_2, \boldsymbol{e}_3\}$ mit $\boldsymbol{e}_1 = (1,0,0)$, $\boldsymbol{e}_2 = (0,1,0)$ und $\boldsymbol{e}_3 = (0,0,1)$ eine Basis von $V = \mathbb{F}^3$; man nennt diese Basis *Standardbasis*. Es ist aber klar, dass ein linearer Raum viele verschiedene Basen besitzen kann. So bilden z. B. die Vektoren $a\boldsymbol{e}_1, b\boldsymbol{e}_2, c\boldsymbol{e}_3$ für beliebige $a, b, c \in \mathbb{F} \setminus \{0\}$ auch eine Basis von $\mathbb{F}^3$. Eine sehr wichtige Eigenschaft der linearen Räume ist die Tatsache, dass die Anzahl der Vektoren in *allen* Basen gleich ist! Für den Beweis benötigen wir das folgende Lemma.

Lemma 5.42:

Sei $B = \{\boldsymbol{v}_1, \ldots, \boldsymbol{v}_n\}$ eine Basis von V und $\boldsymbol{x} \in V$ sei ein beliebiger Vektor, $\boldsymbol{x} \neq \boldsymbol{0}$. Sei $\boldsymbol{x} = \lambda_1 \boldsymbol{v}_1 + \cdots + \lambda_n \boldsymbol{v}_n$ eine Darstellung von $\boldsymbol{x}$ durch die Basisvektoren. Ist $\lambda_k \neq 0$, so ist auch $(B \setminus \{\boldsymbol{v}_k\}) \cup \{\boldsymbol{x}\}$ eine Basis von V.

Beweis:

Wir nehmen o. B. d. A. an, dass $\lambda_1 \neq 0$ gilt. Wir müssen zeigen, dass dann $B' = \{\boldsymbol{x}, \boldsymbol{v}_2, \ldots, \boldsymbol{v}_n\}$ eine Basis von V ist. Dazu müssen wir zeigen, dass die Vektoren in B' den ganzen Raum V erzeugen und linear unabhängig sind.

Zu zeigen: $\text{span}(B') = V$. Aus $\boldsymbol{x} = \lambda_1 \boldsymbol{v}_1 + \cdots + \lambda_n \boldsymbol{v}_n$ und $\lambda_1 \neq 0$ folgt, dass sich der entfernte Vektor $\boldsymbol{v}_1$ als die Linearkombination $\boldsymbol{v}_1 = \frac{1}{\lambda_1}\boldsymbol{x} - \frac{\lambda_2}{\lambda_1}\boldsymbol{v}_2 - \cdots - \frac{\lambda_n}{\lambda_1}\boldsymbol{v}_n$ der Vektoren aus B' darstellen lässt. Somit ist $\text{span}(B)$ in $\text{span}(B')$ enthalten. Da offensichtlich auch $\text{span}(B') \subseteq \text{span}(B)$ gilt ($\boldsymbol{x}$ liegt ja in $\text{span}(B)$), muss die Gleichheit $\text{span}(B') = \text{span}(B)$ und damit auch $\text{span}(B') = V$ gelten.

Zu zeigen: Vektoren $\boldsymbol{x}, \boldsymbol{v}_2, \ldots, \boldsymbol{v}_n$ sind linear unabhängig. Sei

$$
\begin{aligned}
\boldsymbol{0} &= \mu_1 \boldsymbol{x} + \mu_2 \boldsymbol{v}_2 + \cdots + \mu_n \boldsymbol{v}_n && (5.2)\\
&= \mu_1(\lambda_1 \boldsymbol{v}_1 + \cdots + \lambda_n \boldsymbol{v}_n) + \mu_2 \boldsymbol{v}_2 + \cdots + \mu_n \boldsymbol{v}_n \\
&= (\mu_1\lambda_1)\boldsymbol{v}_1 + (\mu_1\lambda_2 + \mu_2)\boldsymbol{v}_2 + \cdots + (\mu_1\lambda_n + \mu_n)\boldsymbol{v}_n\,. && (5.3)
\end{aligned}
$$

Dies ist nun eine Darstellung des Nullvektors in B. Da B als Basis linear unabhängig ist, müssen sämtliche Koeffizienten in (5.3) gleich 0 sein. Insbesondere muss auch $\mu_1\lambda_1 = 0$ gelten. Da aber $\lambda_1 \neq 0$ ist, muss dann $\mu_1 = 0$ gelten. Nach (5.2) gilt dann jedoch die Gleichung $\boldsymbol{0} = \mu_2 \boldsymbol{v}_2 + \cdots + \mu_n \boldsymbol{v}_n$, woraus (wiederum nach der linearen Unabhängigkeit von B) $\mu_i = 0$ für alle $i = 2, \ldots, n$ folgt. Also ist B' linear unabhängig. □

Satz 5.43: Basisaustauschsatz von Steinitz

Sei B eine Basis von V und $M \subseteq V$ eine linear unabhängige Menge. Dann gibt es eine Teilmenge $C \subseteq B$, so dass die Menge $(B \setminus C) \cup M$ wieder eine Basis von V ist. Dabei ist $|C| = |M|$, also insbesondere $|M| \leq |B|$.

Beweis:

Sei $|M| = n$. Wir beweisen die Behauptung durch Induktion nach n. Ist $n = 0$, so ist nichts zu beweisen. Sei nun $n > 0$ und $M = M' \cup \{\boldsymbol{w}\}$ mit $|M'| = n - 1$. Nach Induktionsvoraussetzung existiert $C' \subseteq B$ mit $|C'| = |M'| = n - 1$, so dass $B' = (B \setminus C') \cup M'$ eine Basis von V ist. Dann lässt sich $\boldsymbol{w}$ als Linearkombination

$$\boldsymbol{w} = \sum_{\boldsymbol{u} \in B \setminus C'} \lambda_u \boldsymbol{u} + \sum_{\boldsymbol{v} \in M'} \lambda_v \boldsymbol{v}$$

schreiben. Wären alle λ_u mit $u \in B \setminus C'$ gleich 0, so folgte $1 \cdot \boldsymbol{w} + \sum_{\boldsymbol{v} \in M'} (-\lambda_v)\boldsymbol{v} = \boldsymbol{0}$ im Widerspruch zur linearen Unabhängigkeit von M. Also existiert ein $\boldsymbol{u} \in B \setminus C'$ mit $\lambda_u \neq 0$. Nach Lemma 5.42 ist dann $(B' \setminus \{\boldsymbol{u}\}) \cup \{\boldsymbol{w}\} = (B \setminus C) \cup M$ mit $C = C' \cup \{\boldsymbol{u}\}$ eine Basis von V. □

Satz 5.44: Dimension

Ist V ein endlich erzeugter linearer Raum, so besteht jede Basis von V aus der gleichen Anzahl von Vektoren. Diese Zahl heißt *Dimension* von V und wird mit $\dim V$ bezeichnet.

Man vereinbart auch $\dim \{\boldsymbol{0}\} = 0$.

Beweis:

Sind B und B' Basen von V, so folgt aus Satz 5.43, dass $|B'| \leq |B|$ und, indem man die Rollen von B und B' umkehrt, $|B| \leq |B'|$. □

Korollar 5.45:

In jedem endlich-dimensionalen Vektorraum V kann man jede linear unabhängige Menge $M \subseteq V$ bis zu einer Basis von V erweitern.

Beweis:

Ist M noch keine Basis von V, dann gibt es einen Vektor $\boldsymbol{x} \in V \setminus \operatorname{span}(M)$. Die erweiterte Menge $M' = M \cup \{\boldsymbol{x}\}$ ist daher auch linear unabhängig. Ist M' immer noch keine Basis von V, dann wiederhole das Argument mit M' anstatt M, usw. Da nach Satz 5.43 keine Menge linear unabhängiger Vektoren in V mehr als $\dim V$ Vektoren enthalten kann, sind wir in $\dim V - |M|$ Schritten fertig. □

5.6.2 Lineare Abbildungen

Seien V und W zwei lineare Räume über einem Körper $\mathbb{F}$. D.h. V und W sind abelsche Gruppen mit einer zusätzlichen Operation – der Multiplikation mit Skalaren.

Eine Abbildung $f : V \to W$ heißt *linear*, falls für alle $\lambda \in \mathbb{F}$ und $\boldsymbol{u}, \boldsymbol{v} \in V$ gilt:

1. $f(\lambda \boldsymbol{u}) = \lambda f(\boldsymbol{u})$;
2. $f(\boldsymbol{u} + \boldsymbol{v}) = f(\boldsymbol{u}) + f(\boldsymbol{v})$; die erste Summe in V, die zweite in W.

Insbesondere muss wegen (1) auch $f(\boldsymbol{0}) = \boldsymbol{0}$ gelten.

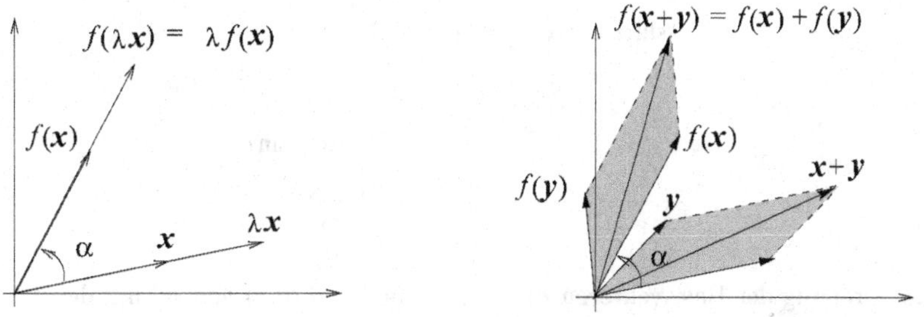

Bild 5.7: Drehung um einen festen Winkel α. Im rechten Bild ergibt sich der oberste Punkt des Parallelogramms sowohl durch Addition der Punkte $f(\boldsymbol{x})$ und $f(\boldsymbol{y})$ wie auch durch Drehung des Punktes $\boldsymbol{x} + \boldsymbol{y}$.

Beispiel 5.46:

Die durch $f(x,y) = (x+y, y)$ gegebene Abbildung[3] $f : \mathbb{R}^2 \to \mathbb{R}^2$ ist linear. Um das zu zeigen, seien $\boldsymbol{u} = (x,y)$ und $\boldsymbol{v} = (x', y')$ zwei beliebige Punkte in der Ebene $\mathbb{R}^2$. Dann gilt:

$$\begin{aligned} f(\lambda \boldsymbol{u}) &= f(\lambda x, \lambda y) = (\lambda x + \lambda y, \lambda y) = \lambda(x+y, y) = \lambda f(x,y) = \lambda f(\boldsymbol{u})\,; \\ f(\boldsymbol{u}+\boldsymbol{v}) &= f(x+x', y+y') = (x+x'+y+y', y+y') \\ &= (x+y, y) + (x'+y', y') = f(x,y) + f(x', y') = f(\boldsymbol{u}) + f(\boldsymbol{v})\,. \end{aligned}$$

Genauso ist die Abbildung $f(x,y) = (2x{,}2y)$ linear. Die Abbildung $f(x,y) = (x+2, y+2)$ ist aber nicht linear, da $f(\boldsymbol{0}) = f(0{,}0) = (2{,}2) \neq \boldsymbol{0}$ gilt. Die Abbildung $f(x,y) = (xy, y)$ ist auch nicht linear, da $f(\boldsymbol{u}+\boldsymbol{v}) \neq f(\boldsymbol{u}) + f(\boldsymbol{v})$ für $\boldsymbol{u}, \boldsymbol{v} \in (\mathbb{R} \setminus \{0\})^2$ gilt: Die zur ersten Komponente gehörige Ungleichung ist $(x+x')(y+y') \neq xy + x'y'$.

Beispiel 5.47:

Wir betrachten die reelle Ebene $V = \mathbb{R}^2$ als Vektorraum über $\mathbb{R}$. Dann ist die Drehung f um einen festen Winkel α um den Nullpunkt eine lineare Abbildung, wie man aus Bild 5.7 ablesen kann. Wir wollen die Abbildung f nun *explizit* beschreiben. Dazu nehmen wir die Standardbasis $\{\boldsymbol{e}_1, \boldsymbol{e}_2\}$ von $\mathbb{R}^2$ mit $\boldsymbol{e}_1 = (1{,}0)$ und $\boldsymbol{e}_2 = (0{,}1)$. Jeder Vektor $(x,y) \in \mathbb{R}^2$ ist dann eine Linearkombination $(x,y) = x_1\boldsymbol{e}_1 + y\boldsymbol{e}_2$ der Basisvektoren. Wegen der Linearität der Abbildung f muss daher

$$f(x,y) = f(x_1\boldsymbol{e}_1 + y\boldsymbol{e}_2) = xf(\boldsymbol{e}_1) + yf(\boldsymbol{e}_2)$$

gelten. Die Vektoren $f(\boldsymbol{e}_1)$ und $f(\boldsymbol{e}_2)$ lassen sich leicht aus Bild 5.8 ablesen. Also gilt

$$f(x,y) = x(\cos\alpha, \sin\alpha) + y(-\sin\alpha, \cos\alpha) = (x\cos\alpha - y\sin\alpha, x\sin\alpha + y\cos\alpha)\,.$$

Jede lineare Abbildung $f : V \to W$ definiert zwei lineare Räume (siehe Bild 5.9):

1. *Nullraum* $\operatorname{Null} f = \{\boldsymbol{x} \in V : f(\boldsymbol{x}) = \boldsymbol{0}\} \subseteq V$;

3 Zur Vereinfachung schreiben wir $f(x,y)$ statt $f((x,y))$.

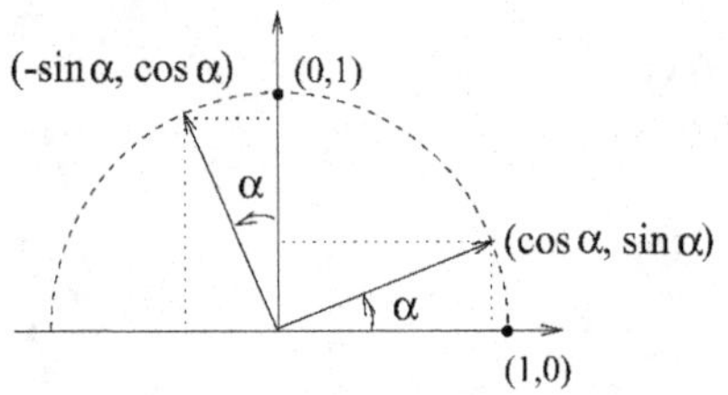

Bild 5.8: Drehung der Basisvektoren $e_1 = (1,0)$ und $e_2 = (0,1)$ von $\mathbb{R}^2$ um den Winkel α.

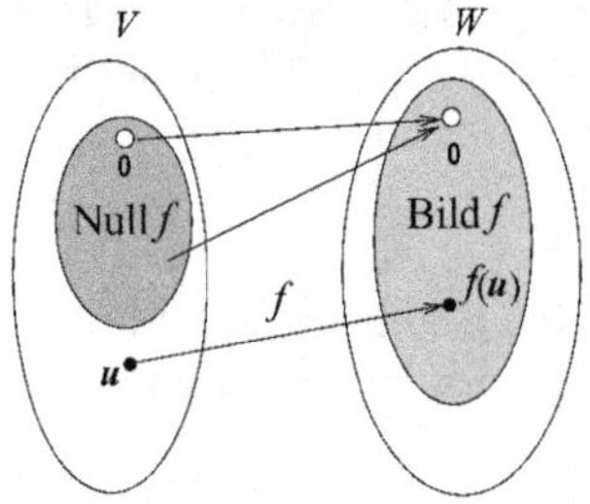

Bild 5.9: Der Nullraum Null f und der Bildraum Bild f.

2. *Bildraum* $\operatorname{Bild} f = \{f(\boldsymbol{x}) : \boldsymbol{x} \in V\} \subseteq W$.

Satz 5.48: Dimensionsformel für lineare Abbildungen

Seien V und W zwei endlich-dimensionale lineare Räume über einem Körper $\mathbb{F}$ und sei $f : V \to W$ eine lineare Abbildung. Ist $\dim V = n$, so gilt

$$\dim \operatorname{Bild} f = n - \dim \operatorname{Null} f\,.$$

Beweis:

Sei $k = \dim \operatorname{Null} f$ und sei $\boldsymbol{v}_1, \ldots, \boldsymbol{v}_k$ eine Basis von Null f. Nach Korollar 5.45 können wir diese Basis bis zu einer Basis $\boldsymbol{v}_1, \ldots, \boldsymbol{v}_k, \boldsymbol{v}_{k+1}, \ldots, \boldsymbol{v}_n$ des gesamten Raumes V erweitern. Sei $B = \{f(\boldsymbol{v}_{k+1}), \ldots, f(\boldsymbol{v}_n)\}$. Wir behaupten, dass B eine Basis von Bild f ist, woraus $|B| = \dim \operatorname{Bild} f$ und somit auch $n = k + |B| = \dim \operatorname{Null} f + \dim \operatorname{Bild} f$ folgt.

Zu zeigen: B ist linear unabhängig. Angenommen, es gibt eine Linearkombination

$$\sum_{i=k+1}^{n} \lambda_i f(\boldsymbol{v}_i) = \boldsymbol{0}$$

mit mindestens einem $\lambda_i \neq 0$. Wegen der Linearität von f liegt der Vektor $\boldsymbol{x} = \sum_{i=k+1}^{n} \lambda_i \boldsymbol{v}_i$ in Null f, denn es gilt

$$f(\boldsymbol{x}) = f\Big(\sum_{i=k+1}^{n} \lambda_i \boldsymbol{v}_i\Big) = \sum_{i=k+1}^{n} \lambda_i f(\boldsymbol{v}_i) = \boldsymbol{0}.$$

Da die ersten k Vektoren $\boldsymbol{v}_1, \ldots, \boldsymbol{v}_k$ eine Basis von $\operatorname{Null} f$ bildet, kann man den Vektor $\boldsymbol{x}$ auch als eine Linearkombination $\boldsymbol{x} = \sum_{i=1}^{k} \lambda_i \boldsymbol{v}_i$ der ersten k Vektoren darstellen. Somit erhalten wir

$$\sum_{i=1}^{k} \lambda_i \boldsymbol{v}_i = \boldsymbol{x} = \sum_{i=k+1}^{n} \lambda_i \boldsymbol{v}_i$$

oder äquivalent $\lambda_1 \boldsymbol{v}_1 + \cdots + \lambda_k \boldsymbol{v}_k - \lambda_{k+1} \boldsymbol{v}_{k+1} - \cdots - \lambda_n \boldsymbol{v}_n = \boldsymbol{0}$. Da aber die Vektoren $\boldsymbol{v}_1, \ldots, \boldsymbol{v}_n$ eine Basis von V bilden, müssen alle Koeffizienten und damit auch λ_i gleich Null sein. Ein Widerspruch.

Zu zeigen: $\operatorname{Bild} f \subseteq \operatorname{span}(B)$. Sei $f(\boldsymbol{x}) \in \operatorname{Bild} f$ für ein $\boldsymbol{x} \in V$. Wir stellen $\boldsymbol{x} = \sum_{i=1}^{n} \lambda_i \boldsymbol{v}_i$ durch die Basisvektoren dar und erhalten

$$\begin{aligned} f(\boldsymbol{x}) &= f(\lambda_1 \boldsymbol{v}_1 + \cdots + \lambda_k \boldsymbol{v}_k + \lambda_{k+1} \boldsymbol{v}_{k+1} + \cdots + \lambda_n \boldsymbol{v}_n) \\ &= \lambda_1 f(\boldsymbol{v}_1) + \cdots + \lambda_k f(\boldsymbol{v}_k) + \lambda_{k+1} f(\boldsymbol{v}_{k+1}) + \cdots + \lambda_n f(\boldsymbol{v}_n) \\ &= 0 + \cdots + 0 + \lambda_{k+1} f(\boldsymbol{v}_{k+1}) + \cdots + \lambda_n f(\boldsymbol{v}_n). \end{aligned}$$

Somit ist $f(\boldsymbol{x})$ als eine Linearkombination der Vektoren in B dargestellt. □

5.6.3 Koordinaten

Der nächste Satz erklärt warum eigentlich eine Basis auch »Basis« genannt wird: Jeder Vektor ist *eindeutig* als eine Linearkombination der Basisvektoren darstellbar.

Zwei lineare Räume V und W sind *isomorph*, falls es eine *bijektive* lineare Abbildung $f : V \to W$ gibt.

Satz 5.49:
Sei V ein endlich-dimensionaler linearer Raum über einem Körper $\mathbb{F}$.

1. Ist $B \subseteq V$ eine Basis von V, so lässt sich jeder Vektor $\boldsymbol{x} \in V$ auf *genau eine* Weise als eine Linearkombination der Vektoren aus B darstellen.
2. Ist $\dim V = n$, so ist V zu dem Vektorraum $\mathbb{F}^n$ isomorph.

Insbesondere gilt: Ist $\mathbb{F}$ ein endlicher Körper mit q Elementen, so besteht jeder Vektorraum $V \subseteq \mathbb{F}^m$ der Dimension n ($n \leq m$) aus genau $|V| = q^n$ Vektoren.

Beweis:

Zu (1): Sei $B = \{\boldsymbol{v}_1, \ldots, \boldsymbol{v}_n\}$ mit $n = \dim V$ eine Basis von V und sei $\boldsymbol{x} \in V$. Den Vektor $\boldsymbol{x}$ kann man wegen $V = \operatorname{span}(B)$ als eine Linearkombination $\boldsymbol{x} = \sum_{i=1}^{n} a_i \boldsymbol{v}_i$ der Basisvektoren darstellen. Um zu zeigen, dass diese Darstellung auch eindeutig ist, sei $\boldsymbol{x} = \sum_{i=1}^{n} b_i \boldsymbol{v}_i$ eine beliebige Darstellung von $\boldsymbol{x}$. Dann gilt

$$\boldsymbol{0} = \boldsymbol{x} - \boldsymbol{x} = \sum_{i=1}^{n} a_i \boldsymbol{v}_i - \sum_{i=1}^{n} b_i \boldsymbol{v}_i = \sum_{i=1}^{n} (a_i - b_i) \boldsymbol{v}_i \,.$$

Nun ist B als Basis linear unabhängig, also muss $a_i = b_i$ für alle $i = 1, \ldots, n$ gelten.

Zu (2): Wie wir gerade gezeigt haben, gibt es für jedes $\boldsymbol{x} \in V$ genau einen Vektor $[\boldsymbol{x}]_B = (a_1, \ldots, a_n) \in \mathbb{F}^n$ mit $\boldsymbol{x} = a_1\boldsymbol{v}_1 + \cdots + a_n\boldsymbol{v}_n$. Die Zuweisung $\boldsymbol{x} \mapsto [\boldsymbol{x}]_B$ ist also eine Abbildung von V nach $\mathbb{F}^n$. Da jede Linearkombination nur einen Vektor darstellt, ist diese Abbildung injektiv. Wegen $\operatorname{span}(B) \subseteq V$ ist diese Abbildung auch surjektiv und folglich bijektiv. Außerdem, gilt für alle $\boldsymbol{x}, \boldsymbol{y} \in V$ mit $[\boldsymbol{x}]_B = (a_1, \ldots, a_n)$ und $[\boldsymbol{y}]_B = (b_1, \ldots, b_n)$:

$$\boldsymbol{x} + \boldsymbol{y} = \sum_{i=1}^{n} a_i\boldsymbol{v}_i + \sum_{i=1}^{n} b_i\boldsymbol{v}_i = \sum_{i=1}^{n} (a_i + b_i)\boldsymbol{v}_i$$

und somit auch

$$[\boldsymbol{x} + \boldsymbol{y}]_B = (a_1 + b_1, \ldots, a_n + b_n) = (a_1, \ldots, a_n) + (b_1, \ldots, b_n) = [\boldsymbol{x}]_B + [\boldsymbol{y}]_B\,.$$

Da für alle $\lambda \in \mathbb{F}$ auch die Gleichheit $[\lambda\boldsymbol{x}]_B = \lambda[\boldsymbol{x}]_B$ offensichtlich gilt, ist die Abbildung $\boldsymbol{x} \mapsto [\boldsymbol{x}]_B$ linear. □

Der Vektor $[\boldsymbol{x}]_B = (a_1, \ldots, a_n)$ heißt *Koordinatendarstellung* von $\boldsymbol{x}$ bezüglich der Basis B. Die Zahlen a_i heißen *Koordinaten* des Vektors $\boldsymbol{x} \in V$ bezüglich der Basis B.

Beispiel 5.50: Koordinatendarstellung in Standardbasis

Die *Standardbasis* in dem Vektorraum $\mathbb{F}^n$ besteht aus Vektoren $S = \{\boldsymbol{e}_1, \boldsymbol{e}_2, \ldots, \boldsymbol{e}_n\}$, wobei $\boldsymbol{e}_i = (0, \ldots, 0, 1, 0, \ldots, 0)$ ein Vektor mit genau einer Eins in der i-ten Position ist. In dieser Basis gilt $[\boldsymbol{x}]_S = x_1\boldsymbol{e}_1 + x_2\boldsymbol{e}_2 + \cdots + x_n\boldsymbol{e}_n = \boldsymbol{x}$.

Beispiel 5.51:

Sei V der Vektorraum aller Polynome vom Grad höchstens n über einen Körper $\mathbb{F}$ (siehe Beispiel 5.37). Die Vektoren $\boldsymbol{x}$ in V sind also Polynome $\boldsymbol{x} = a_0 + a_1z + a_2z^2 + \cdots + a_nz^n$. Dann ist V isomorph zu dem Vektorraum $\mathbb{F}^{n+1}$. Bezüglich der Basis $B = \{1, z, z^2, \ldots, z^n\}$ von V sind die Koordinaten $[\boldsymbol{x}]_B = (a_0, a_1, \ldots, a_n)$ von $\boldsymbol{x}$ einfach die Koeffizienten dieses Polynoms.

Beachte, dass die Koordinatendarstellung von der gewählten Basis abhängen kann: Verschiedene Basen können auch verschiedene Bijektionen zwischen V und $\mathbb{F}^n$ erzeugen!

Beispiel 5.52:

Sei V der lineare Raum aller Polynome vom Grad höchstens 1 über $\mathbb{R}$. Dann sind zum Beispiel $A = \{1, 1+z\}$ und $B = \{1+2z, 1-2z\}$ Basen von V. Sei nun $\boldsymbol{x} = a + bz$ ein beliebiges Polynom (also Vektor) in V. Da A und B beide Basen sind, kann man $\boldsymbol{x} = a + bz$ in diesen beiden Basen darstellen:

$$a + bz = \alpha \cdot 1 + \beta(1 + z) = \gamma(1 + 2z) + \delta(1 - 2z)\,.$$

Daraus folgt[4] $\alpha = a - b$, $\beta = b$, $\gamma = (2a + b)/4$ und $\delta = (2a - b)/4$. Somit sind die Koordinatendarstellungen von $\boldsymbol{x} = a + bz$ in der Basis A und in der Basis B völlig

4 Zwei Polynome $\sum_{i=0}^{n} a_iz^i$ und $\sum_{i=0}^{n} b_iz^i$ sind genau dann gleich, wenn $a_i = b_i$ für alle $i = 0, 1, \ldots, n$ gilt.

verschieden:

$$[\boldsymbol{x}]_A = (\alpha, \beta) = (a - b, b) \qquad \text{und} \qquad [\boldsymbol{x}]_B = (\gamma, \delta) = \left(\frac{2a+b}{4}, \frac{2a-b}{4}\right).$$

5.6.4 Unterräume

Sei V ein linearer Raum über einem Körper $\mathbb{F}$. Eine Teilmenge $U \subseteq V$ heißt *Unterraum* von V, falls U einen linearen Raum bildet, d.h. aus $\boldsymbol{u}, \boldsymbol{v} \in U$ und $\lambda \in \mathbb{F}$ folgt $\lambda \boldsymbol{u} \in U$ und $\boldsymbol{u} + \boldsymbol{v} \in U$.

Beachte, dass der Nullvektor $\mathbf{0} = (0, \ldots, 0)$ in jedem Unterraum von V erhalten sein muss; dies gilt wegen $0 \in \mathbb{F}$ und $0 \cdot \boldsymbol{u} = \mathbf{0}$.

Triviale Unterräume von V sind $\{\mathbf{0}\}$ und der Raum V selbst. Es gibt aber auch andere Unterräume. Ist zum Beispiel $V = \mathbb{F}^2$, so bilden alle »Geraden« $L_a = \{(x, y) : x, y \in \mathbb{F}, y = ax\}$ mit $a \in \mathbb{F}$ Unterräume von V.

Sind U_1 und U_2 zwei Unterräume von V, so ist auch $U_1 \cap U_2$ ein Unterraum von V aber $U_1 \cup U_2$ muss nicht unbedingt einen Unterraum bilden. Sei zum Beispiel $V = \mathbb{F}^2$ und $U_i = \{\boldsymbol{x} \in V : x_i = 0\}$, $i = 1,2$. Dann sind zwar die Vektoren $\boldsymbol{u} = (0,1)$ und $\boldsymbol{v} = (1,0)$ in $U_1 \cup U_2$ enthalten, ihre Summe $\boldsymbol{u} + \boldsymbol{v} = (1,1)$ liegt aber nicht in $U_1 \cup U_2$. Statt der Vereinigung betrachtet man daher die Summe zweier Unterräume

$$U_1 + U_2 = \{\boldsymbol{u}_1 + \boldsymbol{u}_2 : \boldsymbol{u}_1 \in U_1, \boldsymbol{u}_2 \in U_2\},$$

die bereits einen Unterraum bildet. Die Summe der beiden Räume besteht also aus allen Vektoren, die als eine Summe der Vektoren aus U_1 und U_2 darstellbar sind. Ist die Darstellung auch *eindeutig*, dann heißt die Summenbildung $U_1 + U_2$ *direkt* und wird mit $U_1 \oplus U_2$ bezeichnet. Die Eindeutigkeit bedeutet hier: Aus $\boldsymbol{u}_1 + \boldsymbol{u}_2 = \boldsymbol{u}_1' + \boldsymbol{u}_2'$ mit $\boldsymbol{u}_1, \boldsymbol{u}_1' \in U_1$ und $\boldsymbol{u}_2, \boldsymbol{u}_2' \in U_2$ folgt $\boldsymbol{u}_1 = \boldsymbol{u}_1'$ *und* $\boldsymbol{u}_2 = \boldsymbol{u}_2'$.

Man kann sich leicht überzeugen (Übungsaufgabe!), dass eine Summe $U_1 + U_2$ genau dann direkt ist, wenn der Nullvektor $\mathbf{0}$ nur die triviale Darstellung hat: Aus $\boldsymbol{u}_1 + \boldsymbol{u}_2 = \mathbf{0}$ mit $\boldsymbol{u}_1 \in U_1$ und $\boldsymbol{u}_2 \in U_2$ folgt $\boldsymbol{u}_1 = \mathbf{0}$ und $\boldsymbol{u}_2 = \mathbf{0}$. Es gibt aber auch ein besseres Kriterium:

Lemma 5.53: Direkte Summen

Die Summe $U_1 + U_2$ ist genau dann direkt, wenn $U_1 \cap U_2 = \{\mathbf{0}\}$ gilt.

Beweis:

Sei zunächst die Summe direkt und $\boldsymbol{x} \in U_1 \cap U_2$. Dann ist $\boldsymbol{x} = \mathbf{0} + \boldsymbol{x}$ mit $\mathbf{0} \in U_1$, $\boldsymbol{x} \in U_2$ und $\boldsymbol{x} = \boldsymbol{x} + \mathbf{0}$ mit $\boldsymbol{x} \in U_1$, $\mathbf{0} \in U_2$. Aufgrund der Eindeutigkeit der Darstellung folgt also $\boldsymbol{x} = \mathbf{0}$. Somit ist $U_1 \cap U_2 \subseteq \{\mathbf{0}\}$. Die umgekehrte Inklusion ist offensichtlich.

Setzen wir nun $U_1 \cap U_2 = \{\mathbf{0}\}$ voraus und wenden die Eigenschaft an, dass eine Summe genau dann direkt ist, wenn sich der Nullvektor $\mathbf{0}$ nur trivial darstellen lässt. Es gelte $\mathbf{0} = \boldsymbol{u}_1 + \boldsymbol{u}_2$ mit $\boldsymbol{u}_i \in U_i$. Wegen $\boldsymbol{u}_2 = -\boldsymbol{u}_1$ folgt $\boldsymbol{u}_2 \in U_1$ und $\boldsymbol{u}_1 \in U_2$, da U_1 und U_2 als lineare Räume gegen Multiplikation mit dem Skalar -1 abgeschlossen sind. Somit liegen die beiden Vektoren $\boldsymbol{u}_1$ und $\boldsymbol{u}_2$ in $U_1 \cap U_2 = \{\mathbf{0}\}$, woraus $\boldsymbol{u}_1 = \boldsymbol{u}_2 = \mathbf{0}$ folgt. $\square$

Satz 5.54: Dimensionsformel für Unterräume
Für je zwei Unterräume U_1, U_2 eines endlich-dimensionalen linearen Raumes gilt

$$\dim(U_1 + U_2) = \dim U_1 + \dim U_2 - \dim(U_1 \cap U_2). \tag{5.4}$$

Beweis:
Die Dimensionen seien $\dim U_1 = k$, $\dim U_2 = l$ und $\dim U_1 \cap U_2 = m$. Wir wählen eine Basis $B = \{\boldsymbol{u}_1, \ldots, \boldsymbol{u}_m\}$ von $U_1 \cap U_2$ und erweitern sie zu Basen

$$B_1 = \{\boldsymbol{u}_1, \ldots, \boldsymbol{u}_m, \boldsymbol{v}_{m+1}, \ldots, \boldsymbol{v}_k\} \quad \text{und} \quad B_2 = \{\boldsymbol{u}_1, \ldots, \boldsymbol{u}_m, \boldsymbol{w}_{m+1}, \ldots, \boldsymbol{w}_l\}$$

von U_1 und von U_2. Dann bildet $B_1 \cup B_2$ ein Erzeugendensystem von $U_1 + U_2$, also haben wir

$$\dim(U_1 + U_2) \leq |B_1 \cup B_2| = k + l - m = \dim U_1 + \dim U_2 - \dim(U_1 \cap U_2).$$

Es bleibt daher zu zeigen, dass $B_1 \cup B_2$ linear unabhängig ist, woraus die Gleichung $\dim(U_1 + U_2) = |B_1 \cup B_2|$ und damit auch die Gleichung (5.4) folgt. Sei dazu

$$\sum_{i=1}^{m} a_i \boldsymbol{u}_i + \sum_{i=m+1}^{k} b_i \boldsymbol{v}_i + \sum_{i=m+1}^{l} c_i \boldsymbol{w}_i = \boldsymbol{0}$$

eine Linearkombination des Nullvektors. Wegen

$$\sum_{i=1}^{m} a_i \boldsymbol{u}_i + \sum_{i=m+1}^{k} b_i \boldsymbol{v}_i = - \sum_{i=m+1}^{l} c_i \boldsymbol{w}_i$$

und $\boldsymbol{w}_{m+1}, \ldots, \boldsymbol{w}_l \in U_2$ liegt der Vektor $\boldsymbol{x} = \sum_{i=m+1}^{l} c_i \boldsymbol{w}_i$ sowohl in U_1 wie auch in U_2, also in $U_1 \cap U_2$. Somit kann man $\boldsymbol{x}$ als eine Linearkombination $\boldsymbol{x} = \sum_{i=1}^{m} d_i \boldsymbol{u}_i$ der Vektoren in B darstellen. Würde nun $\boldsymbol{x} \neq \boldsymbol{0}$ gelten, so müsste mindestens einer der Koeffizienten $d_1, \ldots, d_m$ ungleich Null sein; dies sei $d_1 \neq 0$. Dann können wir aber den Vektor $\boldsymbol{u}_1$ als eine Linearkombination

$$\boldsymbol{u}_1 = \frac{1}{d_1}\boldsymbol{x} - \sum_{i=2}^{m} \frac{d_i}{d_1} \boldsymbol{u}_i = \sum_{i=m+1}^{l} \frac{c_i}{d_1} \boldsymbol{w}_i - \sum_{i=2}^{m} \frac{d_i}{d_1} \boldsymbol{u}_i$$

der Vektoren in $B_2 \setminus \{\boldsymbol{u}_1\}$ darstellen. Dies ist aber nicht möglich, da B_2 eine Basis bildet. Also muss $\boldsymbol{x} = \boldsymbol{0}$ gelten. Da die Vektoren $\boldsymbol{w}_{m+1}, \ldots, \boldsymbol{w}_l \in U_2$ als ein Teil der Basis B_2 linear unabhängig sein müssen, folgt daraus $c_{m+1} = \ldots = c_l = 0$ sowie

$$\sum_{i=1}^{m} a_i \boldsymbol{u}_i + \sum_{i=m+1}^{k} b_i \boldsymbol{v}_i = \boldsymbol{0}.$$

Aus der Basiseigenschaft von B_1 können wir dann schließen, dass auch die a_i und die b_i alle gleich Null sein müssen. Folglich kann man in $B_1 \cup B_2$ den Nullvektor nur trivial darstellen, woraus die lineare Unabhängigkeit von $B_1 \cup B_2$ folgt. □

Aus Lemma 5.53 und Satz 5.54 folgt

Korollar 5.55: Dimensionsformel für direkte Summen
Ist $V = U_1 \oplus U_2$ eine direkte Summe, so gilt $\dim V = \dim U_1 + \dim U_2$.

5.7 Aufgaben

Aufgabe 5.1:

Sei $(G, \circ, e)$ eine Gruppe mit $a^2 = e$ für alle $a \in G$. Zeige, dass dann die Verknüpfung $\circ$ kommutativ sein muss.

Aufgabe 5.2:

Zeige, dass in jeder endlichen Gruppe $(G, \circ, e)$, deren Ordnung gerade ist, mindestens ein Element $x \neq e$ die Ordnung 2 haben muss. *Hinweis*: Probiere die Paare (x, y) mit $y = x^{-1}$ »Element und sein Inverses« zu bilden. Für welche Paare (x, y) gilt dann $x = y$?

Aufgabe 5.3:

Zeige, dass $(\mathbb{N}, \circ)$ mit $a \circ b = a^b$ keine Halbgruppe ist.

Aufgabe 5.4:

Ist die Potenzmenge 2^X einer nicht-leeren Menge X eine Gruppe bezüglich der Vereinigung oder bezüglich des Schnitts?

Aufgabe 5.5:

Für eine endliche Menge M sei S_M die Menge aller bijektiven Abbildungen $f : M \to M$ von M auf M und $\circ$ bezeichne die Komposition von Abbildungen. Zeige:

a) $(S_M, \circ)$ ist eine Gruppe mit der identischen Abbildung $id_M(x) = x$ als neutralem Element.
b) $(S_M, \circ)$ ist genau dann abelsch, wenn M nicht mehr als 2 Elemente hat.

Aufgabe 5.6:

Zeige, dass $\{a + b\sqrt{2} \colon a, b \in \mathbb{Q}\}$ ein Körper ist. *Hinweis*: $a^2 - 2b^2 \neq 0$, da $\sqrt{2}$ irrational ist.

Aufgabe 5.7:

Sei $\mathbb{F}$ ein Körper. Zeige: Ein Polynom $p(x)$ in $\mathbb{F}[x]$ vom Grad 2 oder 3 ist ein irreduzibles Polynom genau dann, wenn $p(a) \neq 0$ für alle $a \in \mathbb{F}$ gilt. *Hinweis*: Lemma 5.25.

Aufgabe 5.8:

Gib die Multiplikationstabelle von $\mathbb{Z}_2[x]/(x^2 + x + 1)$ an. Ist das ein Körper? *Hinweis*: Beispiel 5.28.

Aufgabe 5.9:

Finde das Polynom $p(x)$ mit $x^n - 1 = (x-1)p(x)$.

Aufgabe 5.10:

Sei $p(x) = a_n x^n + \cdots + a_1 x + a_0$ ein Polynom mit $a_n, \ldots, a_0 \in \mathbb{Z}$. Zeige: Jede ganzzahlige Nullstelle von $p(x)$ muss a_0 ohne Rest teilen.

Aufgabe 5.11:

Sei V ein Vektorraum über einem Körper $\mathbb{F}$ mit $\mathrm{char}(\mathbb{F}) \neq 2$. Seien $\boldsymbol{u}$ und $\boldsymbol{v}$ zwei linear unabhängige Vektoren in V. Zeige, dass dann auch die Vektoren $\boldsymbol{x} = \boldsymbol{u} - \boldsymbol{v}$ und $\boldsymbol{y} = \boldsymbol{u} + \boldsymbol{v}$ linear unabhängig sind.

Aufgabe 5.12:

Seien $\boldsymbol{v}_1, \boldsymbol{v}_2, \boldsymbol{v}_3, \boldsymbol{v}_4$ linear unabhängige Vektoren. Zeige, dass die Vektoren $\boldsymbol{v}_1 + \boldsymbol{v}_2$, $\boldsymbol{v}_2 + \boldsymbol{v}_3$, $\boldsymbol{v}_3 + \boldsymbol{v}_4$, $\boldsymbol{v}_4 + \boldsymbol{v}_1$ linear *abhängig* sind. *Hinweis*: Betrachte eine Linearkombination mit Koeffizienten $+1$ und -1.

Aufgabe 5.13:

Seien $\boldsymbol{v}_1, \boldsymbol{v}_2, \boldsymbol{v}_3$ linear unabhängige Vektoren. Zeige, dass dann auch die Vektoren $\boldsymbol{v}_1 + \boldsymbol{v}_2$, $\boldsymbol{v}_2 + \boldsymbol{v}_3$, $\boldsymbol{v}_3 + \boldsymbol{v}_1$ linear *unabhängig* sind.

Aufgabe 5.14:

Sei V ein linearer Raum und sei $\boldsymbol{v}_1, \ldots, \boldsymbol{v}_m$ eine Basis von V. Zeige, dass dann auch die Vektoren $\boldsymbol{v}_1, \boldsymbol{v}_1 + \boldsymbol{v}_2, \boldsymbol{v}_1 + \boldsymbol{v}_2 + \boldsymbol{v}_3, \ldots, \boldsymbol{v}_1 + \cdots + \boldsymbol{v}_m$ eine Basis von V bilden.

Aufgabe 5.15: Lineare Unabhängigkeit von Funktionen

Sei A eine beliebige Menge und sei $V = \mathbb{F}^A$ der lineare Raum aller Funktionen $f : A \to \mathbb{F}$ über dem Körper $\mathbb{F}$. Seien $f_1, \ldots, f_m : A \to \mathbb{F}$ Funktionen, für die es Elemente $a_1, \ldots, a_m$ mit den folgenden Eigenschaften gibt:

(i) $f_i(a_i) \neq 0$ für alle $1 \leq i \leq m$,

(ii) $f_j(a_i) = 0$ für alle $1 \leq i < j \leq m$.

Zeige, dass dann $f_1, \ldots, f_m$ linear unabhängig sind.

Aufgabe 5.16:

Zeige, dass die Funktionen $f(x) = \mathrm{e}^x$, $g(x) = x^4$ und $h(x) = 4x$ linear unabhängig in dem linearen Raum $\mathbb{R}^{\mathbb{R}}$ aller Funktionen $f : \mathbb{R} \to \mathbb{R}$ sind.

Aufgabe 5.17: Formel von Moivre (Abraham de Moivre, 1667-1754)

Sei $\xi = \cos\theta + i \sin\theta$ eine komplexe Zahl in der Polardarstellung. Zeige, dass dann die Gleichung $\xi^n = \cos n\theta + i \sin n\theta$ für alle $n = 0, 1, \ldots$ gilt. *Hinweis*: Induktion über n und Additionstheoreme für Kosinus und Sinus.

Teil III

Lineare Algebra

6 Vektorkalkül

Lineare Algebra ist das Rechnen mit Vektoren. In diesem Kapitel betrachten wir nur die »echten« Vektoren, d. h. Zahlenfolgen. Die Algebra ist »linear«, da sie nur lineare Operationen betrachtet: Komponentenweise Addition von Vektoren und ihre komponentenweise Multiplikation mit einer Zahl. Eine der ältesten Aufgaben ist hier das Lösen linearer Gleichungssysteme, deren Geschichte etwa 200 Jahre vor Christus in Babylonien begann. Eine typische, bis zum heutigen Tag erhaltene Fragestellung war damals die folgende:

> Die Gesamtfläche 1800 zweier Äcker ist bekannt. Der erste Acker ergibt 2/3 Körbe Getreide pro Flächeneinheit und der zweite nur 1/3. Aus der Gesamternte von 1100 Körben will man die Flächen der beiden Felder bestimmen.

In der heutigen Sprache wird nach der Lösung des linearen Gleichungssystems

$$\begin{aligned}\frac{2}{3}x_1 + \frac{1}{3}x_2 &= 1100\\ x_1 + x_2 &= 1800\,.\end{aligned}$$

gefragt. Ähnliche Fragen haben auch die Gelehrten in China beschäftigt. In einem während der Han Dynastie verfassten Werk »Neun Kapitel über die Mathematische Kunst« gibt es sogar eine Beschreibung, wie man mittels Elementartransformationen ein lineares Gleichungssystem lösen kann!

6.1 Das Matrix-Vektor Produkt

In der Mathematik hat man das Bedürfnis, komplizierte Gebilde möglichst kompakt darzustellen, um ihre Eigenschaften effizient analysieren zu können. Dies ist auch für die Gleichungssysteme der Fall. Eine lineare Gleichung hat die Form

$$a_1x_1 + a_2x_2 + \cdots + a_nx_n = b$$

und kann einfach als $\langle \boldsymbol{a}, \boldsymbol{x}\rangle = b$ dargestellt werden, wobei $\langle \boldsymbol{a}, \boldsymbol{x}\rangle$ das sogenannte *Skalarprodukt* der Vektoren $\boldsymbol{a} = (a_1, \ldots, a_n)$ und $\boldsymbol{x} = (x_1, \ldots, x_n)$ bezeichnet:

$$\langle \boldsymbol{a}, \boldsymbol{x}\rangle := a_1x_1 + a_2x_2 + \cdots + a_nx_n\,.$$

Beachte, dass das Skalarprodukt zweier Vektoren kein Vektor, sondern eine Zahl ist!

Für die Darstellung linearer Gleichungssysteme mit mehreren Gleichungen benutzt man sogenannte »Matrizen«. Eine $m \times n$ *Matrix* über einem Körper $\mathbb{F}$ besteht aus m

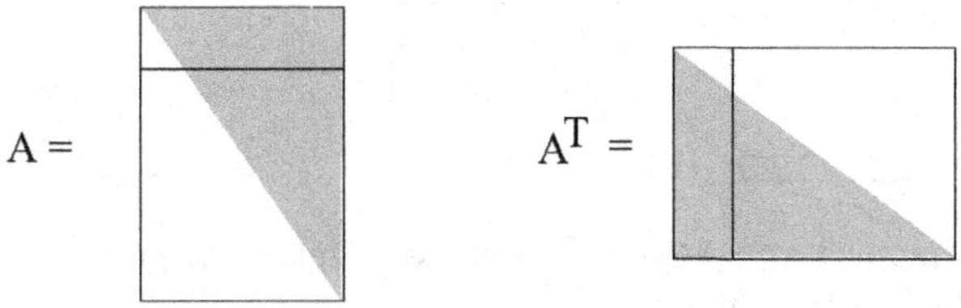

Bild 6.1: Eine Matrix A und die transponierte Matrix $A^\top$.

waagerecht verlaufenden Zeilen und n senkrecht verlaufenden Spalten:

$$A = \begin{bmatrix} a_{11} & a_{12} & \dots & a_{1n} \\ a_{21} & a_{22} & \dots & a_{2n} \\ \vdots & \vdots & \ddots & \vdots \\ a_{m1} & a_{m2} & \dots & a_{mn} \end{bmatrix}$$

mit $a_{ij} \in \mathbb{F}$. Wenn die Zahlen m und n bekannt sind, schreibt man oft[1] $A = (a_{ij})$. Den Eintrag a_{ij} in der i-ten Zeile und der j-ten Spalte von A werden wir auch mit $A[i, j]$ bezeichnen. Die Menge aller $m \times n$ Matrizen über $\mathbb{F}$ bezeichnet man mit $\mathbb{F}^{m \times n}$. Gilt $m = n$, so heißt die Matrix *quadratisch*. Matrizen über den Körper $\mathbb{R}$ der reellen Zahlen nennt man auch *reellwertige* Matrizen.

Die *transponierte* Matrix einer $m \times n$ Matrix A ist die $n \times m$ Matrix $A^\top$ mit $A^\top[i, j] = A[j, i]$. D. h. man erhält eine transponierte Matrix $A^\top$, indem man die Matrix an der Hauptdiagonalen »umkippt«: Zeilen bzw. Spalten von A sind dann die Spalten bzw. Zeilen von $A^\top$ (siehe Bild 6.1). Quadratische Matrizen A mit $A^\top = A$ heißen *symmetrisch*. Einen Vektor $\boldsymbol{x} \in \mathbb{F}^n$ kann man auch als Matrix auffassen – entweder als einen Zeilenvektor ($1 \times n$ Matrix) oder als einen Spaltenvektor ($n \times 1$ Matrix). Wenn nichts anderes gesagt wird, werden wir Vektoren als Spaltenvektoren betrachten.

Eine $m \times n$ Matrix $A = (a_{ij})$ kann man mit einem Spaltenvektor $\boldsymbol{x}$ der Länge n *von rechts* wie auch mit einem Zeilenvektor $\boldsymbol{y}^\top$ der Länge m *von links* multiplizieren:

1. $A\boldsymbol{x}$ ist ein Spaltenvektor, dessen Einträge die Skalarprodukte von $\boldsymbol{x}$ mit den *Zeilen* von A sind. Anschaulich:

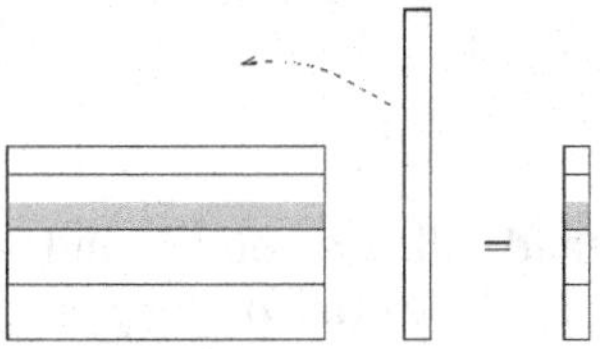

2. $\boldsymbol{y}^\top A$ ist ein Zeilenvektor, dessen Einträge die Skalarprodukte von $\boldsymbol{y}$ mit den *Spalten* von A sind. Anschaulich:

1 Man trennt die Indizes i und j durch das Komma nur dann, wenn man mögliche Verwechslungen vermeiden will. Will man zum Beispiel den Eintrag in der i-ten Zeile und der $(n - j)$-ten Spalte angeben, so schreibt man »$a_{i,n-j}$«, nicht »a_{in-j}«.

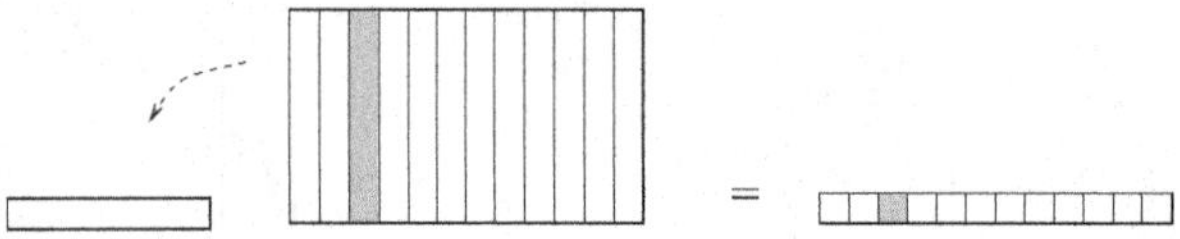

3. Multipliziert man A von beiden Seiten, so erhält man eine Zahl $\boldsymbol{y}^\top A\boldsymbol{x}$, d.h. das Skalarprodukt von $\boldsymbol{y}^\top A$ und $\boldsymbol{x}$:

$$\boldsymbol{y}^\top A\boldsymbol{x} = \langle \boldsymbol{y}^\top A, \boldsymbol{x}\rangle = \langle \boldsymbol{y}, A\boldsymbol{x}\rangle = \sum_{i=1}^{m}\sum_{j=1}^{n} a_{ij}y_i x_j .$$

Eine $m \times n$ Matrix kann man mit einem Skalar $\lambda \in \mathbb{F}$ multiplizieren und zwei solche Matrizen komponentenweise addieren:

$$(\lambda A)[i,j] = \lambda A[i,j] ;$$
$$(A+B)[i,j] = A[i,j] + B[i,j] .$$

Die folgenden Eigenschaften sind offensichtlich: $A(\lambda\boldsymbol{x}) = \lambda A\boldsymbol{x}$ und $A(\boldsymbol{x}+\boldsymbol{y}) = A\boldsymbol{x} + A\boldsymbol{y}$.

Hat man einen Vektor $\boldsymbol{b} \in \mathbb{F}^m$ und eine $m \times n$ Matrix $A = (a_{ij})$ über einem Körper $\mathbb{F}$, so ist $A\boldsymbol{x} = \boldsymbol{b}$ eine kompakte Darstellung des linearen Gleichungssystems mit n Variablen und m Gleichungen:

$$a_{11}x_1 + a_{12}x_2 + \cdots + a_{1n}x_n = b_1 ,$$
$$a_{21}x_1 + a_{22}x_2 + \cdots + a_{2n}x_n = b_2 ,$$
$$\cdots$$
$$a_{m1}x_1 + a_{12}x_2 + \cdots + a_{mn}x_n = b_m .$$

In der linearen Algebra will man nicht nur irgendeine Lösung $\boldsymbol{x}$ von $A\boldsymbol{x} = \boldsymbol{b}$ bestimmen – wir werden bald sehen, dass dies in der Regel eine leichte Aufgabe ist. Viel wichtiger ist die Eigenschaften der durch $f_A(\boldsymbol{x}) := A\boldsymbol{x}$ definierten Abbildung $f_A : \mathbb{F}^n \to \mathbb{F}^m$ zu untersuchen. Solche Abbildungen sind deshalb interessant, weil sie eine sehr spezifische Teilmenge aller möglichen Abbildungen von $\mathbb{F}^n$ nach $\mathbb{F}^m$ bilden – sie sind nämlich *linear*, denn es gilt $A(\lambda\boldsymbol{x} + \mu\boldsymbol{y}) = \lambda A\boldsymbol{x} + \mu A\boldsymbol{y}$. Interessanterweise gilt auch die Umkehrung.

Satz 6.1: Lineare Abbildungen und Matrizen

Jede lineare Abbildung $f : \mathbb{F}^n \to \mathbb{F}^m$ hat die Form $f(\boldsymbol{x}) = A\boldsymbol{x}$ für eine geeignete $m \times n$ Matrix A.

Beweis:

Sei $\boldsymbol{e}_1, \boldsymbol{e}_2, \ldots, \boldsymbol{e}_n$ die Standardbasis von $\mathbb{F}^n$ und sei $A = [\boldsymbol{a}_1, \boldsymbol{a}_2, \ldots, \boldsymbol{a}_n]$ die $m \times n$ Matrix, deren Spalten die Vektoren $\boldsymbol{a}_i = f(\boldsymbol{e}_i)$, $i = 1, \ldots, n$ sind. Ist nun $\boldsymbol{x} = (x_1, \ldots, x_n)$ ein beliebiger Vektor in $\mathbb{F}^n$, dann gilt

$$\boldsymbol{x} = x_1\boldsymbol{e}_1 + x_2\boldsymbol{e}_2 + \cdots + x_n\boldsymbol{e}_n$$

und somit auch

$$f(\boldsymbol{x}) = f(x_1\boldsymbol{e}_1 + x_2\boldsymbol{e}_2 + \cdots + x_n\boldsymbol{e}_n)$$

$$
\begin{aligned}
&= x_1 f(e_1) + x_2 f(e_2) + \cdots + x_n f(e_n) && \text{Linearität von } f\\
&= x_1 a_1 + x_2 a_2 + \cdots + x_n a_n\\
&= Ax && \text{Definition von } Ax\,.
\end{aligned}
$$

□

Beispiel 6.2:

Wir erinnern uns an die durch $f(x, y) = (x \cos\alpha - y \sin\alpha, x \sin\alpha + y \cos\alpha)$ gegebene lineare Abbildung $f : \mathbb{R}^2 \to \mathbb{R}^2$, die Drehung des Vektorraums $\mathbb{R}^2$ um einen festen Winkel α (Beispiel 5.47). Nach Satz 6.1 gilt $f(x) = Ax$ mit

$$A = \begin{bmatrix} \cos\alpha & -\sin\alpha \\ \sin\alpha & \cos\alpha \end{bmatrix}.$$

6.2 Rang der Matrizen

Wir werden bald sehen, dass man einige wichtige Eigenschaften einer linearen Abbildung $f_A : \mathbb{F}^n \to \mathbb{F}^m$ allein aus einer einzigen Charakteristik der Matrix A ablesen kann – dem »Rang«. Als nächstes führen wir diese wichtige Charakteristik ein.

Jede $m \times n$ Matrix A über einem Körper $\mathbb{F}$ stellt zwei Mengen von Vektoren dar: Die Menge der Spalten und die Menge der Zeilen, wobei die erste eine Teilmenge von $\mathbb{F}^m$ und die zweite eine Teilmenge von $\mathbb{F}^n$ ist. Somit beschreibt jede Matrix zwei Vektorräume:

Spaltenraum = alle Linearkombinationen der Spalten von A;

Zeilenraum = alle Linearkombinationen der Zeilen von A.

Die Dimensionen der entsprechenden Räume heißen der *Spaltenrang* und der *Zeilenrang.*

Diese zwei Vektorräume – Spaltenraum und Zeilenraum – können im Allgemeinen sehr verschieden sein. Es ist daher etwas überraschend, das die Dimensionen dieser Vektorräume stets gleich sind!

Um das zu beweisen, beobachten wir, dass nach Behauptung 5.38 der Zeilenraum unter folgenden *Elementartransformationen* unverändert bleibt:

1. Permutation von Zeilen und
2. Addition eines skalaren Vielfachen einer Zeile zu einer anderen Zeile.

Dasselbe gilt auch für den Spaltenraum: Er bleibt unter Elementartransformationen auf Spalten auch unverändert.

Aber vorsichtig: Eine Permutation der Spalten *kann* den Zeilenraum verändern! Genauso kann eine Permutation der Zeilen den Spaltenraum verändern.

Beispiel 6.3:

Wir betrachten die Matrix

$$A = \begin{bmatrix} 0 & 1 & 0 \\ 0 & 0 & 1 \end{bmatrix}$$

und vertauschen die erste Spalte mit der zweiten:

$$A' = \begin{bmatrix} 1 & 0 & 0 \\ 0 & 0 & 1 \end{bmatrix}$$

Dann liegt der Vektor (0,1,1) im Zeilenraum von A aber nicht im Zeilenraum von A'.

Es ist trotzdem leicht zu zeigen, dass die *Dimensionen* der Spalten- und Zeilenräume auch bei einer Permutation der Spalten wie auch der Zeilen unverändert bleiben. Sind $\boldsymbol{a}_1, \ldots, \boldsymbol{a}_m$ die Zeilen einer Matrix A, so gilt $\sum_{i=1}^m \lambda_i \boldsymbol{a}_i = \mathbf{0}$ genau dann, wenn *alle* Summen $\sum_{i=1}^m \lambda_i a_{ij}$ für Spalten $j = 1, \ldots, n$ gleich Null sind. Daher bleiben linear unabhängige Zeilen auch nach einer beliebigen Permutation der Spalten linear unabhängig. Eine Permutation der Spalten oder Zeilen kann zwar den Zeilenraum oder den Spaltenraum verändern, die Dimensionen dieser Räume bleiben aber unverändert! Diese Beobachtung erlaubt uns, den folgenden wichtigen Satz zu beweisen.

Satz 6.4: Rang

Sei A eine $m \times n$ Matrix über einem Körper $\mathbb{F}$. Dann gilt

$$\text{Spaltenrang}(A) = \text{Zeilenrang}(A).$$

Diese Zahl heißt *Rang* von A und wird mit $\text{rk}(A)$ bezeichnet.

Beweis:

Induktion über n. Die Induktionsbasis $n = 1$ (nur eine Spalte) ist trivial: Der Zeilenrang wie auch der Spaltenrang sind in diesem Fall entweder beide gleich 1 oder beide gleich 0.

Induktionsschritt: Wir nehmen an, dass die Behauptung für alle Matrizen mit $n - 1$ Spalten gilt. Ist die gegebene Matrix A keine Nullmatrix, so kann man sie durch Anwendung der Elementartransformationen auf die Form

$$B = \begin{bmatrix} b_{11} & 0 & \ldots & 0 \\ 0 & & & \\ \vdots & & A' & \\ 0 & & & \end{bmatrix}$$

mit $b_{11} \neq 0$ bringen: Durch Permutationen erreicht man zunächst $b_{11} \neq 0$ und »löscht« dann die restlichen Einträge der ersten Zeile und der ersten Spalte durch geeignete Additionen. Genauer addiert man zunächst das $(-b_{1j}/b_{11})$-fache der ersten Spalte zu der j-ten Spalte $(j = 2, \ldots, n)$ und verfährt dann analog mit den Zeilen.

Nach Induktionsannahme gilt $\text{Spaltenrang}(A') = \text{Zeilenrang}(A')$. Da der Spaltenrang bzw. Zeilenrang der Matrix B um genau 1 größer als der Spalten- oder Zeilenrang der Matrix A' ist, muss daher $\text{Spaltenrang}(B) = \text{Zeilenrang}(B)$ und somit auch $\text{Spaltenrang}(A) = \text{Zeilenrang}(A)$ gelten. □

Seien A und B zwei $m \times n$ Matrizen über einem Körper $\mathbb{F}$. Die Spaltenräume A' bzw. B' von A bzw. B bilden Unterräume von $\mathbb{F}^m$ der Dimensionen $\dim A' = \text{rk}(A)$ und $\dim B' = \text{rk}(B)$. Der Spaltenraum der Summe $A+B$ ist die (nicht unbedingt direkte) Summe $A'+B'$ dieser Unterräume. Nach der Dimensionsformel für Unterräume (Satz 5.54) gilt somit

$$\begin{aligned} \text{rk}(A+B) &= \dim(A'+B') = \dim A' + \dim B' - \dim(A' \cap B') \\ &= \text{rk}(A) + \text{rk}(B) - \dim(A' \cap B') . \end{aligned}$$

Wegen $0 \leq \dim(A' \cap B') \leq \min\{\dim A', \dim B'\} = \min\{\mathrm{rk}(A), \mathrm{rk}(B)\}$ erhalten wir:

Satz 6.5: Subadditivität des Rangs
Sind A und B zwei $m \times n$-Matrizen, so gilt

$$\max\{\mathrm{rk}(A), \mathrm{rk}(B)\} \leq \mathrm{rk}(A+B) \leq \mathrm{rk}(A) + \mathrm{rk}(B).$$

Beispiel 6.6: Rang und die Kommunikationskomplexität
Wir beschreiben ein allgemeines Kommunikationsszenario. Wir haben eine $n \times n$ Matrix $A = (a_{ij})$ mit $a_{ij} \in \{0,1\}$ und zwei Personen Alice und Bob an den beiden Enden eines Nachrichtenkanals. Alice erhält die Zeilennummer i und Bob die Spaltennummer j. Ihr Ziel ist dann, den Eintrag a_{ij} zu bestimmen. Die Matrix A selbst ist sowohl Alice wie auch Bob bekannt! Das Problem ist, dass keiner die ganze Eingabe (i,j) sehen kann: Alice kennt j nicht und Bob kennt i nicht.

Beide können sich aber im Voraus auf ein Protokoll einigen und für jedes Paar (i,j) nach diesem Protokoll die ihnen bekannten Informationen (als 0-1 Vektoren) austauschen. Die Kommunikationskomplexität des Protokolls ist dann die Länge der längsten Gesamtnachricht für ein Paar (i,j). Das Minimum über alle möglichen Kommunikationsprotokolle ist die Kommunikationskomplexität $c(A)$ der Matrix A.

Zunächst stellen wir fest, dass $c(A) \leq \lceil \log_2 n \rceil + 1$ für jede Matrix A gilt: Alice kann einfach den gesamten binären Code von i an Bob schicken (das sind $\lceil \log_2 n \rceil$ Bits); dann kann Bob den Wert a_{ij} an Alice zurückschicken (nur 1 Bit). Eine interessante Frage ist, welche Matrizen die maximale Kommunikationskomplexität besitzen. Diese Frage kann man mit Hilfe des Rangs $\mathrm{rk}(A)$ beantworten.

Eine $a \times b$ *Teilmatrix* M einer Matrix H erhält man, indem man a Zeilen und b Spalten aus H auswählt. Zwei Teilmatrizen sind *disjunkt*, falls sie keinen gemeinsamen Eintrag haben; sie können aber durchaus gemeinsame Zeilen oder gemeinsame Spalten (aber nicht beides!) haben. Eine Teilmatrix ist *monochromatisch*, falls alle ihre Einträge gleich 0 oder alle gleich 1 sind. Mit $\chi(A)$ bezeichnen wir die kleinste Anzahl von paarweise disjunkten monochromatischen Teilmatrizen von A, die die ganze Matrix A überdecken. Man kann sich relativ leicht überzeugen, dass $c(A) \geq \log_2 \chi(A)$ für alle Matrizen A gilt: Jede Gesamtnachricht entspricht einer monochromatischen Teilmatrix, denn für alle Paare (i,j), für die diese Nachricht kommuniziert wird, muss die Antwort *gleich* sein. Somit müssen mindestens $\chi(A)$ verschiedene Nachrichten kommuniziert werden. Da es nur 2^k 0-1 Vektoren der Länge k gibt, muss eine der Nachrichten mindestens $k \geq \log_2 \chi(A)$ lang sein.

Seien nun $A'_1, \ldots, A'_N$ mit $N = \chi(A)$ disjunkte monochromatische Teilmatrizen von A, die die ganze Matrix überdecken. Wir erweitern jede Teilmatrix A'_i zu einer $n \times n$ Matrix A_i, indem wir die verbleibenden Einträge auf Null setzen. Da die Teilmatrizen $A'_1, \ldots, A'_N$ disjunkt sind, können wir die Matrix A als die Summe $A = A_1 + A_2 + \cdots + A_N$ schreiben. Da die Teilmatrizen monochromatisch sind, gilt $\mathrm{rk}(A_i) \leq 1$ für alle i. Nach Satz 6.5 gilt dann $\mathrm{rk}(A) \leq \sum_{i=1}^{N} \mathrm{rk}(A_i) \leq N = \chi(A)$, was uns die gewünschte untere Schranke

$$c(A) \geq \log_2 \chi(A) \geq \log_2 \mathrm{rk}(A)$$

für die Kommunikationskomplexität $c(A)$ von A liefert. Somit haben Matrizen A mit $\mathrm{rk}(A) = n$ die maximale Kommunikationskomplexität.

6.3 Homogene Gleichungssysteme

Ein Gleichungssystem der Form $A\boldsymbol{x} = \boldsymbol{0}$ heißt *homogen.* Ist $f_A(\boldsymbol{x}) = A\boldsymbol{x}$ die durch die Matrix A definierte lineare Abbildung, so ist die Lösungsmenge von $A\boldsymbol{x} = \boldsymbol{0}$ genau der Nullraum $\mathrm{Null}\, f_A$ dieser Abbildung. Der Bildraum $\mathrm{Bild}\, f_A = \{A\boldsymbol{x} \colon \boldsymbol{x} \in \mathbb{F}^n\}$ der Abbildung f_A ist der Spaltenraum von A und seine Dimension ist daher gleich $\mathrm{rk}(A)$. Nach der Dimensionsformel für lineare Abbildungen (Satz 5.48 in Abschnitt 5.6.2) gilt somit

$$\dim(\mathrm{Null}\, f_A) = \dim \mathbb{F}^n - \dim(\mathrm{Bild}\, f_A) = n - \mathrm{rk}(A)$$

und wir erhalten

Korollar 6.7: Dimensionsformel für homogene Gleichungssysteme
Für jede $m \times n$ Matrix A über einem Körper $\mathbb{F}$ ist der Lösungsraum von $A\boldsymbol{x} = \boldsymbol{0}$ ein Unterraum von $\mathbb{F}^n$ der Dimension $n - \mathrm{rk}(A)$.

Insbesondere hat $A\boldsymbol{x} = \boldsymbol{0}$ mindestens eine nicht-triviale Lösung $\boldsymbol{x} \neq \boldsymbol{0}$, wenn $m < n$ gilt, d. h. wenn die Zahl der Variablen größer als die Zahl der Gleichungen ist.

Mit homogenen Gleichungssystemen kann man die lineare Unabhängigkeit bzw. lineare Abhängigkeit von Vektoren $\boldsymbol{v}_1, \ldots, \boldsymbol{v}_n$ überprüfen: Fasse die Vektoren als Spalten einer Matrix A auf und schaue, welche Lösungen das Gleichungssystem $A\boldsymbol{x} = \boldsymbol{0}$ hat. Jede Lösung $\boldsymbol{x}$ gibt uns eine Linearkombination des Nullvektors. Also sind $\boldsymbol{v}_1, \ldots, \boldsymbol{v}_n$ genau dann linear unabhängig, wenn $A\boldsymbol{x} = \boldsymbol{0}$ keine weiteren Lösungen außer $\boldsymbol{x} = \boldsymbol{0}$ hat, was nach Korollar 6.7 genau dann passiert, wenn $\mathrm{rk}(A) = n$ gilt.

Eine quadratische $n \times n$ Matrix heißt ***singulär***, falls $\mathrm{rk}(A) < n$ gilt. Gilt $\mathrm{rk}(A) = n$, so sagt man, dass A einen ***vollen Rang*** hat; solche Matrizen nennt man auch ***regulär***. Eine nützliche Merkregel ist:

$$A \text{ ist regulär (hat vollen Rang)} \iff \text{aus } A\boldsymbol{x} = \boldsymbol{0} \text{ folgt } \boldsymbol{x} = \boldsymbol{0}\,.$$

Ist $A\boldsymbol{x} = \boldsymbol{b}$ ein lineares Gleichungssystem mit $\boldsymbol{b} \neq \boldsymbol{0}$, so bildet seine Lösungsmenge

$$L(A, \boldsymbol{b}) = \{\boldsymbol{x} \in \mathbb{F}^n \colon A\boldsymbol{x} = \boldsymbol{b}\}$$

keinen Vektorraum mehr, da zum Beispiel der Nullvektor nicht in $L(A, \boldsymbol{b})$ liegt. Die Mengen von der Form $L(A, \boldsymbol{b})$ heißen in der Literatur ***affine Räume***. Hat man aber mindestens eine einzige Lösung $\boldsymbol{x}_0$ von $A\boldsymbol{x} = \boldsymbol{b}$ bestimmt, so kann man *alle* Lösungen eines inhomogenen Systems $A\boldsymbol{x} = \boldsymbol{b}$ durch die Lösungen des homogenen Systems $A\boldsymbol{x} = \boldsymbol{0}$ einfach angeben:

$$L(A, \boldsymbol{b}) = L(A, \boldsymbol{0}) + \boldsymbol{x}_0 = \{\boldsymbol{x} + \boldsymbol{x}_0 \colon A\boldsymbol{x} = \boldsymbol{0}\}\,.$$

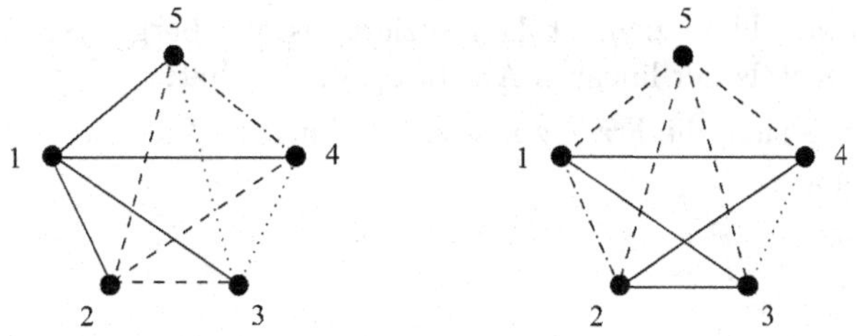

Bild 6.2: Zwei Zerlegungen von K_5 in jeweils 4 bipartiten Cliquen.

Wir haben also die folgende Merkregel:

> Eine *allgemeine* Lösung von $A\boldsymbol{x} = \boldsymbol{b}$ ist eine *allgemeine* Lösung von $A\boldsymbol{x} = \boldsymbol{0}$
> plus *irgendeine* Lösung von $A\boldsymbol{x} = \boldsymbol{b}$.

Aus $A\boldsymbol{x}_0 = \boldsymbol{b}$ folgt nämlich $A\boldsymbol{x} = \boldsymbol{b}$ genau dann, wenn $A(\boldsymbol{x} - \boldsymbol{x}_0) = \boldsymbol{0}$ und somit auch $\boldsymbol{x} \in L(A, \boldsymbol{0}) + \boldsymbol{x}_0$ gilt.

Korollar 6.8:

Ist A eine $m \times n$ Matrix über einem Körper $\mathbb{F}$ und $\boldsymbol{b} \in \mathbb{F}^m$, so gilt für die Lösungsmenge $L(A, \boldsymbol{b})$ des linearen Gleichungssystems $A\boldsymbol{x} = \boldsymbol{b}$

$$\dim L(A, \boldsymbol{b}) \leq \dim L(A, \boldsymbol{0}) + 1 = n - \operatorname{rk}(A) + 1\,.$$

Wir geben nun eine Anwendung der Dimensionsformel für homogene Gleichungssysteme in einer Situation an, wo man auf den ersten Blick keine Verbindungen zur linearen Algebra erkennen kann. Dass solche überraschenden Verbindungen doch existieren, zeigt wie vielseitig die Anwendungen der linearen Algebra sein können.

6.3.1 Anwendung: Zerlegung in bipartiten Cliquen*

Sei K_n ein vollständiger ungerichteter Graph mit der Knotenmenge $\{1, \ldots, n\}$. Der Graph besitzt alle $\binom{n}{2}$ möglichen Kanten, und wir wollen diese Kanten in möglichst wenige disjunkte bipartite Cliquen zerlegen. Eine ***bipartite Clique*** ist ein bipartiter Graph $K_{A,B} = (A \cup B, E)$ mit $A \cap B = \emptyset$ und $E = \big\{\{i, j\} \colon i \in A \text{ und } j \in B\big\}$. Zwei Graphen heißen disjunkt, falls sie keine gemeinsamen Kanten haben.

Sei $f(n)$ die kleinstmögliche Anzahl paarweise disjunkter bipartiter Cliquen in einer Zerlegung von K_n. Man kann sich leicht überzeugen, dass $f(n) \leq n - 1$ gilt. Dazu reicht es Knoten in der Reihenfolge $1, 2, \ldots, n-1$ zusammen mit ihren inzidenten Kanten zu entfernen; dies erzeugt eine Zerlegung von K_n in disjunkte »Sterne«, d. h. bipartite Cliquen K_{A_i,B_i} mit $A_i = \{i\}$ und $B_i = \{i+1, \ldots, n\}$, $i = 1, \ldots, n-1$ (siehe Bild 6.2 links). Dies ist aber nur eine sehr spezielle Zerlegung und schließt die Existenz von anderen, eventuell besseren Zerlegungen nicht aus: So gibt uns Bild 6.2 (rechts) noch eine mögliche Zerlegung. Das klassische Resultat von Graham und Pollack aus dem Jahre 1972 besagt, dass die erste triviale Zerlegung in Sterne auch die beste ist! Es gilt nämlich $f(n) \geq n - 1$.

Der Originalbeweis blieb ziemlich kompliziert bis Trevberg 1982 einen überraschend einfachen Beweis mittels der linearen Algebra gefunden hat.

Zunächst lohnt es sich, die Frage zu verallgemeinern: [2] Was ist die kleinste Zahl d, so dass sich die Summe

$$S(\boldsymbol{x}) = \sum_{1 \le i < j \le n} x_i x_j$$

als eine Summe der Produkte

$$S(\boldsymbol{x}) = \sum_{i=1}^{d} \Big(\sum_{j \in A_i} x_j\Big) \cdot \Big(\sum_{j \in B_i} x_j\Big) = \sum_{i=1}^{d} L_i(\boldsymbol{x}) \cdot R_i(\boldsymbol{x})$$

mit $A_i \cap B_i = \emptyset$ für alle $i = 1, \ldots, d$ darstellen lässt? Dazu setzen wir

$$T(\boldsymbol{x}) = \sum_{i=1}^{n} x_i^2$$

und beobachten, dass

$$\Big(\sum_{i=1}^{n} x_i\Big)^2 = \sum_{i=1}^{n} x_i^2 + 2 \cdot \sum_{1 \le i < j \le n} x_i x_j = T(\boldsymbol{x}) + 2S(\boldsymbol{x})$$

und somit auch

$$T(\boldsymbol{x}) = \Big(\sum_{i=1}^{n} x_i\Big)^2 - 2S(\boldsymbol{x}) = \Big(\sum_{i=1}^{n} x_i\Big)^2 - 2 \cdot \sum_{i=1}^{d} L_i(\boldsymbol{x}) \cdot R_i(\boldsymbol{x}) \tag{6.1}$$

für alle $\boldsymbol{x} \in \mathbb{R}^n$ gilt. Wir betrachten nun das homogene Gleichungssystem

$$\begin{aligned} L_1(\boldsymbol{x}) &= 0\,, \\ &\ldots \\ L_d(\boldsymbol{x}) &= 0\,, \\ x_1 + \cdots + x_n &= 0 \end{aligned}$$

und nehmen an, dass $d \le n-2$ gilt. Dann besitzt das Gleichungssystem mehr Variablen als Gleichungen und muss daher nach Korollar 6.7 mindestens eine Lösung $\boldsymbol{x} \in \mathbb{R}^n$ mit $\boldsymbol{x} \neq \boldsymbol{0}$ haben. Aus $\sum_{i=1}^{n} x_i = 0$ und $L_i(\boldsymbol{x}) = 0$ für alle $i = 1, \ldots, d$ folgt, dass die rechte Seite der Gleichung (6.1) für dieses $\boldsymbol{x}$ gleich Null sein muss. Aber die linke Seite ist ungleich Null, denn aus $\boldsymbol{x} \neq \boldsymbol{0}$ folgt $T(\boldsymbol{x}) = \sum_{i=1}^{n} x_i^2 \neq 0$. Somit liefert unsere Annahme $d \le n-2$ einen Widerspruch, woraus $d \ge n-1$ folgt. □

2 Dieser Trick – Verallgemeinerung der ursprünglichen Frage – ist als das »Erfinderparadox« bekannt: Allgemeinere Aussagen sind oft *leichter* zu behandeln!

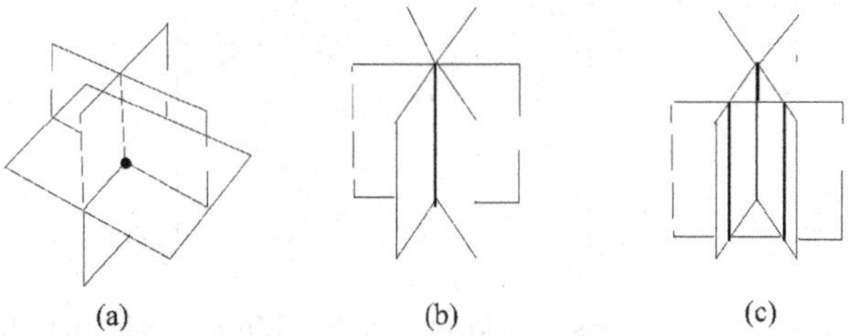

Bild 6.3: (a) genau eine Lösung, (b) unendlich viele Lösungen, (c) keine Lösungen.

6.4 Das Lösen von Gleichungssystemen

Die wichtigsten Fragen über lineare Gleichungssysteme sind: Ist $A\boldsymbol{x} = \boldsymbol{b}$ überhaupt lösbar? Falls lösbar, wieviele Lösungen gibt es dann? Ist das System *universell* lösbar, d. h. gibt es für jedes $\boldsymbol{b}$ eine Lösung? Ist das System *eindeutig* lösbar, d. h. gibt es für jedes $\boldsymbol{b}$ genau eine Lösung $\boldsymbol{x}$? Alle diese Fragen kann man leicht beantworten, wenn man den Rang $\mathrm{rk}(A)$ von A und den Rang $\mathrm{rk}(A|\boldsymbol{b})$ der durch die zusätzliche Spalte $\boldsymbol{b}$ erweiterten Matrix $[A|\boldsymbol{b}]$ betrachtet.

Satz 6.9:

Für eine $m \times n$ Matrix A ist das Gleichungssystem $A\boldsymbol{x} = \boldsymbol{b}$

1. lösbar $\iff$ $\mathrm{rk}(A) = \mathrm{rk}(A|\boldsymbol{b})$;
2. universell lösbar $\iff$ $\mathrm{rk}(A) = m$ (= Anzahl der Gleichungen);
3. eindeutig lösbar $\iff$ $\mathrm{rk}(A) = m$ und $\mathrm{rk}(A) = n$ (also auch $m = n$).

Beweis:

(1) folgt aus der einfachen Beobachtung, dass $A\boldsymbol{x} = \boldsymbol{b}$ genau dann eine Lösung hat, wenn der Vektor $\boldsymbol{b}$ im Spaltenraum $\{A\boldsymbol{x} \colon \boldsymbol{x} \in \mathbb{F}^n\}$ von A liegt.
(2) Das Gleichungssystem $A\boldsymbol{x} = \boldsymbol{b}$ ist genau dann für alle Vektoren $\boldsymbol{b} \in \mathbb{F}^m$ lösbar, wenn die Spalten von A den ganzen Vektorraum $\mathbb{F}^m$ erzeugen. Somit muss der Spaltenrang (und damit auch der Rang) von A gleich m sein.
(3) Das Gleichungssystem $A\boldsymbol{x} = \boldsymbol{b}$ ist genau dann für alle Vektoren $\boldsymbol{b} \in \mathbb{F}^m$ eindeutig lösbar, wenn es universell lösbar ist (also $\mathrm{rk}(A) = m$ gilt) und $A\boldsymbol{x} \neq A\boldsymbol{y}$ für alle $\boldsymbol{x} \neq \boldsymbol{y} \in \mathbb{F}^n$ gilt. Wegen $A(\boldsymbol{x} - \boldsymbol{y}) = A\boldsymbol{x} - A\boldsymbol{y}$ bedeutet die zweite Bedingung, dass das homogene Gleichungssystem $A\boldsymbol{z} = \boldsymbol{0}$ nur die triviale Lösung $\boldsymbol{z} = \boldsymbol{0}$ besitzen darf, was die lineare Unabhängigkeit der Spalten von A und damit auch $\mathrm{rk}(A) = n$ erzwingt. □

Im dreidimensionalen Raum $\mathbb{R}^3$ definiert jede Gleichung $ax + by + cz = d$ eine Ebene E. Die Lösung für ein System aus drei solchen Gleichungen ist genau der Durchschnitt $E_1 \cap E_2 \cap E_3$ der entsprechenden Ebenen. Wenn alle Ebenen verschieden sind, dann können sich diese Ebenen in entweder einem Punkt schneiden (genau eine Lösung) oder in einer Gerade (unendlich viele Lösungen) oder der Schnitt ist leer, weil die Geraden $E_1 \cap E_2$, $E_1 \cap E_3$ und $E_2 \cap E_3$ parallel sind. Im letzten Fall gibt es keine Lösung für das System (siehe Bild 6.3).

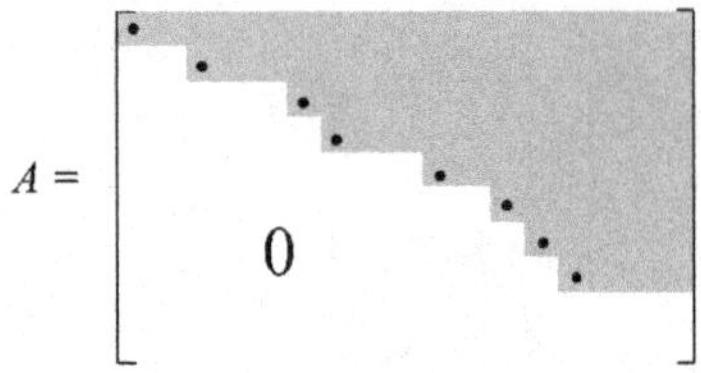

Bild 6.4: Eine Matrix in einer Zeilenstufenform. Die Punkte • bezeichnen die von Null verschiedenen Matrixeinträge; das sind die *Pivotelemente*. Die »graue Zone« besteht aus beliebigen Zahlen. Die Anzahl der letzten Nullzeilen kann beliebig (auch gleich 0) sein.

6.4.1 Das Gauß-Verfahren

Um die Lösbarkeit von $Ax = \boldsymbol{b}$ zu bestimmen, reicht es nach Satz 6.9 den Rang von A mit dem Rang der erweiterten Matrix $[A|\boldsymbol{b}]$ zu vergleichen. Wie bestimmt man aber den Rang einer Matrix? Diese Frage kann man beantworten, indem man die Matrix in eine »Zeilenstufenform« überführt.

Eine Matrix A ist in *Zeilenstufenform*, falls sie die im Bild 6.4 gezeichnete Form hat. Obwohl das Bild bereits selbsterklärend ist, geben wir auch eine formale Definition an. Zur vorgelegten $m \times n$ Matrix $A = (a_{ij})$ definieren wir zuerst die Zahlen

$$J_i = \max\{j\colon a_{i1} = a_{i2} = \ldots = a_{ij} = 0\} \qquad (1 \le i \le m);$$

ist schon $a_{i1} \neq 0$, setze $J_i = 0$. Man prüft also in einer Zeile mit dem Index i beginnend bei a_{i1}, wieviele der Einträge nacheinander gleich Null sind — diese Anzahl ist J_i. Die Matrix A ist in *Zeilenstufenform*, falls $J_1 < J_2 \ldots < J_m$ gilt oder es ein $r < m$ mit $J_1 < J_2 \ldots < J_r < J_{r+1} = \ldots = J_m = n$ gibt, d. h. ab der $(r+1)$-ten Zeile enthält A nur noch Nullen.

Beispiel 6.10:

Die Matrizen

$$\begin{bmatrix} 1 & 2 & 1 \\ 0 & 0 & 3 \end{bmatrix} \text{ und } \begin{bmatrix} 1 & 0 & 1 \\ 0 & 0 & 3 \end{bmatrix}$$

sind in Zeilenstufenform, die Matrizen

$$\begin{bmatrix} 0 & 0 & 3 \\ 1 & 2 & 1 \end{bmatrix} \text{ und } \begin{bmatrix} 1 & 2 & 3 \\ 4 & 5 & 6 \\ 0 & 7 & 8 \end{bmatrix}$$

aber nicht.

Ist eine Matrix in Zeilenstufenform, so kann man ihren Rang leicht bestimmen. In Bild 6.4 ist der Begriff der *Pivotelemente* eingeführt, den wir in der folgenden Behauptung benutzen.

Behauptung 6.11:

Ist eine Matrix A in Zeilenstufenform, so ist die Anzahl der Pivotelemente gleich $\mathrm{rk}(A)$.

Beweis:

Seien $\boldsymbol{v}_1, \ldots, \boldsymbol{v}_r$ die Zeilen von A mit Pivotelementen und sei $\lambda_1\boldsymbol{v}_1 + \cdots + \lambda_r\boldsymbol{v}_r = \boldsymbol{0}$ eine Linearkombination dieser Zeilen. Da die *Spalte* zu dem Pivotelement in der ersten Zeile $\boldsymbol{v}_1$ sonst nur Nullen hat, muss $\lambda_1 = 0$ gelten. Also gilt $\lambda_2\boldsymbol{v}_2 + \cdots + \lambda_r\boldsymbol{v}_r = \boldsymbol{0}$. Nach demselben Argument muss $\lambda_2 = 0$ gelten, usw. Somit sind die Zeilen $\boldsymbol{v}_1, \ldots, \boldsymbol{v}_r$ linear unabhängig, woraus $\mathrm{rk}(A) \geq r$ folgt. Andererseits kann der Zeilenrang und damit auch $\mathrm{rk}(A)$ nicht größer als r sein, da alle anderen Zeilen nur aus Nullen bestehen. □

Um den Rang einer beliebigen Matrix zu bestimmen, überführt man diese Matrix zunächst mittels Elementartransformationen in Zeilenstufenform. Für die Überführung geht man folgendermaßen vor: [3]

1. Ist in der ersten Spalte ein Eintrag $\neq 0$, so kann man die entsprechende Zeile durch Vertauschung mit der ersten Zeile an die oberste Position bringen.
2. Danach addiert man Vielfache der ersten Zeile zu den folgenden, so dass überall sonst in der ersten Spalte nur noch Nullen stehen.
3. Man wendet dann das Verfahren erneut auf die Matrix an, die entsteht, wenn man die erste Zeile und die erste Spalte streicht.

Während der Überführung einer Matrix A in Zeilenstufenform erhalten wir i. A. eine *andere* Matrix A'. Andererseits wenden wir dabei nur die Elementartransformationen an, die nach Behauptung 5.38 den Zeilenraum von A unverändert lassen, woraus $\mathrm{rk}(A') = \mathrm{rk}(A)$ folgt.

Beispiel 6.12:

Wir berechnen den Rang der folgenden Matrix A über $\mathbb{R}$:

$$\begin{bmatrix} 1 & 3 & -4 \\ 3 & 9 & -2 \\ 4 & 12 & -6 \\ 2 & 6 & 2 \end{bmatrix} \mapsto \begin{bmatrix} 1 & 3 & -4 \\ 0 & 0 & 10 \\ 0 & 0 & 10 \\ 0 & 0 & 10 \end{bmatrix} \mapsto \begin{bmatrix} 1 & 3 & -4 \\ 0 & 0 & 10 \\ 0 & 0 & 10 \\ 0 & 0 & 10 \end{bmatrix} \mapsto \begin{bmatrix} 1 & 3 & -4 \\ 0 & 0 & 10 \\ 0 & 0 & 0 \\ 0 & 0 & 0 \end{bmatrix}.$$

Da nur zwei Zeilen ein Pivotelement enthalten, ist der Zeilenrang und deshalb auch der Rang von A gleich 2.

Beispiel 6.13:

Betrachte die Vektoren $\boldsymbol{v}_1 = (1{,}1{,}0)^\top$, $\boldsymbol{v}_2 = (0{,}1{,}1)^\top$ und $\boldsymbol{v}_3 = (1{,}0{,}1)^\top$. Über dem Körper $\mathbb{R}$ der reellen Zahlen hat die entsprechende Matrix Rang 3:

$$A = \begin{bmatrix} 1 & 0 & 1 \\ 1 & 1 & 0 \\ 0 & 1 & 1 \end{bmatrix} \mapsto \begin{bmatrix} 1 & 0 & 1 \\ 0 & 1 & -1 \\ 0 & 1 & 1 \end{bmatrix} \mapsto \begin{bmatrix} 1 & 0 & 1 \\ 0 & 1 & -1 \\ 0 & 0 & 2 \end{bmatrix}.$$

Also sind die drei Vektoren linear unabhängig über $\mathbb{R}$. Wenn wir aber dieselben Vektoren über dem Körper $GF(2)$ betrachten (Addition modulo 2), dann sind die Vektoren bereits linear abhängig! Warum? Da $(\boldsymbol{v}_1 + \boldsymbol{v}_2) \bmod 2 = \boldsymbol{v}_3$ gilt.

3 Wir haben dieses Verfahren bereits in dem Beweis von Satz 6.4 benutzt.

Die Lösungen eines Gleichungssystem $Ax = \boldsymbol{b}$ kann man mit einem ähnlichen Verfahren, bekannt als *Gauß-Algorithmus*, bestimmen:

1. Bringe $[A|\boldsymbol{b}]$ in Zeilenstufenform; die zu Spalten ohne Pivotelemente gehörenden Variablen sind die *freien Variablen.*

2. Enthält die neue Matrix eine Zeile $[0,\ldots,0|b]$ mit $b \neq 0$, so ist $\mathrm{rk}(A|\boldsymbol{b}) > \mathrm{rk}(A)$, und das Gleichungssystem ist nicht lösbar. Sonst ist es lösbar und man kann zum nächsten Schritt übergehen.

3. Löse das Gleichungssystem nach den zu den Pivotelementen gehörenden *abhängigen Variablen* und bestimme diese nacheinander in Abhängigkeit von den freien Variablen.

Beispiel 6.14:

Wir wenden den Gauß-Algorithmus auf die folgende Matrix $[A|\boldsymbol{b}]$ über dem Körper $\mathbb{R}$ an:

$$\left[\begin{array}{cccc|c} 1 & -4 & 2 & 0 & 2 \\ 2 & -3 & -1 & -5 & 14 \\ 3 & -7 & 1 & -5 & 16 \\ 0 & 1 & -1 & -1 & 2 \end{array}\right] \mapsto \left[\begin{array}{cccc|c} 1 & -4 & 2 & 0 & 2 \\ 0 & 5 & -5 & -5 & 10 \\ 0 & 5 & -5 & -5 & 10 \\ 0 & 1 & -1 & -1 & 2 \end{array}\right] \mapsto \left[\begin{array}{cccc|c} 1 & -4 & 2 & 0 & 2 \\ 0 & 1 & -1 & -1 & 2 \\ 0 & 0 & 0 & 0 & 0 \\ 0 & 0 & 0 & 0 & 0 \end{array}\right].$$

Da beide Zeilen ohne Pivotelement nur Nullen in der letzten Spalte haben, ist das System lösbar. Die freien Variablen sind x_3 und x_4. Wir setzen $x_3 = a$, $x_4 = b$ und erhalten

$$\begin{aligned} x_2 &= 2 + x_3 + x_4 = 2 + a + b\,, \\ x_1 &= 2 + 4x_2 - 2x_3 = 2 + 4(2 + a + b) - 2a = 10 + 2a + 4b\,. \end{aligned}$$

Alle Lösungen ergeben sich daher als

$$\begin{bmatrix} x_1 \\ x_2 \\ x_3 \\ x_4 \end{bmatrix} = \begin{bmatrix} 10 + 2a + 4b \\ 2 + a + b \\ a \\ b \end{bmatrix} = \begin{bmatrix} 10 \\ 2 \\ 0 \\ 0 \end{bmatrix} + a \cdot \begin{bmatrix} 2 \\ 1 \\ 1 \\ 0 \end{bmatrix} + b \cdot \begin{bmatrix} 4 \\ 1 \\ 0 \\ 1 \end{bmatrix}.$$

Behauptung 6.15: Korrektheit des Gauß-Algorithmus

Sei A eine $m \times n$ Matrix über $\mathbb{F}$ und $[A'|\boldsymbol{b}']$ sei eine Zeilenstufenform von $[A|\boldsymbol{b}]$. Dann gilt für alle $\boldsymbol{x} \in \mathbb{F}^n$ die Gleichheit $A\boldsymbol{x} = \boldsymbol{b}$ genau dann, wenn $A'\boldsymbol{x} = \boldsymbol{b}'$ gilt.

Beweis:

Seien $\boldsymbol{a}_1, \ldots, \boldsymbol{a}_m$ die Zeilen von A. Eine Permutation von Zeilen ändert die Lösungsmenge nicht. Es reicht also nur den Fall zu betrachten, wenn man zu einer Zeile $(\boldsymbol{a}_i, b_i)$ der Matrix $[A|\boldsymbol{b}]$ ein Vielfaches $(\lambda\boldsymbol{a}_j, \lambda b_j)$ einer anderen Zeile $(\boldsymbol{a}_j, b_j)$ mit $j \neq i$ addiert. Da jede Lösung $\boldsymbol{x}$ des ursprünglichen Gleichungssystems $A\boldsymbol{x} = \boldsymbol{b}$ *alle* Gleichungen $\langle \boldsymbol{a}_1, \boldsymbol{x}\rangle = b_1, \ldots, \langle \boldsymbol{a}_m, \boldsymbol{x}\rangle = b_m$ erfüllen muss, wird auch die Gleichung $\langle \boldsymbol{a}_i + \lambda\boldsymbol{a}_j, \boldsymbol{x}\rangle = \langle \boldsymbol{a}_i, \boldsymbol{x}\rangle + \lambda\langle \boldsymbol{a}_j, \boldsymbol{x}\rangle = b_i + \lambda b_j$ erfüllt. Dies ist die *einzige* Gleichung,

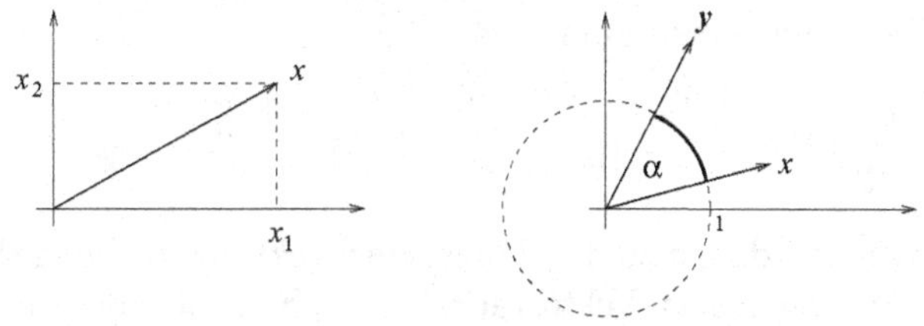

Bild 6.5: Die Länge des Vektors $\boldsymbol{x} = (x_1, x_2)$ ist $\sqrt{x_1^2 + x_2^2}$. Der Winkel α zwischen $\boldsymbol{x}$ und $\boldsymbol{y}$ ist die Länge des Bogens auf dem Einheitskreis.

in der sich die beiden Gleichungssysteme unterscheiden, wegen $\langle \boldsymbol{a}_j, \boldsymbol{x} \rangle = b_j$ ist sie aber zu der ursprünglichen Gleichung $\langle \boldsymbol{a}_i, \boldsymbol{x} \rangle = b_i$ äquivalent. □

6.5 Geometrie des Skalarprodukts

Zwei aus der geometrischen Interpretation der Vektoren in der Ebene $\mathbb{R}^2$ stammende Begriffe sind die Länge von Vektoren und der Winkel zwischen den Vektoren. Wir werden nun zeigen, wie man diese Begriffe auch auf allgemeine Vektorräume $V \subseteq \mathbb{F}^n$ erweitern kann.

Ist $\boldsymbol{x} = (x_1, x_2)$ ein Vektor in $\mathbb{R}^2$, so folgt aus dem Satz von Pythagoras, dass er die Länge

$$\|\boldsymbol{x}\| = \sqrt{x_1^2 + x_2^2}$$

hat (Bild 6.5). Es sei nun $\boldsymbol{y} = (y_1, y_2)$ ein weiterer Vektor in $\mathbb{R}^2$. Wir nehmen an, dass $\boldsymbol{x}$ und $\boldsymbol{y}$ keine Nullvektoren sind und wollen den Winkel α zwischen diesen Vektoren berechnen. Der Einfachheit halber nehmen wir an, dass beide Vektoren die Länge 1 haben. Dann erhält man $\boldsymbol{y}$ einfach dadurch, dass man den Vektor $\boldsymbol{x}$ um den Winkel α dreht (siehe Beispiel 5.47):

$$\begin{aligned} y_1 &= x_1 \cos\alpha - x_2 \sin\alpha \\ y_2 &= x_1 \sin\alpha + x_2 \cos\alpha \,. \end{aligned}$$

Multiplizieren wir die erste Gleichung mit x_1 und die zweite mit x_2, und bilden wir dann die Summe der beiden Gleichungen, so erhalten wir

$$x_1 y_1 + x_2 y_2 = (x_1^2 + x_2^2) \cos\alpha = \cos\alpha$$

wegen $x_1^2 + x_2^2 = \|\boldsymbol{x}\|^2 = 1$. Der Kosinus des Winkels ist also durch das Skalarprodukt

$$\langle \boldsymbol{x}, \boldsymbol{y} \rangle = x_1 y_1 + x_2 y_2$$

eindeutig bestimmt. Sind nun $\boldsymbol{x}$ und $\boldsymbol{y}$ beliebige Vektoren in $\mathbb{R}^2$ (ungleich Null), so ist der Winkel α zwischen diesen beiden Vektoren offensichtlich der gleiche wie zwischen den Vektoren $\frac{\boldsymbol{x}}{\|\boldsymbol{x}\|}$ und $\frac{\boldsymbol{y}}{\|\boldsymbol{y}\|}$, die in die gleichen Richtungen zeigen und Länge 1 haben. Mit unseren obigen Überlegungen ist dann

$$\cos\alpha = \frac{\langle \boldsymbol{x}, \boldsymbol{y} \rangle}{\|\boldsymbol{x}\| \cdot \|\boldsymbol{y}\|}\,.$$

Es ist daher kein Wunder, dass man die »Länge« der Vektoren und den »Winkel« zwischen den Vektoren auch in allgemeinen Vektorräumen $V \subseteq \mathbb{F}^n$ analog definiert. Die *Länge* oder *euklidische Norm* eines Vektors $\boldsymbol{x} = (x_1, \ldots, x_n)$ ist definiert durch

$$\|\boldsymbol{x}\| := \sqrt{\langle \boldsymbol{x}, \boldsymbol{x} \rangle} = \sqrt{x_1^2 + x_2^2 + \cdots + x_n^2}\,.$$

Man beachte, dass sich das Skalarprodukt in vielerlei Hinsicht wie ein Produkt von Zahlen verhält:

1. $\langle \lambda\boldsymbol{x}, \boldsymbol{y} \rangle = \lambda\langle \boldsymbol{x}, \boldsymbol{y} \rangle$;
2. $\langle \boldsymbol{x} + \boldsymbol{y}, \boldsymbol{z} \rangle = \langle \boldsymbol{x}, \boldsymbol{z} \rangle + \langle \boldsymbol{y}, \boldsymbol{z} \rangle$;
3. $\langle \boldsymbol{x}, \boldsymbol{y} \rangle = \langle \boldsymbol{y}, \boldsymbol{x} \rangle$;
4. $\langle \boldsymbol{x}, \boldsymbol{x} \rangle \geq 0$ für alle $\boldsymbol{x}$.

Die letzte Eigenschaft besagt, dass die Länge stets nicht-negativ ist. In einigen Vektorräumen, wie in Vektorräumen über dem Körper $\mathbb{R}$, gilt auch $\langle \boldsymbol{x}, \boldsymbol{x} \rangle > 0$ für alle $\boldsymbol{x} \neq \boldsymbol{0}$. Solche Vektorräume nennt man *euklidische Vektorräume*. In diesen Vektorräumen gilt also

$$\|\boldsymbol{x}\| = 0 \iff \boldsymbol{x} = \boldsymbol{0}\,.$$

Vorsicht: Die in der Informatik am meisten benutzten Vektorräume über dem Körper $\mathbb{F} = \mathbb{Z}_2$ sind *nicht* euklidisch! So ist der Vektor $\boldsymbol{x} = (1{,}1)$ kein Nullvektor; wegen $1 + 1 = 0$ in $\mathbb{Z}_2$ gilt aber $\langle \boldsymbol{x}, \boldsymbol{x} \rangle = 1^2 + 1^2 = 0$.

Euklidische Vektorräume, d. h. Vektorräume, in denen $\langle \boldsymbol{x}, \boldsymbol{x} \rangle > 0$ für alle $\boldsymbol{x} \neq \boldsymbol{0}$ gilt, haben viele schöne Eigenschaften. Eine davon ist die folgende, sehr nützliche Ungleichung.

Satz 6.16: Cauchy–Schwarz-Ungleichung

Für alle Vektoren $\boldsymbol{x}, \boldsymbol{y} \in \mathbb{R}^n$ gilt

$$|\langle \boldsymbol{x}, \boldsymbol{y} \rangle| \leq \|\boldsymbol{x}\| \cdot \|\boldsymbol{y}\|\,.$$

Insbesondere folgt daraus für beliebige reelle Zahlen $x_1, \ldots, x_n$ und $y_1, \ldots, y_n$ die Ungleichung

$$\left(\sum_{i=1}^{n} x_i y_i\right)^2 \leq \left(\sum_{i=1}^{n} x_i^2\right)\left(\sum_{i=1}^{n} y_i^2\right). \tag{6.2}$$

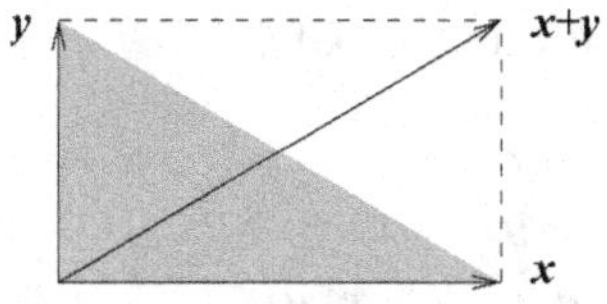

Bild 6.6: Satz von Pythagoras: Aus $\langle \boldsymbol{x}, \boldsymbol{y} \rangle = 0$ folgt $\|\boldsymbol{x}+\boldsymbol{y}\|^2 = \|\boldsymbol{x}\|^2 + \|\boldsymbol{y}\|^2$.

Beweis:

Ist $\|\boldsymbol{x}\| = \langle \boldsymbol{x}, \boldsymbol{x} \rangle = \mathbf{0}$, so ist $\boldsymbol{x} = \mathbf{0}$, und die Ungleichung ist dann trivial. Wir nehmen deshalb an, dass $\langle \boldsymbol{x}, \boldsymbol{x} \rangle \neq \mathbf{0}$ gilt. Für jedes $\lambda \in \mathbb{R}$ haben wir

$$\begin{aligned} 0 \leq \langle \lambda \boldsymbol{x} - \boldsymbol{y}, \lambda \boldsymbol{x} - \boldsymbol{y} \rangle &= \langle \lambda \boldsymbol{x}, \lambda \boldsymbol{x} - \boldsymbol{y} \rangle - \langle \boldsymbol{y}, \lambda \boldsymbol{x} - \boldsymbol{y} \rangle \\ &= \lambda^2 \langle \boldsymbol{x}, \boldsymbol{x} \rangle - 2\lambda \langle \boldsymbol{x}, \boldsymbol{y} \rangle + \langle \boldsymbol{y}, \boldsymbol{y} \rangle. \end{aligned}$$

Wir setzen $\lambda := \frac{\langle \boldsymbol{x}, \boldsymbol{y} \rangle}{\langle \boldsymbol{x}, \boldsymbol{x} \rangle}$ und erhalten

$$0 \leq \frac{\langle \boldsymbol{x}, \boldsymbol{y} \rangle^2}{\langle \boldsymbol{x}, \boldsymbol{x} \rangle^2} \langle \boldsymbol{x}, \boldsymbol{x} \rangle - 2 \frac{\langle \boldsymbol{x}, \boldsymbol{y} \rangle^2}{\langle \boldsymbol{x}, \boldsymbol{x} \rangle} + \langle \boldsymbol{y}, \boldsymbol{y} \rangle = \langle \boldsymbol{y}, \boldsymbol{y} \rangle - \frac{\langle \boldsymbol{x}, \boldsymbol{y} \rangle^2}{\langle \boldsymbol{x}, \boldsymbol{x} \rangle},$$

woraus $\langle \boldsymbol{x}, \boldsymbol{y} \rangle^2 \leq \langle \boldsymbol{x}, \boldsymbol{x} \rangle \langle \boldsymbol{y}, \boldsymbol{y} \rangle = \|\boldsymbol{x}\|^2 \cdot \|\boldsymbol{y}\|^2$ folgt. □

Mit der Cauchy-Schwarz Ungleichung lässt sich auch der Begriff des *Winkels* zwischen zwei Vektoren in beliebigen euklidischen Vektorräumen erklären: Für $\boldsymbol{x}, \boldsymbol{y} \neq \mathbf{0}$ ergibt diese Ungleichung

$$-1 \leq \frac{\langle \boldsymbol{x}, \boldsymbol{y} \rangle}{\|\boldsymbol{x}\| \cdot \|\boldsymbol{y}\|} \leq 1.$$

Es gibt deshalb genau ein $\alpha \in [0, \pi]$ (den »Winkel« zwischen $\boldsymbol{x}$ und $\boldsymbol{y}$) mit

$$\frac{\langle \boldsymbol{x}, \boldsymbol{y} \rangle}{\|\boldsymbol{x}\| \cdot \|\boldsymbol{y}\|} = \cos \alpha. \tag{6.3}$$

Die euklidische Norm in euklidischen Vektorräumen hat die folgenden weiteren Eigenschaften.

Satz 6.17:

Seien $\boldsymbol{x}, \boldsymbol{y} \in \mathbb{R}^n$. Dann gilt:

1. $\|\lambda \boldsymbol{x}\| = |\lambda| \cdot \|\boldsymbol{x}\|$;
2. $\|\boldsymbol{x}+\boldsymbol{y}\| \leq \|\boldsymbol{x}\| + \|\boldsymbol{y}\|$ (Dreiecksungleichung);
3. $\|\boldsymbol{x}+\boldsymbol{y}\|^2 = \|\boldsymbol{x}\|^2 + \|\boldsymbol{y}\|^2$, falls $\langle \boldsymbol{x}, \boldsymbol{y} \rangle = 0$ gilt (Satz von Pythagoras).

Beweis:

(1) gilt wegen

$$\|\lambda \boldsymbol{x}\| = \sqrt{\langle \lambda \boldsymbol{x}, \lambda \boldsymbol{x} \rangle} = \sqrt{\lambda^2 \langle \boldsymbol{x}, \boldsymbol{x} \rangle} = \sqrt{\lambda^2} \cdot \sqrt{\langle \boldsymbol{x}, \boldsymbol{x} \rangle} \stackrel{(*)}{=} |\lambda| \cdot \|\boldsymbol{x}\|,$$

wobei (∗) aus $\sqrt{a^2} = |a|$ für alle $a \in \mathbb{R}$ folgt.
(2) und (3):

$$\begin{aligned}
\|\boldsymbol{x}+\boldsymbol{y}\|^2 &= \langle \boldsymbol{x}+\boldsymbol{y}, \boldsymbol{x}+\boldsymbol{y}\rangle \\
&= \langle \boldsymbol{x}, \boldsymbol{x}\rangle + \langle \boldsymbol{y}, \boldsymbol{y}\rangle + 2\langle \boldsymbol{x}, \boldsymbol{y}\rangle \\
&= \|\boldsymbol{x}\|^2 + \|\boldsymbol{y}\|^2 + 2\langle \boldsymbol{x}, \boldsymbol{y}\rangle && \text{damit ist (3) bewiesen} \\
&\le \|\boldsymbol{x}\|^2 + \|\boldsymbol{y}\|^2 + 2\|\boldsymbol{x}\|\|\boldsymbol{y}\| && \text{Cauchy-Schwarz Ungleichung} \\
&= (\|\boldsymbol{x}\| + \|\boldsymbol{y}\|)^2 .
\end{aligned}$$

□

6.6 Die Lineare-Algebra-Methode

Eine einfache aber wichtige Folgerung aus dem Basisaustauschsatz von Steinitz ist die Tatsache, dass in jedem Vektorraum V höchstens $\dim V$ Vektoren linear unabhängig sein können.

Korollar 6.18: Dimensionsschranke

Sind $\boldsymbol{v}_1, \ldots, \boldsymbol{v}_m$ linear unabhängige Vektoren in einem linearen Raum der Dimension n, so gilt $m \le n$.

Diese Tatsache ist der Ausgangspunkt der sogenannten *Methode der linearen Algebra*, die bereits viele Anwendungen in der Diskreten Mathematik und in der Informatik gefunden hat.

Die allgemeine Idee dieser Methode ist die folgende: Um die Anzahl n der Elemente einer endlichen Menge $X = \{x_1, \ldots, x_n\}$ nach oben abzuschätzen, reicht es eine injektive Abbildung $f : X \to \mathbb{F}^d$ zu konstruieren, so dass die Vektoren $f(x_1), \ldots, f(x_n)$ linear unabhängig sind. Aus der Injektivität von f folgt $n \le |\mathbb{F}|^d$. Gelingt uns aber, die lineare Unabhängigkeit der Vektoren $f(x_1), \ldots, f(x_n)$ zu zeigen, so erhalten wir bereits exponentiell(!) bessere obere Schranke $n \le \dim \mathbb{F}^d = d$. Wir demonstrieren diese Methode an drei Beispielen. Unser erstes Beispiel scheint sehr spielerisch zu sein, es zeigt aber die Hauptidee der Methode.

Eine kleine Stadt namens »Eventown« (engl. »even« = »gerade«) hat n Einwohner. Da in der Stadt nicht viel los ist, haben die Einwohner eine Aktivität gefunden: Sie versuchen möglichst viele verschiedene Vereine zu bilden. Da zu viele Vereine schwer zu koordinieren sind, hat das Rathaus eine Regelung herausgegeben:

(i) die Anzahl der Mitglieder in jedem Verein muss *gerade* sein,
(ii) die Anzahl der gemeinsamen Mitglieder für je zwei Vereine muss *gerade* sein.

Wieviele Vereine können die Einwohner unter dieser Regelung bilden? Die Antwort ist einfach: Falls alle Einwohner verheiratet sind, können sie mindestens $2^{\lfloor n/2 \rfloor}$ Vereine bilden – es reicht, dass jeder Mann auch seine Frau mitnimmt. Das ist viel zu viel für eine so kleine Stadt! Um die Ordnung in der Stadt wieder herzustellen, ist das Rathaus gezwungen, die Anzahl der Vereine drastisch zu reduzieren. Es ist aber nicht erlaubt, die Regelung komplett umzuschreiben – erlaubt ist nur *ein einziges Wort* zu ändern.

Ein Einwohner hat den folgenden Vorschlag gemacht: Ersetze einfach das Wort »*gerade*« in (i) durch »*ungerade*«. Er behauptet, dass dann höchstens n verschiedene Vereine gebildet werden können! Das Rathaus war von diesem Vorschlag so begeistert, dass es auch den Namen der Stadt von »Eventown« auf »Oddtown« geändert hat. Die Frage ist nun, ob diese Behauptung überhaupt stimmt?

Behauptung 6.19: »Oddtown«

Hat Oddtown n Einwohner, so können höchstens n Vereine gebildet werden.

Beweis:

Seien $A_1, \ldots, A_m \subseteq \{1, \ldots, n\}$ alle möglichen Vereine, die in Oddtown gebildet werden können. Formell sieht die neue Regelung folgendermaßen aus:

1. für alle i muss $|A_i|$ *ungerade* sein,
2. für alle $i \neq j$ muss $|A_i \cap A_j|$ *gerade* sein.

Wir wollen zeigen, dass dann $m \leq n$ gelten muss. Für einen Verein $A_i \subseteq \{1, \ldots, n\}$ sei $\boldsymbol{v}_i \in \{0{,}1\}^n$ sein Inzidenzvektor, d. h. $\boldsymbol{v}_i$ hat Einsen in Positionen j mit $j \in A_i$ und Nullen sonst. Wenn wir die Inzidenzvektoren als Vektoren über dem Körper $\mathbb{Z}_2$ betrachten, d. h. wenn wir modulo 2 rechnen, dann können wir die neuen Regeln so umschreiben:

$$\langle \boldsymbol{v}_i, \boldsymbol{v}_j \rangle = \begin{cases} 1 & \text{falls } i = j; \\ 0 & \text{falls } i \neq j. \end{cases}$$

Sei nun $\sum_{i=1}^{m} \lambda_i \boldsymbol{v}_i = \mathbf{0}$. Dann gilt für jedes $j = 1, \ldots, n$

$$0 = \langle \mathbf{0}, \boldsymbol{v}_j \rangle = \sum_{i=1}^{m} \lambda_i \langle \boldsymbol{v}_i, \boldsymbol{v}_j \rangle = \lambda_j \underbrace{\langle \boldsymbol{v}_j, \boldsymbol{v}_j \rangle}_{=1} = \lambda_j$$

und damit $\lambda_j = 0$ für alle j. Deshalb sind die Vektoren $\boldsymbol{v}_1, \ldots, \boldsymbol{v}_m$ linear unabhängig. Aus der Dimensionsschranke (Korollar 6.18) folgt daher die Ungleichung $m \leq \dim \mathbb{Z}_2^n = n$. □

Der folgende Satz zeigt eine eindrucksvollere Anwendung der Dimensionsschranke. Dieser Satz ist einer der Kernsätze in der sogenannten »Design Theory«. Den Spezialfall (für $k = 1$) hat R. A. Fisher im Jahre 1940 bewiesen.

Satz 6.20: Fisher's Ungleichung

Seien $A_1, \ldots, A_m$ verschiedene Teilmengen von $\{1, \ldots, n\}$ mit der Eigenschaft, dass je zwei Teilmengen die gleiche Anzahl gemeinsamer Elemente haben, d. h. für ein festes k und alle $i \neq j$ gilt $|A_i \cap A_j| = k$. Dann gilt $m \leq n$.

Beweis:

Diesmal arbeiten wir über dem Körper $\mathbb{R}$ der reellen Zahlen. Sind $\boldsymbol{v}_1, \ldots, \boldsymbol{v}_m \in \{0{,}1\}^n$ die Inzidenzvektoren von $A_1, \ldots, A_m$, so gilt $\langle \boldsymbol{v}_i, \boldsymbol{v}_j \rangle = |A_i \cap A_j|$. Unser Ziel ist zu zeigen, dass die Vektoren $\boldsymbol{v}_1, \ldots, \boldsymbol{v}_m$ linear unabhängig (über dem Körper $\mathbb{R}$) sind. Dann folgt die Behauptung $m \leq \dim \mathbb{R}^n = n$ aus der Dimensionsschranke (Korollar 6.18).

Wir führen einen Widerspruchsbeweis durch und nehmen an, dass die Inzidenzvektoren $\boldsymbol{v}_1, \ldots, \boldsymbol{v}_m$ linear abhängig sind. Dann gibt es reelle Zahlen $\lambda_1, \ldots, \lambda_m$ mit

$\sum_{i=1}^{m} \lambda_i \boldsymbol{v}_i = \mathbf{0}$ und $\lambda_i \neq 0$ für mindestens ein i. Weiterhin gilt

$$\langle \boldsymbol{v}_i, \boldsymbol{v}_j \rangle = \begin{cases} |A_i| & \text{falls } i = j; \\ k & \text{falls } i \neq j. \end{cases} \tag{6.4}$$

Aus $\langle \boldsymbol{x} + \boldsymbol{y}, \boldsymbol{z} \rangle = \langle \boldsymbol{z}, \boldsymbol{x} + \boldsymbol{y} \rangle = \langle \boldsymbol{x}, \boldsymbol{z} \rangle + \langle \boldsymbol{y}, \boldsymbol{z} \rangle$ und (6.4) folgt

$$\begin{aligned} 0 = \langle \mathbf{0}, \mathbf{0} \rangle &= \Big\langle \sum_{i=1}^{m} \lambda_i \boldsymbol{v}_i, \sum_{j=1}^{m} \lambda_j \boldsymbol{v}_j \Big\rangle \\ &= \sum_{i=1}^{m} \lambda_i^2 \langle \boldsymbol{v}_i, \boldsymbol{v}_i \rangle + \sum_{i=1}^{m} \sum_{\substack{j=1 \\ j \neq i}}^{m} \lambda_i \lambda_j \langle \boldsymbol{v}_i, \boldsymbol{v}_j \rangle \\ &= \sum_{i=1}^{m} \lambda_i^2 |A_i| + \sum_{i=1}^{m} \sum_{\substack{j=1 \\ j \neq i}}^{m} \lambda_i \lambda_j k && \text{wegen (6.4)} \\ &= \sum_{i=1}^{m} \lambda_i^2 (|A_i| - k) + k \cdot \Big(\sum_{i=1}^{m} \lambda_i \Big)^2 && \text{Umformung.} \end{aligned}$$

Es ist klar, dass $|A_i| \geq k$ für *alle* i gelten muss und $|A_i| = k$ für *höchstens ein* i gelten kann, da sonst die Eigenschaft $|A_i \cap A_j| = k$ verletzt wäre. Wir wissen auch, dass nicht alle Koeffizienten $\lambda_1, \ldots, \lambda_m$ gleich Null sind. Sind mindestens zwei von ihnen ungleich Null, so ist bereits die erste Summe ungleich Null. Ist nur ein Koeffizient ungleich Null, so muss die zweite Summe ungleich Null sein. In beiden Fällen erhalten wir einen Widerspruch. □

Unser nächstes Beispiel zeigt, dass man mit Hilfe der Dimensionsschranke nicht nur Aussagen über Mengen beweisen sondern auch einige »merkwürdige« Objekte konstruieren kann. Diesmal geht es um sogenannte »Ramsey-Graphen«.

Zur Erinnerung: Eine *Clique* in einem Graphen $G = (V, E)$ ist eine Teilmenge $S \subseteq V$ der Knoten, so dass zwischen je zwei Knoten in S eine Kante liegt. Eine *unabhängige Menge* in G ist eine Teilmenge $T \subseteq V$ der Knoten, so dass zwischen *keinen* zwei Knoten in T eine Kante liegt. Sei $r(G)$ die kleinste Zahl r, so dass der Graph G weder eine Clique noch eine unabhängige Menge mit r Knoten besitzt.

Graphen mit kleinem $r(G)$ sind sehr merkwürdige Objekte: Hat ein Graph G keine großen Cliquen, so muss er relativ wenige Kanten enthalten; dann sollte es aber eine große unabhängige Menge geben. Hat der Graph dagegen keine großen unabhängigen Mengen, so muss er viele Kanten und damit auch eine große Clique enthalten.

Nichtsdestotrotz gibt es Graphen G auf n Knoten mit $r(G) \leq 2 \log n$; solche Graphen sind als *Ramsey-Graphen* bekannt. Die Existenz solcher Graphen kann man mit Hilfe der sogenannten »Probabilistischen Methode« beweisen (siehe Abschnitt 12.4). Diese Methode zeigt aber nur die *Existenz* – bisher ist es nicht gelungen, mindestens einen Ramsey-Graphen *explizit* zu konstruieren. Heutzutage sind nur Konstruktionen von Graphen G mit $r(G) \leq n^{\epsilon}$ für bestimmte Konstanten $\epsilon < 1$ bekannt. Die meisten Konstruktionen benutzen die lineare Algebra, und wir demonstrieren dies an einem Beispiel.

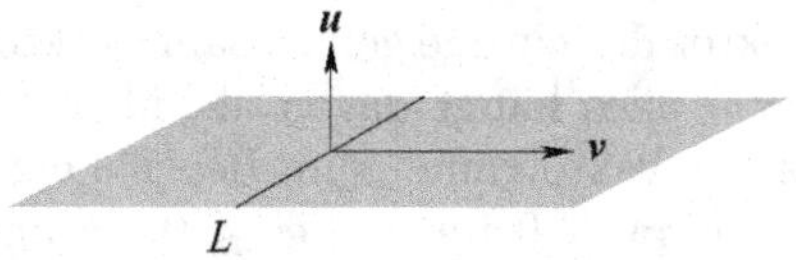

Bild 6.7: Für $\boldsymbol{u} = (0{,}0, c) \in \mathbb{R}^3$ ist $\boldsymbol{u}^\perp$ die Ebene $\{(x, y{,}0) : x, y \in \mathbb{R}\}$; ist $S = \{\boldsymbol{u}, \boldsymbol{v}\}$ mit $\boldsymbol{v} = (a{,}0{,}0)$, so ist der Orthogonalraum $S^\perp$ genau die Gerade $L = \{(0, b{,}0) : b \in \mathbb{R}\}$.

Wir konstruieren den Graphen $G_n = (V, E)$ mit $n = \binom{t}{2}$ Knoten folgendermaßen. Als Knoten nehmen wir alle 3-elementigen Teilmengen von $\{1, \ldots, t\}$ und verbinden zwei Knoten A und B mit einer Kante genau dann, wenn $|A \cap B| = 1$ gilt.

Satz 6.21: Ramsey-Graphen

Der Graph G_n enthält weder eine Clique noch eine unabhängige Menge mit $3n^{1/3}$ Knoten.

Beweis:

Sei $A_1, \ldots, A_m$ eine Clique in G_n. Dann gilt $|A_i \cap A_j| = 1$ für alle $i \neq j$. Nach Fisher's Ungleichung muss dann $m \leq t$ gelten.

Sei nun $A_1, \ldots, A_m$ eine unabhängige Menge in G_n. Dann gilt $|A_i \cap A_j| \in \{0{,}2\}$ für alle $i \neq j$. D. h. alle $|A_i| = 3$ sind ungerade und alle $|A_i \cap A_j|$ mit $i \neq j$ sind gerade Zahlen. Das Oddtown-Beispiel sagt uns, dass auch in diesem Fall $m \leq t$ gelten muss.

Der Graph G_n hat also keine Cliquen oder unabhängigen Mengen der Größe $t+1$. Aus der Abschätzung $n = \binom{t}{2} \geq \left(\frac{t}{3}\right)^3$ (siehe Lemma 3.14) folgt $r(G) \leq t+1 \leq \sqrt[3]{9n} < 3n^{1/3}$. □

6.7 Orthogonalräume

In der Ebene $\mathbb{R}^2$ stehen zwei vom Nullvektor verschiedene Vektoren $\boldsymbol{x}$ und $\boldsymbol{y}$ senkrecht aufeinander (oder sind orthogonal), falls $\cos\alpha = 0$ für den Winkel α zwischen diesen Vektoren gilt, was wegen (6.3) und $\|\boldsymbol{x}\| > 0$, $\|\boldsymbol{y}\| > 0$ äquivalent zu $\langle \boldsymbol{x}, \boldsymbol{y} \rangle = 0$ ist. Daher bezeichnet man zwei Vektoren $\boldsymbol{x}$ und $\boldsymbol{y}$ auch in $\mathbb{F}^n$ als *orthogonal*, wenn $\langle \boldsymbol{x}, \boldsymbol{y} \rangle = 0$ gilt. Aus der Eigenschaften des Skalarprodukts folgt, dass die Menge

$$\boldsymbol{x}^\perp := \{\boldsymbol{y} \in \mathbb{F}^n : \langle \boldsymbol{x}, \boldsymbol{y} \rangle = 0\}$$

der zu $\boldsymbol{x}$ orthogonalen Vektoren einen Vektorraum bildet: Sind $\boldsymbol{y}, \boldsymbol{z} \in \boldsymbol{x}^\perp$ und $\lambda, \mu \in \mathbb{F}$, so gilt $\langle \lambda\boldsymbol{y} + \mu\boldsymbol{z}, \boldsymbol{x} \rangle = \lambda\langle \boldsymbol{y}, \boldsymbol{x} \rangle + \mu\langle \boldsymbol{z}, \boldsymbol{x} \rangle = 0 + 0 = 0$. Dies lässt sich auch auf beliebige Teilmengen $S \subseteq \mathbb{F}^n$ erweitern: Die Menge

$$S^\perp := \{\boldsymbol{x} \in V : \langle \boldsymbol{x}, \boldsymbol{y} \rangle = 0 \text{ für alle } \boldsymbol{y} \in S\}$$

bildet ebenfalls einen Vektorraum (siehe Bild 6.7), der *Orthogonalraum* oder *orthogonales Komplement* von S genannt wird.

Ist nun $V \subseteq \mathbb{F}^n$ ein Vektorraum, wie sieht dann $V^\perp$ aus? Sind die Mengen V und $V^\perp$ disjunkt? Nein, da der Nullvektor sowohl in V wie auch in $V^\perp$ enthalten ist. Nun gut, vielleicht ist der Nullvektor der einzige gemeinsame Vektor und somit gilt $V \cap V^\perp = \{\mathbf{0}\}$? Auch nicht unbedingt – alles hängt davon ab, über welchem Körper wir gerade arbeiten. Ist V ein euklidischer Vektorraum, zum Beispiel ein Vektorraum über $\mathbb{R}$, dann gilt $V \cap V^\perp = \{\mathbf{0}\}$ wegen $\langle \boldsymbol{x}, \boldsymbol{x} \rangle > 0$ für alle $\boldsymbol{x} \neq \mathbf{0}$. In anderen (nicht euklidischen) Vektorräumen kann es aber passieren, dass sogar $V^\perp = V$ gilt!

Beispiel 6.22:

Sei $\mathbb{F} = \mathbb{Z}_2$ und $V = \{(\boldsymbol{x}, \boldsymbol{x}) \colon \boldsymbol{x} \in \mathbb{Z}_2^n\} \subseteq \mathbb{Z}_2^{2n}$. Dann ist V ein Vektorraum der Dimension n über $\mathbb{Z}_2$ und es gilt $V^\perp = V$.

Um das zu zeigen, beachten wir zunächst, dass $(\boldsymbol{y}, \boldsymbol{z})$ genau dann in $V^\perp$ liegt, wenn $\langle (\boldsymbol{x}, \boldsymbol{x}), (\boldsymbol{y}, \boldsymbol{z}) \rangle = \langle \boldsymbol{x}, \boldsymbol{y} \rangle + \langle \boldsymbol{x}, \boldsymbol{z} \rangle = 0$ und somit auch $\langle \boldsymbol{x}, \boldsymbol{y} \rangle = \langle \boldsymbol{x}, \boldsymbol{z} \rangle$ für alle Vektoren $\boldsymbol{x} \in \mathbb{Z}_2^n$ gilt (wir rechnen modulo 2). Dies muss aber auch für die Vektoren $\boldsymbol{x} = \boldsymbol{e}_i = (0, \ldots, 0, 1, 0, \ldots, 0)$ mit einer einzigen Eins in der i-ten Koordinate gelten, woraus $y_i = \langle \boldsymbol{e}_i, \boldsymbol{y} \rangle = \langle \boldsymbol{e}_i, \boldsymbol{z} \rangle = z_i$ für alle $i = 1, \ldots, n$ und damit auch $\boldsymbol{y} = \boldsymbol{z}$ folgt.

Über die *Dimensionen* der Vektorräume und ihrer Orthogonalräume kann man Folgendes sagen.

Satz 6.23: Dimensionsformel für orthogonale Vektorräume

Für jeden Körper $\mathbb{F}$ und für jeden Vektorraum $V \subseteq \mathbb{F}^n$ gilt

$$\dim V + \dim V^\perp = n\,.$$

Beweis:

Sei $\boldsymbol{u}_1, \ldots, \boldsymbol{u}_m$ eine Basis von V und sei A eine $m \times n$ Matrix, deren Zeilen diese Basisvektoren sind. Dann gehört ein Vektor $\boldsymbol{x} \in \mathbb{F}^n$ genau dann zu $V^\perp$, wenn $A\boldsymbol{x} = \mathbf{0}$ gilt. Somit ist $V^\perp$ der Lösungsraum des homogenen Gleichungssystems. Da die m Zeilen von A (als Basis) linear unabhängig sind, hat die Matrix A den Rang $\operatorname{rk}(A) = m$. Aus der Dimensionsformel für homogene Gleichungssysteme (Korollar 6.7) folgt daher $\dim V^\perp = n - \operatorname{rk}(A) = n - m = n - \dim V$. □

6.7.1 Anwendung: Fehlerkorrigierende Codes*

Für die Frage, wozu es denn gut ist, die Vektorräume auch über *endlichen* Körpern zu studieren, ist die Kodierungstheorie ein wichtiges Beispiel. Wir besprechen nur Grundfragen zur Anknüpfung an die lineare Algebra.

An jede Art der Nachrichtübertragung sind zwei gegensätzliche Forderungen gestellt: Sie soll einerseits *sicher* und andererseits *wirtschaftlich* sein. Mit der »Sicherheit« ist dabei die Vermeidung von Übertragungsfehlern gemeint, nicht die Abhörsicherung, letztere ist das Feld der Kryptographie, die spezielle Arten der Codierung verwendet (ein solches Verfahren – die RSA-Codes – haben wir bereits in Abschnitt 4.7 kennengelernt). Mit der »Wirtschaftlichkeit« ist dabei der Kodierungs- wie auch Dekodierungsaufwand gemeint.

Wir haben zwei Spieler: Alice (die Senderin) und Bob (der Empfänger). Alice will eine Nachricht an Bob verschicken. Der Übertragungskanal ist aber unsicher: Schickt Alice eine aus Nullen und Einsen bestehende Nachricht, so kann der Kanal bis zu t Bits verändern (bis zu t Bits »flippen«: 0 auf 1 und 1 auf 0). Bob will trotzdem in der Lage sein, auch dann die Originalnachricht rekonstruieren zu können. Eine solche Situation tritt auf, wenn man zum Beispiel Dateien auf einer CD abspeichert: Man will die Dateien so abspeichern, dass man mögliche Lesefehler (die z. B. durch Kratzer verursacht werden) noch korrigieren kann.

Dazu wählen Alice und Bob eine geeignete Teilmenge der Vektoren $C \subseteq \{0,1\}^n$ aus; C nennt man den *Code*. Dann kodiert Alice ihre Nachricht als einen Vektor $\boldsymbol{x} = (x_1, \ldots, x_n)$ aus C und verschickt diesen Vektor. Während der Übertragung können einige Bits x_i geändert werden und Bob erhält einen möglicherweise anderen, beschädigten Vektor $\boldsymbol{x}' = (x'_1, \ldots, x'_n)$. Wenn die Möglichkeit besteht, dass alle Bits geändert werden, ist nichts mehr zu machen – keine Kodierung kann dann helfen. Also geht man davon aus, dass höchstens $t < n$ Bits von $\boldsymbol{x}$ geändert werden.

Um die Situation genauer zu beschreiben, brauchen wir den Begriff der »Hammingdistanz« zwischen Vektoren. Die *Hammingdistanz* $d(\boldsymbol{x}, \boldsymbol{y})$ zwischen zwei Vektoren $\boldsymbol{x}, \boldsymbol{y}$ ist die Anzahl

$$d(\boldsymbol{x}, \boldsymbol{y}) = \big|\{i\colon x_i \neq y_i\}\big|$$

der Komponenten, in denen die Vektoren sich unterscheiden. Die Hammingdistanz hat alle drei von einem Distanzmaß geforderten Eigenschaften:

1. $d(\boldsymbol{x}, \boldsymbol{x}) = 0$;
2. $d(\boldsymbol{x}, \boldsymbol{y}) = d(\boldsymbol{y}, \boldsymbol{x})$ (Symmetrie);
3. $d(\boldsymbol{x}, \boldsymbol{y}) \leq d(\boldsymbol{x}, \boldsymbol{z}) + d(\boldsymbol{z}, \boldsymbol{y})$ (Dreiecksungleichung).

Die ersten beiden Eigenschaften sind trivial. Für die dritte reicht es zu beobachten, dass aus $x_i \neq y_i$ und $x_i = z_i$ die Ungleichung $z_i \neq y_i$ folgt.

Die *Hammingkugel* $B_t(\boldsymbol{x})$ besteht aus allen Vektoren in $\{0,1\}^n$ mit Hammingdistanz höchstens t von $\boldsymbol{x}$:

$$B_t(\boldsymbol{x}) = \{\boldsymbol{y} \in \{0,1\}^n\colon d(\boldsymbol{x}, \boldsymbol{y}) \leq t\}\,.$$

Wieviele Vektoren enthält eine solche Kugel? Um einen Vektor $\boldsymbol{y}$ mit Abstand $d(\boldsymbol{x}, \boldsymbol{y}) = k$ von $\boldsymbol{x}$ zu erhalten, reicht es eine k-elementige Teilmenge der Positionen auszuwählen und alle Bits des Vektors $\boldsymbol{x}$ in diesen Positionen zu flippen. Es gibt also genau $\binom{n}{k}$ Vektoren mit Abstand k von $\boldsymbol{x}$. Dies ergibt

$$|B_t(\boldsymbol{x})| = \binom{n}{0} + \binom{n}{1} + \cdots + \binom{n}{t}\,.$$

Sei nun $d(C)$ die kleinste Hammingdistanz zwischen verschiedenen Vektoren in C:

$$d(C) = \min\{d(\boldsymbol{x}, \boldsymbol{y})\colon \boldsymbol{x}, \boldsymbol{y} \in C\,, \boldsymbol{x} \neq \boldsymbol{y}\}\,.$$

Der Code C heißt *t-fehlerkorrigierend*, falls $d(C) \geq 2t+1$ gilt. Die Bedeutung ist hier klar: Ist $\boldsymbol{x} \in C$ die Originalnachricht und ist $\boldsymbol{x}'$ die von Bob erhaltene, eventuell beschädigte Nachricht, so muss $\boldsymbol{x}$ das *einzige* Codewort in der Hammingkugel $B_t(\boldsymbol{x}')$ sein, da wegen der Dreiecksungleichung alle Vektoren $\boldsymbol{y} \in B_t(\boldsymbol{x}')$ um höchstens $2t$ von $\boldsymbol{x}$ entfernt sind: $d(\boldsymbol{x}, \boldsymbol{y}) \leq d(\boldsymbol{x}, \boldsymbol{x}') + d(\boldsymbol{x}', \boldsymbol{y}) \leq 2t$.

Ein trivialer Dekodierungsalgorithmus für Bob wäre also, für jede erhaltene Nachricht $\boldsymbol{x}'$ nach dem einzigen Codewort in $B_t(\boldsymbol{x}')$ zu suchen. Die Kugel $B_t(\boldsymbol{x}')$ enthält aber

$|B_t(\boldsymbol{x}')| \approx n^t$ Vektoren und jeder von ihnen muss mit $|C|$ Vektoren aus C verglichen werden. Dazu benötigt man insgesamt $\approx n^t|C|$ Vergleiche. Wenn Alice viele verschiedene Nachrichten verschicken will, dann muss $|C|$ groß sein, da jede Nachricht ein eigenes Codewort benötigt, und die Dekodierung wird dann sehr zeitaufwändig.

Benutzt man aber die lineare Algebra, so reichen bereits ca. n^t (anstatt satten $n^t|C|$) Operationen völlig aus! Die Idee ist, als Code einen *Vektorraum* $C \subseteq \mathbb{Z}_2^n$ über dem Körper $(\mathbb{Z}_2, \oplus, \cdot)$ mit der Addition und Multiplikation modulo 2 zu nehmen. Daher nennt man in diesem Fall den Code *linear*.

Die Eigenschaft $d(C) \geq 2t+1$ ist dann leicht zu erreichen: Es reicht, dass $|\boldsymbol{x}| \geq 2t+1$ für alle $\boldsymbol{x} \in C$, $\boldsymbol{x} \neq \boldsymbol{0}$ gilt; hier bezeichnet $|\boldsymbol{x}|$ die Anzahl der Einsen in $\boldsymbol{x}$. Sei

$$w(C) = \min\{|\boldsymbol{x}| : \boldsymbol{x} \in C,\ \boldsymbol{x} \neq \boldsymbol{0}\}\,.$$

Behauptung 6.24:
Jeder Vektorraum $C \subseteq \mathbb{Z}_2^n$ mit $w(C) \geq 2t+1$ ist t-fehlerkorrigierend.

Beweis:
Seien $\boldsymbol{x}$ und $\boldsymbol{y}$ zwei *verschiedene* Vektoren aus C mit $d(\boldsymbol{x}, \boldsymbol{y}) = d(C)$. Da C ein Vektorraum ist, gehört auch der Vektor $\boldsymbol{x} \oplus \boldsymbol{y}$ zu C. Da aber $\boldsymbol{x} \oplus \boldsymbol{y} \neq \boldsymbol{0}$ gilt (die Vektoren $\boldsymbol{x}, \boldsymbol{y}$ sind ja verschieden), muss auch $d(C) = d(\boldsymbol{x}, \boldsymbol{y}) = |\boldsymbol{x} \oplus \boldsymbol{y}| \geq w(C)$ gelten. □

Es bleibt also nur zu zeigen, wie man mit Hilfe eines linearen Codes $C \subseteq \mathbb{Z}_2^n$ effizient kodieren und dekodieren kann. Dazu benutzt man die sogenannten Generator- und Kontrollmatrizen.

Sei $\dim C = k$. Dann enthält C genau $|C| = 2^k$ Vektoren (siehe Satz 5.49). Eine *Generatormatrix* für C ist eine $k \times n$ Matrix G, deren Zeilen eine Basis von C bilden. Eine *Kontrollmatrix* ist eine $(n-k) \times n$ Matrix H, deren Zeilen eine Basis des Orthogonalraums $C^\perp$ bilden. Somit ist C genau die Lösungsmenge des homogenen Gleichungssystems $H\boldsymbol{x} = \boldsymbol{0}$.

In diesem Fall sind Alices Nachrichten alle Vektoren in $\mathbb{Z}_2^k$. Sie kodiert ihre Nachricht $\boldsymbol{u} \in \mathbb{Z}_2^k$ als den Vektor $\boldsymbol{x} = \boldsymbol{u}^\top G$ in C und verschickt ihn. Die Kodierung ist also trivial.

Die Dekodierung (für Bob) ist auch relativ einfach. Da höchstens t Fehler auftreten können, erhält Bob einen Vektor $\boldsymbol{x}' = \boldsymbol{x} \oplus \boldsymbol{a}$ mit $|\boldsymbol{a}| \leq t$. Um den Vektor $\boldsymbol{x}$ aus $\boldsymbol{x}'$ zu rekonstruieren, reicht es, den unbekannten »Störvektor« $\boldsymbol{a}$ zu bestimmen: Dann ist $\boldsymbol{x}' \oplus \boldsymbol{a} = \boldsymbol{x}$ die Originalnachricht.

Behauptung 6.25:
Der Störvektor $\boldsymbol{a}$ ist der einzige Vektor mit $|\boldsymbol{a}| \leq t$ und $H\boldsymbol{a} = H\boldsymbol{x}'$.

Beweis:
Wir nehmen an, dass es auch einen anderen Vektor $\boldsymbol{b} \neq \boldsymbol{a}$ mit $|\boldsymbol{b}| \leq t$ und $H\boldsymbol{b} = H\boldsymbol{x}'$ gibt. Aus $H\boldsymbol{a} = H\boldsymbol{b}$ folgt $H(\boldsymbol{a} \oplus \boldsymbol{b}) = \boldsymbol{0}$ und damit auch $\boldsymbol{a} \oplus \boldsymbol{b} \in C$. Da aber auch der Nullvektor $\boldsymbol{0}$ in C liegt und der Code C t-fehlerkorrigierend ist, muss dann $d(\boldsymbol{b} \oplus \boldsymbol{a}, \boldsymbol{0}) \geq 2t+1$ gelten. Dies widerspricht aber der Dreiecksungleichung:

$$d(\boldsymbol{b} \oplus \boldsymbol{a}, \boldsymbol{0}) = d(\boldsymbol{b}, \boldsymbol{a}) \leq d(\boldsymbol{b}, \boldsymbol{0}) + d(\boldsymbol{0}, \boldsymbol{a}) = |\boldsymbol{b}| + |\boldsymbol{a}| \leq 2t\,.$$ □

Somit reicht es, wenn Bob in einer im Voraus vorbereiteten Liste L den einzigen Vektor $\boldsymbol{a} \in B_t(\boldsymbol{0})$ mit $H\boldsymbol{a} = H\boldsymbol{x}'$ findet: Dann ist $\boldsymbol{x}' \oplus \boldsymbol{a} = (\boldsymbol{x} \oplus \boldsymbol{a}) \oplus \boldsymbol{a} = \boldsymbol{x}$ genau die von Alice geschickte (kodierte) Nachricht; die Liste L nennt man auch *Syndrom-Liste* und das Verfahren selbst ist als *Syndrom-Dekodierung* bekannt. Da die Syndrom-Liste nur $|B_t(\boldsymbol{0})| \leq n^t$ Vektoren enthält, benötigt Bob nur n^t statt $n^t|C|$ Operationen.

Beispiel 6.26:

Der lineare Code $C \subseteq \mathbb{Z}_2^5$ mit den Generator- und Kontrollmatrizen

$$G = \begin{bmatrix} 1 & 1 & 0 & 1 & 0 \\ 0 & 1 & 1 & 0 & 1 \end{bmatrix}, \qquad H = \begin{bmatrix} 1 & 0 & 0 & 1 & 0 \\ 0 & 1 & 0 & 1 & 1 \\ 0 & 0 & 1 & 0 & 1 \end{bmatrix}$$

ist 1-fehlerkorrigierend. Warum? Da keine einzelne Spalte in H ein Nullvektor ist und die Summe (modulo 2) von je zwei Spalten auch kein Nullvektor ist; somit kann *kein* Vektor $\boldsymbol{x}$ mit $0 \neq |\boldsymbol{x}| \leq 2$ orthogonal zu allen Zeilen von H sein, was $w(C) \geq 3$ und somit auch $d(C) \geq 3$ zufolge hat. Die zugehörige Liste L ist in diesem Fall

$\boldsymbol{a}$	$H\boldsymbol{a}$
00000	000
10000	100
01000	010
00100	001
00010	110
00001	011

Ist etwa $\boldsymbol{x}' = (11110)$ die eintreffende Botschaft, so entspricht der Vektor $H\boldsymbol{x}' = (001)$ der eindeutigen Lösung $\boldsymbol{a} = (00100)$, und wir erhalten $\boldsymbol{x} = \boldsymbol{x}' \oplus \boldsymbol{a} = (11010)$ als die ursprüngliche Nachricht.

Beispiel 6.27:

Der sogenannte *Hammingcode* $C \subseteq \mathbb{Z}_2^n$ ist ein linearer Code mit der Dimension $n - r$ für $n = 2^r - 1$. Seine Kontrollmatrix H ist eine $r \times (2^r - 1)$ Matrix, deren Spalten die binären Darstellungen der Zahlen $1, 2, \ldots, n$ sind. Aus demselben Grund wie in Beispiel 6.26 ist dieser Code 1-fehlerkorrigierend. In diesem Code ist die Syndrom-Liste L sogar exponentiell kleiner als der Code selbst: Der Code besteht aus $|C| = 2^{n-r}$ Vektoren, während die Liste L nur $|B_1(\boldsymbol{0})| = \binom{n}{0} + \binom{n}{1} = 1 + n$ Vektoren enthält.

6.8 Orthogonale Projektionen

Sei V ein euklidischer Vektorraum. Wegen $\|\boldsymbol{x}\| > 0$ für alle $\boldsymbol{x} \in V \setminus \{\boldsymbol{0}\}$ gilt $U \cap U^\perp = \{\boldsymbol{0}\}$ für jeden Unterraum U von $\mathbb{R}^n$. Somit ist die Summe $U + U^\perp$ nach Lemma 5.53 eine direkte Summe, was nach Korollar 5.55 die Gleichung

$$\dim U + \dim U^\perp = \dim V$$

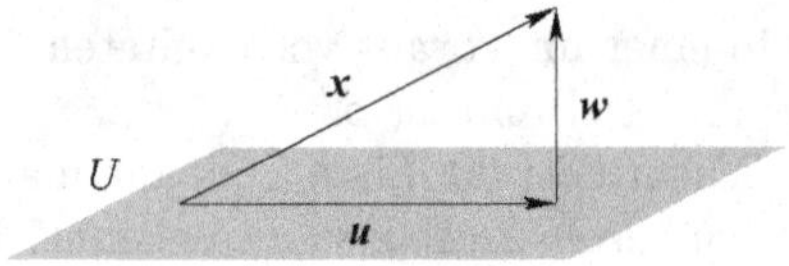

Bild 6.8: Orthogonale Projektion $u = \mathrm{proj}_U(x)$ von x auf U.

zufolge hat. Damit lässt sich jeder Vektor $x \in V$ *eindeutig* als Summe

$$x = u + w \qquad \text{mit } u \in U \text{ und } w \in U^{\perp}$$

darstellen. Der Vektor $u = x - w$ heißt dann die *Projektion* (oder *orthogonale Projektion*) von x auf U und wird mit $u = \mathrm{proj}_U(x)$ bezeichnet (siehe Bild 6.8).

Beispiel 6.28: Projektionen und die Kommunikationskomplexität

Zwei weit entfernt lebende Spieler besitzen zwei große Datenbanken (zwei lange Vektoren) $v_1, v_2 \in \mathbb{R}^n$ und wollen bestimmen, ob $v_1 = v_2$ gilt. Eine Möglichkeit wäre, dass der erste Spieler seinen ganzen Vektor v_1 verschickt. Die Kommunikation ist aber teuer: Für jede verschickte reelle Zahl muss man, sagen wir, 1 € zahlen. Deshalb ist diese Lösung sehr teuer: Man müsste insgesamt n € bezahlen. (Man kann zeigen, dass es in einer solchen Situation, in der nur zwei Spieler vorhanden sind, auch nicht billiger geht.) Wir nehmen deshalb an, dass es noch einen dritten Spieler gibt, der die Projektion $\mathrm{proj}_U(v) = (x, x)$ von $v = (v_1, v_2)$ auf den Vektorraum $U = \{(u, u) : u \in \mathbb{R}^n\}$ erhält.

Wie sieht denn die Projektion $\mathrm{proj}_U(v)$ aus? Ein Vektor (y, z) gehört zu $U^{\perp}$ genau dann, wenn $\langle (u, u), (y, z) \rangle = 0$ und somit auch $\langle u, z \rangle = -\langle y, u \rangle$ für *alle* Vektoren $u \in \mathbb{R}^n$ gilt. Da dies inbesondere auch für die Einheitsvektoren $e_i = (0, \ldots, 0, 1, 0, \ldots, 0)$ gelten muss, besteht der Orthogonalraum $U^{\perp}$ aus allen Vektoren $(y, -y)$ mit $y \in \mathbb{R}^n$. Daher ist $(v_1, v_2) = (x, x) + (y, -y)$ für ein $y \in \mathbb{R}^n$. Der Vektor y ist aber keinem der Spieler bekannt: Der erste Spieler kennt nur $v_1 = x + y$, der zweite Spieler kennt nur $v_2 = x - y$, und der dritte Spieler kennt nur x. Sie müssen also entscheiden, ob $y = 0$ gilt. Es ist interessant, dass nun 6 € völlig ausreichen: Nur die Zahlen $\|v_1\|$, $\|v_2\|$ und $\|x\|$ müssen kommuniziert werden! Es gilt nämlich

$$\|x\| = \|x - y\| = \|x + y\| \iff y = 0\,.$$

Beweis: Die Richtung ($\Leftarrow$) ist trivial. Nehmen wir nun an, dass $\|x\| = \|x - y\| = \|x + y\|$ gilt. Dann gilt auch

$$\|x\|^2 = \|x - y\|^2 = \langle x - y, x - y \rangle = \|x\|^2 - 2\langle x, y \rangle + \|y\|^2\,,$$
$$\|x\|^2 = \|x + y\|^2 = \langle x + y, x + y \rangle = \|x\|^2 + 2\langle x, y \rangle + \|y\|^2\,.$$

Aufaddiert erhalten wir $2\|x\|^2 = 2\|x\|^2 + 2\|y\|^2$, woraus $\|y\| = 0$ und somit auch $y = 0$ folgt, da $\mathbb{R}^n$ ein euklidischer Vektorraum ist. □

Der euklidische Abstand zwischen zwei Vektoren x und y wird als $\|x - y\|$ definiert.

Satz 6.29:

Ist $\boldsymbol{u} = \operatorname{proj}_U(\boldsymbol{x})$ die Projektion eines Vektors $\boldsymbol{x} \in V$ auf einen Unterraum $U \subseteq V$, so ist $\boldsymbol{u}$ der Vektor mit dem geringsten Abstand zu $\boldsymbol{x}$: Es gilt $\|\boldsymbol{x} - \boldsymbol{u}'\| > \|\boldsymbol{x} - \boldsymbol{u}\|$ für alle $\boldsymbol{u}' \in U$ mit $\boldsymbol{u}' \neq \boldsymbol{u}$.

Beweis:

Ist $\boldsymbol{u} = \operatorname{proj}_U(\boldsymbol{x})$, so muss es ein $\boldsymbol{w} \in U^\perp$ mit $\boldsymbol{x} = \boldsymbol{u} + \boldsymbol{w}$ geben. Dies bedeutet insbesondere, dass der Vektor $\boldsymbol{x} - \boldsymbol{u} = \boldsymbol{w}$ in $U^\perp$ liegen muss. Andererseits, liegt der Vektor $\boldsymbol{u} - \boldsymbol{u}'$ in U, da beide Vektoren $\boldsymbol{u}$ und $\boldsymbol{u}'$ in U liegen. Damit wissen wir, dass die Vektoren $\boldsymbol{x} - \boldsymbol{u}$ und $\boldsymbol{u} - \boldsymbol{u}'$ orthogonal sind, d. h. $\langle \boldsymbol{x} - \boldsymbol{u}, \boldsymbol{u} - \boldsymbol{u}' \rangle = 0$ gilt. Mit der Anwendung des Satzes von Pythagoras (Satz 6.17(3)) erhalten wir:

$$\begin{aligned}
\|\boldsymbol{x} - \boldsymbol{u}'\|^2 &= \|(\boldsymbol{x} - \boldsymbol{u}) + (\boldsymbol{u} - \boldsymbol{u}')\|^2 \\
&= \|\boldsymbol{x} - \boldsymbol{u}\|^2 + \|\boldsymbol{u} - \boldsymbol{u}'\|^2 && \text{Pythagoras} \\
&> \|\boldsymbol{x} - \boldsymbol{u}\|^2 && \boldsymbol{u} \neq \boldsymbol{u}'.
\end{aligned}$$

□

6.9 Orthonormalbasen

Eine Menge von Vektoren $\boldsymbol{v}_1, \ldots, \boldsymbol{v}_m \in \mathbb{F}^n$ heißt *orthonormal*, wenn für alle $1 \leq i, j \leq m$ gilt

$$\langle \boldsymbol{v}_i, \boldsymbol{v}_j \rangle = \begin{cases} 1 & \text{falls } i = j; \\ 0 & \text{fals } i \neq j. \end{cases}$$

D. h. orthonormale Vektoren stehen senkrecht aufeinander und haben die Länge $\|\boldsymbol{v}_i\| = 1$. Hier ist die erste Eigenschaft (paarweise Orthogonalität) entscheident: Man kann einen gegebenen, vom Nullvektor verschiedenen Vektor $\boldsymbol{x}$ »normieren«, indem man ihn durch seine Norm (= Betrag) dividiert, also $\boldsymbol{x}$ durch $\boldsymbol{x}/\|\boldsymbol{x}\|$ ersetzt. Insbesondere müssen orthonormale Vektoren linear unabhängig sein (Aufgabe 6.2). Bilden diese Vektoren eine Basis in einem Vektorraum $V \subseteq \mathbb{F}^n$, so heißt eine solche Basis *Orthonormalbasis* von V. So ist zum Beispiel die Standardbasis $\boldsymbol{e}_1, \ldots, \boldsymbol{e}_n$ von $\mathbb{F}^n$ eine Orthonormalbasis von $\mathbb{F}^n$.

Warum ist es gut, dass eine Basis auch orthonormal ist? Da man dann die Koeffizienten λ_i in der Koordinatendarstellung $\boldsymbol{x} = \lambda_1 \boldsymbol{v}_1 + \cdots + \lambda_m \boldsymbol{v}_m$ der Vektoren $\boldsymbol{x} \in V$ sehr leicht bestimmen kann: Es gilt dann $\lambda_i = \langle \boldsymbol{x}, \boldsymbol{v}_i \rangle$ für alle $i = 1, \ldots, m$.

Satz 6.30: Koordinatendarstellung in Orthonormalbasen

Sei $m = \dim V$ und sei $\boldsymbol{v}_1, \ldots, \boldsymbol{v}_m$ eine Orthonormalbasis von V. Dann gilt für jedes $\boldsymbol{x} \in V$

$$\boldsymbol{x} = \langle \boldsymbol{x}, \boldsymbol{v}_1 \rangle \boldsymbol{v}_1 + \langle \boldsymbol{x}, \boldsymbol{v}_2 \rangle \boldsymbol{v}_2 + \cdots + \langle \boldsymbol{x}, \boldsymbol{v}_m \rangle \boldsymbol{v}_m .$$

Beweis:

Sei $\boldsymbol{x} = \lambda_1 \boldsymbol{v}_1 + \cdots + \lambda_m \boldsymbol{v}_m$ die nach Satz 5.49 eindeutige Darstellung von $\boldsymbol{x}$. Um den Koeffizienten λ_i zu bestimmen, betrachten wir das Skalarprodukt

$$\langle \boldsymbol{x}, \boldsymbol{v}_i \rangle = \lambda_1 \langle \boldsymbol{v}_1, \boldsymbol{v}_i \rangle + \cdots + \lambda_i \langle \boldsymbol{v}_i, \boldsymbol{v}_i \rangle + \cdots + \lambda_m \langle \boldsymbol{v}_m, \boldsymbol{v}_i \rangle .$$

Aus $\langle \boldsymbol{v}_i, \boldsymbol{v}_i \rangle = 1$ und $\langle \boldsymbol{v}_j, \boldsymbol{v}_i \rangle = 0$ für $j \neq i$ folgt dann $\langle \boldsymbol{x}, \boldsymbol{v}_i \rangle = \lambda_i \langle \boldsymbol{v}_i, \boldsymbol{v}_i \rangle = \lambda_i$. □

Eine natürliche Frage daher ist, ob jeder (oder zumindest jeder euklidischer) Vektorraum eine orthonormale Basis besitzt? Ist das der Fall, wie kann man dann eine solche Basis bestimmen? Der folgende Satz beantwortet beide Fragen für euklidische Vektorräume positiv.

Satz 6.31: Gram–Schmidt-Orthogonalisierungsverfahren

Seien $\boldsymbol{v}_1, \ldots, \boldsymbol{v}_m$ linear unabhängige Vektoren in einem euklidischen Vektorraum V. Dann gibt es eine orthonormale Menge von Vektoren $\boldsymbol{w}_1, \ldots, \boldsymbol{w}_m$, die denselben Vektorraum wie $\boldsymbol{v}_1, \ldots, \boldsymbol{v}_m$ aufspannen. Die Vektoren $\boldsymbol{w}_n$ für $n = 1, \ldots, m$ lassen sich induktiv als $\boldsymbol{w}_n = \boldsymbol{x}_n / \|\boldsymbol{x}_n\|$ berechnen mit $\boldsymbol{x}_1 = \boldsymbol{v}_1$ und

$$\boldsymbol{x}_n = \boldsymbol{v}_n - \sum_{i=1}^{n-1} \langle \boldsymbol{v}_n, \boldsymbol{w}_i \rangle \boldsymbol{w}_i .$$

Insbesondere besitzt jeder euklidische Vektorraum von endlicher Dimension eine Orthonormalbasis.

Beweis:

Wir verfahren konstruktiv und beweisen den Satz mittels Induktion über n. Ist $n = 1$, so können wir $\boldsymbol{w}_1 = \boldsymbol{v}_1 / \|\boldsymbol{v}_1\|$ nehmen; die lineare Unabhängigkeit erzwingt $\boldsymbol{v}_1 \neq \boldsymbol{0}$ und damit auch $\|\boldsymbol{v}_1\| \neq 0$ (V ist ja ein euklidischer Vektorraum).

Induktionsschritt: $n - 1 \mapsto n$. Wegen $\langle \boldsymbol{w}_j, \boldsymbol{w}_j \rangle = 1$ und $\langle \boldsymbol{w}_i, \boldsymbol{w}_j \rangle = 0$ für $i \neq j$ erhalten wir für jedes $j = 1, \ldots, n-1$

$$\langle \boldsymbol{x}_n, \boldsymbol{w}_j \rangle = \langle \boldsymbol{v}_n, \boldsymbol{w}_j \rangle - \sum_{i=1}^{n-1} \langle \boldsymbol{v}_n, \boldsymbol{w}_i \rangle \langle \boldsymbol{w}_i, \boldsymbol{w}_j \rangle = \langle \boldsymbol{v}_n, \boldsymbol{w}_j \rangle - \langle \boldsymbol{v}_n, \boldsymbol{w}_j \rangle \langle \boldsymbol{w}_j, \boldsymbol{w}_j \rangle = 0 .$$

Somit steht der Vektor $\boldsymbol{x}_n$ auf allen ersten $n-1$ Vektoren $\boldsymbol{w}_1, \ldots, \boldsymbol{w}_{n-1}$ senkrecht. Da $\boldsymbol{x}_n \neq \boldsymbol{0}$ wegen $\boldsymbol{v}_n \notin \operatorname{span}(\boldsymbol{v}_1, \ldots, \boldsymbol{v}_{n-1})$ gilt, steht auch der normierte Vektor $\boldsymbol{w}_n = \boldsymbol{x}_n / \|\boldsymbol{x}_n\|$ auf allen diesen Vektoren senkrecht. □

Beispiel 6.32:

Wir wollen eine Orthonormalbasis von $\mathbb{R}^3$ ausgehend von der Basis

$$\boldsymbol{v}_1 = (1,1,1), \quad \boldsymbol{v}_2 = (0,1,1), \quad \boldsymbol{v}_3 = (0,0,1)$$

bestimmen.[4] Wir setzen $w_1 = \frac{v_1}{\|v_1\|} = \left(\frac{1}{\sqrt{3}}, \frac{1}{\sqrt{3}}, \frac{1}{\sqrt{3}}\right)$. Dann betrachten wir

$$x_2 = v_2 - \langle v_2, w_1\rangle w_1 = (0{,}1{,}1) - \frac{2}{\sqrt{3}}\left(\frac{1}{\sqrt{3}}, \frac{1}{\sqrt{3}}, \frac{1}{\sqrt{3}}\right) = \left(-\frac{2}{3}, \frac{1}{3}, \frac{1}{3}\right)$$

und setzen $w_2 = \frac{x_2}{\|x_2\|} = \left(-\frac{2}{\sqrt{6}}, \frac{1}{\sqrt{6}}, \frac{1}{\sqrt{6}}\right)$. Anschließend betrachten wir

$$x_3 = v_3 - \langle v_3, w_1\rangle w_1 - \langle v_3, w_2\rangle w_2 = (0{,}0{,}1) - \left(\frac{1}{3}, \frac{1}{3}, \frac{1}{3}\right) - \left(-\frac{2}{6}, \frac{1}{6}, \frac{1}{6}\right)$$
$$= \left(0, -\frac{1}{2}, \frac{1}{2}\right)$$

und setzen $w_3 = \frac{x_3}{\|x_3\|} = \left(0, -\frac{1}{\sqrt{2}}, \frac{1}{\sqrt{2}}\right)$. Somit haben wir eine Orthonormalbasis w_1, w_2, w_3 von $\mathbb{R}^3$ bestimmt:

$$w_1 = \left(\frac{1}{\sqrt{3}}, \frac{1}{\sqrt{3}}, \frac{1}{\sqrt{3}}\right), \quad w_2 = \left(-\frac{2}{\sqrt{6}}, \frac{1}{\sqrt{6}}, \frac{1}{\sqrt{6}}\right), \quad w_3 = \left(0, -\frac{1}{\sqrt{2}}, \frac{1}{\sqrt{2}}\right).$$

6.10 Aufgaben

Aufgabe 6.1:

Seien U_1 und U_2 zwei Unterräume eines Vektorraums V. Zeige, dass $U_1 \cup U_2$ genau dann ein Vektorraum ist, wenn $U_1 \subseteq U_2$ oder $U_2 \subseteq U_1$ gilt.

Aufgabe 6.2:

Seien $v_1, \ldots, v_k \in \mathbb{R}^n \setminus \{0\}$ Vektoren mit $\langle v_i, v_j\rangle = 0$ für alle $i \neq j$. Zeige, dass dann $v_1, \ldots, v_k$ linear unabhängig sind. *Hinweis*: Beweis von Behauptung 6.19 (»Oddtown«).

Aufgabe 6.3:

Zeige, dass für alle $x, y \in \mathbb{R}^n$ gilt:

a) $\|x + y\|^2 + \|x - y\|^2 = 2(\|x\|^2 + \|y\|^2)$;
b) ist $\|x\| = \|y\|$, so sind die Vektoren $x + y$ und $x - y$ orthogonal;
c) $\langle x, y\rangle = \frac{1}{4}\left(\|x + y\|^2 - \|x - y\|^2\right)$.

Aufgabe 6.4:

Benutze die Cauchy–Schwarz Ungleichung um Folgendes zu zeigen. Für die Summe $|u| = |u_1| + \cdots + |u_n|$ der Absolutbeträge eines jeden Vektors $u = (u_1, \ldots, u_n)$ in $\mathbb{R}^n$ gilt: $|u| \leq \sqrt{n} \cdot \|u\|$. *Hinweis*: Betrachte den Vektor $v = (v_1, \ldots, v_n)$ mit $v_i = 1$ falls $u_i > 0$, und $v_i = -1$ sonst.

4 Hier betrachten wir die Vektoren als Zeilenvektoren.

Aufgabe 6.5:

Seien $x_1, \ldots, x_n$ reelle Zahlen und f sei eine Permutation von $\{1, \ldots, n\}$. Zeige, dass dann

$$\sum_{i=1}^{n} x_i \cdot x_{f(i)} \leq \sum_{i=1}^{n} x_i^2$$

gilt. *Hinweis*: Cauchy–Schwarz Ungleichung.

Aufgabe 6.6:

Sei $V \subseteq \mathbb{Z}_2^n$ ein Vektorraum und $\boldsymbol{y} \in \mathbb{Z}_2^n$ sei ein Vektor mit $\boldsymbol{y} \notin V^\perp$. Zeige, dass dann $\langle \boldsymbol{v}, \boldsymbol{y} \rangle = 0$ für genau die Hälfte der Vektoren $\boldsymbol{v}$ in V gilt.

Hinweis: Zerlege V in zwei Teilmengen $V_\alpha = \{\boldsymbol{v} \in V : \langle \boldsymbol{v}, \boldsymbol{y} \rangle = \alpha\}$, $\alpha = 0{,}1$. Nimm ein $\boldsymbol{u} \in V_1$ und zeige: $\boldsymbol{u} + V_0 \subseteq V_1$, $\boldsymbol{u} + V_1 \subseteq V_0$, $|\boldsymbol{u} + V_0| = |V_0|$ und $|\boldsymbol{u} + V_1| = |V_1|$. Hier bezeichnet $\boldsymbol{x} + U$ die Menge aller Vektoren $\boldsymbol{x} + \boldsymbol{u}$ mit $\boldsymbol{u} \in U$.

Aufgabe 6.7:

Sei $V \subseteq \mathbb{F}^n$ ein Vektorraum über einem Körper $\mathbb{F}$ und sei $U \subseteq V$ ein Unterraum von V. Sind die folgenden Aussagen richtig oder falsch?

a) $\mathrm{span}(U \cup U^\perp) = V$;

b) $(U^\perp)^\perp = U$.

Aufgabe 6.8:

Sei $V \subseteq \mathbb{Z}_2^n$ ein Vektorraum. Zeige, dass dann der Einsvektor $\mathbf{1} = (1{,}1, \ldots, 1)$ in $\mathrm{span}(V \cup V^\perp)$ liegen muss. *Hinweis*: Zeige zuerst, dass $\mathrm{span}(V \cup V^\perp) = \mathrm{span}(V \cap V^\perp)^\perp$ gilt. Benutze dabei Aufgabe 6.7(b).

Aufgabe 6.9:

Seien $\boldsymbol{x}_1, \ldots, \boldsymbol{x}_{n+2}$ beliebige $n+2$ Vektoren in $\mathbb{R}^n$. Zeige, dass dann das Skalarprodukt von mindestens zwei dieser Vektoren nicht-negativ sein muss, d. h. $\langle \boldsymbol{x}_i, \boldsymbol{x}_j \rangle \geq 0$ für ein Paar $i \neq j$ gilt. *Hinweis*: Die Vektoren $\boldsymbol{x}_i' = (\boldsymbol{x}_i, 1)$ sind immer noch linear abhängig.

Aufgabe 6.10:

Sei A eine $m \times n$ Matrix über einem Körper $\mathbb{F}$. Zeige, dass das Gleichungssystem $A\boldsymbol{x} = \boldsymbol{b}$ genau dann für alle $\boldsymbol{b} \in \mathbb{F}^m$ lösbar ist, wenn $A^\top \boldsymbol{y} = \mathbf{0}$ nur die triviale Lösung $\boldsymbol{y} = \mathbf{0}$ (in $\mathbb{F}^m$) besitzt. *Hinweis*: Dimensionsformel für lineare Abbildungen (Satz 5.48).

7 Matrizenkalkül

Wir wissen bereits, dass man zwei Matrizen komponentenweise addieren kann. Wie sollte man aber zwei Matrizen *multiplizieren*? Eine Möglichkeit wäre, die Matrizenmultiplikation auch komponentenweise zu definieren, nichts spricht dagegen. Und tatsächlich ist die so definierte und als *Hadamard-Produkt* bekannte Multiplikation der Matrizen in einigen Anwendungen (insbesondere in der Kombinatorik) nützlich.

In der linearen Algebra wie auch in ihrer Anwendungen will man aber hauptsächlich die Eigenschaften der durch die Matrizen definierten linearen Abbildungen $f_A(\boldsymbol{x}) = A\boldsymbol{x}$ untersuchen. Eine natürliche Frage daher ist, wie kann man solche Abbildungen hintereinander führen: Hat man zwei lineare Abbildungen f_A und f_B, welche Matrix C entspricht dann der Abbildung $f_C(\boldsymbol{x}) = f_A(f_B(\boldsymbol{x}))$? Die Idee ist, das Matrizenprodukt AB so zu definieren, dass

$$f_A(f_B(\boldsymbol{x})) = f_{AB}(\boldsymbol{x})$$

gilt.

7.1 Matrizenprodukt

Ist A eine $m \times n$ Matrix und B eine $n \times r$ Matrix, so ist ihr Produkt die $m \times r$ Matrix AB mit (siehe Bild 7.1)

$$\begin{aligned} AB[i,j] &= \sum_{k=1}^{n} A[i,k] \cdot B[k,j] \\ &= \text{Skalarprodukt der } i\text{-ten Zeile von } A \text{ mit der } j\text{-ten Spalte von } B\,. \end{aligned}$$

Daran erkennt man im übrigen sehr deutlich, dass man nicht irgendwelche Matrizen multiplizieren kann: Die Spaltenzahl der ersten Matrix muss mit der Zeilenzahl der zweiten Matrix übereinstimmen! (Das Skalarprodukt ist ja nur für Vektoren gleicher Länge definiert.) Beachte aber, dass das Produkt $A^\top A$ für *jede* Matrix A definiert ist.

Die folgende Merkregel ist oft nützlich: Sind $\boldsymbol{b}_1, \ldots, \boldsymbol{b}_r$ die Spalten von B, also $B = [\boldsymbol{b}_1, \ldots, \boldsymbol{b}_r]$, dann sind die Spalten von AB die Matrix-Vektor Produkte $A\boldsymbol{b}_1, \ldots, A\boldsymbol{b}_r$.

Das neutrale Element bezüglich der Multiplikation ist die $n \times n$ *Einheitsmatrix*, d. h. die Matrix von der Form

$$E_n = \begin{bmatrix} 1 & 0 & \ldots & 0 \\ 0 & 1 & \ldots & 0 \\ \vdots & \vdots & \ddots & \vdots \\ 0 & 0 & \ldots & 1 \end{bmatrix}.$$

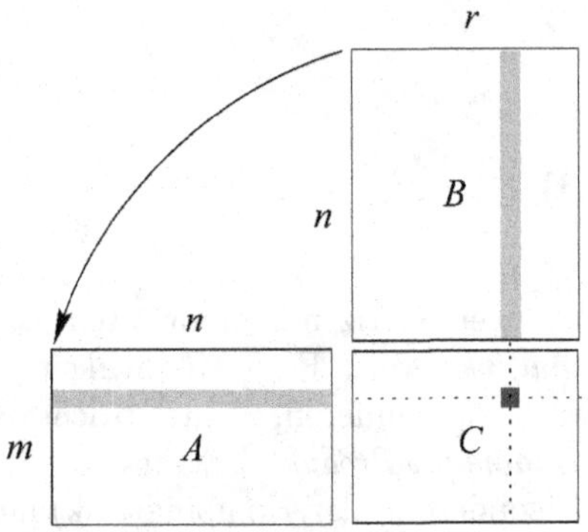

Bild 7.1: Das Matrizenprodukt $C = AB$.

Wenn die Dimension n aus dem Kontext klar ist, werden wir einfach E anstatt E_n schreiben.

Satz 7.1: Rechenregeln

1. Distributivgesetze: $(A+B)\cdot C = A\cdot C + B\cdot C$ und $A\cdot(B+C) = A\cdot B + A\cdot C$;
2. Homogenität: $\lambda\cdot(A\cdot B) = (\lambda\cdot A)\cdot B = A\cdot(\lambda\cdot B)$;
3. Assoziativgesetz: $A\cdot(B\cdot C) = (A\cdot B)\cdot C$;
4. $(A+B)^\top = A^\top + B^\top$;
5. $(A\cdot B)^\top = B^\top\cdot A^\top$ (beachte die Reihenfolge!);
6. $(A^\top)^\top = A$;
7. $E\cdot A = A$ und $A\cdot E = A$.

Alle diese Regeln kann man direkt aus der Definition des Matrizenprodukts ableiten. Wir leiten nur die 5. Regel ab und stellen die Herleitung der anderen Regeln als Übungsaufgabe.

Sei A eine $m\times n$ Matrix und B eine $n\times r$ Matrix. Wegen $A^\top[j,i] = A[i,j]$ gilt dann

$$\begin{aligned} B^\top A^\top[i,j] &= \sum_{k=1}^{n} B^\top[i,k]A^\top[k,j] = \sum_{k=1}^{n} B[k,i]A[j,k] \\ &= \sum_{k=1}^{n} A[j,k]B[k,i] = AB[j,i] = (AB)^\top[i,j]\,. \end{aligned}$$

Somit bildet die Menge $\mathbb{F}^{n\times n}$ aller $n\times n$ Matrizen über einem beliebigen Körper $\mathbb{F}$ einen Ring; die Nullmatrix ist das neutrale Element bezüglich der Addition und die Einheitsmatrix ist das neutrale Element bezüglich der Multiplikation. Das ist i. A. kein *kommutativer* Ring, denn $A\cdot B = B\cdot A$ gilt im Allgemeinen nicht! Hier ist ein Gegenbeispiel:

$$\begin{bmatrix}0&1\\1&0\end{bmatrix}\cdot\begin{bmatrix}1&1\\0&1\end{bmatrix} = \begin{bmatrix}0&1\\1&1\end{bmatrix} \neq \begin{bmatrix}1&1\\0&1\end{bmatrix} = \begin{bmatrix}1&1\\0&1\end{bmatrix}\cdot\begin{bmatrix}1&0\\0&1\end{bmatrix}.$$

Sei A eine $m \times n$ Matrix und B eine $n \times r$ Matrix über einem Körper $\mathbb{F}$. Seien auch $f_B : \mathbb{F}^r \to \mathbb{F}^n$ und $f_A : \mathbb{F}^n \to \mathbb{F}^m$ die durch diese Matrizen definierten linearen Abbildungen $f_B(\boldsymbol{x}) = B\boldsymbol{x}$ und $f_A(\boldsymbol{y}) = A\boldsymbol{y}$. Wir wollen nun zeigen, dass

$$f_A(f_B(\boldsymbol{x})) = f_{AB}(\boldsymbol{x})$$

gilt. Natürlich folgt dies direkt aus dem Assoziativgesetz der Matrizenmultiplikation ($\boldsymbol{x}$ ist ja auch eine $r \times 1$ Matrix):

$$f_A(f_B(\boldsymbol{x})) = A(B\boldsymbol{x}) = (AB)\boldsymbol{x} = f_{AB}(\boldsymbol{x}).$$

Trotzdem lohnt es sich, dies einmal explizit auszurechnen.

Der Vektor $\boldsymbol{y} = B\boldsymbol{x}$ ist ein Vektor der Skalarprodukte von $\boldsymbol{x}$ mit den Zeilen von B, d. h. die k-te Koordinate y_k $(k = 1, \ldots, n)$ des Vektors $\boldsymbol{y}$ ist gleich

$$y_k = \sum_{j=1}^{r} B[k,j] \cdot x_j .$$

Der Vektor $\boldsymbol{z} = A\boldsymbol{y}$ ist ebenfalls ein Vektor der Skalarprodukte von $\boldsymbol{y}$ mit den Zeilen von A und die i-te Koordinate z_i $(i = 1, \ldots, m)$ des Vektors $\boldsymbol{z}$ ist gleich

$$\begin{aligned} z_i &= \sum_{k=1}^{n} A[i,k] \cdot y_k = \sum_{k=1}^{n} A[i,k]\Big(\sum_{j=1}^{r} B[k,j] \cdot x_j\Big) \\ &= \sum_{j=1}^{r} \Big(\sum_{k=1}^{n} A[i,k] \cdot B[k,j]\Big) \cdot x_j = \sum_{j=1}^{r} AB[i,j] x_j . \end{aligned}$$

Somit sind auch die Koordinaten von $\boldsymbol{z} = A(B\boldsymbol{x}) = f_A(f_B(\boldsymbol{x}))$ Skalarprodukte von $\boldsymbol{x}$ mit den Zeilen der Produktmatrix AB, woraus $A(B\boldsymbol{x}) = (AB)\boldsymbol{x}$ folgt.

Ist A eine *quadratische* Matrix, so kann man sie mehrmals mit sich selbst multiplizieren: Die n-te Potenz A^n ist dann rekursiv durch $A^1 = A$ und $A^{n+1} = A^n A$ definiert.

Beispiel 7.2: Matrixpotenzen in der Ökonomie

Wir betrachten eine Anzahl von Gütern (Waren, Dienstleistungen), durchnummeriert von 1 bis n. Einen Vektor $\boldsymbol{x} = (x_1, \ldots, x_n)$ deuten wir als Mengenangaben für diese Güter. Durch eine $n \times n$ Matrix[1] $A = (a_{ij})$ beschreiben wir, wieviel von dem Gut mit der Nummer j bei der Produktion einer Einheit von Gut i verbraucht wird.

Will man nun $\boldsymbol{b} \in \mathbb{R}^n$ verkaufen, muss natürlich $\boldsymbol{b}$ produziert werden, aber zusätzlich wird $A\boldsymbol{b}$ benötigt, zur Produktion von $A\boldsymbol{b}$ wiederum $A^2\boldsymbol{b}$, zur Produktion von $A^2\boldsymbol{b}$ zusätzlich $A^3\boldsymbol{b}$, und so weiter, insgesamt

$$\boldsymbol{x} = \boldsymbol{b} + A\boldsymbol{b} + A^2\boldsymbol{b} + A^3\boldsymbol{b} + \cdots .$$

Die Bestimmung von $\boldsymbol{x}$ (ohne den Grenzwert zu berechnen) läuft so:

$$\boldsymbol{x} = \boldsymbol{b} + A\boldsymbol{b} + A^2\boldsymbol{b} + A^3\boldsymbol{b} + \cdots$$

1 In der Ökonomie sind Modelle mit vielen Gütern gebräuchlich, verwandte Matrizen werden für ganze Volkswirtschaften erstellt (mit einigen hundert Zeilen und Spalten).

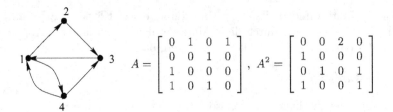

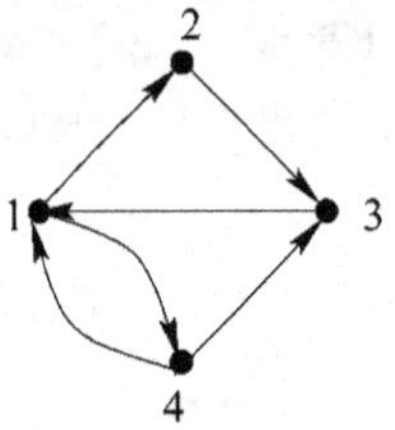

$$A = \begin{bmatrix} 0 & 1 & 0 & 1 \\ 0 & 0 & 1 & 0 \\ 1 & 0 & 0 & 0 \\ 1 & 0 & 1 & 0 \end{bmatrix}, \quad A^2 = \begin{bmatrix} 0 & 0 & 2 & 0 \\ 1 & 0 & 0 & 0 \\ 0 & 1 & 0 & 1 \\ 1 & 0 & 0 & 1 \end{bmatrix}$$

Bild 7.2: Ein gerichteter Graph mit 4 Knoten, seine Adjazenzmatrix A und die zweite Potenz von A.

$$\begin{aligned} Ax &= \quad Ab + A^2b + A^3b + \cdots \\ x - Ax &= b\,. \end{aligned}$$

Also ergibt sich die gesuchte nötige Gesamtproduktion x als Lösung des linearen Gleichungssystems $(E_n - A)x = b$.

In vielen Anwendungen tauchen die folgenden Probleme auf. Gegeben seien eine natürliche Zahl $k \geq 1$ und ein gerichteter Graph $G = (V, E)$ mit n Knoten $V = \{1, \ldots, n\}$. Für zwei Knoten i und j interessiert man sich, ob es einen Weg von i nach j der Länge k gibt. Wenn ja, wieviele solche Wege gibt es insgesamt? Solche Fragen tretten insbesondere in der Theorie der Markov-Ketten häufig auf.

Wenn wir alle mögliche Wege ausprobieren wollen, wird das zu einem sehr großen Zeitaufwand führen: Im schlimmsten Fall muss man alle n^k mögliche Wege ausprobieren. Man kann aber mit viel kleinerem Rechenaufwand auskommen, wenn man die Matrizenalgebra verwendet: Dann reichen höchstens kn^3 Operationen völlig aus. Dazu betrachtet man die sogenannte »Adjazenzmatrix« $A = (a_{ij})$ von G und berechnet ihre k-te Potenz A^k. Die *Adjazenzmatrix* eines gerichteten Graphen $G = (V, E)$ mit der Knotenmenge $V = \{1, \ldots, n\}$ ist eine $n \times n$ Matrix $A = (a_{ij})$ mit $a_{ij} = 1$, falls $(i, j) \in E$, und $a_{ij} = 0$ sonst (Bild 7.2).

Satz 7.3: Anzahl der Wege

Sei G ein gerichteter Graph mit den Knoten $1, \ldots, n$ und A sei seine Adjazenzmatrix. Ist A^k die k-te Potenz von A, so gilt für alle $1 \leq i, j \leq n$

$$A^k[i, j] = \text{Anzahl der Wege der Länge } k \text{ in } G \text{ von } i \text{ nach } j.$$

Beweis:

Wir beweisen den Satz mittels Induktion über k.

Für $k = 1$ ist die Behauptung trivialerweise erfüllt, denn es gilt $A^1 = A$ und die Adjazenzmatrix zeigt die Zahl aller Kanten, also aller Wege der Länge 1 zwischen zwei Knoten an.

Sei die Behauptung bereits für alle Potenzen A^r, $r = 1, \ldots, k-1$ bewiesen. Nach der Definition der Matrixmultiplikation ist der Eintrag $A^k[i, j]$ in der i-ten Zeile und j-ten Spalte von $A^k = A \cdot A^{k-1}$ genau das Skalarprodukt der i-ten Zeile von A mit

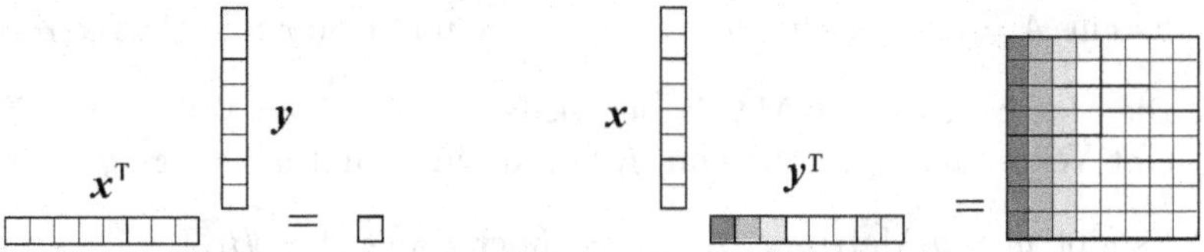

Bild 7.3: Der Unterschied zwischen $\boldsymbol{x}^\top \cdot \boldsymbol{y} = \langle \boldsymbol{x}, \boldsymbol{y} \rangle$ und $\boldsymbol{x} \cdot \boldsymbol{y}^\top$.

der j-ten Spalte von A^{k-1}, d. h.

$$A^k[i,j] = \sum_{t=1}^{n} A[i,t] \cdot A^{k-1}[t,j] .$$

Für jedes $t = 1, \ldots, n$, ist der Summand $A[i,t] \cdot A^{k-1}[t,j]$ genau dann von Null verschieden, wenn $A[i,t] = 1$ gilt und demzufolge $A[i,t] \cdot A^{k-1}[t,j] = A^{k-1}[t,j]$ ist. Da $A^{k-1}[t,j]$ nach Induktionsvoraussetzung die Anzahl der Wege der Länge $k-1$ angibt, die von t nach j führen, und sich aufgrund der Existenz der Kante (i,t) ($A[i,t] = 1$) jeder dieser Wege zu einem Weg der Länge k von i nach j fortsetzen lässt, trägt der Summand $A[i,t] \cdot A^{k-1}[t,j]$ genau die Anzahl der Wege der Länge $1 + (k-1) = k$ von i (über t) nach j zur Summe $A^k[i,j]$ bei. Da über alle Zwischenknoten t summiert wird, gibt $A^k[i,j]$ wie behauptet die Zahl sämtlicher Wege der Länge k an, die in G von i nach j führen. □

7.2 Matrizenprodukt und Rang

Sind $\boldsymbol{x}, \boldsymbol{y} \in \mathbb{F}^n$ zwei Spaltenvektoren, so kann man sie auch als $n \times 1$ Matrizen betrachten; $\boldsymbol{x}^\top$ und $\boldsymbol{y}^\top$ sind dann $1 \times n$ Matrizen. Das Matrizenprodukt $\boldsymbol{x}^\top \cdot \boldsymbol{y}$ ist dann nichts anderes als das Skalarprodukt $\langle \boldsymbol{x}, \boldsymbol{y} \rangle$. Was ist aber $\boldsymbol{x} \cdot \boldsymbol{y}^\top$? Da $\boldsymbol{x}$ eine $n \times 1$ und $\boldsymbol{y}^\top$ eine $1 \times n$ Matrix ist, ist das Produkt $\boldsymbol{x} \cdot \boldsymbol{y}^\top$ eine $n \times n$ Matrix $A = (a_{ij})$ mit $a_{ij} = x_i \cdot y_j$ (siehe Bild 7.3). Beachte aber, dass diese Matrix sehr kleinen Rang hat. Es gilt nämlich $\mathrm{rk}(\boldsymbol{x} \cdot \boldsymbol{y}^\top) \leq 1$ für alle $\boldsymbol{x} \in \mathbb{F}^m$ und $\boldsymbol{y} \in \mathbb{F}^n$: Die i-te Spalte der Matrix $\boldsymbol{x} \cdot \boldsymbol{y}^\top$ ist einfach das y_i-fache $y_i\boldsymbol{x}$ des Vektors $\boldsymbol{x}$.

Das Matrizenprodukt erlaubt uns, den Rang $\mathrm{rk}(A)$ der Matrizen auch anders zu beschreiben. In vielen Anwendungen ermöglichen diese alternativen Beschreibungen, den Rang nach oben abzuschätzen, ohne ihn dabei explizit zu berechnen. Zunächst haben wir die folgende Ungleichung:

$$\mathrm{rk}(AB) \leq \min\{\mathrm{rk}(A), \mathrm{rk}(B)\} . \tag{7.1}$$

Dazu reicht es zu beobachten, dass der Spaltenraum von AB eine Teilmenge des Spaltenraumes von A und der Zeilenraum von AB eine Teilmenge des Zeilenraumes von B ist: Die j-te Spalte von AB ist die durch die j-te Spalte $\boldsymbol{b}_j$ von B gegebene Linearkombination $A\boldsymbol{b}_j$ der Spalten von A.

Satz 7.4: Alternative Definitionen des Rangs
Sei $A = (a_{ij})$ eine $m \times n$ Matrix über einem Körper $\mathbb{F}$. Dann sind die folgenden drei Aussagen zu der Aussage $\mathrm{rk}(A) \leq r$ äquivalent.

1. Es gilt $A = XY$ für eine $m \times r$ Matrix X und eine $r \times n$ Matrix Y.

2. Die Matrix A ist eine Matrix der Skalarprodukte von Vektoren in $\mathbb{F}^r$, d. h. es gibt Vektoren $\boldsymbol{x}_1, \ldots, \boldsymbol{x}_m$ und $\boldsymbol{y}_1, \ldots, \boldsymbol{y}_n$ in $\mathbb{F}^r$ mit $a_{ij} = \langle \boldsymbol{x}_i, \boldsymbol{y}_j \rangle$ für alle i, j.

3. Es gibt $m \times n$ Matrizen $B_1, \ldots, B_r$ über $\mathbb{F}$ mit $A = B_1 + B_2 + \cdots + B_r$ und $\mathrm{rk}(B_k) = 1$ für alle $k = 1, \ldots, r$.

Beweis:

(1) Sei $R(A)$ die kleinste Zahl s, so dass $A = XY$ für eine $m \times s$ Matrix X und eine $s \times n$ Matrix Y gilt.[2] Aus (7.1) folgt dann

$$\mathrm{rk}(A) \leq \min\{\mathrm{rk}(X), \mathrm{rk}(Y)\} \leq s = R(A).$$

Um die andere Richtung $\mathrm{rk}(A) \geq R(A)$ zu zeigen, seien $\boldsymbol{a}_1, \ldots, \boldsymbol{a}_n \in \mathbb{F}^m$ die Spalten von A und sei $r = \mathrm{rk}(A)$. Dann gibt es r Spalten, die alle verbleibenden Spalten erzeugen, und keine $r - 1$ Spalten dies tun; seien es o. B. d. A. die ersten r Spalten (sonst permutiere die Spalten) und sei $X = [\boldsymbol{a}_1, \ldots, \boldsymbol{a}_r]$ die entsprechende Teilmatrix von A. Da jede Spalte von A eine Linearkombination der ersten r Spalten von A ist, muss es für jedes $j = 1, \ldots, n$ einen Vektor $\boldsymbol{y}_j \in \mathbb{F}^r$ mit $\boldsymbol{a}_j = X\boldsymbol{y}_j$ geben. Für die $r \times n$ Matrix $Y = [\boldsymbol{y}_1, \ldots, \boldsymbol{y}_n]$ gilt daher

$$A = [\boldsymbol{a}_1, \ldots, \boldsymbol{a}_n] = [X\boldsymbol{y}_1, \ldots, X\boldsymbol{y}_n] = XY.$$

(2) Sind $\boldsymbol{x}_1, \ldots, \boldsymbol{x}_m \in \mathbb{F}^r$ die *Zeilen* von X, so bedeutet $A = XY$, dass jeder Eintrag a_{ij} von A das Skalarprodukt $a_{ij} = \langle \boldsymbol{x}_i, \boldsymbol{y}_j \rangle$ von Vektoren in $\mathbb{F}^r$ ist.

(3) Sei $A = (a_{ij})$ und seien $\boldsymbol{x}_1, \ldots, \boldsymbol{x}_m$ und $\boldsymbol{y}_1, \ldots, \boldsymbol{y}_n$ Vektoren in $\mathbb{F}^r$ mit $r = \mathrm{rk}(A)$, für die $a_{ij} = \langle \boldsymbol{x}_i, \boldsymbol{y}_j \rangle$ gilt. Für jedes $k = 1, \ldots, r$ sei $\boldsymbol{u}_k = (x_{1,k}, \ldots, x_{m,k})$ der Vektor in $\mathbb{F}^m$, der aus den k-ten Komponenten der Vektoren $\boldsymbol{x}_1, \ldots, \boldsymbol{x}_m$ besteht; jeder der Vektoren $\boldsymbol{x}_i$ hat also die Form $\boldsymbol{x}_i = (x_{i,1}, \ldots, x_{i,r})$. Sei auch $\boldsymbol{v}_k = (y_{1,k}, \ldots, y_{n,k})$ der entsprechende Vektor in $\mathbb{F}^n$. In der i-ten Zeile und j-ten Spalte der Produktmatrix $B_k = \boldsymbol{u}_k \cdot \boldsymbol{v}_k^\top$ steht somit das Produkt $x_{i,k} \cdot y_{j,k}$. Andererseits, steht in der i-ten Zeile und j-ten Spalte von A die Summe

$$a_{ij} = \langle \boldsymbol{x}_i, \boldsymbol{y}_j \rangle = \sum_{k=1}^{r} x_{i,k} \cdot y_{j,k}$$

dieser Produkte. Somit ist der Eintrag in der i-ten Zeile und j-ten Spalte von A die Summe der entsprechenden Einträge von $B_1, \ldots, B_r$. In der Matrixform bedeutet dies $A = B_1 + B_2 + \cdots + B_r$, wobei nach der Bemerkung am Anfang des Abschnitts auch $\mathrm{rk}(B_k) \leq 1$ für alle $k = 1, \ldots, r$ gilt. □

---

2 Manchmal benutzt man $R(A)$ als die Definition des Rangs. Dies ist insbesonere dann nützlich, wenn man keinen Körper $\mathbb{F}$, sondern nur einen Ring R zu Verfügung hat und folglich nicht vernünftig dividieren kann.

7.3 Matrizendivision: Inverse Matrizen

Wir wissen nun, wie man zwei Matrizen multipliziert. Wie kann man aber eine Matrix durch eine andere Matrix dividieren?

Die Division in allen algebraischen Strukturen ist nichts anderes als die Multiplikation mit den »multiplikativen Inversen«. Um eine Matrix A durch eine Matrix B dividieren zu können, muss daher die Matrix B ihr multiplikatives Inverses besitzen, also eine Matrix X mit der Eigenschaft $BX = XB = E$, wobei E die Einheitsmatrix ist. Dabei sieht man deutlich, dass die Matrix B quadratisch sein muss, d. h. genau soviele Zeilen wie Spalten besitzen. Gibt es nun das multiplikative Inverse X, so ist $A/B = AX$. Da nur quadratische Matrizen ihre multiplikative Inverse besitzen können, werden wir uns auf solche Matrizen beschränken.

Definition 7.5:

Eine $n \times n$ Matrix A heißt *invertierbar*, wenn es eine $n \times n$ Matrix A^{-1} gibt, so dass

$$A^{-1}A = AA^{-1} = E$$

gilt; hier ist E die $n \times n$ Einheitsmatrix. Die Matrix A^{-1} heißt dann die *inverse Matrix* oder das *Inverse* von A.

Die Menge aller invertierbaren $n \times n$ Matrizen über einem Körper $\mathbb{F}$ wird mit $GL(n, \mathbb{F})$ bezeichnet, also

$$GL(n, \mathbb{F}) = \text{ alle invertierbaren } n \times n \text{ Matrizen über } \mathbb{F}.$$

Diese Bezeichnung kommt aus dem englischen Namen »general linear group«. Da $GL(n, \mathbb{F})$ die Einheitsmatrix E enthält und die Matrixmultiplikation assoziativ ist, bildet $GL(n, \mathbb{F})$ tatsächlich eine (nicht kommutative) Gruppe bezüglich der Matrixmultiplikation. Aus der allgemeinen Gruppeneigenschaften folgt unmittelbar eine Reihe der Eigenschaften der inversen Matrizen.[3]

Lemma 7.6: Eigenschaften von Inversen

Seien $A, B \in GL(n, \mathbb{F})$ und C sei eine beliebige $n \times n$ Matrix. Dann gilt:

1. $(A^{-1})^{-1} = A$;
2. $(AB)^{-1} = B^{-1}A^{-1}$ (beachte die Reihenfolge!);
3. jede invertierbare Matrix hat genau ein Inverses;
4. $(A^\top)^{-1} = (A^{-1})^\top$;
5. C ist invertierbar $\iff \mathrm{rk}(C) = n$.

Beweis:

Da $GL(n, \mathbb{F})$ eine Gruppe ist, folgen die Aussagen (1), (2) und (3) direkt aus Gruppeneigenschaften (Lemma 5.4).

Die Aussage (4) folgt aus Satz 7.1(5):

$$(A^{-1})^\top \cdot A^\top = (A \cdot A^{-1})^\top = E^\top = E\,.$$

3 Dies zeigt wieder, wozu die Algebra gut ist: Wir müssen diese Eigenschaften nicht nochmal beweisen!

Um die letzte Aussage (5) zu beweisen, sei zunächst $\text{rk}(C) = n$. Dann bilden die Spalten von C eine Basis von $\mathbb{F}^n$. Deshalb hat das Gleichungssystem $C \cdot X = D$ für jede $n \times n$ Matrix D eine Lösung X. Insbesondere hat dann auch das Gleichungssystem $C \cdot X = E$ eine Lösung, und die Matrix C ist damit invertierbar. Ist nun C invertierbar, so folgt aus (7.1) $\text{rk}(C) \geq \text{rk}(C \cdot C^{-1}) = \text{rk}(E) = n$. □

7.3.1 Unitäre Matrizen

Eine quadratische Matrix A über einem Körper $\mathbb{F}$ heißt *unitär* (oder *orthogonal*), falls $A^\top A = E$ und somit auch $A^{-1} = A^\top$ gilt. Für die Spalten $\boldsymbol{a}_1, \ldots, \boldsymbol{a}_n$ von A bedeutet dies

$$\langle \boldsymbol{a}_i, \boldsymbol{a}_j \rangle = \begin{cases} 1 & \text{falls } i = j; \\ 0 & \text{falls } i \neq j. \end{cases}$$

D.h. die Spalten (wie auch die Zeilen) von A bilden eine Orthonormalbasis von $\mathbb{F}^n$. Insbesondere ist die Einheitsmatrix E eine unitäre Matrix.

Unitäre Matrizen sind sehr leicht zu invertieren: Es reicht die Matrix zu transponieren! Eine weitere wichtige Eigenschaft unitärer Matrizen A ist, dass die entsprechenden linearen Abbildungen $f(\boldsymbol{x}) = A\boldsymbol{x}$ und $g(\boldsymbol{x}) = A^\top \boldsymbol{x}$ die geometrische Struktur der Vektorräume unverändert lassen: Sowohl der Winkel zwischen den Vektoren wie auch die Norm $\|A\boldsymbol{x}\| = \|\boldsymbol{x}\|$ bleiben dabei unverändert!

Satz 7.7: Perseval'sche Gleichung

Für jede unitäre $n \times n$ Matrix A über einem Körper $\mathbb{F}$ und für alle $\boldsymbol{x}, \boldsymbol{y} \in \mathbb{F}^n$ gilt $\langle A\boldsymbol{x}, A\boldsymbol{y} \rangle = \langle \boldsymbol{x}, \boldsymbol{y} \rangle$. Insbesondere gilt $\|A\boldsymbol{x}\| = \|\boldsymbol{x}\|$.

Beweis:

Seien $\boldsymbol{a}_1, \ldots, \boldsymbol{a}_n$ die Zeilen von A. Dann ist die i-te Koordinate des Vektors $A\boldsymbol{x}$ gleich $\langle \boldsymbol{a}_i, \boldsymbol{x} \rangle$. Somit gilt

$$\langle A\boldsymbol{x}, A\boldsymbol{y} \rangle = \sum_{i=1}^{n} \langle \boldsymbol{a}_i, \boldsymbol{x} \rangle \cdot \langle \boldsymbol{a}_i, \boldsymbol{y} \rangle .$$

Da die Matrix A unitär ist, bilden ihre Zeilen eine Orthonormalbasis von $\mathbb{F}^n$. Nach Satz 6.30 können wir die Vektoren $\boldsymbol{x}, \boldsymbol{y} \in \mathbb{F}^n$ als Linearkombinationen der Basisvektoren darstellen: $\boldsymbol{x} = \sum_{i=1}^n \lambda_i \boldsymbol{a}_j$ mit $\lambda_i = \langle \boldsymbol{a}_i, \boldsymbol{x} \rangle$ und $\boldsymbol{y} = \sum_{i=1}^n \mu_i \boldsymbol{a}_j$ mit $\mu_i = \langle \boldsymbol{a}_i, \boldsymbol{y} \rangle$. Wegen $\langle \boldsymbol{a}_i, \boldsymbol{a}_i \rangle = 1$ und $\langle \boldsymbol{a}_i, \boldsymbol{a}_j \rangle = 0$ für $i \neq j$ erhalten wir

$$\langle \boldsymbol{x}, \boldsymbol{y} \rangle = \sum_{i=1}^{n} \sum_{j=1}^{n} \lambda_i \mu_j \langle \boldsymbol{a}_i, \boldsymbol{a}_j \rangle = \sum_{i=1}^{n} \lambda_i \mu_i = \sum_{i=1}^{n} \langle \boldsymbol{a}_i, \boldsymbol{x} \rangle \cdot \langle \boldsymbol{a}_i, \boldsymbol{y} \rangle = \langle A\boldsymbol{x}, A\boldsymbol{y} \rangle .$$ □

Unitäre Matrizen benutzt man zum Beispiel für die Beschreibung der Quantenrechner. Die Berechnung in einem solchen Rechner entspricht einer Multiplikation von bestimmten unitären Matrizen.

7.3.2 Hadamardmatrizen*

Eine $n \times n$ Matrix M über $\mathbb{R}$ mit Einträgen $+1$ und -1 heißt *Hadamardmatrix*, falls ihre Zeilen paarweise orthogonal sind, d. h. das Skalarprodukt von je zwei Zeilen ist gleich 0. Zum Beispiel sind die durch die folgende Rekurrenz gegebenen Matrizen Hadamardmatrizen (siehe Aufgabe 7.21):

$$H_2 = \begin{bmatrix} 1 & 1 \\ 1 & -1 \end{bmatrix}, \quad H_{2m} = \begin{bmatrix} H_m & H_m \\ H_m & -H_m \end{bmatrix}, \qquad m = 2,4,8,\ldots.$$

Für alle Vektoren $\boldsymbol{x} \in \{-1,+1\}^n$ gilt $\|\boldsymbol{x}\|^2 = \sum_{i=1}^n x_i^2 = n$ und somit auch $\|\boldsymbol{x}\| = \sqrt{n}$. Daher ist jede Hadamardmatrix M »fast« unitär: Es gilt $M^\top M = nE$. Dividiert man alle Einträge durch $\sqrt{n}$, so ist die resultierende Matrix $A = \frac{1}{\sqrt{n}}M$ bereits »echt« unitär:

$$A^\top A = \left(\frac{1}{\sqrt{n}}\right)^2 M^\top M = \frac{1}{n} \cdot nE = E\,.$$

Außerdem gilt für jeden Vektor $\boldsymbol{x} \in \mathbb{R}^n$

$$\|M\boldsymbol{x}\| = \|\sqrt{n}A\boldsymbol{x}\| = \sqrt{n}\|A\boldsymbol{x}\| = \sqrt{n}\|\boldsymbol{x}\|\,. \tag{7.2}$$

Eine wichtige und in vielen Anwendungen benutzte Eigenschaft der Hadamardmatrizen M ist, dass die Einträge $+1$ und -1 gut »verstreut« über die ganze Matrix sind: Keine der Teilmatrizen[4] besteht überwiegend aus $+1$-en oder überwiegend aus -1-en.

Lemma 7.8: Lemma von Lindsey

Ist M eine $n \times n$ Hadamardmatrix, so ist der Absolutbetrag der Summe der Einträge in jeder $a \times b$ Teilmatrix von M höchstens $\sqrt{abn}$.

Insbesondere kann *keine* der $a \times b$ Teilmatrizen mit $ab > n$ »monochromatisch« sein, d. h. die gleichen Einträge (nur -1-en oder nur $+1$-en) enthalten. Ist M' eine solche Teilmatrix, dann ist der Absolutbetrag der Summe ihrer Einträge gleich ab (es gibt keine Aufhebungen). Nach dem Lindsey Lemma muss aber $ab \le \sqrt{abn}$ gelten, was äquivalent zu $ab \le n$ ist.

Beweis:

Seien I und J beliebige Teilmengen von $\{1,\ldots,n\}$ mit $|I| = a$ und $|J| = b$ und seien $\boldsymbol{v}_I, \boldsymbol{v}_J \in \{0,1\}^n$ ihre Inzidenzvektoren; $\boldsymbol{v}_I$ hat also Einsen nur in Koordinaten $i \in I$ und sonst Nullen. Dann gilt

$$\|\boldsymbol{v}_I\| = \sqrt{\langle \boldsymbol{v}_I, \boldsymbol{v}_I\rangle} = \sqrt{|I|} = \sqrt{a}$$

und somit auch

$$\begin{aligned} \Big|\sum_{i\in I}\sum_{j\in J} m_{ij}\Big| &= |\langle \boldsymbol{v}_I, M\boldsymbol{v}_J\rangle| \\ &\le \|\boldsymbol{v}_I\| \cdot \|M\boldsymbol{v}_J\| \qquad \text{Cauchy–Schwarz Ungleichung} \end{aligned}$$

4 Eine $a \times b$ *Teilmatrix* einer Matrix M erhält man, indem man a Zeilen und b Spalten aus M auswählt.

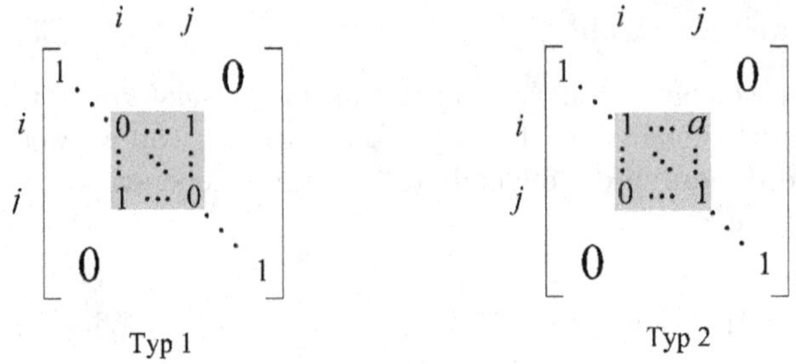

Bild 7.4: Zwei Typen der Elementarmatrizen. Typ 1: Vertausche die Zeilen i und j. Typ 2: Addiere das a-fache der j-ten Zeile zu der i-ten Zeile; alle anderen Zeilen bleiben unberührt.

$$
\begin{aligned}
&= \|\boldsymbol{v}_I\| \cdot \sqrt{n}\|\boldsymbol{v}_J\| && \text{nach (7.2)} \\
&= \sqrt{|I| \cdot |J| \cdot n} = \sqrt{abn}\,.
\end{aligned}
$$

□

7.3.3 Elementarmatrizen

Für quadratische Matrizen gibt es zwei wichtige Sonderformen: Dreiecksmatrizen und Diagonalmatrizen.

1. Eine *Dreiecksmatrix* (oder *obere Dreiecksmatrix*) ist eine quadratische Matrix $\Delta = (a_{ij})$ mit $a_{ij} = 0$ für alle $i > j$; gilt $a_{ij} = 0$ für alle $i < j$, so ist Δ eine *untere Dreiecksmatrix*.

2. Eine *Diagonalmatrix* mit den Einträgen $b_1, \ldots, b_n$ auf der Diagonalen ist eine quadratische Matrix $\operatorname{diag}(b_1, \ldots, b_n) = (a_{ij})$ mit $a_{ii} = b_i$ für alle $i = 1, \ldots, n$ und $a_{ij} = 0$ für alle $i \neq j$:

$$
\Delta = \begin{bmatrix} a_{11} & * & \ldots & * \\ 0 & a_{22} & \ldots & * \\ \vdots & \vdots & \ddots & \vdots \\ 0 & 0 & \ldots & a_{nn} \end{bmatrix}, \qquad \operatorname{diag}(b_1, \ldots, b_n) = \begin{bmatrix} b_1 & 0 & \ldots & 0 \\ 0 & b_2 & \ldots & 0 \\ \vdots & \vdots & \ddots & \vdots \\ 0 & 0 & \ldots & b_n \end{bmatrix}.
$$

Der Gauß-Algorithmus überführt jede quadratische Matrix A in eine Dreiecksmatrix Δ (siehe Abschnitt 6.4.1). Der Algorithmus benutzt nur zwei Elementartransformationen:

1. Permutation von Zeilen;
2. Addition eines skalaren Vielfachen einer Zeile zu einer anderen Zeile.

Die Überführung $A \mapsto \Delta$ kann man auch durch Multiplikation mit sogenannten »Elementarmatrizen« darstellen. Dies hat zwar nur eine geringe praktische Bedeutung, hat aber (wie wir bald sehen werden) einen großen theoretischen Wert.

Es gibt zwei Typen der Elementarmatrizen, die im Bild 7.4 gezeichnet sind. Diese Matrizen entstehen durch die Anwendung der Elementartransformationen auf die Einheitsmatrix $E = \operatorname{diag}(1, \ldots, 1)$.

Die Multiplikation MA mit einer Elementarmatrix M entspricht einer den beiden Elementartransformationen: Permutation von Zeilen und Addition eines skalaren Vielfachen einer Zeile zu einer anderen Zeile. Zum Beispiel:

$$\begin{bmatrix} 0 & 1 \\ 1 & 0 \end{bmatrix} \cdot \begin{bmatrix} x_1 & x_2 \\ y_1 & y_2 \end{bmatrix} = \begin{bmatrix} x_1 \cdot 0 + y_1 \cdot 1 & x_2 \cdot 0 + y_2 \cdot 1 \\ x_1 \cdot 1 + y_1 \cdot 0 & x_2 \cdot 1 + y_2 \cdot 0 \end{bmatrix} = \begin{bmatrix} y_1 & y_2 \\ x_1 & x_2 \end{bmatrix};$$

$$\begin{bmatrix} 1 & a \\ 0 & 1 \end{bmatrix} \cdot \begin{bmatrix} x_1 & x_2 \\ y_1 & y_2 \end{bmatrix} = \begin{bmatrix} x_1 + ay_1 & x_2 + ay_2 \\ y_1 & y_2 \end{bmatrix}.$$

Jede Elementarmatrix M ist invertierbar und ihre Inverse M^{-1} ist leicht zu bestimmen. Ist M von Typ 1, so ist $M^{-1} = M$. Ist M von Typ 2, so erhält man M^{-1}, indem man a durch $-a$ ersetzt. Beachte, dass die Inverse M^{-1} einer Elementarmatrix M wiederum eine Elementarmatrix ist.

Ist nun M eine Elementarmatrix, dann ist jede Lösung $\boldsymbol{x}$ von $A\boldsymbol{x} = \boldsymbol{b}$ auch eine Lösung von $MA\boldsymbol{x} = M\boldsymbol{b}$. Multipliziert man beide Seiten dieses Gleichungssystems mit M^{-1}, so erhält man das ursprüngliche Gleichungssystem $A\boldsymbol{x} = \boldsymbol{b}$. Dies hat eine wichtige Folgerung:[5] Die Multiplikation durch Elementarmatrizen verändert die Lösungsmenge nicht! Diese Beobachtung führt uns zu der folgenden Definition.

Definition: **Äquivalente Matrizen**

Zwei quadratische Matrizen A und B heißen *äquivalent*, wenn es Elementarmatrizen $M_1, \ldots, M_k$ mit $B = M_k M_{k-1} \cdots M_1 A$ gibt.

Beachte, dass dies eine Äquivalenzrelation zwischen Matrizen ist: Aus $B = M_k \cdots M_1 A$ folgt nämlich

$$A = EA = (M_1^{-1} \cdots M_k^{-1} M_k \cdots M_1)A = M_1^{-1} \cdots M_k^{-1} B.$$

Satz 7.9:

1. Jede $n \times n$ Matrix A ist zu einer Dreiecksmatrix Δ äquivalent.
2. Ist eine Matrix invertierbar, so ist sie sogar zu der Einheitsmatrix E äquivalent.
3. Jede invertierbare Matrix ist ein Produkt von Elementarmatrizen.

Beweis:

(1) Jede quadratische Matrix A kann man mit dem Gauß-Algorithmus mittels Elementartransformationen zu einer Dreiecksmatrix Δ in endlich vielen Schritten überführen. Da Elementartransformationen genau der Multiplikation mit Elementarmatrizen entspricht, folgt die Behauptung.

(2) Ist die Matrix A invertierbar, so hat sie vollen Rang (Lemma 7.6). Da Elementartransformationen den Rang unverändert lassen, gilt auch $\mathrm{rk}(\Delta) = n$. Somit müssen alle Diagonaleinträge der Matrix Δ ungleich Null sein. Wir können also durch weiteren Elementartransformationen (Multiplikationen mit Elementarmatrizen) die Matrix Δ, und somit auch die ursprüngliche Matrix A, in die Einheitsmatrix E überführen:

$$E = M_k M_{k-1} \cdots M_1 A.$$

5 Dies haben wir bereits direkt (ohne die Matrixmultiplikation zu benutzen) in Behauptung 6.15 bewiesen.

Somit ist auch die zweite Aussage bewiesen.

(3) Um die dritte Aussage zu beweisen, reicht es, beide Seiten dieser Gleichung mit der Matrix $M_1^{-1} \cdots M_{k-1}^{-1} M_k^{-1}$ zu multiplizieren: $A = M_1^{-1} \cdots M_{k-1}^{-1} M_k^{-1} E = M_1^{-1} \cdots M_{k-1}^{-1} M_k^{-1}$. □

7.3.4 Bestimmung der Inversen

Um das Inverse A^{-1} einer $n \times n$ Matrix A (falls es überhaupt existiert) zu bestimmen, müssen wir eine $n \times n$ Matrix X mit $AX = E$ finden. Sind $\boldsymbol{x}_1, \ldots, \boldsymbol{x}_n$ die Spalten von X und $\boldsymbol{e}_1, \ldots, \boldsymbol{e}_n$ die Spalten der Einheitsmatrix E, so müssen wir n Gleichungssysteme $A\boldsymbol{x}_1 = \boldsymbol{e}_1, \ldots, A\boldsymbol{x}_n = \boldsymbol{e}_n$ lösen. Das folgende *Gauß–Jordan Verfahren* löst diese Gleichungssysteme *simultan*!

1. Erweitere die Matrix A mit der Einheitsmatrix E nach rechts zu der $n \times 2n$ Matrix $[A|E]$.
2. Wende Elementartransformationen auf die Zeilen von $[A|E]$ an, um eine Zeilenstufenform Δ links von $|$ zu erhalten. Steht links von $|$ eine Null auf der Hauptdiagonale, so ist A nicht invertierbar. Ist das nicht der Fall, so gehe zu dem nächsten Schritt.
3. Wende Elementartransformationen auf die Zeilen der vorhandenen Matrix an, um die Einheitsmatrix E links von $|$ zu erhalten. Rechts von $|$ steht dann die inverse Matrix A^{-1}.

Schematisch sieht der Algorithmus so aus:

$$A \mapsto [A|E] \mapsto [\Delta|B] \mapsto [E|C] \Rightarrow C = A^{-1}.$$

Korrektheit des Algorithmus folgt aus dem Fakt (siehe Behauptung 6.15), dass die Elementartransformationen den Lösungsraum unverändert lassen. Man kann aber auch anders argumentieren. Jede Elementartransformation entspricht einer Multiplikation mit der entsprechenden Elementarmatrix. Sei $M = M_1 \cdots M_k$ das Produkt dieser Elementarmatrizen. Wir wissen, dass $MA = E$, also $M = A^{-1}$, gilt. Dieselben Elementartransformationen überführen die erweiterte Matrix $[A|E]$ in die Matrix $[MA|ME] = [MA|M] = [E|A^{-1}]$.

Beispiel 7.10:

Gesucht ist die inverse Matrix P^{-1} über $\mathbb{R}$ für die Matrix

$$P = \begin{bmatrix} x & -x \\ 1 & 1 \end{bmatrix}$$

mit $x \neq 0$. Erweitere die Matrix P mit Einheitsmatrix E nach rechts:

$$\left[\begin{array}{cc|cc} x & -x & 1 & 0 \\ 1 & 1 & 0 & 1 \end{array}\right].$$

Ziehe das $\frac{1}{x}$-fache der ersten Zeile von der 2. Zeile ab:

$$\left[\begin{array}{cc|cc} x & -x & 1 & 0 \\ 0 & 2 & -\frac{1}{x} & 1 \end{array}\right].$$

Teile die 1. Zeile durch x und die 2. Zeile durch 2:

$$\left[\begin{array}{cc|cc} 1 & -1 & \frac{1}{x} & 0 \\ 0 & 1 & -\frac{1}{2x} & \frac{1}{2} \end{array}\right].$$

Addiere schließlich die 2. Zeile zu der 1. Zeile:

$$\left[\begin{array}{cc|cc} 1 & 0 & \frac{1}{2x} & \frac{1}{2} \\ 0 & 1 & -\frac{1}{2x} & \frac{1}{2} \end{array}\right].$$

Somit ist

$$P^{-1} = \begin{bmatrix} \frac{1}{2x} & \frac{1}{2} \\ -\frac{1}{2x} & \frac{1}{2} \end{bmatrix} = \frac{1}{2x}\begin{bmatrix} 1 & x \\ -1 & x \end{bmatrix}$$

das Inverse zu P. Probe:

$$P \cdot P^{-1} = \frac{1}{2x}\begin{bmatrix} x & -x \\ 1 & 1 \end{bmatrix} \cdot \begin{bmatrix} 1 & x \\ -1 & x \end{bmatrix} = \frac{1}{2x}\begin{bmatrix} 2x & 0 \\ 0 & 2x \end{bmatrix} = \begin{bmatrix} 1 & 0 \\ 0 & 1 \end{bmatrix}.$$

7.3.5 Matrizenprodukt und Basiswechsel*

Ist V ein n-dimensionaler linearer Raum über einem Körper $\mathbb{F}$, so müssen die Elemente $\boldsymbol{x} \in V$ nicht unbedingt »normale« Vektoren sein: $\boldsymbol{x}$ kann ein Polynom oder eine Matrix oder eine Abbildung oder auch irgendetwas anderes sein. Alles hängt davon ab, welchen linearen Raum wir gerade betrachten. Wir wissen aber (siehe Abschnitt 5.6.3), dass man diese »abstrakten« Vektoren mit »normalen« Vektoren in $\mathbb{F}^n$ eindeutig kodieren kann. Dazu reicht es eine Basis $A = \{\boldsymbol{a}_1, \ldots, \boldsymbol{a}_n\}$ von V zu fixieren und als Code von $\boldsymbol{x} \in V$, $\boldsymbol{x} \neq \boldsymbol{0}$ den einzigen Vektor $[\boldsymbol{x}]_A = (\lambda_1, \ldots, \lambda_n)$ in $\mathbb{F}^n$ mit

$$\boldsymbol{x} = \lambda_1 \boldsymbol{a}_1 + \cdots + \lambda_n \boldsymbol{a}_n$$

zu nehmen; der Code von $\boldsymbol{0}$ ist der Nullvektor in $\mathbb{F}^n$. Der Vektor $[\boldsymbol{x}]_A$ heißt dann die *Koordinatendarstellung* von $\boldsymbol{x}$ bezüglich der Basis A. Somit kann man anstatt mit »abstrakten« Vektoren mit »normalen« Vektoren (Zahlenfolgen) in $\mathbb{F}^n$ arbeiten. Das Problem dabei aber ist, dass diese Kodierung sehr stark von der gewählten Basis A abhängt.

Hat man nun eine andere Basis $B = \{\boldsymbol{b}_1, \ldots, \boldsymbol{b}_n\}$, wie kann man dann die Koordinatendarstellung $[\boldsymbol{x}]_B$ von $\boldsymbol{x}$ in dieser neuen Basis bestimmen? Dazu benutzt man die sogenannten »Übergangsmatrizen«. Die *Übergangsmatrix* von A nach B ist die $n \times n$ Matrix $P_{A,B} = (p_{ij})$, deren j-te Spalte $(p_{1j}, \ldots, p_{nj})^\top$ die Koordinatendarstellung $[\boldsymbol{a}_j]_B$ des j-ten Basisvektors $\boldsymbol{a}_j \in A$ bezüglich der neuen Basis B ist:

$$\boldsymbol{a}_j = p_{1j}\boldsymbol{b}_1 + p_{2j}\boldsymbol{b}_2 \cdots + p_{nj}\boldsymbol{b}_n\,. \tag{7.3}$$

Satz 7.11:

Für jeden Vektor $\boldsymbol{x} \in V$ gilt $[\boldsymbol{x}]_B = P_{A,B} \cdot [\boldsymbol{x}]_A$.

Beweis:

Für einen beliebigen Vektor $\boldsymbol{x} \in V$ betrachte seine Koordinatendarstellungen in der neuen Basis B und in der alten Basis A: $[\boldsymbol{x}]_B = (c_1, \ldots, c_n)^\top$ und $[\boldsymbol{x}]_A = (d_1, \ldots, d_n)^\top$. Dies bedeutet

$$\boldsymbol{x} = \sum_{i=1}^{n} c_i \boldsymbol{b}_i = \sum_{j=1}^{n} d_j \boldsymbol{a}_j .$$

Wir setzen die Darstellung (7.3) von $\boldsymbol{a}_j$ in die rechte Summe ein und erhalten

$$\boldsymbol{x} = \sum_{j=1}^{n} d_j \Big(\sum_{i=1}^{n} p_{ij} \boldsymbol{b}_i \Big) = \sum_{i=1}^{n} \Big(\sum_{j=1}^{n} p_{ij} d_j \Big) \boldsymbol{b}_i .$$

Wir erhalten also zwei Darstellungen von $\boldsymbol{x}$ durch die Basisvektoren $\boldsymbol{b}_1, \ldots, \boldsymbol{b}_n$. Nach der Eindeutigkeit der Darstellung (Satz 5.49(1)) müssen diese Darstellungen gleich sein, woraus

$$c_i = \sum_{j=1}^{n} p_{ij} d_j$$

für alle $i = 1, \ldots, n$ folgt. In der Matrixform bedeutet dies:

$$[\boldsymbol{x}]_B = \begin{bmatrix} c_1 \\ \vdots \\ c_n \end{bmatrix} = \begin{bmatrix} p_{11} & \cdots & p_{1n} \\ \vdots & \ddots & \vdots \\ p_{n1} & \cdots & p_{nn} \end{bmatrix} \cdot \begin{bmatrix} d_1 \\ \vdots \\ d_n \end{bmatrix} = P_{A,B} \cdot [\boldsymbol{x}]_A .$$ □

Korollar 7.12:

Seien A, B, C Basen von V. Dann gilt:
(a) $P_{A,A} = E$;
(b) $P_{B,A} = (P_{A,B})^{-1}$; insbesondere, ist jede Übergangsmatrix invertierbar;
(c) $P_{A,C} = P_{B,C} \cdot P_{A,B}$: zuerst von A nach B, dann von B nach C.

Beweis:

(a) folgt aus der Eindeutigkeit der Koordinatendarstellung. Um (b) zu beweisen, sei $[\boldsymbol{x}]_B = P_{A,B} \cdot [\boldsymbol{x}]_A$ und $[\boldsymbol{x}]_A = P_{B,A} \cdot [\boldsymbol{x}]_B$. Dann gilt $[\boldsymbol{x}]_A = P_{B,A} \cdot P_{A,B} \cdot [\boldsymbol{x}]_A$, woraus wieder nach der Eindeutigkeit der Koordinatendarstellung $P_{B,A} \cdot P_{A,B} = E$ folgt. (c) folgt analog (Übungsaufgabe). □

Beispiel 7.13:

Sei V der linearer Raum aller Polynome vom Grad höchstens 1 über $\mathbb{R}$ (siehe Beispiel 5.52). Dann sind zum Beispiel $A = \{1{,}1 + z\}$ und $B = \{1 + 2z{,}1 - 2z\}$ Basen von V. Wir wollen nun die Übergangsmatrix $P_{A,B}$ von der Basis A zu der Basis B bestimmen. Anstatt direkt von der Basis A zu der Basis B zu übergehen, können wir einen (längeren aber einfacheren) Weg über die Standardbasis $S = \{1, z\}$ wählen, also den Übergang $A \mapsto S \mapsto B$. Die entsprechenden Übergangsmatrizen zu S sind

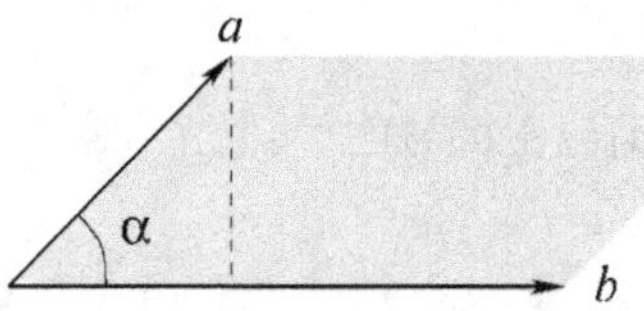

Bild 7.5: Das von $\boldsymbol{a}$ und $\boldsymbol{b}$ aufgespannte Parallelogramm.

leicht zu bestimmen:

$$P_{A,S} = \begin{bmatrix} 1 & 1 \\ 0 & 1 \end{bmatrix} \qquad \text{und} \qquad P_{B,S} = \begin{bmatrix} 1 & 1 \\ 2 & -2 \end{bmatrix}.$$

Nach Korollar 7.12(b) ist $P_{S,B}$ einfach das Inverse von $P_{B,S}$:

$$P_{S,B} = P_{B,S}^{-1} = \frac{1}{4}\begin{bmatrix} 2 & 1 \\ 2 & -1 \end{bmatrix}.$$

Nach Korollar 7.12(c) gilt somit

$$P_{A,B} = P_{S,B}P_{A,S} = \frac{1}{4}\begin{bmatrix} 2 & 1 \\ 2 & -1 \end{bmatrix}\begin{bmatrix} 1 & 1 \\ 0 & 1 \end{bmatrix} = \frac{1}{4}\begin{bmatrix} 2 & 3 \\ 2 & 1 \end{bmatrix} = \begin{bmatrix} 1/2 & 3/4 \\ 1/2 & 1/4 \end{bmatrix}.$$

Ist nun $\boldsymbol{x} = a + bz$ ein Polynom in V, so haben wir in Beispiel 5.52 seine Koordinatendarstellungen in beiden Basen A und B bereits bestimmt:

$$[\boldsymbol{x}]_A = \begin{bmatrix} a-b \\ b \end{bmatrix} \qquad \text{und} \qquad [\boldsymbol{x}]_B = \frac{1}{4}\begin{bmatrix} 2a+b \\ 2a-b \end{bmatrix}.$$

Man kann leicht verifizieren, dass auch $[\boldsymbol{x}]_B = P_{A,B} \cdot [\boldsymbol{x}]_A$ gilt.

7.4 Die Determinante

Der Begriff der Determinante wurde im Jahr 1683 fast zeitgleich in Japan durch Seki und in Europa durch Leibniz erfunden worden. Den modernen Begriff der Determinante hat Cauchy im Jahr 1812 erstmals ausführlich beschrieben. Dieser Begriff ist aus der folgenden Fragestellung entstanden.

Man hat zwei Vektoren $\boldsymbol{a} = (a_1, a_2)$ und $\boldsymbol{b} = (b_1, b_2)$ in $\mathbb{R}^2$ und will die Fläche (oder das Volumen) F des von diesen Vektoren aufgespannten Parallelogramms bestimmen. Sind die Vektoren linear abhängig, so sind sie *kolinear* (liegen auf einer Geraden). In diesem Fall ist $F = 0$. Anderenfalls spannen $\boldsymbol{a}, \boldsymbol{b}$ ein Parallelogramm auf; dieses hat die Fläche $F = \|\boldsymbol{b}\| \cdot \|\boldsymbol{a}\| \sin\alpha$, wobei α der Winkel zwischen $\boldsymbol{a}$ und $\boldsymbol{b}$ ist (siehe Bild 7.5). Wenn wir nun das Quadrat von F betrachten, erhalten wir

$$\begin{aligned} F^2 &= \|\boldsymbol{a}\|^2 \cdot \|\boldsymbol{b}\|^2 \cdot \sin^2\alpha = \|\boldsymbol{a}\|^2 \cdot \|\boldsymbol{b}\|^2 \cdot (1 - \cos^2\alpha) && \text{Pythagoras} \\ &= \|\boldsymbol{a}\|^2 \cdot \|\boldsymbol{b}\|^2 \cdot \left(1 - \frac{\langle \boldsymbol{a}, \boldsymbol{b}\rangle^2}{\|\boldsymbol{a}\|^2 \cdot \|\boldsymbol{b}\|^2}\right) && \text{Def. (6.3) von } \cos\alpha \end{aligned}$$

$$
\begin{aligned}
&= \|\boldsymbol{a}\|^2 \cdot \|\boldsymbol{b}\|^2 - \langle \boldsymbol{a}, \boldsymbol{b} \rangle^2 \\
&= (a_1^2 + a_2^2)(b_1^2 + b_2^2) - (a_1 b_1 + a_2 b_2)^2 \\
&= (a_1 b_2 - a_2 b_1)^2 .
\end{aligned}
$$

Ist nun A eine 2×2 Matrix mit den Zeilen $\boldsymbol{a}$ und $\boldsymbol{b}$, dann heißt die Zahl $a_1 b_2 - a_2 b_1$ die Determinante von A und wird mit $\det(A)$ bezeichnet:

$$
\det \begin{bmatrix} a_1 & a_2 \\ b_1 & b_2 \end{bmatrix} = a_1 b_2 - a_2 b_1 . \tag{7.4}
$$

Als nächstes wollen wir diese Idee auf $n \times n$ Matrizen A erweitern.

Wenn wir die Zeilen einer quadratischen $n \times n$ Matrix $A = [\boldsymbol{x}_1, \ldots, \boldsymbol{x}_n]$ als »Variablen« betrachten, können wir uns die Determinante als eine Abbildung $\det : V^n \to \mathbb{R}$ mit $V = \mathbb{R}^n$ vorstellen. Diese Abbildung soll das »Volumen« des durch die Vektoren $\boldsymbol{x}_1, \ldots, \boldsymbol{x}_n$ aufgespannten Parallelogramms wiederspiegeln. Für die Einheitsvektoren soll also das Volumen gleich 1 sein. Außerdem sollte das Volumen linear in jeder Richtung und gleich Null für jede Eingabe mit zwei gleichen Vektoren $\boldsymbol{x}_i = \boldsymbol{x}_j$ sein. Erfüllt eine Abbildung diese drei Bedingungen, so nennt man sie »Determinantenfunktion«.

Eine Abbildung $\det(\boldsymbol{x}_1, \ldots, \boldsymbol{x}_n)$ heißt *Determinantenfunktion*, falls sie außer der Bedingung $\det(\boldsymbol{e}_1, \ldots, \boldsymbol{e}_n) = 1$ die folgenden zwei Bedingungen erfüllt:

(a) $\det(\ldots, \boldsymbol{y} + \lambda \boldsymbol{z}, \ldots) = \det(\ldots, \boldsymbol{y}, \ldots) + \lambda \cdot \det(\ldots, \boldsymbol{z}, \ldots)$ (Linearitätseigenschaft);

(b) $\det(\ldots, \boldsymbol{y}, \ldots, \boldsymbol{y}, \ldots) = 0$ (Nulleigenschaft).

Beispiel 7.14:

Wir wollen zeigen, dass die durch (7.4) definierte Funktion tatsächlich eine Determinantenfunktion für 2×2 Matrizen ist:

$$
\det \begin{bmatrix} 1 & 0 \\ 0 & 1 \end{bmatrix} = 1 \cdot 1 - 0 \cdot 0 = 1;
$$

$$
\begin{aligned}
\det \begin{bmatrix} a_1 + \lambda z_1 & a_2 + \lambda z_2 \\ b_1 & b_2 \end{bmatrix} &= (a_1 + \lambda z_1) b_2 - (a_2 + \lambda z_2) b_1 \\
&= (a_1 b_2 - a_2 b_1) + \lambda (z_1 b_2 - z_2 b_1) \\
&= \det \begin{bmatrix} a_1 & a_2 \\ b_1 & b_2 \end{bmatrix} + \lambda \det \begin{bmatrix} z_1 & z_2 \\ b_1 & b_2 \end{bmatrix};
\end{aligned}
$$

$$
\det \begin{bmatrix} a_1 & a_2 \\ a_1 & a_2 \end{bmatrix} = a_1 a_2 - a_2 a_1 = 0 .
$$

Aus der Eigenschaften (a) und (b) kann man weitere Eigenschaften der Determinantenfunktion ableiten. Um die Schreibweise zu vereinfachen, betrachten wir nur die ersten zwei Vektoren $\boldsymbol{x}_1$ und $\boldsymbol{x}_2$; dies gilt aber für beliebige zwei Vektoren $\boldsymbol{x}_i$ und $\boldsymbol{x}_j$ mit $i \neq j$.

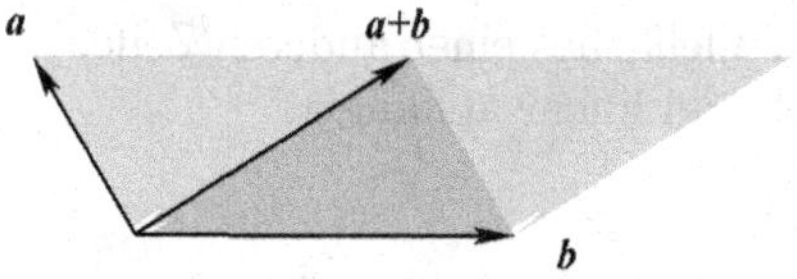

Bild 7.6: Die von $\boldsymbol{a}$ und $\boldsymbol{b}$ aufgespannte Fläche ist gleich der von $\boldsymbol{a}+\boldsymbol{b}$ und $\boldsymbol{b}$ aufgespannten Fläche.

Lemma 7.15: Determinante und Elementartransformationen

1. Addiert man einen mit einem Skalar multiplizierten Vektor zu einem anderen, so bleibt der Wert unverändert:

$$\det(\boldsymbol{x}_1 + \lambda \boldsymbol{x}_2, \boldsymbol{x}_2, \boldsymbol{x}_3, \ldots, \boldsymbol{x}_n) = \det(\boldsymbol{x}_1, \boldsymbol{x}_2, \boldsymbol{x}_3, \ldots, \boldsymbol{x}_n).$$

2. Die Vertauschung von Vektoren ändert das Vorzeichen:

$$\det(\boldsymbol{x}_2, \boldsymbol{x}_1, \boldsymbol{x}_3, \ldots, \boldsymbol{x}_n) = -\det(\boldsymbol{x}_1, \boldsymbol{x}_2, \boldsymbol{x}_3, \ldots, \boldsymbol{x}_n).$$

Aussage (1) bedeutet, dass die Determinante invariant gegenüber »Scherung« ist. In dem Fall einer 2×2 Matrix $A = [\boldsymbol{a}, \boldsymbol{b}]$ bedeutet dies $\det[\boldsymbol{a}+\boldsymbol{b}, \boldsymbol{b}] = \det[\boldsymbol{a}, \boldsymbol{b}]$ (Bild 7.6).

Beweis:

Um (1) zu beweisen, wenden wir (a) und (b) an:

$$\begin{aligned} \det(\boldsymbol{x}_1 + \lambda \boldsymbol{x}_2, \boldsymbol{x}_2, \ldots, \boldsymbol{x}_n) &= \det(\boldsymbol{x}_1, \boldsymbol{x}_2, \ldots, \boldsymbol{x}_n) + \lambda \cdot \det(\boldsymbol{x}_2, \boldsymbol{x}_2, \ldots, \boldsymbol{x}_n) && \text{(a)} \\ &= \det(\boldsymbol{x}_1, \boldsymbol{x}_2, \ldots, \boldsymbol{x}_n). && \text{(b)} \end{aligned}$$

Um (2) zu beweisen, wenden wir dreimal (1) und anschließend einmal (a) an:

$$\begin{aligned} \det(\boldsymbol{x}_1, \boldsymbol{x}_2, \boldsymbol{x}_3 \ldots) &= \det(\boldsymbol{x}_1, \boldsymbol{x}_2 - \boldsymbol{x}_1, \boldsymbol{x}_3, \ldots) && (1) \\ &= \det(\boldsymbol{x}_1 + (\boldsymbol{x}_2 - \boldsymbol{x}_1), \boldsymbol{x}_2 - \boldsymbol{x}_1, \boldsymbol{x}_3, \ldots) && (1) \\ &= \det(\boldsymbol{x}_2, \boldsymbol{x}_2 - \boldsymbol{x}_1, \boldsymbol{x}_3 \ldots) \\ &= \det(\boldsymbol{x}_2, (\boldsymbol{x}_2 - \boldsymbol{x}_1) - \boldsymbol{x}_2, \boldsymbol{x}_3, \ldots) && (1) \\ &= \det(\boldsymbol{x}_2, -\boldsymbol{x}_1, \boldsymbol{x}_3, \ldots) \\ &= -\det(\boldsymbol{x}_2, \boldsymbol{x}_1, \boldsymbol{x}_3 \ldots) && \text{(a)}. \end{aligned}$$

□

Wir betrachten nun die Vektoren $\boldsymbol{x}_1, \ldots, \boldsymbol{x}_n \in \mathbb{R}^n$ als Zeilen einer $n \times n$ Matrix A. Wann ist $\det(A) = 0$?

Lemma 7.16: Wann ist die Determinante gleich Null?

Sei A eine quadratische Matrix. Dann gilt $\det(A) = 0$, falls mindestens einer der folgenden Fälle zutrifft.

1. A enthält zwei gleiche Zeilen.
2. A enthält eine Nullzeile.

3. Eine Zeile ist ein Vielfaches einer anderen Zeile.
4. Die Zeilen von A sind linear abhängig.

Beweis:

(1) ist die Nulleigenschaft der Determinantenfunktion.
(2) folgt aus der Linearität: Wenn wir eine Nullzeile mit 0 multiplizieren, dann verändert sich weder die Matrix noch ihre Determinante; das Resultat ist aber nach der Linearität (Eigenschaft (a)) gleich 0.
(3) folgt direkt aus (1) und der Linearität.
(4) Wir nehmen zunächst an, dass die erste Zeile $\boldsymbol{x}_1$ eine Linearkombination der anderen Zeilen ist:

$$\boldsymbol{x}_1 = a_2\boldsymbol{x}_2 + a_3\boldsymbol{x}_3 + \cdots + a_n\boldsymbol{x}_n .$$

Die Linearitäts- und Nulleigenschaften der Determinantenfuntion ergeben dann

$$\det(\boldsymbol{x}_1, \boldsymbol{x}_2, \ldots, \boldsymbol{x}_n) = \det\Big(\sum_{i=2}^{n} a_i\boldsymbol{x}_i, \boldsymbol{x}_2, \ldots, \boldsymbol{x}_n\Big) = \sum_{i=2}^{n} a_i \det(\boldsymbol{x}_i, \boldsymbol{x}_2, \ldots, \boldsymbol{x}_n) = 0 .$$

Nun betrachten wir den allgemeinen Fall. Sind die Zeilen von A linear abhängig, so kann man eine der Zeilen als eine Linearkombination der anderen darstellen. Durch Vertauschen dieser Zeile mit der 1. Zeile sind wir in der vorigen Situation. Da die Vertauschung der Zeilen nur das Vorzeichen der Determinante ändert und $-0 = 0$ gilt, folgt $\det(A) = 0$. □

7.4.1 Determinante und Elementartransformationen

Aus der Linearität der Determinantenfunktion (Eigenschaft (a)) folgt

$$\det(\lambda_1\boldsymbol{e}_1, \lambda_2\boldsymbol{e}_2, \ldots, \lambda_n\boldsymbol{e}_n) = \lambda_1\lambda_2\cdots\lambda_n \cdot \det(\boldsymbol{e}_1, \boldsymbol{e}_2, \ldots, \boldsymbol{e}_n) = \lambda_1\lambda_2\cdots\lambda_n .$$

In der Matrixform bedeutet dies, das die Determinante einer Diagonalmatrix gleich dem Produkt ihrer Diagonaleinträge ist. Interessanterweise gilt dies auch für beliebige *Dreiecksmatrizen*, d. h. für beliebige (quadratische) Matrizen $A = (a_{ij})$, so dass $a_{ij} = 0$ entweder für alle $i > j$ oder für alle $i < j$ gilt.

Satz 7.17: Hauptbeobachtung
Für jede $n \times n$ Dreiecksmatrix Δ mit Diagonaleinträgen $a_{11}, a_{22}, \ldots, a_{nn}$ gilt

$$\det(\Delta) = a_{11} \cdot a_{22} \cdots a_{nn} .$$

Beweis:

Ist mindestens ein Diagonaleintrag gleich Null, so gilt $\mathrm{rk}(A) < n$; nach Lemma 7.16(4) ist dann auch $\det(A) = 0$. Sind alle Diagonaleinträge von Null verschieden, so kann man A mittels der in Lemma 7.15(1) beschriebenen Transformationen in eine Diagonalmatrix überführen, ohne die Diagonaleinträge zu verändern. Da die Determinante nach Lemma 7.15(1) dabei unverändert bleibt, folgt die Behauptung. □

Um die Determinante einer beliebigen $n \times n$ Matrix A zu berechnen, lohnt es daher, die Matrix A mittels Elementartransformationen in eine Dreiecksmatrix Δ zu überführen. Die beiden Elementartransformationen sind:

1. Addition eines skalaren Vielfachen einer Zeile zu einer anderen Zeile.

2. Permutation der Zeilen.

Nach Lemma 7.15 ändert die 1. Transformation die Determinante nicht und die 2. Transformation ändert nur das Vorzeichen. Somit kann man die Determinante einer Matrix mit dem Gauß-Algorithmus berechnen.

Satz 7.18: Hauptsatz der Determinantenberechnung

Wird eine $n \times n$ Matrix A durch Elementartransformationen mit insgesamt m Zeilenvertauschungen zu einer Dreiecksmatrix Δ mit Diagonaleinträgen $a_{11}, a_{22}, \ldots, a_{nn}$ gebracht, so gilt

$$\det(A) = (-1)^m \det(\Delta) = (-1)^m a_{11} \cdot a_{22} \cdots a_{nn} .$$

Im Falle einer singulären Matrix A ($\text{rk}(A) < n$) enthält die resultierende Dreiecksmatrix $\Delta = (a_{ij})$ wenigstens eine Null auf der Diagonalen ($a_{ii} = 0$ für mindestens ein i). Damit erhalten wir den folgenden Singularitätskriterium:

Korollar 7.19: Singularitätskriterium

Für eine $n \times n$ Matrix A sind die folgenden Aussagen äquivalent:

1. $\det(A) = 0$;
2. $\text{rk}(A) < n$;
3. es gibt ein $\boldsymbol{x} \neq \boldsymbol{0}$ mit $A\boldsymbol{x} = \boldsymbol{0}$.

7.4.2 Das Matrizenprodukt und die Determinante

In diesem Abschnitt beweisen wir eine der wichtigsten Eigenschaften der Determinante:

$$\det(AB) = \det(A) \cdot \det(B) .$$

Wir haben bereits in Abschnitt 7.3.3 gesehen, dass die Anwendung der Elementartransformationen auf eine Matrix A einer Multiplikation dieser Matrix (von links) mit sogenannten Elementarmatrizen von Typ 1 und Typ 2 entspricht; diese Elementarmatrizen sind in Bild 7.4 skizziert. Wir beachten nochmals, dass die Elementarmatrizen durch die Anwendung der Elementartransformationen auf die Einheitsmatrix E entstehen.

Behauptung 7.20:

Sei M eine Elementarmatrix. Dann gilt:

1. $\det(M) = -1$, falls M vom Typ 1 ist;
2. $\det(M) = 1$, falls M vom Typ 2 ist;
3. $\det(M^\top) = \det(M)$.

Beweis:

(1) Ist die Matrix M vom Typ 1, so ist sie aus der Einheitsmatrix E durch die Vertauschung zweier Zeilen entstanden, woraus nach Lemma 7.15(2) $\det(M) = -\det(E) = -1$ folgt.
(2) Ist die Matrix M vom Typ 2, so ist sie eine Dreiecksmatrix mit nur Einsen auf der Diagonalen, woraus nach Satz 7.17 $\det(M) = 1$ folgt.
(3) Ist die Matrix M vom Typ 1, so gilt sogar $M^\top = M$. Ist sie vom Typ 2, so sind beide Matrizen $M^\top$ und M Dreiecksmatrizen mit nur Einsen auf der Diagonalen.□

Lemma 7.21:

Sei A eine $n \times n$ Matrix und sei M eine $n \times n$ Elementarmatrix. Dann gilt

$$\det(MA) = \det(M) \cdot \det(A).$$

Beweis:

Die Matrix M entspricht einer der beiden Elementartransformationen, angewandt auf die Einheitsmatrix E. Somit ist $\det(M) = \pm\det(E) = \pm 1$, wobei $\det(M) = -1$ genau dann der Fall ist, wenn M von Typ 1 ist. Andererseits gilt nach Lemma 7.15 auch $\det(MA) = \pm\det(A)$ mit $\det(MA) = -\det(A)$ genau dann, wenn M einer Vertauschung der Zeilen entspricht, also eine Elementarmatrix von Typ 1 ist. □

Satz 7.22:

Seien A und B beliebige $n \times n$ Matrizen. Dann gilt:
1. $\det(AB) = \det(A) \cdot \det(B)$;
2. $\det(A^\top) = \det(A)$;
3. $\det(A^{-1}) = 1/\det(A)$, falls $\det(A) \neq 0$.

Vorsicht: Die »Regel« $\det(A + B) = \det(A) + \det(B)$ ist für $n \geq 2$ falsch (siehe Aufgabe 7.16).

Beweis:

(1) Nehmen wir zunächst an, dass die Matrix B invertierbar ist. Nach Satz 7.9(3) ist dann B ein Produkt von Elementarmatrizen, also $B = M_1 M_2 \cdots M_k$. Nach Lemma 7.21 gilt somit

$$\det(AB) = \det(A)[\det(M_1)\det(M_2)\cdots\det(M_k)] = \det(A)\det(B).$$

Sei nun B nicht invertierbar. In diesem Fall reicht es zu zeigen, dass dann auch das Produkt $C = AB$ nicht invertierbar ist, denn dann sind $\det(AB)$ und $\det(A)\cdot\det(B)$ beide gleich Null. Angenommen, C ist invertierbar. Dann können wir beide Seiten von $C = AB$ mit C^{-1} multiplizieren und erhalten $E = C^{-1}AB$. Dies bedeutet aber, dass $C^{-1}A$ ein Inverses von B ist, ein Widerspruch zu unserer Annahme, dass B nicht invertierbar ist.

(2) Ist A nicht invertierbar, so ist nach Lemma 7.6(4) auch $A^\top$ nicht invertierbar und $\det(A^\top)$ und $\det(A)$ sind dann beide gleich Null. Ist aber A invertierbar, dann ist A nach Satz 7.9(3) ein Produkt der Elementarmatrizen. Nach Behauptung 7.20(3)

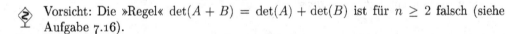

ändert das Transponieren einer Elementarmatrix ihre Determinante nicht. Daher folgt die Behauptung aus Lemma 7.21.

(3) folgt aus (1): $1 = \det(E) = \det(AA^{-1}) = \det(A)\det(A^{-1})$. □

7.4.3 Explizite Darstellung der Determinante

Bisher haben wir die Determinante $\det(A)$ durch ihre Eigenschaften (die Linearität in jeder Zeile und die Nulleigenschaft) zusammen mit $\det(E) = 1$ definiert. Wie kann man eine solche Funktion *explizit* beschreiben?

Sei S_n die Menge aller Permutationen $\pi : \{1,2,\ldots,n\} \to \{1,2,\ldots,n\}$ und sei

$$A = \begin{bmatrix} a_{11} & a_{12} & \ldots & a_{1n} \\ a_{21} & a_{22} & \ldots & a_{2n} \\ \vdots & \vdots & & \vdots \\ a_{n1} & a_{n2} & \ldots & a_{nn} \end{bmatrix}$$

eine $n \times n$ Matrix über $\mathbb{R}$. Wir betrachten die Funktion

$$\det(A) := \sum_{\pi \in S_n} \sigma(\pi) a_{1,\pi(1)} a_{2,\pi(2)} \cdot \cdots \cdot a_{n,\pi(n)}, \tag{7.5}$$

wobei $\sigma(\pi)$ das Vorzeichen ($+1$ oder -1) von

$$\prod_{1 \le i < j \le n} (\pi(j) - \pi(i))$$

ist. Man kann zeigen (wir werden dies nicht tun), dass die so definierte Funktion die einzige Determinantenfunktion ist! Die Formel (7.5) nennt man *Leibniz'sche Formel* und benutzt sie in vielen Lehrbücher als die Definition der Determinante.

Jeder Term $a_{1,\pi(1)} a_{2,\pi(2)} \cdot \cdots \cdot a_{n,\pi(n)}$ in der Summe $\det(A)$ ist ein Produkt von n Matrixelementen, von denen keine zwei in der gleichen Zeile oder gleichen Spalte liegen. Es gibt also $n!$ Terme insgesamt, mit Vorzeichen $+1$ oder -1.

Die Determinante einer $n \times n$ Matrix $A = (a_{ij})$ kann man auch rekursiv berechnen. Sei $A_{i,j}$ die $(n-1) \times (n-1)$ Matrix, die aus A durch die Streichung der i-ten Zeile und der j-ten Spalte entsteht. Die folgende Prozedur für die Berechnung der Determinante ist als die *Laplace'sche Entwicklung* der Determinante nach der i-ten Zeile bekannt:

1. Für $n = 1$ gilt $\det(A) = a_{11}$.
2. Für $n > 1$ gilt $\det(A) = \sum_{j=1}^{n} (-1)^{i+j} a_{ij} \cdot \det(A_{i,j})$.

Insbesondere sieht die Entwicklung nach der ersten Zeile ($i = 1$) so aus:

$$\det(A) = a_{11}\det(A_{1,1}) - a_{12}\det(A_{1,2}) + a_{13}\det(A_{1,3}) + \cdots + (-1)^{1+n} a_{1n}\det(A_{1,n}).$$

Genauso kann man die Determinante nach Spalten entwickeln. Die Zahlen

$$C_{ij} = (-1)^{i+j}\det(A_{i,j})$$

nennt man *Kofaktoren* von A. Es gilt also

$$\det(A) = a_{i1}C_{i1} + a_{i2}C_{i2} + \cdots + a_{in}C_{in} = a_{1j}C_{1j} + a_{2j}C_{2j} + \cdots + a_{nj}C_{nj} \tag{7.6}$$

für alle Zeilen $i = 1, \dots, n$ wie auch für alle Spalten $j = 1, \dots, n$. Die $n \times n$ Matrix $C = (C_{ij})$, deren Einträge die entsprechenden Kofaktoren sind, nennt man die *Kofaktorenmatrix* von A. Somit ist $\det(A)$ für alle $i = 1, \dots, n$ gleich dem Skalarprodukt der i-ten Zeilen von A und C. Diese Eigenschaft hat eine wichtige Folgerung: Man erhält das Inverse A^{-1} (falls sie überhaupt existiert), indem man einfach die transponierte Kofaktorenmatrix $C^\top$ durch die Zahl $\det(A)$ dividiert.

Satz 7.23: Kofaktoren Formula

Sei A invertierbar und sei C ihre Kofaktorenmatrix. Dann gilt

$$A^{-1} = \frac{1}{\det(A)} \cdot C^\top .$$

Beweis:

Wir bestimmen zunächst die Einträge der Produktmatrix $D = AC^\top$. Sei $D = (d_{ij})$. Das i-te Diagonaleintrag d_{ii} von D ist das Skalarprodukt der i-ten Zeile von A mit der i-ten Spalte von $C^\top$, d. h. mit der i-ten Zeile von C. Somit gilt nach (7.6)

$$d_{ii} = a_{i1}C_{i1} + a_{i2}C_{i2} + \cdots + a_{in}C_{in} = \det(A) .$$

Sei nun $i \neq k$. Der Eintrag d_{ik} ist wiederum das Skalarprodukt der i-ten Zeile von A mit der k-ten Zeile von C

$$d_{ik} = a_{i1}C_{k1} + a_{i2}C_{k2} + \cdots + a_{in}C_{kn} .$$

Nach (7.6) (Entwicklung nach der k-ten Zeile) ist diese Summe genau die Determinante der Matrix A', die man aus A durch Ersetzen der k-ten Zeile durch die i-te Zeile erhält (alle anderen Zeilen bleiben dabei unberührt). Aber die Matrix A' hat zwei gleiche Zeilen und ihre Determinante muss daher gleich 0 sein. Somit gilt $d_{ik} = 0$ für alle $i \neq k$. Die Matrix $D = AC^\top$ ist also eine Diagonalmatrix, wobei jedes Diagonaleintrag gleich $\det(A)$ ist: $AC^\top = \det(A)E$. Dies bedeutet aber, dass die Matrix $C^\top / \det(A)$ das Inverse von A ist. □

Beispiel 7.24:

Mit der Kofaktorenformel kann man sehr leicht das Inverse einer 2×2 Matrix

$$A = \begin{bmatrix} a & b \\ c & d \end{bmatrix}$$

berechnen. Die entsprechende Kofaktorenmatrix ist in diesem Fall

$$C = \begin{bmatrix} d & -c \\ -b & a \end{bmatrix}$$

und die Determinante $\det(A)$ ist gleich $ad - bc$ (das Skalarprodukt der ersten Zeilen von A und C). Das Inverse von A ist somit gegeben durch

$$A^{-1} = \frac{1}{\det(A)} \cdot C^\top = \frac{1}{ad-bc} \begin{bmatrix} d & -b \\ -c & a \end{bmatrix}.$$

Für die in Beispiel 7.10 betrachtete Matrix

$$P = \begin{bmatrix} x & -x \\ 1 & 1 \end{bmatrix}$$

erhalten wir sofort

$$P^{-1} = \frac{1}{2x} \begin{bmatrix} 1 & x \\ -1 & x \end{bmatrix}.$$

Für größere Matrizen ist die Kofaktorenformula weniger geeignet, hat aber auch dann einen theoretischen Wert. Wir demonstrieren dies an einem einfachen Beispiel.

Beispiel 7.25: Die Inversen ganzzahliger Matrizen

Angenommen, wir wollen als Übungsaufgabe eine invertierbare $n \times n$ Matrix A mit *ganzzahligen* Einträgen konstruieren, so dass auch die inverse Matrix A^{-1} nur *ganzzahlige* Einträge enthält. Dazu nehmen wir eine beliebige ganzzahlige Dreiecksmatrix Δ mit Einsen auf der Diagonalen und vertauschen einige Zeilen und Spalten, um eine »allgemein aussehende« ganzzahlige Matrix A zu erhalten. Die Kofaktorenmatrix C von A ist dann auch ganzzahlig: Die Determinante jeder ganzzahligen Matrix ist offensichtlich eine ganze Zahl. Nach Satz 7.17 gilt $\det(\Delta) = 1$ und nach Satz 7.18 gilt $\det(A) = \pm\det(\Delta) = \pm 1$. Somit hat auch die inverse Matrix $A^{-1} = \pm C^\top$ nur ganzzahlige Einträge.

Ist die Matrix A invertierbar, dann ist das Gleichungssystem $A\boldsymbol{x} = \boldsymbol{b}$ für jede rechte Seite $\boldsymbol{b}$ eindeutig lösbar und die Lösung ist gegeben durch

$$\boldsymbol{x} = A^{-1}\boldsymbol{b} = \frac{1}{\det(A)} C^\top \boldsymbol{b}. \tag{7.7}$$

Somit können wir das Gleichungssystem $A\boldsymbol{x} = \boldsymbol{b}$ mit Hilfe der Determinante lösen, wenn die Koeffizientenmatrix invertierbar ist.

Korollar 7.26: Cramer'sche Regel

Ist A eine reguläre $n \times n$ Matrix, so werden die Komponenten x_j der eindeutig bestimmten Lösung von $A\boldsymbol{x} = \boldsymbol{b}$ gegeben durch

$$x_j = \frac{\det(A_j)}{\det(A)} \qquad \text{für} \qquad j = 1, \ldots, n.$$

Die Matrix A_j entsteht aus der Koeffizientenmatrix A, indem man die j-te Spalte durch die rechte Seite $\boldsymbol{b}$ des Gleichungssystems ersetzt.

Beweis:

Sei x_j die j-te Koordinate von $\boldsymbol{x}$. Nach (7.7) ist $x_j \cdot \det(A)$ gleich dem Skalarprodukt der j-ten Spalte der Kofaktorenmatrix C mit dem Vektor $\boldsymbol{b}$:

$$x_j \cdot \det(A) = \sum_{i=1}^{n} (-1)^{i+j} b_i \det(A_{i,j}) .$$

Nun zeigt die Laplace'sche Entwicklung der Determinante (7.6) nach der j-ten Spalte, dass die Summe rechts genau $\det(A_j)$ ist. □

Beispiel 7.27:

Wir betrachten das Gleichungssystem

$$\begin{aligned} x_1 \quad &+2x_2 &= 3 , \\ 4x_1 \quad &+5x_2 &= 6 . \end{aligned}$$

Nach der Cramerschen Regel berechnet sich dessen Lösung wie folgt:

$$x_1 = \frac{\det \begin{bmatrix} 3 & 2 \\ 6 & 5 \end{bmatrix}}{\det \begin{bmatrix} 1 & 2 \\ 4 & 5 \end{bmatrix}} = \frac{3}{-3} = -1 \qquad x_2 = \frac{\det \begin{bmatrix} 1 & 3 \\ 4 & 6 \end{bmatrix}}{\det \begin{bmatrix} 1 & 2 \\ 4 & 5 \end{bmatrix}} = \frac{-6}{-3} = 2 .$$

7.5 Eigenwerte und Eigenvektoren

Viele Prozesse kann man durch eine Rekursionsgleichung

$$\boldsymbol{x}_{t+1} = A\boldsymbol{x}_t, \qquad t = 0,1,2,\ldots$$

für eine quadratische Matrix (die sogenannte »Übergangsmatrix«) A beschreiben. Der Vektor $\boldsymbol{x}_t$ beschreibt den »Zustand« eines Systems zum Zeitpunkt t. Für einen gegebenen Anfangszustand $\boldsymbol{x} = \boldsymbol{x}_0$ wollen wir wissen, wie sich der Zustand im Laufe der Zeit verändert.

Das Problem scheint trivial zu sein: Die Lösung ist doch durch die Formel $\boldsymbol{x}_t = A^t\boldsymbol{x}$ gegeben. Diese Lösung wird uns aber wenig helfen, wenn die Matrix A riesig ist und wir das Verhältnis des Systems langfristig für $t \to \infty$ analysieren wollen: Dann wird die Potenzierung der Matrix A sehr zeitaufwendig.

Gilt aber $A\boldsymbol{x} = \lambda\boldsymbol{x}$ für den Anfangszustand $\boldsymbol{x}$ das Systems und für einen Skalar $\lambda \in \mathbb{F}$, so vereinfacht sich die Analyse des Verhaltens des Systems erheblich: Wegen $A^2\boldsymbol{x} = A(A\boldsymbol{x}) = A(\lambda\boldsymbol{x}) = \lambda(A\boldsymbol{x}) = \lambda^2\boldsymbol{x}$, usw. haben wir dann

$$A^2\boldsymbol{x} = \lambda^2\boldsymbol{x}, \; A^3\boldsymbol{x} = \lambda^3\boldsymbol{x}, \; \ldots, A^t\boldsymbol{x} = \lambda^t\boldsymbol{x}, \ldots .$$

In diesem Fall ist also der Zustand des Systems zum Zeitpunkt t durch den Anfangszustand $\boldsymbol{x}$ mal der Konstanten λ^t beschrieben!

Diese unsere Beobachtung ist die Hauptidee der sogenannten »Eigenwerte« und »Eigenvektoren«.

Definition:

Sei A eine $n \times n$ Matrix über einem Körper $\mathbb{F}$.

(a) Eine Zahl $\lambda \in \mathbb{F}$ heißt *Eigenwert* von A, wenn es einen Vektor $\boldsymbol{x} \in \mathbb{F}^n$ mit $\boldsymbol{x} \neq \mathbf{0}$ und $A\boldsymbol{x} = \lambda\boldsymbol{x}$ gibt.

(b) In diesem Fall heißt $\boldsymbol{x}$ ein *Eigenvektor* zu dem Eigenwert λ.

(c) Die Menge $\sigma(A)$ aller Eigenwerte von A heißt *Spektrum* von A.

Ein Vektor $\boldsymbol{x} \neq \mathbf{0}$ ist also genau dann ein Eigenvektor einer quadratischen Matrix A zum Eigenwert λ, wenn $\boldsymbol{x}$ durch die lineare Abbildung $f_A(\boldsymbol{x}) = A\boldsymbol{x}$ nur um den Faktor λ gestreckt aber nicht noch »gedreht« wird.

Der Grund, warum wir $\boldsymbol{x} \neq \mathbf{0}$ in der Definition eines Eigenwertes λ fordern, ist die daraus resultierende *Eindeutigkeit*: Kein Vektor kann dann ein Eigenvektor für zwei verschiedene Eigenwerte sei, denn aus $A\boldsymbol{x} = \lambda\boldsymbol{x}$ und $A\boldsymbol{x} = \mu\boldsymbol{x}$ folgt $(\lambda - \mu)\boldsymbol{x} = \mathbf{0}$, was $\lambda = \mu$ wegen $\boldsymbol{x} \neq \mathbf{0}$ zur Folge hat.

Ist $\lambda \in \mathbb{F}$ ein Eigenwert von A, so nennt man die Menge

$$\mathrm{Eig}_A(\lambda) = \{\boldsymbol{x} \in \mathbb{R}^n \ : \ A\boldsymbol{x} = \lambda\boldsymbol{x}\}$$

den *Eigenraum* von A zum Eigenwert λ. Beachte, dass der Nullvektor nach Definition *nie* ein Eigenvektor ist, während er *immer* in jedem Eigenraum enthalten ist. D. h. der Eigenraum zu λ besteht aus allen Eigenvektoren zu λ *zusammen* mit dem Nullvektor. Ein Vorteil dieser Definition ist zum Beispiel, dass $\mathrm{Eig}_A(\lambda)$ stets ein Vektorraum ist: Es gilt nämlich $A(c\boldsymbol{x}) = cA\boldsymbol{x} = c(\lambda\boldsymbol{x}) = \lambda(c\boldsymbol{x})$ und $A(\boldsymbol{x}+\boldsymbol{y}) = A\boldsymbol{x} + A\boldsymbol{y} = \lambda\boldsymbol{x} + \lambda\boldsymbol{y} = \lambda(\boldsymbol{x}+\boldsymbol{y})$.

Einer der Grunde, warum Eigenwerte viele Anwendungen auch in der Informatik gefunden haben, ist die Tatsache, dass die Eigenwerte $\lambda_1 \geq \lambda_2 \geq \ldots \geq \lambda_n$ der Adjazenzmatrix A eines Graphen $G = (V, E)$ den »Expansionsgrad« von G wiederspiegeln. Es gilt zum Beispiel folgendes: Hat jeder Knoten von G den Grad d, dann müssen für jede(!) Zerlegung $V = S \cup T$ der Knotenmenge mindestens

$$(d - \lambda_2) \cdot \frac{|S| \cdot |T|}{|V|}$$

Kanten zwischen S und T liegen. Ist also der zweitgrößte Eigenwert λ_2 viel kleiner als der Grad d, so muss es sehr viele »kreuzende« Kanten für jede Zerlegung geben. Der zweitgrößte Eigenwert ist seinerseits gegeben durch

$$\lambda_2 = \max\left\{\frac{\langle A\boldsymbol{x}, \boldsymbol{x}\rangle}{\|\boldsymbol{x}\|^2} \ : \ \boldsymbol{x} \in \mathbb{R}^n \setminus \{\mathbf{0}\} \text{ und } \langle \boldsymbol{x}, \mathbf{1}\rangle = 0\right\}.$$

Graphen mit guten »Expansionseigenschaften« sind in vielen Gebieten anwendbar: Codierungstheorie (Tornado Codes), Komplexitätstheorie (gute Zufallsgeneratoren), Schaltkreiskomplexität (um gute untere Schranken zu beweisen), Derandomisierung von randomisierten Algorithmen, Konstruktion von WWW-Suchmaschinen, gute Routingalgorithmen, usw. Während des Haupstudiums wird der Leser bestimmt einige von diesen Anwendungen der Eigewerte und Eigenvektoren kennenlernen.

Kann $\lambda = 0$ ein Eigenwert einer Matrix A sein? Natürlich: Ist A singulär, so hat das homogene Gleichungssystem $A\boldsymbol{x} = \mathbf{0}$ mindestens eine Lösung $\boldsymbol{x} \neq \mathbf{0}$ und jeder diesen Lösungen ist ein Eigenvektor zu $\lambda = 0$.

Satz 7.28: Wann sind Eigenvektoren linear unabhängig?
Eigenvektoren zu verschiedenen Eigenwerten sind linear unabhängig.

Insbesondere, besitzt jede $n \times n$ Matrix A höchstens n verschiedene Eigenwerte. Ist die Matrix A *symmetrisch*, also $A^\top = A$, so kann man zeigen, dass dann die Eigenvektoren zu verschiedenen Eigenwerten sogar orthogonal sind (Aufgabe 7.25).

Beweis:

Seien $\lambda_1, \ldots, \lambda_r$ paarweise verschiedene Eigenwerte von A und $\boldsymbol{x}_1, \ldots, \boldsymbol{x}_r$ die zugehörigen Eigenvektoren. Wir führen den Beweis mittels Induktion über r. Die Induktionsbasis $r = 1$ ist trivial, da der Nullvektor kein Eigenvektor ist. Um den Induktionsschritt $r - 1 \mapsto r$ zu beweisen, sei

$$\mathbf{0} = c_1\boldsymbol{x}_1 + \cdots + c_r\boldsymbol{x}_r \tag{7.8}$$

eine lineare Darstellung des Nullvektors durch die Eigenvektoren. Nun ist

$$\begin{aligned} \mathbf{0} = A \cdot \mathbf{0} = A\Big(\sum_{i=1}^{r} c_i\boldsymbol{x}_i\Big) &= \sum_{i=1}^{r} c_i A\boldsymbol{x}_i \\ &= c_1\lambda_1\boldsymbol{x}_1 + \cdots + c_{r-1}\lambda_{r-1}\boldsymbol{x}_{r-1} + c_r\lambda_r\boldsymbol{x}_r\,. \end{aligned} \tag{7.9}$$

Aus (7.8) folgt durch Multiplikation mit λ_r

$$\mathbf{0} = c_1\lambda_r\boldsymbol{x}_1 + \cdots + c_{r-1}\lambda_r\boldsymbol{x}_{r-1} + c_r\lambda_r\boldsymbol{x}_r\,. \tag{7.10}$$

Durch Subtraktion von (7.10) aus (7.9) entsteht

$$\mathbf{0} = c_1(\lambda_1 - \lambda_r)\boldsymbol{x}_1 + \cdots + c_{r-1}(\lambda_{r-1} - \lambda_r)\boldsymbol{x}_{r-1} + c_r\underbrace{(\lambda_r - \lambda_r)}_{=0}\boldsymbol{x}_r\,.$$

Da nach Induktionsvoraussetzung die Vektoren $\boldsymbol{x}_1, \ldots, \boldsymbol{x}_{r-1}$ linear unabhängig sind, folgt $c_i(\lambda_i - \lambda_r) = 0$ für alle $i = 1, \ldots, r-1$. Hieraus ergibt sich, da die Eigenwerte paarweise verschieden sind, $c_i = 0$ für alle $i = 1, \ldots, r-1$. Aus (7.8) folgt somit $c_r\boldsymbol{x}_r = \mathbf{0}$ und daraus (wegen $\boldsymbol{x}_r \neq \mathbf{0}$) auch $c_r = 0$. □

Wie kann man die Eigenwerte einer quadratischen Matrix bestimmen? Wegen $\lambda\boldsymbol{x} = \lambda E\boldsymbol{x}$ kann man das Gleichungssystem $A\boldsymbol{x} = \lambda\boldsymbol{x}$ als ein homogenes Gleichungssystem $(A - \lambda E)\boldsymbol{x} = \mathbf{0}$ schreiben. Nach Definition sind Eigenwerte von A genau die Zahlen λ, für die das Gleichungssystem $(A - \lambda E)\boldsymbol{x} = \mathbf{0}$ nicht-triviale Lösungen $\boldsymbol{x} \neq \mathbf{0}$ hat. Um Eigenwerte einer $n \times n$ Matrix A zu bestimmen, kann man daher Determinanten benutzen: Nach Korollar 7.19 ist λ ein Eigenwert von A genau dann, wenn $\det(A - \lambda E) = 0$ gilt. Das Polynom

$$p_A(\lambda) = \det(A - \lambda E)$$

heißt das *charakteristische Polynom* von A; λ ist hier die Variable. Da nur Nullstellen des charakteristischen Polynoms $\det(A - \lambda E)$ von Interesse sind, reicht es die Matrix

$A - \lambda E$ mittels der Elementartransformationen zu einer (oberen) Dreiecksmatrix Δ zu überführen (die Anzahl der Zeilenvertauschungen ist dabei unwichtig!)

$$A - \lambda E = \begin{bmatrix} a_{11} - \lambda & a_{12} & \dots & a_{1n} \\ a_{21} & a_{22} - \lambda & \dots & a_{2n} \\ \vdots & \vdots & & \vdots \\ a_{n_1} & a_{n2} & \dots & a_{nn} - \lambda \end{bmatrix} \mapsto \Delta = \begin{bmatrix} b_{11} & * & \dots & * \\ 0 & b_{22} & \dots & * \\ \vdots & \vdots & \ddots & \vdots \\ 0 & 0 & \dots & b_{nn} \end{bmatrix}$$

und die Gleichung $b_{11}b_{22}\cdots b_{nn} = 0$ nach λ auszulösen. Insbesondere ist bereits die Matrix $A = (a_{ij})$ selbst eine Dreiecksmatrix, dann ist nach Satz 7.17 die Determinante von $A - \lambda E$ gleich dem Produkt der Diagonaleinträge

$$\det(A - \lambda E) = (a_{11} - \lambda)(a_{22} - \lambda) \cdots (a_{nn} - \lambda).$$

In diesem Fall sind die Diagonaleinträge $a_{11}, a_{22}, \dots, a_{nn}$ von A genau die Lösungen der Gleichung $\det(A - \lambda E) = 0$ und somit auch die Eigenwerte von A. Wir halten diese wichtige Beobachtung fest:

Lemma 7.29: Eigenwerte einer Dreiecksmatrix
Die Eigenwerte jeder Dreiecksmatrix sind ihre Diagonaleinträge.

Beispiel 7.30:

Wir wollen die Eigenwerte und Eigenvektoren der Matrix $A = \begin{bmatrix} 1 & a \\ 1 & 1 \end{bmatrix}$ mit $a \in \mathbb{R}$ bestimmen. Zunächst bestimmen wir die Eigenwerte. Die Nullstellen des charakteristischen Polynoms

$$p_A(\lambda) = \det(A - \lambda E) = \det \begin{bmatrix} 1 - \lambda & a \\ 1 & 1 - \lambda \end{bmatrix} = (1 - \lambda)^2 - a$$

sind offensichtlich $\lambda = 1 \pm \sqrt{a}$. Ist $a > 0$, so hat die Matrix A zwei Eigenwerte $\lambda_1 = 1 + \sqrt{a}$ und $\lambda_2 = 1 - \sqrt{a}$. Für $a = 0$ gibt es nur einen Eigenwert $\lambda = 1$. Für $a < 0$ gibt es keine reellen Eigenwerte, wohl aber komplexe: $1 \pm i\sqrt{-a}$.

Sei nun $a > 0$. Wir wollen die Eigenvektoren zu den Eigenwerten $\lambda = 1 \pm \sqrt{a}$, also Vektoren $\boldsymbol{x} \neq \boldsymbol{0}$ mit $(A - \lambda E)\boldsymbol{x} = \boldsymbol{0}$ bestimmen. Für $\lambda = 1 + \sqrt{a}$ mit $a > 0$ ist

$$A - \lambda E = \begin{bmatrix} 1 - \lambda & a \\ 1 & 1 - \lambda \end{bmatrix} = \begin{bmatrix} -\sqrt{a} & a \\ 1 & -\sqrt{a} \end{bmatrix}.$$

Die Lösungen von $(A - \lambda E)\boldsymbol{x} = \boldsymbol{0}$ sind also in diesem Fall die Lösungen des Gleichungssystems: $-\sqrt{a}x_1 + ax_2 = 0$, $x_1 - \sqrt{a}x_2 = 0$. Die 1. Gleichung ist gleich $-\sqrt{a}$ mal die 2. Gleichung. Somit haben wir nur eine lineare Gleichung $x_1 - \sqrt{a}x_2 = 0$ zu lösen. Die Lösungen dieser Gleichung sind alle Vektoren $\boldsymbol{x} = (x_1, x_2)$ mit $x_1 = \sqrt{a}x_2$, d. h. alle Vielfachen $t\boldsymbol{x}$, $t \in \mathbb{R}$ des Vektors $\boldsymbol{x} = \begin{bmatrix} \sqrt{a} \\ 1 \end{bmatrix}$. Somit sind alle Vektoren $t\boldsymbol{x}$ mit $t \neq 0$ Eigenvektoren von A zu dem Eigenwert $\lambda = 1 + \sqrt{a}$. Genauso erhält man, dass $\boldsymbol{x} = \begin{bmatrix} -\sqrt{a} \\ 1 \end{bmatrix}$ ein Eigenvektor zu dem Eigenwert $\lambda = 1 - \sqrt{a}$ ist.

In dem Fall $a = 0$ ist $\lambda = 1$ der einzige Eigenwert von A und die entsprechende Matrix $A - \lambda E$ hat die Form

$$A - \lambda E = \begin{bmatrix} 1-\lambda & a \\ 1 & 1-\lambda \end{bmatrix} = \begin{bmatrix} 0 & 0 \\ 1 & 0 \end{bmatrix}.$$

Nicht-triviale Lösungen von $(A - \lambda E)\boldsymbol{x} = \boldsymbol{0}$ und somit auch Eigenvektoren zu $\lambda = 1$ sind in diesem Fall alle Vielfachen $t\boldsymbol{x}$ mit $t \neq 0$ von $\boldsymbol{x} = \begin{bmatrix} 0 \\ 1 \end{bmatrix}$.

Wir haben gerade gesehen, dass nicht alle reellwertige Matrizen *reelle* Eigenwerte besitzen. Solche sind zum Beispiel alle Matrizen $A = \begin{bmatrix} 1 & a \\ 1 & 1 \end{bmatrix}$ mit $a < 0$. Was auffällt ist, das diese Matrizen nicht symmetrisch sind, also $A^\top \neq A$ gilt. Andererseits haben symmetrische Matrizen, also Matrizen mit $A^\top = A$, viele Anwendungen. So sind zum Beispiel Adjazenzmatrizen ungerichteter Graphen symmetrisch. Außerdem sind die Matrizen $B^\top B$ und $B + B^\top$ für *jede* quadratische Matrix B auch symmetrische Matrizen. Für symmetrische Matrizen ist folgendes bekannt:

Satz 7.31: Eigenwerte symmetrischer Matrizen

Eigenwerte einer symmetrischen quadratischen Matrix über $\mathbb{R}$ sind stets reelle Zahlen.

Beweis:

Sei $A = (a_{ij})$ eine symmetrische $n \times n$ Matrix über $\mathbb{R}$ und p_A sei ihr charakteristisches Polynom. Wegen $\deg(p_A) = n$ hat das Polynom nach dem Fundamentalsatz der Algebra (Satz 5.30) n komplexe Nullstellen. Sei $\lambda \in \mathbb{C}$ eine dieser Nullstellen, also ein Eigenwert der Matrix A, und sei $\boldsymbol{z} \in \mathbb{C}^n$ ein Eigenvektor zu diesem Eigenwert. Es gilt also $A\boldsymbol{z} = \lambda\boldsymbol{z}$. Wir wollen zeigen, dass dann λ eine reelle Zahl sein muss.

Wir erinnern uns, dass $\overline{z} = a - ib$ die komplex konjugierte Zahl der komplexen Zahl $z = a + ib$ ist. Außerdem ist $z \cdot \overline{z} = |z| = a^2 + b^2$ stets eine reelle Zahl und es gilt $\overline{z} = z$ genau dann, wenn z eine reelle Zahl ist (Lemma 5.29). Wir multiplizieren nun die Matrix A mit dem Eigenvektor $\boldsymbol{z} = (z_1, \ldots, z_n)$ und mit dem komplex konjugierten Vektor $\overline{\boldsymbol{z}} = (\overline{z_1}, \ldots, \overline{z_n})$:

$$\begin{aligned} \overline{\overline{\boldsymbol{z}}^\top A\boldsymbol{z}} &= \sum_{i=1}^{n}\sum_{j=1}^{n} a_{ij} z_i \cdot \overline{z}_j = \sum_{i=1}^{n}\sum_{j=1}^{n} a_{ij}\overline{z}_i \cdot z_j \qquad \text{wegen } a_{ji} = a_{ij} \\ &= \overline{\boldsymbol{z}}^\top A\boldsymbol{z}\,. \end{aligned}$$

Daher ist $\overline{\boldsymbol{z}}^\top A\boldsymbol{z}$ eine reelle Zahl. Andererseits ist diese Zahl wegen $A\boldsymbol{z} = \lambda\boldsymbol{z}$ gleich

$$\overline{\boldsymbol{z}}^\top A\boldsymbol{z} = \langle\overline{\boldsymbol{z}}, A\boldsymbol{z}\rangle = \langle\overline{\boldsymbol{z}}, \lambda\boldsymbol{z}\rangle = \lambda\langle\overline{\boldsymbol{z}}, \boldsymbol{z}\rangle = \lambda\sum_{i=1}^{n}\overline{z_i} \cdot z_i\,.$$

Da alle $\overline{z_i} \cdot z_i$ reelle Zahlen sind, muss auch λ eine reelle Zahl sein. □

7.5.1 Eigenwerte und Diagonalisierung

Zwei $n \times n$ Matrizen A und B heißen *ähnlich*, falls es eine invertierbare Matrix P mit $A = P^{-1}BP$ gibt. Ist die Matrix P auch unitär, also gilt $P^{-1} = P^{\top}$, so heißen die Matrizen *unitär ähnlich.*

Ist P invertierbar, so ist wegen $(P^{-1})^{-1} = P$ auch P^{-1} invertierbar. Daher ist es unwichtig, ob man P^{-1} links oder rechts von B einsetzt. D. h. A und B sind auch dann ähnlich, falls $A = QBQ^{-1}$ für eine invertierbare Matrix Q gilt.

Eine geometrische Interpretation dieser Äquivalenzrelation ist die folgende. Jede $n \times n$ Matrix A über $\mathbb{F}$ beschreibt eine lineare Abbildung $f_A(\boldsymbol{x}) = A\boldsymbol{x}$ von $\mathbb{F}^n$ nach $\mathbb{F}^n$. Eine invertierbare Matrix P implementiert einen Basiswechsel. Die Koordinaten sind durch P folgendermaßen »gedreht«, dass man diese Drehung auch umkehren kann, d. h. sie werden nicht in eine kleinere Dimension »gequetscht«. Die Abbildung $f_{P^{-1}BP}$ dreht den Vektorraum, wendet die Funktion f_B an und kehrt in den ursprünglichen Vektorraum zurück. D. h. ähnliche Matrizen beschreiben die gleichen linearen Abbildungen aus verschiedenen Sichtpunkten, die der gewählten Basis entsprechen.

Eine wichtige Eigenschaft ähnlicher Matrizen ist, dass sie denselben Rang, dieselbe Determinante wie auch dasselbe Spektrum (d. h. dieselben Eigenwerte) besitzen.

Satz 7.32: Ähnliche Matrizen

Sind die Matrizen A und B ähnlich, so gilt:

1. $\operatorname{rk}(A) = \operatorname{rk}(B)$;
2. $\det(A) = \det(B)$;
3. $\sigma(A) = \sigma(B)$.

Beweis:

(1) Es gelte $A = P^{-1}BP$ für eine invertierbare $n \times n$ Matrix P. Nach (7.1) gilt $\operatorname{rk}(A) = \operatorname{rk}(P^{-1}BP) \leq \operatorname{rk}(B)$ und wegen der Symmetrie auch $\operatorname{rk}(B) \leq \operatorname{rk}(A)$.
(2) folgt unmittelbar aus Satz 7.22: $\det(A) = \det(P^{-1})\det(B)\det(P) = \det(B)$.
(3) Wir wollen zeigen, dass die Matrizen A und B dieselben Eigenwerte besitzen. Dazu reicht es zu zeigen, dass die Determinanten der beiden Matrizen $A - \lambda E$ und $B - \lambda E$ für alle $\lambda \in \mathbb{R}$ gleich sind. Diese Gleichheit kann man mit Hilfe der uns bereits bekannten Eigenschaften der Determinate leicht zeigen:

$$\begin{aligned}
\det(A - \lambda E) &= \det(P^{-1}BP - \lambda P^{-1}P) && \text{wegen } E = P^{-1}P \\
&= \det(P^{-1}(B - \lambda E)P) && \text{Satz 7.1(1)} \\
&= \det(P^{-1}) \cdot \det(B - \lambda E) \cdot \det(P) && \text{Satz 7.22(1)} \\
&= \det(B - \lambda E) && \text{wegen } \det(P^{-1}) = \tfrac{1}{\det(P)} .
\end{aligned}$$

□

Wir wissen bereits, dass man den Rang, die Determinante wie auch die Eigenwerte einer Dreiecksmatrix sehr leicht bestimmen kann. Daher sind die zu Dreiecksmatrizen ähnlichen Matrizen besonders interessant; solche Matrizen nennt man *trigonalisierbar*. Ist die Matrix sogar einer Diagonalmatrix ähnlich, so heißt sie *diagonalisierbar*.

Satz 7.33: Diagonalisierung

Sind alle n Eigenwerte $\lambda_1, \ldots, \lambda_n$ einer reellwertigen $n \times n$ Matrix A verschiedene reelle Zahlen, so ist A der Diagonalmatrix $\operatorname{diag}(\lambda_1, \ldots, \lambda_n)$ ähnlich.

Beweis:

Sei $P = [\boldsymbol{v}_1, \ldots, \boldsymbol{v}_n]$ eine $n \times n$ Matrix, deren Spalten Eigenvektoren $\boldsymbol{v}_1, \ldots, \boldsymbol{v}_n$ zu den Eigenwerten $\lambda_1, \ldots, \lambda_n$ sind. Aus $A\boldsymbol{v}_i = \lambda_i \boldsymbol{v}_i$ für alle i folgt

$$\begin{aligned} A \cdot P = A \cdot [\boldsymbol{v}_1, \ldots, \boldsymbol{v}_n] &= [A\boldsymbol{v}_1, \ldots, A\boldsymbol{v}_n] = [\lambda_1 \boldsymbol{v}_1, \ldots, \lambda_n \boldsymbol{v}_n] \\ &= P \cdot \operatorname{diag}(\lambda_1, \ldots, \lambda_n) . \end{aligned}$$

Da nach Satz 7.28 Eigenvektoren zu verschiedenen Eigenwerten linear unabhängig sein müssen, gilt $\operatorname{rk}(P) = n$. Somit existiert das Inverse P^{-1} und es genügt, beide Seiten der Gleichung $A \cdot P = P \cdot \operatorname{diag}(\lambda_1, \ldots, \lambda_n)$ mit P^{-1} zu multiplizieren. □

Beispiel 7.34:

Wir betrachten die Matrix $A = \begin{bmatrix} 1 & a \\ 1 & 1 \end{bmatrix}$ mit $a > 0$ aus Beispiel 7.30. Diese Matrix hat zwei Eigenwerte $\lambda = 1 \pm \sqrt{a}$ mit Eigenvektoren $\boldsymbol{v} = (\pm\sqrt{a}, 1)^\top$. Die entsprechende Matrix P hat in diesem Fall die Form

$$P = \begin{bmatrix} \sqrt{a} & -\sqrt{a} \\ 1 & 1 \end{bmatrix}$$

und ihr Inverses ist (siehe Beispiel 7.10)

$$P^{-1} = \frac{1}{2\sqrt{a}} \begin{bmatrix} 1 & \sqrt{a} \\ -1 & \sqrt{a} \end{bmatrix} .$$

Wenn wir nun das Matrixprodukt $P^{-1}AP$ ausrechnen, dann erhalten wir eine Diagonalmatrix

$$\begin{aligned} P^{-1}AP &= \frac{1}{2\sqrt{a}} \begin{bmatrix} 1 & \sqrt{a} \\ -1 & \sqrt{a} \end{bmatrix} \cdot \begin{bmatrix} 1 & a \\ 1 & 1 \end{bmatrix} \cdot \begin{bmatrix} \sqrt{a} & -\sqrt{a} \\ 1 & 1 \end{bmatrix} \\ &= \frac{1}{2\sqrt{a}} \begin{bmatrix} 1 & \sqrt{a} \\ -1 & \sqrt{a} \end{bmatrix} \cdot \begin{bmatrix} \sqrt{a} + a & -\sqrt{a} + a \\ \sqrt{a} + 1 & -\sqrt{a} + 1 \end{bmatrix} \\ &= \frac{1}{2\sqrt{a}} \begin{bmatrix} 2\sqrt{a}(1 + \sqrt{a}) & 0 \\ 0 & 2\sqrt{a}(1 - \sqrt{a}) \end{bmatrix} \\ &= \begin{bmatrix} 1 + \sqrt{a} & 0 \\ 0 & 1 - \sqrt{a} \end{bmatrix} . \end{aligned}$$

Für Matrizen, deren Eigenwerte nicht unbedingt verschieden sind, gilt Folgendes.

Satz 7.35: Trigonalisierung – Satz von Schur
Jede reellwertige $n \times n$ Matrix A mit reellen Eigenwerten $\lambda_1, \ldots, \lambda_n$ ist einer oberen $n \times n$ Dreiecksmatrix Δ mit $\lambda_1, \ldots, \lambda_n$ auf der Diagonalen unitär ähnlich.

Beweis:

Nach Satz 7.32(3) und Lemma 7.29 reicht es zu zeigen, dass A einer Dreiecksmatrix unitär ähnlich ist.

Induktion über n. Für $n = 1$ ist die Aussage richtig, da jede 1×1 Matrix auch eine Dreiecksmatrix ist. Wir nehmen nun an, dass die Aussage für alle $(n-1) \times (n-1)$ Matrizen gilt und dass A eine $n \times n$ Matrix ist, deren Eigenwerte reelle Zahlen sind.

Sei $\boldsymbol{v}_1$ ein Eigenvektor von A mit Eigenwert λ, also $A\boldsymbol{v}_1 = \lambda \boldsymbol{v}_1$ und $\boldsymbol{v}_1 \neq \boldsymbol{0}$. Ersetze $\boldsymbol{v}_1$ durch $\boldsymbol{v}_1 / \|\boldsymbol{v}_1\|$, um $\|\boldsymbol{v}_1\| = 1$ zu erreichen. Dann wende den Gram–Schmidt Algorithmus, um $\{\boldsymbol{v}_1\}$ bis zu einer Orthonormalbasis $\{\boldsymbol{v}_1, \ldots, \boldsymbol{v}_n\}$ von $\mathbb{R}^n$ zu erweitern. Sei $B = V^{-1}AV$ mit $V = [\boldsymbol{v}_1, \ldots, \boldsymbol{v}_n]$. Da die Basis orthonormal ist, ist die Matrix V unitär, also gilt $V^{-1} = V^\top$. Wegen $A\boldsymbol{v}_1 = \lambda\boldsymbol{v}_1$, $\langle \boldsymbol{v}_1, \boldsymbol{v}_1 \rangle = 1$ und $\langle \boldsymbol{v}_1, \boldsymbol{v}_i \rangle = 0$ für alle $i = 2, \ldots, n$ hat die Matrix $B = V^{-1}AV$ die Form

$$V^{-1}AV = V^\top [\lambda \boldsymbol{v}_1, A\boldsymbol{v}_2, \ldots, A\boldsymbol{v}_n] = \begin{bmatrix} \lambda & * & \cdots & * \\ 0 & & & \\ \vdots & & C & \\ 0 & & & \end{bmatrix}.$$

Nach Induktionsannahme gibt es eine unitäre $(n-1) \times (n-1)$ Matrix Q, so dass $Q^{-1}CQ$ eine obere Dreiecksmatrix ist. Da Q unitär ist, ist auch die Matrix

$$R = \begin{bmatrix} 1 & 0 & \cdots & 0 \\ 0 & & & \\ \vdots & & Q & \\ 0 & & & \end{bmatrix}$$

unitär. Wegen

$$(VR)^{-1} = R^{-1}V^{-1} = R^\top V^\top = (VR)^\top$$

ist daher auch die Matrix $P = VR$ unitär. Die Matrix

$$P^{-1}AP = (VR)^{-1}A(VR) = R^{-1}(V^{-1}AV)R$$

hat die Form

$$\begin{bmatrix} 1 & 0 & \cdots & 0 \\ 0 & & & \\ \vdots & & Q^{-1} & \\ 0 & & & \end{bmatrix} \cdot \begin{bmatrix} \lambda & * & \cdots & * \\ 0 & & & \\ \vdots & & C & \\ 0 & & & \end{bmatrix} \cdot \begin{bmatrix} 1 & 0 & \cdots & 0 \\ 0 & & & \\ \vdots & & Q & \\ 0 & & & \end{bmatrix} = \begin{bmatrix} \lambda & * & \cdots & * \\ 0 & & & \\ \vdots & & Q^{-1}CQ & \\ 0 & & & \end{bmatrix}.$$

Da $Q^{-1}CQ$ nach Induktionsannahme eine obere Dreiecksmatrix ist, ist auch $\Delta = P^{-1}AP$ eine solche Matrix. Somit sind die Matrizen A und Δ unitär ähnlich. □

Korollar 7.36: Diagonalisierung symmetrischer Matrizen
Jede symmetrische reellwertige $n \times n$ Matrix A mit den Eigenwerten $\lambda_1, \ldots, \lambda_n$ ist der Diagonalmatrix $\mathrm{diag}(\lambda_1, \ldots, \lambda_n)$ unitär ähnlich.

Beweis:
Nach Satz 7.31 sind alle λ_i reelle Zahlen. Nach dem Satz von Schur gilt $A = P\Delta P^{-1}$ für eine unitäre $n \times n$ Matrix P und eine Dreiecksmatrix Δ mit Einträgen $\lambda_1, \ldots, \lambda_n$ auf der Diagonalen. Wegen $A^\top = A$ und $P^\top = P^{-1}$ gilt

$$P\Delta P^{-1} = A = A^\top = (P\Delta P^{-1})^\top = (P^{-1})^\top \Delta^\top P^\top = P\Delta^\top P^{-1},$$

woraus $\Delta = \Delta^\top$ folgt. Da Δ eine Dreiecksmatrix ist, kann das nur dann der Fall sein, wenn alle Einträge außerhalb der Diagonalen gleich Null sind, d.h. wenn Δ eine Diagonalmatrix ist. □

7.5.2 Eigenwerte, die Spur und die Determinante

Eigenwerte von A sind Nullstellen des charakteristischen Polynoms $\det(A - \lambda E)$. Nach der Leibniz'scher Formel (7.5) für die Determinante hat dieses Polynom die Form

$$\det(A - \lambda E) = c_n\lambda^n + c_{n-1}\lambda^{n-1} + \cdots + c_1\lambda + c_0$$

für geeignete Koeffizienten c_i. Für $\lambda = 0$ ergibt dies $c_0 = \det(A - 0 \cdot E) = \det(A)$. Der großte Term λ^n kommt in der Summe (7.5) nur einmal vor, und zwar mit dem Koeffizient $c_n = (-1)^n$. Somit gilt

$$\det(A - \lambda E) = (-1)^n\lambda^n + c_{n-1}\lambda^{n-1} + \cdots + c_1\lambda + \det(A).$$

Sind $\lambda_1, \ldots, \lambda_n$ die Eigenwerte von A, so sind sie Nullstellen dieses Polynoms und es gilt

$$\det(A - \lambda E) = (-1)^n(\lambda - \lambda_1)\cdots(\lambda - \lambda_n). \qquad (7.11)$$

Daraus ergeben sich einige Verbindungen zwischen Eigenwerten, »Spur« und Determinante. Die *Spur* (engl. »trace«) einer $n \times n$ Matrix $A = (a_{ij})$ ist einfach die Summe $\mathrm{Tr}(A) = \sum_{i=1}^n a_{ii}$ der Diagonaleinträge.

Satz 7.37:
Ist A eine $n \times n$ Matrix mit Eigenwerten $\lambda_1, \ldots, \lambda_n$, so gilt

$$\det(A) = \prod_{i=1}^n \lambda_i \quad \text{und} \quad \mathrm{Tr}(A) = \sum_{i=1}^n \lambda_i.$$

Beweis:
Um die erste Gleichung zu erhalten, setze einfach $\lambda = 0$ in (7.11).

Um die zweite Gleichung zu erhalten, schreibe die rechte Seite von (7.11) als ein Polynom (in der Variable λ) und beachte, dass der Koeffizient zu λ^{n-1} gleich

$$(-1)^n \sum_{i=1}^{n}(-\lambda_i) = (-1)^{n+1}(\lambda_1 + \lambda_2 + \cdots + \lambda_n)$$

ist, wobei der Koeffizient zu λ^{n-1} in $\det(A - \lambda E)$ gleich

$$(-1)^{n-1}(a_{11} + a_{22} + \cdots + a_{nn}) = (-1)^{n-1}\mathrm{Tr}(A)$$

ist. Warum? Um λ^{n-1} zu erhalten, müssen wir nach der Leibniz'schen Formel (7.5) den Term $-\lambda$ genau $(n-1)$-mal aus den Diagonaleinträgen $a_{ii} - \lambda$ von $A - \lambda E$ auswählen. □

Lemma 7.38: Eigenschaften der Spur

Für alle $n \times n$ Matrizen A, B über $\mathbb{R}$ und alle $c \in \mathbb{R}$ gilt:

1. $\mathrm{Tr}(cA) = c\mathrm{Tr}(A)$;
2. $\mathrm{Tr}(A + B) = \mathrm{Tr}(A) + \mathrm{Tr}(B)$;
3. $\mathrm{Tr}(AB) = \mathrm{Tr}(BA)$;
4. $\mathrm{Tr}(A) = \mathrm{Tr}(B)$, falls A und B ähnlich sind.

Beweis:

Die ersten zwei Aussagen sind trivial. Die dritte Aussage folgt aus

$$\mathrm{Tr}(AB) = \sum_{i=1}^{n}\sum_{k=1}^{n} A[i,k]B[k,i] = \sum_{k=1}^{n}\sum_{i=1}^{n} B[k,i]A[i,k] = \mathrm{Tr}(BA)\,.$$

Die letzte Aussage folgt aus (3): Gilt $A = P^{-1}BP$, so gilt auch

$$\mathrm{Tr}(A) = \mathrm{Tr}((P^{-1}B)P) = \mathrm{Tr}(P(P^{-1}B)) = \mathrm{Tr}(EB) = \mathrm{Tr}(B)\,.$$ □

Lemma 7.39: Rang und Spur symmetrischer Matrizen

Für jede reellwertige symmetrische Matrix A gilt

$$\mathrm{rk}(A^2) = \mathrm{rk}(A) \geq \frac{\mathrm{Tr}(A)^2}{\mathrm{Tr}(A^2)}\,.$$

Beweis:

Seien $\lambda_1, \ldots, \lambda_n$ die Eigenwerte von A. Nach Korollar 7.36 ist A der Diagonalmatrix $\Delta = \mathrm{diag}(\lambda_1, \ldots, \lambda_n)$ ähnlich. Daher ist auch A^2 der Diagonalmatrix $\Delta^2 = \mathrm{diag}(\lambda_1^2, \ldots, \lambda_n^2)$ ähnlich. Nach Satz 7.32 sind $\mathrm{rk}(A)$ und $\mathrm{rk}(A^2)$ beide gleich der Anzahl $r = |\{i\colon \lambda_i \neq 0\}|$ der von Null verschiedenen Diagonaleinträge dieser Matrizen, woraus $\mathrm{rk}(A^2) = \mathrm{rk}(A)$ folgt. Weiterhin gilt nach Satz 7.37 und Lemma 7.38(4) $\sum_{i=1}^{n} \lambda_i = \mathrm{Tr}(A)$ und $\sum_{i=1}^{n} \lambda_i^2 = \mathrm{Tr}(A^2)$. Die Cauchy–Schwarz-Ungleichung (6.2) angewandt mit $x_i = \lambda_i$ und $y_i = 1$ ergibt dann

$$\mathrm{Tr}(A^2) \cdot r = \Big(\sum_{i=1}^{n} \lambda_i^2\Big) \cdot r \geq \Big(\sum_{i=1}^{n} \lambda_i\Big)^2 = \mathrm{Tr}(A)^2 ,$$

woraus die gewünschte untere Schranke für $r = \mathrm{rk}(A)$ folgt. □

7.6 Aufgaben

Aufgabe 7.1:

Ein Vater und seine beide Söhne sind zusammen hundert Jahre alt, der Vater ist doppelt so alt wie sein jüngster Sohn und dreißig Jahre älter als sein ältester. Wie alt ist der Vater?

Aufgabe 7.2:

Für welche Werte von a hat das folgende Gleichungssystem (i) keine, (ii) genau eine oder (iii) mehrere Lösungen?

$$\begin{aligned} x + y + az &= 1 , \\ x + ay + z &= 1 , \\ ax + y + z &= 1 . \end{aligned}$$

Aufgabe 7.3:

Löse die folgende Gleichung über $\mathbb{R}$: $\begin{bmatrix} -4 & x \\ -x & 4 \end{bmatrix}^2 = \begin{bmatrix} -1 & 0 \\ 0 & -1 \end{bmatrix}$.

Aufgabe 7.4:

Löse die folgende Gleichung über $\mathbb{R}$: $X^2 - 2X = \begin{bmatrix} -1 & 0 \\ 6 & 3 \end{bmatrix}$. *Hinweis*: Es lohnt sich $X^2 - 2X$ bis zu einem Quadrat zu erweitern, d. h. durch $(X - E)^2 = X^2 - 2X + E$ zu ersetzen.

Aufgabe 7.5: Eigenschaften der linearen Abbildungen

Sei A eine $m \times n$ Matrix und sei $S \subseteq \mathbb{F}^m$, $|S| = n$ die Menge ihrer Spalten. Weiterhin sei $f_A : \mathbb{F}^n \to \mathbb{F}^m$ die durch $f_A(x) = Ax$ gegebe lineare Abbildung. Zeige, dass dann folgendes gilt:

1. f_A ist injektiv $\iff$ S ist linear unabhängig;
2. f_A ist surjektiv $\iff$ $\mathrm{span}(S) = \mathbb{F}^m$;
3. f_A ist bijektiv $\iff$ S bildet eine Basis von $\mathbb{F}^m$.

Aufgabe 7.6:

Berechne $\begin{bmatrix} 1 & 1 \\ 0 & 1 \end{bmatrix}^n$, wobei n eine natürliche Zahl ist.

Aufgabe 7.7:

Seien A und B invertierbare $n \times n$ Matrizen über $\mathbb{R}$. Zeige, dass dann die Spalten von $A^{-1}B$ den ganzen Vektorraum $\mathbb{R}^n$ erzeugen. *Hinweis*: Sind die Matrizen A und B invertierbar, so ist auch ihr Produkt AB invertierbar.

Aufgabe 7.8:

Wir nehmen an, dass die letzte Spalte von AB eine Nullspalte ist aber die Matrix B selbst keine Nullspalte enthält. Was kann man dann über die lineare Abhängigkeit bzw. lineare Unabhängigkeit der Spalten von A sagen?

Aufgabe 7.9:

Zeige: Wenn die Spalten von B linear abhängig sind, dann sind auch die Spalten von AB linear abhängig.

Aufgabe 7.10:

Eine reellwertige $n \times n$ Matrix A heißt *positiv definit*, falls $x^\top Ax > 0$ für alle $x \in \mathbb{R}^n$ mit $x \neq \mathbf{0}$ gilt. Zeige, dass jede solche Matrix regulär ist, d. h. $\mathrm{rk}(A) = n$ gilt. *Hinweis*: Korollar 7.19(3).

Aufgabe 7.11:

Sei $CA = E$ (die Einheitsmatrix). Zeige, dass dann das Gleichungssystem $Ax = \mathbf{0}$ nur die triviale Lösung $x = \mathbf{0}$ haben kann.

Aufgabe 7.12:

Sei $AD = E$ (die Einheitsmatrix). Zeige, dass dann das Gleichungssystem $Ax = \boldsymbol{b}$ für alle $\boldsymbol{b} \in \mathbb{R}^n$ lösbar ist.

Aufgabe 7.13:

Sei $(B - C)D = \mathbf{0}$, wobei B und C $m \times n$ Matrizen sind und die $n \times n$ Matrix D invertierbar ist. Zeige, dass dann $B = C$ gelten muss.

Aufgabe 7.14: Farkas Lemma

Sei A eine $m \times n$ Matrix über $\mathbb{R}$ und $\boldsymbol{b} \in \mathbb{R}^m$. Beweise das folgende Lemma von Farkas: Das Gleichungssystem $Ax = \boldsymbol{b}$ ist genau dann lösbar, wenn das Gleichungssystem $\boldsymbol{y}^\top A = \mathbf{0}$ keine Lösung $\boldsymbol{y} \in \mathbb{F}^m$ mit $\langle \boldsymbol{y}, \boldsymbol{b} \rangle \neq 0$ hat. *Hinweis*: Sei U der Spaltenraum von A und W der Spaltenraum der erweiterten Matrix $(A|\boldsymbol{b})$. Zeige, dass dann $U^\perp = W^\perp$ nur dann gelten kann, wenn $U = W$ ist. Die Dimensionsformel für direkte Summen kann hier nützlich sein.

Bemerkung: Dieses Lemma hat eine besonders interessante logische Struktur: Es gibt irgendetwas genau dann, wenn es irgendetwas anderes nicht gibt! Solche Aussagen sind in der Mathematik sehr selten. So hat eine der berühmtesten offenen Fragen der Informatik – die sogenannte »**NP**=co-**NP**« Frage – auch diese Form.

Aufgabe 7.15: Darstellung durch symmetrischen Matrizen

Eine quadratische Matrix A ist *symmetrisch*, falls $A = A^\top$ gilt, und ist *schiefsymmetrisch* oder auch *antisymmetrisch*, falls $A = -A^\top$ gilt. Wir arbeiten über einem

Körper $\mathbb{F}$ der Charakteristik $\neq 2$. Zeige, dass dann man jede quadratische Matrix A als die Summe $A = X + Y$ darstellen kann, wobei X eine symmetrische Matrix und Y eine schiefsymmetrische Matrix ist. *Hinweis*: Betrachte die Matrizen $A + A^\top$ und $A - A^\top$.

Aufgabe 7.16:

Für $A = \begin{bmatrix} 3 & 1 \\ 2 & 1 \end{bmatrix}$ und $B = \begin{bmatrix} -1 & 3 \\ 5 & 8 \end{bmatrix}$ zeige: $\det(A + B) \neq \det(A) + \det(B)$.

Aufgabe 7.17:

Zeige, dass es für jede $n \times n$ Matrix $A = (a_{ij})$ über $\mathbb{R}$ zwei Matrizen X und Y mit $A = X + Y$ und $\det(X) \cdot \det(Y) \neq 0$ gibt. *Hinweis*: Betrachte bestimmte obere und untere Dreiecksmatrizen. Wie sollen ihre Diagonaleinträge aussehen?

Aufgabe 7.18: Determinante unitären Matrizen

Eine quadratische Matrix A ist *unitär*, falls $A^\top A = E$ gilt. Zeige, dass $\det(A) = \pm 1$ für jede solche Matrix A gilt.

Aufgabe 7.19:

Sei A eine Matrix über $\mathbb{R}$, deren Spalten linear unabhängig sind. Zeige, dass dann $A^\top A$ vollen Rang besitzt.

Aufgabe 7.20: Matrixmultiplikation und Dreiecken in Graphen

Sei $G = (V, E)$ ein ungerichteter Graph mit $V = \{1, \ldots, n\}$. Ein *Dreieck* in G ist eine Menge $\{i, j, k\}$ von drei Knoten, die paarweise adjazent sind. Sei $A = (a_{ij})$ die Adjazenzmatrix von G und sei $A^2 = (b_{i,j})$. Zeige, dass G genau dann ein Dreieck besitzt, wenn es $i < j$ mit $a_{ij} \neq 0$ und $b_{ij} \neq 0$ gibt.

Aufgabe 7.21: Konstruktion der Hadamardmatrizen

Definiere die Matrizen H_{2m}, $m = 2,4,8,\ldots$ rekursiv wie folgt:

$$H_2 = \begin{bmatrix} 1 & 1 \\ 1 & -1 \end{bmatrix}, \qquad H_{2m} = \begin{bmatrix} H_m & H_m \\ H_m & -H_m \end{bmatrix}.$$

Zeige, dass die Matrizen H_{2m} regulär sind, d. h. vollen Rang über $\mathbb{R}$ haben. *Hinweis*: Aufgabe 6.2.

Aufgabe 7.22:

Seien A und B zwei *verschiedene* $n \times n$ Matrizen über $\mathbb{R}$ mit $A^3 = B^3$ und $A^2 B = B^2 A$. Zeige, dass dann die Matrix $A^2 + B^2$ kein Inverses haben kann. *Hinweis*: Betrachte die Matrix $(A^2 + B^2)(A - B)$.

Aufgabe 7.23:

Berechne die Eigenwerte von $A = \begin{bmatrix} 3 & 1 \\ -2 & 0 \end{bmatrix}$ und $B = \begin{bmatrix} 1 & -3 & 5 \\ 0 & 1 & 0 \\ 0 & -2 & 2 \end{bmatrix}$.

Aufgabe 7.24: Eigenwerte und inverse Matrizen

Sei A eine invertierbare $n \times n$ Matrix und λ sei ihr Eigenwert mit Eigenvektor $\boldsymbol{v}$. Zeige, dass dann $1/\lambda$ ein Eigenwert von A^{-1} mit demselben Eigenvektor $\boldsymbol{v}$ ist.

Aufgabe 7.25:

Eine $n \times n$ Matrix heißt *symmetrisch*, falls $A^\top = A$ gilt. Zeige, dass Eigenvektoren zu verschiedenen Eigenwerten einer symmetrischen Matrix orthogonal sind. *Hinweis*: Ist λ ein Eigenwert von A mit dem Eigenvektor $\boldsymbol{x}$, dann gilt $\boldsymbol{y}^\top A\boldsymbol{x} = \lambda\langle \boldsymbol{x}, \boldsymbol{y}\rangle$ für alle Vektoren $\boldsymbol{y}$. Wegen der Symmetrie von A gilt auch $\boldsymbol{y}^\top A\boldsymbol{x} = \boldsymbol{x}^\top A\boldsymbol{y}$.

Aufgabe 7.26: Vandermonde-Matrix

Sei $\mathbb{F}$ ein Körper und $x_1, \ldots, x_n$ seien Elemente in $\mathbb{F}$. Die *Vandermonde-Matrix* ist eine $n \times n$ Matrix X_n, deren i-te Zeile ($0 \leq i < n$) aus den Potenzen $1, x_i, x_i^2, \ldots, x_i^{n-1}$ des i-ten Elements x_i besteht:

$$X_n = \begin{bmatrix} 1 & x_1 & x_1^2 & \ldots & x_1^{n-1} \\ 1 & x_2 & x_2^2 & \ldots & x_2^{n-1} \\ \vdots & \vdots & \vdots & & \vdots \\ 1 & x_n & x_n^2 & \ldots & x_n^{n-1} \end{bmatrix}$$

Zeige, dass die Gleichung $\det(X_n) = \prod_{1 \leq i < j \leq n}(x_j - x_i)$ für alle $n \geq 2$ gilt. *Hinweis*: Induktion über n. Für $i = 1,2, \ldots, n-1$ multipliziere die i-te Spalte von X_n mit x_1 und ziehe die resultierende Spalte von der $(i+1)$-ten Spalte ab. Dies sollte $\det(X_n) = (x_n - x_1) \cdots (x_2 - x_1)\det(X_{n-1})$ liefern.

Aufgabe 7.27: Vektoren in allgemeiner Lage

Sei V ein Vektorraum der Dimension n über einem Körper $\mathbb{F}$ und sei $W \subseteq V$ eine Teilmenge. Man sagt, dass sich die Vektoren von W in *allgemeiner Lage* befinden, falls *jede*(!) Teilmenge $W' \subseteq W$ der $|W'| = n$ Vektoren linear unabhängig ist. Sei $V = \mathbb{F}^n$ mit $|\mathbb{F}| \geq n$ und sei W die Menge aller Vektoren der Form $\left(1, a, a^2, \ldots, a^{n-1}\right) \in \mathbb{F}^n$ mit $a \in \mathbb{F}$. Zeige, dass sich die Vektoren von W in einer allgemeiner Lage befinden. *Hinweis*: Aufgabe 7.26.

Aufgabe 7.28: Streng diagonal dominante Matrizen

Eine $n \times n$ Matrix $A = (a_{i,j})$ über $\mathbb{R}$ heißt *streng diagonal dominant*, wenn

$$|a_{i,i}| > |a_{i,1}| + \cdots + |a_{i,i-1}| + |a_{i,i+1}| + \cdots + |a_{i,n}|$$

für alle Zeilen $i = 1, \ldots, n$ gilt. Zeige, dass solche Matrizen regulär sind, d. h. vollen Rang haben. *Hinweis*: In einer beliebigen Linearkombination $A\boldsymbol{x}$ der Spalten von A mit $\boldsymbol{x} \neq \boldsymbol{0}$ betrachte die Koordinate k mit $|x_k| = \max_i |x_i|$.

Aufgabe 7.29: Der Rang von »Fast-Einheitsmatrizen«

Sei $A = (a_{ij})$ eine reellwertige symmetrische $n \times n$ Matrix mit $a_{ii} = 1$ für alle i und $|a_{ij}| \leq 1/\sqrt{n}$ für alle $i \neq j$. Zeige, dass dann $\mathrm{rk}(A) > n/2$ gilt. *Hinweis*: Berechne $\mathrm{Tr}(A^2)$ und benutze Lemma 7.39.

Teil IV

Analysis

8 Folgen und Rekursionsgleichungen

Eine *Folge* ist eine Funktion $f : \mathbb{N} \to \mathbb{R}$, deren Definitionsbereich gleich der Menge $\mathbb{N}$ der natürlichen Zahlen ist. D. h. eine Folge ist eine Folge reeller Zahlen

$$f(0), f(1), f(2), \ldots, f(n), \ldots .$$

Gewöhnlich wird eine Folge f einfach in der Form $(a_n) = a_0, a_1, a_2, \ldots$ aufgeschrieben, also als Abfolge der Folgenglieder $a_n = f(n)$. Der Funktionswert a_n heißt in diesem Zusammenhang auch das *n-te Folgenglied* der Folge.

Man kann eine Folge auf zwei Arten beschreiben:

1. Durch eine *explizite* Definition: Man gibt eine Formel an, aus der man jedes Folgenglied sofort berechnen kann, zum Beispiel $a_n = n^2$.

2. Durch eine *rekursive* Definition: Zuerst gibt man das erste Folgenglied[1] a_0 oder mehrere erste Folgenglieder der Folge an, dann gibt man zusätzlich eine Formel an, mit der man das Folgenglied a_{n+1} aus dem Folgenglied a_n oder aus den ersten n Folgengliedern $a_0, a_1, \ldots, a_n$ berechnen kann.

Eines der ersten Beispiele einer Rekursion war das sogenannte »Rad des Theodorus« (griechischer Gelehrter, 465 v. Chr.). Die Konstruktion trägt seinen Namen, weil er mit ihrer Hilfe erstmals bewies, dass $\sqrt{3}, \sqrt{5}, \sqrt{7}, \ldots$ irrationale Zahlen sind. Dieses Rad besteht aus Dreiecken und kann durch einen rekursiven Algorithmus gebildet werden:

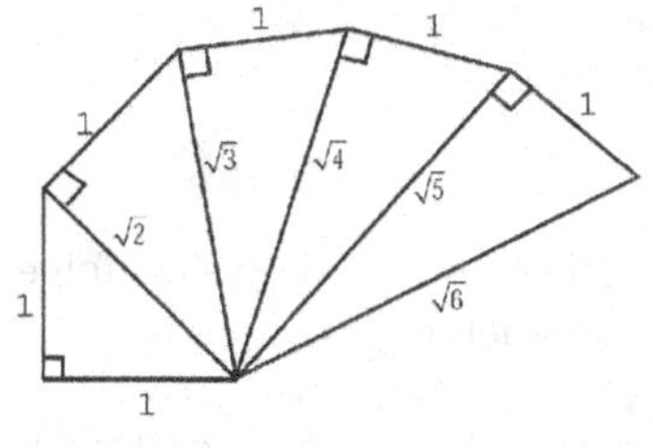

Die Bildungsregel lautet folgendermaßen: Das erste Dreieck D_1 ist ein rechtwinkliges Dreieck mit Seitenlänge 1. Die Hypothenuse a_1 von D_1 ist ein Schenkel von D_2; der andere Schenkel besitzt die Länge 1. Die Hypothenuse a_2 von D_2 ist ein Schenkel von D_3; der andere Schenkel besitzt die Länge 1, usw. In der mathematischen Notation sieht diese rekursive Bildungsregel so aus: $a_1 = \sqrt{2}$ und $a_{n+1} = \sqrt{a_n^2 + 1}$.

1 Man muss nicht unbedingt von a_0 starten – das erste Folgenglied kann zum Beispiel auch a_1 oder a_2 sein. Außerdem spielt die Index-Benennung keine Rolle: Man kann die Folge (a_n) auch als (a_k) schreiben.

8.1 Endliche Summen (Reihen)

Die *Reihe* (engl. »series«) zu einer Folge (a_n) ist eine durch die Rekursionsgleichung $S_{n+1} = S_n + a_n$ mit $S_0 = a_0$ gegebene Folge (S_n), d. h.

$$S_n = a_0 + a_1 + a_2 + \cdots + a_n = \sum_{k=0}^{n} a_k .$$

Wie löst man solche Rekursionsgleichungen, d. h. wie sieht eine geschlossene Form einer Reihe aus? In diesem Abschnitt werden wir diese Frage für Reihen der Folgen (n), (x^n) und $(1/n)$ beantworten.

1. Arithmetische Reihe $A_n = A_{n-1} + n$ mit $A_1 = 1$:

$$A_n = 1 + 2 + 3 + \cdots + n .$$

2. Geometrische Reihe $G_n(x) = G_{n-1}(x) + x^n$ mit $G_0 = 1$ und $x \in \mathbb{R}$:

$$G_n(x) = 1 + x + x^2 + \cdots + x^n .$$

3. Harmonische Reihe $H_n = H_{n-1} + 1/n$ mit $H_1 = 1$:

$$H_n = 1 + \frac{1}{2} + \frac{1}{3} + \cdots + \frac{1}{n} .$$

8.1.1 Arithmetische Reihe

Satz 8.1:

$$1 + 2 + 3 + \cdots + n = \frac{n(n+1)}{2} . \qquad (8.1)$$

Beweis:

Sei $A = 1 + 2 + \cdots + n$. Die Idee ist, die Reihenfolge von Zahlen umzukehren und die beiden Reihen aufzusummieren:

$$\begin{aligned} 2 \cdot A &= [1 + 2 + \cdots + (n-1) + n] + [n + (n-1) + \cdots + 2 + 1] \\ &= (n+1) + (n+1) + \cdots + (n+1) + (n+1) \\ &= n(n+1). \end{aligned}$$

□

Beispiel 8.2: Das Pizzaproblem

Wir betrachten das folgende *Pizzaproblem* (Jacob Steiner, 1826): Wieviele Pizzascheiben kann man erhalten, wenn man die Pizza mit n geraden Schnitten aufteilt? Oder etwas genauer: Was ist die maximale Anzahl x_n der Flächen in der Ebene, die man mit n Geraden erhalten kann? Mit einem Schnitt erhalten wir zwei Pizzascheiben, mit zwei Schitten bereits vier, usw. Es scheint, als ob man in jedem Schritt die Anzahl der Pizzascheiben verdoppeln kann. Das ist aber falsch!

Die n-te Gerade ergibt k *neue* Flächen genau dann, wenn sie k *alte* Flächen schneidet, und sie kann genau dann so viele alte Flächen schneiden, wenn sie die alten Geraden in genau $k-1$ Punkten trifft. Da sich aber je zwei Geraden in höchstens einem Punkt treffen können, kann die neue (n-te) Gerade die $n-1$ alten Geraden in höchstens $n-1$ Punkten treffen. Daher kann die n-te Gerade höchstens n neue Flächen ergeben. Aufsummiert erhalten wir, dass man mit n geraden Schnitten höchstens $1+(1+2+3+\cdots+n) = 1+n(n+1)/2$ Pizzascheiben erhalten kann.

Im Allgemeinen heißt eine Folge (a_k) ***arithmetische Folge***, wenn die Differenz von je zwei einanderfolgenden Folgenglieder konstant ist, wenn also die Beziehung $a_{k+1}-a_k = d$ für alle k und ein festes d gilt. Die Folgenglieder einer arithmetischen Folge lassen sich explizit als $a_k = b+k\cdot d$ für einen Startwert $b = a_0$ darstellen. Der Name »arithmetische Folge« kommt daher, dass jedes Folgenglied (für $k \geq 2$) das arithmetische Mittel[2] seiner beiden Nachbarn ist:

$$\begin{aligned}
a_{k+1}-a_k &= a_k - a_{k-1} && \\
a_{k+1}+a_{k-1} &= 2a_k && \text{addiere } a_k + a_{k-1} \text{ zu beiden Seiten} \\
\frac{a_{k+1}+a_{k-1}}{2} &= a_k && \text{teile beide Seiten durch } 2\,.
\end{aligned}$$

Aus

$$\sum_{k=1}^{n} a_k = \sum_{k=1}^{n}(b+k\cdot d) = bn + d\sum_{k=1}^{n} k = bn + d\frac{n(n+1)}{2} = bn + n\frac{dn+d}{2} = n\frac{a_n+a_1}{2}$$

erhalten wir die folgende Merkregel.

Die Summe der ersten n Folgenglieder einer arithmetischen Folge ist das n-fache des arithmetischen Mittels aus dem ersten und dem letzten Summanden.

8.1.2 Geometrische Reihe

Eine Folge (a_k) heißt *geometrische Folge*, wenn der Quotient von je zwei aufeinander folgenden Folgengliedern konstant aber ungleich Eins ist, also wenn die Beziehung $a_{k+1}/a_k = x$ für ein festes $x \neq 1$ und alle k gilt. Geometrische Folgen sind also Folgen von der Form $(a_k) = q, qx, qx^2, qx^3, \ldots$ mit $q, x \in \mathbb{R}$, $x \neq 1$. Beachte, dass der Betrag $|a_k|$ jedes Folgengliedes a_k (für $k \geq 2$) das geometrische Mittel der beiden Nachbarn ist: Aus

$$\frac{a_{k+1}}{a_k} = \frac{a_k}{a_{k-1}}$$

folgt $a_{k+1}a_{k-1} = a_k^2$ und somit auch $|a_k| = \sqrt{a_{k+1}a_{k-1}}$.

2 Für zwei Zahlen x und y ist $(x+y)/2$ ihr arithmetisches und $\sqrt{xy}$ ihr geometrisches Mittel.

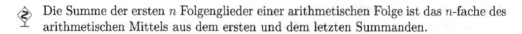

Satz 8.3:

$$1 + x + x^2 + \cdots + x^n = \frac{1 - x^{n+1}}{1 - x} \qquad \text{für } x \neq 1. \tag{8.2}$$

Beweis:

Sei $S = 1 + x + x^2 + \cdots + x^n$. Wir multiplizieren beide Seiten dieser Gleichung mit $-x$ und erhalten

$$\begin{array}{rcllllll} S & = 1 & +x & +x^2 & +x^3 & +\cdots & +x^n\,, & \\ -xS & = & -x & -x^2 & -x^3 & -\cdots & -x^n & -x^{n+1}\,. \end{array}$$

Aufsummiert ergibt dies $S - xS = 1 - x^{n+1}$, woraus $S = (1 - x^{n+1})/(1 - x)$ folgt.□

So gilt zum Beispiel:

$$\sum_{k=0}^{n-1} \frac{1}{2^k} = 1 + \frac{1}{2} + \frac{1}{4} + \frac{1}{8} + \cdots + \frac{1}{2^{n-1}} = \frac{1 - (1/2)^n}{1 - (1/2)} = 2 - \frac{1}{2^{n-1}};$$

$$\sum_{k=0}^{n-1} 2^k = 1 + 2 + 4 + 8 + \cdots + 2^{n-1} = \frac{1 - 2^n}{1 - 2} = 2^n - 1\,;$$

$$\sum_{k=0}^{n-1} 3^k = 1 + 3 + 8 + 27 + \cdots + 3^{n-1} = \frac{1 - 3^n}{1 - 3} = \frac{3^n - 1}{2}\,.$$

Die Merkregel lautet: Der Wert des ***größten*** Folgengliedes einer (nicht negativen) geometrischen Reihe $1 + x + x^2 + x^3 + \cdots + x^n$, also 1 für $0 < x < 1$ oder x^n für $x > 1$, ist »im Wesentlichen« auch der Wert der ganzen Reihe. Der Wert der Reihe ist nämlich ein Vielfaches von 1 oder von x^n.

Beispiel 8.4: Zinseszinsen

Angenommen, wir zahlen jährlich am Anfang des Jahres den Betrag $R = 200$ € auf ein Konto ein und das Geld werde jährlich mit $p = 6$ Prozent verzinst. Dann beträgt unser Kapital am Ende des ersten Jahres $K_1 = R \cdot x$ mit $x := 1 + \frac{p}{100}$. Am Ende des zweiten Jahres beträgt unser Kapital $K_2 = (R + K_1)x = R(x + x^2) = Rx(1 + x)$ und allgemeiner am Ende des n-ten Jahres

$$K_n = Rx(1 + x + x^2 + \cdots + x^{n-1}) = Rx\frac{x^n - 1}{x - 1}\,.$$

Nach $n = 12$ Jahren beträgt unser Kapital

$$K_{12} = 200 \cdot 1{,}06 \cdot \frac{1{,}06^{12} - 1}{0{,}06} > 3500\,€\,.$$

Das von uns eingezahlte Kapital beträgt 2400 €, der Rest stammt aus den Zinseszinsen.

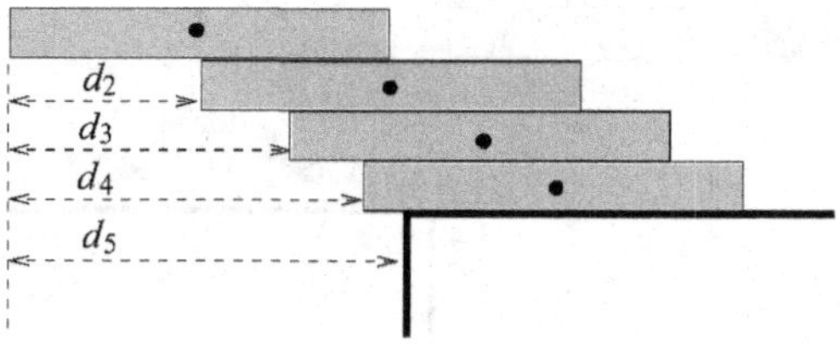

Bild 8.1: Auflegen der Bauklötze.

8.1.3 Harmonische Reihe

Die Situation mit der harmonischen Reihe

$$H_n = 1 + \frac{1}{2} + \frac{1}{3} + \cdots + \frac{1}{n}$$

ist etwas komplizierter: Es ist für die Summe H_n *keine* geschlossene Form bekannt, die sie vereinfacht. Man weiß aber, dass H_n sehr nah an $\ln n$ liegt.

Satz 8.5:

$$\ln n + \frac{1}{n} \le H_n \le \ln n + 1\,.$$

Für den Beweis dieses Satzes brauchen wir einige Begriffe, wie Ableitungen und Integrale, die wir erst später betrachten werden; daher verschieben wir den Beweis auf Abschnitt 10.8. Die etwas schwächeren Abschätzungen $1 + \frac{1}{2}\log_2 n \le H_n \le \log_2 n + 1$ haben wir bereits mittels Induktion bewiesen (siehe Satz 2.13).

Beispiel 8.6: Ein physikalisches »Paradoxon«

Wir möchten mit Bauklötzen gleicher Größe und Gewicht einen Turm am Rande einer Tischkante bauen, der so weit wie möglich über den Tisch übersteht, ohne umzufallen. Die Bauklötze haben die Länge 2 und haben den Schwerpunkt in der Mitte. Für $n \ge 2$ sei d_n der Abstand der linken Kante des ersten (obersten) Bauklotzes vom n-ten Klotz (siehe Bild 8.1).

Um nicht umzufallen, reicht es für alle $n \ge 1$ die folgende Gleichgewichtsbedingung zu erfüllen: Der gemeinsame Schwerpunkt der oberen n Klötze muss vertikal *über* dem $(n+1)$-ten Klotz liegen. Da n Objekte gleichen Gewichts mit Schwerpunkt an den Positionen $p_1, \ldots, p_n$ den Gesamtschwerpunkt an der Position $(p_1 + \cdots + p_n)/n$ haben, reicht es also, die Bedingung

$$\frac{1 + (d_2 + 1) + (d_3 + 1) + \cdots + (d_n + 1)}{n} \ge d_{n+1}$$

zu erfüllen. Im Grenzfall (Gleichheit) erhalten wir die Zahlen

$$d_{n+1} = \frac{1}{n} \sum_{i=1}^{n} (d_i + 1) \quad \text{mit } d_1 = 0 \text{ und } d_2 = 1\,.$$

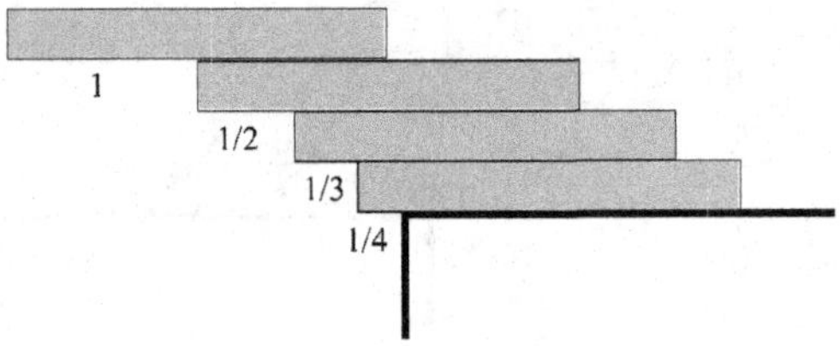

Bild 8.2: Auflegen der vier Bauklötze der Länge 2. Wegen $H_4 = 1+1/2+1/3+1/4 = 50/24 > 2$ liegt der oberste Klotz vollständig außerhalb der Tischplatte.

Für diese Zahlen gilt

$$\begin{aligned} n(d_{n+1} - d_n) &= \sum_{i=1}^{n}(d_i + 1) - \frac{n}{n-1}\sum_{i=1}^{n-1}(d_i + 1) \\ &= \sum_{i=1}^{n}(d_i + 1) - \left(1 + \frac{1}{n-1}\right)\sum_{i=1}^{n-1}(d_i + 1) \\ &= d_n + 1 - \frac{1}{n-1}\sum_{i=1}^{n-1}(d_i + 1) = 1 \end{aligned}$$

und somit auch

$$d_{n+1} = d_n + \frac{1}{n} = \left(d_{n-1} + \frac{1}{n-1}\right) + \frac{1}{n} = \ldots = d_2 + \frac{1}{2} + \cdots + \frac{1}{n} = H_n\,.$$

Wegen $H_n > \ln n$ ist dieser Fakt etwas überraschend: Man kann den obersten Klotz auf eine Position beliebig weit außerhalb der Tischplatte versetzen, wenn man genügend viele Klötze zur Verfügung hat. So wird wegen $H_4 = 1 + 1/2 + 1/3 + 1/4 = 50/24 > 2$ der oberste Klotz bereits bei vier Klötzen vollständig außerhalb des Tisches liegen (siehe Bild 8.2).

8.2 Rekursionsgleichungen

Wie wir bereits oben erwähnt haben, sind die Folgen (x_n) meist durch eine rekursive Definition gegeben: Zuerst gibt man die Werte der ersten $k+1$ Folgenglieder $x_0, \ldots, x_k$ an und dann definiert man die nächsten Folgenglieder durch eine Rekursionsgleichung

$$x_{n+1} = \varphi(x_n, \ldots, x_{n-k})\,.$$

Um eine so definierte Folge zu analysieren, braucht man eine *explizite* Darstellung der Folge, also eine Funktion $f : \mathbb{N} \to \mathbb{R}$ mit $x_n = f(n)$ für alle n. Eine solche Funktion f nennt man auch die »geschlossene« Form für (x_n) oder die »Lösung« der entsprechenden Rekursionsgleichung.

In diesem Abschnitt zeigen wir, wie man eine geschlossene Form für rekursiv definierte Folgen finden kann, wenn die Funktion φ eine *lineare* Kombination der vorigen Folgenglieder ist. Dazu betrachten wir bestimmte Transformationen der Folgen und »schütteln«

Tabelle 8.1: Transformationen von Folgen.

Transformation	Definition
Addition/Subtraktion	$(x_n) \pm (y_n) = (x_n \pm y_n)$
Skalarmultiplikation	$c(x_n) = (cx_n)$
Verschiebung	$\mathbf{E}(x_n) = (x_{n+1})$
k-malige Verschiebung	$\mathbf{E}^k(x_n) = (x_{n+k})$
Kompositionsregeln	$(\mathbf{A} \pm \mathbf{B})(x_n) = \mathbf{A}(x_n) \pm \mathbf{B}(x_n)$
	$\mathbf{AB}(x_n) = \mathbf{A}(\mathbf{B}(x_n)) = \mathbf{B}(\mathbf{A}(x_n))$
Transformation von Summen	$\mathbf{A}(x_n \pm y_n) = \mathbf{A}(x_n) \pm \mathbf{A}(y_n)$

mit ihrer Hilfe die gegebene Folge hin und her bis etwas »Vernünftiges« herauskommt.

Es gibt zwei Basistransformationen: Multiplikation der Folgenglieder mit einer Konstanten und Verschiebung der Folge um ein Glied nach links (das erste Glied x_0 verschwindet dabei):

$$\begin{aligned} (x_n) &= x_0, x_1, x_2, x_3, \ldots \\ c(x_n) = (cx_n) &= cx_0, cx_1, cx_2, cx_3, \ldots \\ \mathbf{E}(x_n) = (x_{n+1}) &= x_1, x_2, x_3, x_4, \ldots \end{aligned}$$

Ausgehend von diesen zwei einfachen Basistransformationen $\mathbf{E}(x_n)$ und $c(x_n)$ kann man auch kompliziertere Transformationen erhalten, indem man die Basistransformationen entsprechend kombiniert. Die wichtigsten Transformationen sind in Tabelle 8.1 aufgelistet. So gilt zum Beispiel:

$$\begin{aligned} (2 + \mathbf{E})(x_n) &= 2(x_n) + \mathbf{E}(x_n) = (2x_n + x_{n+1})\,, \\ \mathbf{E}^2(x_n) &= \mathbf{E}(x_{n+1}) = (x_{n+2})\,. \end{aligned}$$

8.2.1 Homogene Rekursionsgleichungen

Sei (x_n) eine durch die homogene Rekursionsgleichung

$$x_n = a_1 x_{n-1} + \cdots + a_k x_{n-k} \tag{8.3}$$

gegebene Folge; das Wort »homogen« bedeutet, dass wir auf der rechten Seite keinen zusätzlichen Term haben, der nicht von früheren Folgenglieder abhängt. Wir wollen diese Rekursionsgleichung lösen, d. h. eine Funktion $f : \mathbb{N} \to \mathbb{R}$ mit $x_n = f(n)$ finden. Dazu schreiben wir die Rekursionsgleichung zunächst um

$$x_{n+k} - a_1 x_{n+(k-1)} - a_2 x_{n+(k-2)} - \cdots - a_{k-1} x_{n+1} - a_k x_n = 0,$$

was in unseren neuen Bezeichnungen die Form

$$\mathbf{E}^k(x_n) - a_1 \mathbf{E}^{k-1}(x_n) - a_2 \mathbf{E}^{k-2}(x_n) - \cdots - a_{k-1} \mathbf{E}(x_n) - a_k(x_n) = (0)$$

hat; hier ist $(0) = 0,0,\ldots$ die triviale nur aus Nullen bestehende Folge. Benutzt man die Kompositionsregel der Transformationen, so kann man diese Rekursionsgleichung noch kürzer als $\mathbf{A}(x_n) = (0)$ mit

$$\mathbf{A} = \mathbf{E}^k - a_1\mathbf{E}^{k-1} - a_2\mathbf{E}^{k-2} - \cdots - a_{k-1}\mathbf{E} - a_k \tag{8.4}$$

umschreiben. Man sagt in diesem Fall, dass die Transformation **A** die Folge (x_n) *vernichtet*; die Transformation **A** selbst heißt dann *Vernichter* (oder *Annihilator*) dieser Folge. Somit haben wir unser Problem – finde eine Funktion f mit $x_n = f(n)$ – auf das folgende Problem reduziert: Für eine gegebene Transformation **A** finde eine *explizit* definierte Folge $(f(n))$ mit

$$\mathbf{A}(f(n)) = (0)\,.$$

Jede solche Folge $(f(n))$ ist dann eine Lösung der Rekursionsgleichung (8.3). Normalerweise haben die in der Praxis auftauchenden Rekursionsgleichungen auch die entsprechenden Randbedingungen: Die ersten $m \geq 0$ Folgenglieder müssen vorgegebene Werte annehmen. Dann muss man aus allen von der Transformation **A** vernichteten Folgen $(f(n))$ diejenigen nehmen, die diese Randbedingungen $f(0) = x_0, \ldots, f(m) = x_m$ erfüllen.

So weit so gut ... aber wie soll man die von einer Transformation **A** vernichteten Folgen $(f(n))$ finden? Dazu beachten wir zunächst, dass die entsprechende Transformation A die Form $\mathbf{A} = p(\mathbf{E})$ für ein Polynom $p(z) = z^k - a_1z^{k-1} - a_2z^{k-2} - \cdots - a_{k-1}z - a_k$ hat (siehe (8.4)). Dieses Polynom $p(z)$ heißt das *charakteristische Polynom* der Rekursionsgleichung. Ist r eine Nullstelle dieses Polynoms, so teilt $z - r$ das Polynom. Somit reicht es die Nullstellen des charakteristischen Polynoms $p(z)$ zu finden, um den Vernichter **A** zu faktorisieren. Ist das gelungen, so hat man das Polynom in Faktoren $(\mathbf{E} - r)^m$ zerlegt. Weiß man nun, welche Form die von solchen Faktoren vernichteten Folgen haben, so sagt das folgende Lemma, dass die von $\mathbf{A} = p(\mathbf{E})$ vernichtete Folge einfach die Summe dieser Folgen ist!

Lemma 8.7:
Ist **A** ein Vernichter für (x_n) und **B** ein Vernichter für (y_n), so ist **AB** ein Vernichter für $(x_n \pm y_n)$ wie auch für (cx_n) für jede Konstante c.

Beweis:

$$\begin{aligned}\mathbf{AB}(x_n + y_n) &= \mathbf{AB}(x_n) + \mathbf{AB}(y_n) = \mathbf{B}(\mathbf{A}(x_n)) + \mathbf{A}(\mathbf{B}(y_n)) \\ &= \mathbf{B}(0) + \mathbf{A}(0) = (0)\,; \\ \mathbf{AB}(cx_n) &= \mathbf{BA}(cx_n) = c\mathbf{B}(\mathbf{A}(x_n)) \\ &= c\mathbf{B}(0) = (0)\,.\end{aligned}$$

□

Nach diesem Lemma reicht es also die Folgen zu bestimmen, welche durch die Transformationen von der Form $(\mathbf{E} - r)^m$ vernichtet werden.

Beispiel 8.8:

Die Transformation $(\mathbf{E}-1)^2$ vernichtet jede *arithmetische* Folge (x_n) mit $x_n = an+b$:

$$(\mathbf{E}-1)^2(an+b) = (\mathbf{E}-1)(a(n+1)+b-an-b) = (\mathbf{E}-1)(a) = (0)\,.$$

Die Transformation $\mathbf{E}-r$ mit $r \in \mathbb{R}$ vernichtet jede *geometrische* Folge (x_n) mit $x_n = ar^n$:

$$(\mathbf{E}-r)(ar^n) = (ar^{n+1} - r \cdot ar^n) = ((a-a)r^{n+1}) = (0)\,.$$

Die Transformation $(\mathbf{E}-r)^2$ vernichtet die »halb arithmetische halb geometrische« Folge (x_n) mit $x_n = nr^n$:

$$\begin{aligned}(\mathbf{E}-r)^2(nr^n) &= (\mathbf{E}-r)((n+1)r^{n+1} - nr^{n+1}) \\ &= (\mathbf{E}-r)(r^{n+1}) = (r^{n+2} - r \cdot r^{n+1}) = (0)\,.\end{aligned}$$

Im Allgemeinen gilt Folgendes.

Lemma 8.9:

Die Transformation $(\mathbf{E}-r)^k$ vernichtet jede Folge von der Form $(r^n \cdot p(n))$, wobei $p(n)$ ein beliebiges Polynom vom Grad höchstens $k-1$ ist.

Beweis:

Nach der Summenregel $\mathbf{A}(x_n \pm y_n) = \mathbf{A}(x_n) \pm \mathbf{A}(y_n)$ und der Skalarmultiplikationsregel $c(x_n) = (cx_n)$ reicht es zu zeigen, dass

$$(\mathbf{E}-r)^k(r^n n^\ell) = (0)$$

für alle $\ell \leq k-1$ gilt, da das Polynom $p(n)$ ja nur aus Summanden $c \cdot n^i$ mit $i \leq k-1$ besteht. Wir führen den Beweis mittels der vollständigen Induktion über k. Den Basisfall ($k=1$) haben wir bereits in Beispiel 8.8 bewiesen. Um den Induktionsschritt $k \mapsto k+1$ zu beweisen, stellen wir zunächst $(n+1)^k$ mit Hilfe des binomischen Lehrsatzes als Polynom dar:

$$(n+1)^k = n^k + kn^{k-1} + \binom{k}{2}n^{k-2} + \cdots + kn + k\,.$$

Somit ist $q(n) = (n+1)^k - n^k$ ein Polynom vom Grad höchstens $k-1$ und es muss daher $(\mathbf{E}-r)^k(r^n q(n)) = (0)$ nach Induktionsannahme gelten. Wegen

$$(\mathbf{E}-r)(r^n n^k) = (r^{n+1}(n+1)^k - r \cdot r^n n^k) = r(r^n q(n))$$

muss dann auch $(\mathbf{E}-r)^{k+1}(r^n n^k) = (0)$ gelten. □

Wir fassen die von den verschiedenen Faktoren $(\mathbf{E}-r)^k$ vernichteten Folgen in Tabelle 8.2 zusammen.

Tabelle 8.2: Transformationen und von ihnen vernichtete Folgen. Hier sind a, b, r, s Konstanten mit $r \neq s$ und $p(n) = a_0 + a_1 n + a_2 n^2 + \cdots + a_k n^k$ ein Polynom vom Grad höchstens k.

Transformation	Vernichtete Folge(n)
$\mathbf{E} - 1$	(a)
$\mathbf{E} - r$	(ar^n)
$(\mathbf{E} - 1)^2$	$(an + b)$
$(\mathbf{E} - r)^2$	$((an + b)r^n)$
$(\mathbf{E} - r)(\mathbf{E} - s)$	$(ar^n + bs^n)$
$(\mathbf{E} - 1)^{k+1}$	$(p(n))$
$(\mathbf{E} - r)^{k+1}$	$(p(n) \cdot r^n)$

Algorithmus 8.10: Lösen der homogenen Rekursionsgleichungen

1. Zerlege das charakteristische Polynom $p(z)$ in Faktoren.
2. Bestimme, welche Form die von diesen Faktoren vernichteten Folgen haben; benutze dazu Tabelle 8.2.
3. Summiere diese Folgen, um eine allgemeine Lösung zu erhalten.
4. Benutze die Randbedingungen, um die Koeffizienten zu bestimmen.

Der erste Schritt – die Faktorisierung von $p(z)$ – ist auch der schwierigste. Für Polynome vom Grad größer als 4 sind dafür keine allgemeinen Faktorisierungsmethoden bekannt. Hier bleibt einem nur das Raten.

Beispiel 8.11:

Die berühmte Folge der *Fibonacci-Zahlen* $(x_n) = x_0, x_1, x_2, \ldots$ ist durch $x_0 = 0$, $x_1 = 1$ und die Rekursion $x_n = x_{n-1} + x_{n-2}$ gegeben. Die Nullstellen des charakteristischen Polynoms $z^2 - z - 1$ sind $r = (1 + \sqrt{5})/2$ und $s = (1 - \sqrt{5})/2$. Somit ist $(\mathbf{E} - r)(\mathbf{E} - s)$ ein Vernichter von (x_n) und (nach Tabelle 8.2 und Lemma 8.7) ist $x_n = ar^n + bs^n$ eine allgemeine Lösung. Die Randbedingungen $x_0 = a + b = 1$ und $x_1 = ar + bs = 1$ ergeben $a = 1/\sqrt{5}$ und $b = -1/\sqrt{5}$. Damit gilt

$$x_n = \frac{1}{\sqrt{5}}\Big(\frac{1+\sqrt{5}}{2}\Big)^n - \frac{1}{\sqrt{5}}\Big(\frac{1-\sqrt{5}}{2}\Big)^n.$$

Beispiel 8.12:

Sei die Folge (x_n) durch die Randbedingungen $x_0 = 2$, $x_1 = 7$ und die Rekursionsgleichung $x_n = x_{n-1} + 2x_{n-2}$ gegeben. Das charakteristische Polynom ist in diesem Fall $z^2 - z - 2 = (z - 2)(z + 1)$. Somit ist $(\mathbf{E} - r)(\mathbf{E} - s)$ mit $r = 2$ und $s = -1$ ein Vernichter der Folge (x_n) und damit ist $x_n = ar^n + bs^n = a2^n + b(-1)^n$ eine allgemeine Lösung. Die Parameter a und b sind durch das Gleichungssystem $x_0 = a + b = 2, x_1 = 2a - b = 7$ bestimmt, woraus $a = 3$ und $b = -1$ folgt. Damit ist $x_n = 3 \cdot 2^n - (-1)^n$ eine Lösung unserer Rekursionsgleichung. Probe: Wegen $(-1)^{n-2} = (-1)^{n-2}(-1)^2 = (-1)^n$ gilt

$$x_{n-1} + 2x_{n-2} = 3 \cdot 2^{n-1} - (-1)^{n-1} + 2 \cdot 3 \cdot 2^{n-2} - 2(-1)^{n-2}$$

$$= 3 \cdot 2^n - (-1)^{n-2} [-1 + 2]$$
$$= 3 \cdot 2^n - (-1)^n = x_n .$$

Beispiel 8.13:

Wir betrachten die Rekursionsgleichung $x_n = 3x_{n-1} - 4x_{n-3}$ mit den Randbedingungen $x_0 = 0$, $x_1 = 1$ und $x_2 = 13$. Das charakteristische Polynom für die Folge (x_n) ist $p(z) = z^3 - 3z^2 + 4 = (z+1)(z-2)^2$. Daher hat der Vernichter der Folge zwei Faktoren $\mathbf{E}+1$ und $(\mathbf{E}-2)^2$. Der erste vernichtet die Folgen von der Form $(a(-1)^n)$ und der zweite die Folgen von der Form $(b2^n + cn2^n)$. Eine allgemeine Lösung hat also die Form $x_n = a(-1)^n + b2^n + cn2^n$. Wir benutzen nun die Randbedingungen, um die Koeffizienten a, b und c zu bestimmen:

$$\begin{aligned} 0 &= x_0 = a + b , \\ 1 &= x_1 = -a + 2b + 2c , \\ 13 &= x_2 = a + 4b + 8c . \end{aligned}$$

Löst man dieses Gleichungssystem, so erhält man $a = 1$, $b = -1$ und $c = 2$. Damit ist $x_n = (-1)^n - 2^n + n2^{n+1} = (2n-1)2^n + (-1)^n$ eine Lösung unserer Rekursionsgleichung. Probe: Wegen $3(-1)^{n-1} - 4(-1)^{n-3} = (-1)^{n-3}\left[3(-1)^2 - 4\right](-1)^n$ gilt

$$\begin{aligned} 3x_{n-1} - 4x_{n-3} &= 3\left[(2(n-1)-1)2^{n-1} + (-1)^{n-1}\right] \\ &\quad - 4\left[(2(n-3)-1)2^{n-3} + (-1)^{n-3}\right] \\ &= \left[3n2^n - 3 \cdot 2^n - 3 \cdot 2^{n-1} + 3(-1)^{n-1}\right] \\ &\quad - \left[n2^n - 3 \cdot 2^n - 2^{n-1} + 4(-1)^{n-3}\right] \\ &= (2n-1)2^n + 3(-1)^{n-1} - 4(-1)^{n-3} \\ &= (2n-1)2^n + (-1)^n = x_n . \end{aligned}$$

In der Stochastik treten oft die durch die Rekursionsgleichung

$$x_n = px_{n+1} + (1-p)x_{n-1}$$

mit $x_0 = 0$ und $x_N = 1$ definierten endlichen Folgen auf.

Beispiel 8.14: »Gambler's Ruin«

Ein Spieler namens Theo Retiker nimmt in einem Spielkasino an einem Spiel mit Gewinnwahrscheinlichkeit $0 < p \leq 1/2$ teil.[3] Zum Beispiel wirft man eine (nicht unbedingt faire) Münze, deren Seiten mit rot und blau gefärbt sind, und Theo gewinnt, falls rot kommt.

Wir nehmen an, dass Theo in jedem Schritt (oder Spielrunde) nur 1 € einsetzen darf. Geht die Runde zu Theos Gunsten aus, erhält er den Einsatz zurück und

3 Natürlich wird kein Kasino eine Gewinnwahrscheinlichkeit $p > 1/2$ zulassen.

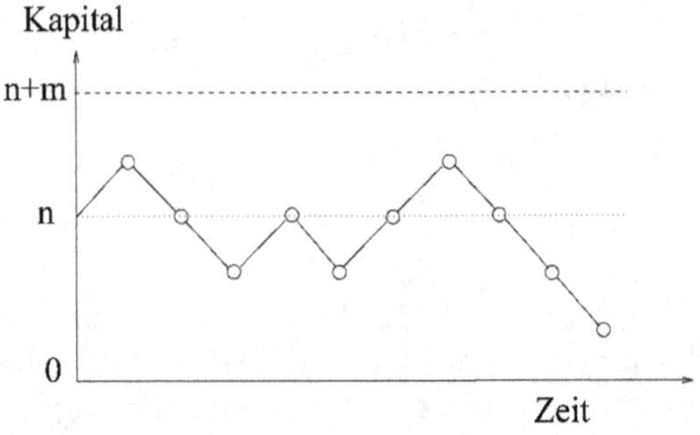

Bild 8.3: Eine mögliche »Gewinn/Verlust« Folge $GVVGVGGVVV$.

zusätzlich denselben Betrag aus der Bank (Gewinn $= +1$ €). Endet die Runde ungünstig, verfällt der Einsatz (Gewinn $= -1$ €).

Theo kommt mit n Euro (Anfangskapital) und sein Ziel ist, m Euro dazu zu gewinnen (dann will er aufhören); in diesem Fall sagen wir, dass Theo gewinnt. Er spielt bis er entweder $N = n + m$ Euro in der Tasche hat oder alle seine mitgenommenen n Euro verliert (Bild 8.3).

Sei x_n die Wahrscheinlichkeit, dass Theo gewinnt, wenn sein Anfangskapital n ist. Es gilt also $x_0 = 0$ und $x_N = 1$. Wir nehmen nun an, dass Theo mit dem Anfangskapital n $(0 < n < N)$ beginnt. Nach der ersten Runde wird Theo mit Wahrscheinlichkeit p gewinnen und $n + 1$ Euro haben; danach wird er Gewinner mit Wahrscheinlichkeit x_{n+1}. Andererseits kann Theo die erste Wette mit Wahrscheinlichkeit $q = 1 - p$ verlieren; dann wird er nur noch $n - 1$ Euro haben und kann nur mit Wahrscheinlichkeit x_{n-1} das ganze Spiel gewinnen. Theo gewinnt also mit Wahrscheinlichkeit $x_n = px_{n+1} + qx_{n-1}$. Wir können diese Gleichung als $x_n = \frac{1}{p}x_{n-1} - \frac{q}{p}x_{n-2}$ umschreiben. Das charakteristische Polynom ist in diesem Fall $z^2 - \frac{1}{p}z + \frac{q}{p}$. Um die Nullstellen dieses Polynoms zu erhalten, lösen wir einfach die entsprechende quadratische Gleichung und erhalten

$$z_{1,2} = \frac{1 \pm \sqrt{1 - 4p(1-p)}}{2p} = \frac{1 \pm (1 - 2p)}{2p}\,.$$

Die Gleichung hat zwei Lösungen $r = (1-p)/p$ und $s = 1$. Die Lösungen sind genau dann verschieden, wenn $p \neq 1/2$ gilt. Damit ergeben sich zwei Fälle $p = 1/2$ und $p < 1/2$.

Fall 1: $p = 1/2$. In diesem Fall ist $(\mathbf{E} - 1)^2$ ein Vernichter der Folge (x_n). Nach Tabelle 8.2 hat die allgemeine Lösung die Form $x_n = an + b$. Um die Parameter a und b zu bestimmen, benutzen wir die Randbedingungen $x_0 = 0$ und $x_N = 1$, woraus $b = 0$ und $a = 1/N$ folgt. Für $p = 1/2$ wird Theo also mit Wahrscheinlichkeit

$$x_n = \frac{n}{N} = \frac{n}{n+m}$$

gewinnen. Kommt Theo zum Beispiel mit $n = 100$ € und will $m = 50$ € dazu gewinnen, so ist seine Gewinnchance $2/3$.

Fall 2: $p < 1/2$. In diesem Fall ist $(\mathbf{E} - r)(\mathbf{E} - s)$ mit $s = 1$ ein Vernichter der

Folge (x_n). Nach Tabelle 8.2 hat eine allgemeine Lösung die Form $x_n = ar^n + bs^n = ar^n + b$. Aus $0 = x_0 = a + b$ und $1 = x_N = a \cdot r^N + b$ folgt $b = -a$ und $a = \frac{1}{r^N-1}$. Daher ist in diesem Fall Theos Gewinnchance

$$\begin{aligned}x_n &= a \cdot r^n + b = \frac{1}{r^N-1} \cdot r^n - \frac{1}{r^N-1} = \frac{r^n-1}{r^N-1}\\ &\leq \frac{r^n}{r^N} = \frac{r^n}{r^{n+m}} = r^{-m} = \left(\frac{p}{1-p}\right)^m = \left(1 - \frac{1-2p}{1-p}\right)^m\\ &\leq \mathrm{e}^{-m(1-2p)/(1-p)} < \mathrm{e}^{-m}.\end{aligned}$$

Beachte, dass die obere Schranke e^{-m} in diesem Fall (für $p < 1/2$) *nicht mehr* vom Anfangskapital n abhängt! Und die Konsequenzen sind erstaunlich: Auch wenn Theo $n = 1000000$ € mitbringt und nur $m = 50$ € gewinnen will, wird er fast sicher (mit Wahrscheinlichkeit $1 - \mathrm{e}^{-50}$) seine Million verlieren!

8.2.2 Nicht-homogene Rekursionsgleichungen

In einer nicht-homogenen Rekursionsgleichung $x_n = a_1x_{n-1}+a_2x_{n-2}+\cdots+a_kx_{n-k}+\varphi(n)$ haben wir einen »störenden« Term $\varphi(n)$, auch *Erbfolge* genannt. Die allgemeine Vorgehensweise zur Lösung solcher Rekursionsgleichungen ist, beide Seiten der Rekursionsgleichung mit einem Vernichter der Folge $\varphi(n)$ zu »multiplizieren«, um eine homogene Rekursionsgleichung zu erhalten.

Beispiel 8.15: Geometrische Reihe

Für ein $c \in \mathbb{R}$, $|c| \neq 1$ betrachten wir die durch die Rekursionsgleichung $x_n = x_{n-1} + c^n$ mit $x_0 = 1$ gegebene Folge (x_n). Die Folge (c^n) wird durch $\mathbf{E} - c$ und der homogene Teil $x_n - x_{n-1}$ durch $\mathbf{E} - 1$ vernichtet. Somit ist $(\mathbf{E} - 1)(\mathbf{E} - c)$ ein Vernichter von (x_n). Die von dem ersten Faktor $\mathbf{E} - 1$ vernichtete Folge ist eine konstante Folge (a) und die von dem zweiten Faktor $\mathbf{E} - c$ vernichtete Folge ist eine geometrische Folge (bc^n). Somit hat unsere allgemeine Lösung die Form $x_n = a+bc^n$. Aus der Randbedingungen $x_0 = 1$ und $x_1 = 1 + c$ erhalten wir zwei Gleichungen $a + b = 1$ und $a + bc = 1 + c$, woraus $a = -1/(c-1)$ und $b = c/(c-1)$ folgt. Daher gilt

$$x_n = \frac{-1 + c \cdot c^n}{c-1} = \frac{1 - c^{n+1}}{1-c},$$

wie auch es sein sollte (siehe Satz 8.3).

Beispiel 8.16:

Wir betrachten die Rekursionsgleichung $x_n = 5x_{n-1} - 6x_{n-2} - 4$ mit $x_0 = 5$ und $x_1 = 7$. Der homogene Teil der Folge ist die Folge (y_n) mit $y_n = 5y_{n-1} - 6y_{n-2}$ und die Erbfolge ist (-4). Die Rekursionsgleichung hat also die Form $(\mathbf{E}^2 - 5\mathbf{E}+6)(x_n) = (-4)$. Wir wenden die Transformation $\mathbf{E} - 1$ an, um die Folge (-4) zu vernichten: $(\mathbf{E} - 1)(\mathbf{E}^2 - 5\mathbf{E} + 6)(x_n) = (0)$. Somit besteht der Vernichter der Folge (x_n) aus den Faktoren $(\mathbf{E} - 1)$, $(\mathbf{E} - 2)$, $(\mathbf{E} - 3)$ und eine allgemeine Lösung hat daher die

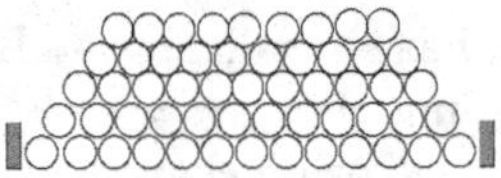

Bild 8.4: Auslegen der Weinflaschen.

Form $x_n = a + b2^n + c3^n$. Die Randbedingungen ergeben

$$\begin{aligned} a+b+c &= x_0 = 5\,, \\ a+2b+3c &= x_1 = 7\,, \\ a+4b+9c &= x_2 = 1\,, \end{aligned}$$

woraus $a = -2, b = 12$ und $c = -5$ folgt. Eine Lösung der Rekursionsgleichung ist also $x_n = -2 + 12 \cdot 2^n - 5 \cdot 3^n$. Probe:

$$\begin{aligned} 5x_{n-1} - 6x_{n-2} &= 5\left[-2 + 12 \cdot 2^{n-1} - 5 \cdot 3^{n-1}\right] - 6\left[-2 + 12 \cdot 2^{n-2} - 5 \cdot 3^{n-2}\right] \\ &= 2 + (5 \cdot 6 - 6 \cdot 3)2^n - (5 \cdot 5 - 2 \cdot 5)3^{n-1} \\ &= 2 + 12 \cdot 2^n - 5 \cdot 3^n = x_n + 4\,. \end{aligned}$$

Beispiel 8.17:

Wir betrachten die Rekursionsgleichung $x_n = 2x_{n-1} + 2^{n-1}$ mit $x_0 = 0$. Wenn wir sie als $x_{n+1} - 2x_n = 2^n$ umschreiben, hat die Rekursionsgleichung die Form $(\mathbf{E}-2)(x_n) = (2^n)$. Nach Tabelle 8.2 wird die Erbfolge (2^n) durch die Transformation $\mathbf{E} - 2$ vernichtet. Insgesamt ist also $(\mathbf{E} - 2)^2$ ein Vernichter der Folge (x_n) und die allgemeine Lösung hat die Form $x_n = (a + bn)2^n$. Die Randbedingung $x_0 = 0$ ergibt $a = 0$. Wir erhalten $1 = x_1 = (0 + b \cdot 1) \cdot 2^1 = 2b$, woraus $b = 1/2$ und somit auch $x_n = n2^{n-1}$ folgt.

8.3 Aufgaben

Aufgabe 8.1: Verallgemeinerte geometrische Reihe

Zeige, dass die Gleichung

$$\sum_{k=0}^{n} a^{n-k} b^k = \frac{a^{n+1} - b^{n+1}}{a - b}$$

für alle $a, b \in \mathbb{R}$, $a \neq b$ und $n \in \mathbb{N}$ gilt.

Fazit: Für $a = 1$ und $b = x$ ergibt dies die uns bereits bekannte Gleichung (8.2).

Aufgabe 8.2:

Ein Ästhet will seinen Weinkeller verschönern. Dazu will er die a vorhandenen Weinflaschen wie im Bild 8.4 gezeigt auslegen. Dabei will er, dass mindestens zwei Reihen entstehen und die oberste Reihe vollständig gefüllt ist. Angenommen, der Ästhet hat $a = pm$ Weinflaschen, wobei $p \leq 2m+1$ und p ungerade ist. Zeige, dass dann das Problem lösbar ist. *Hinweis*: Betrachte die Reihen $(m-r)+\cdots+(m-1)+m+(m+1)+\cdots+(m+r)$.

Aufgabe 8.3:

Ein Frosch springt über die Straße. Beim ersten Sprung springt er 1 Meter weit. Dabei ermüdet er, so dass er bei jedem folgenden Sprung nur noch 2/3 des vorigen Sprunges erreicht.

(a) Welche Weglänge wird der Frosch nach n Sprüngen zurücklegen?

(b) Die Straße ist 3 Meter breit und nach 6 Sprüngen wird an dieser Stelle ein Auto vorbei kommen. Wird der Frosch überleben, d. h. wird er mit diesen 6 Sprüngen die Straße überqueren?

Aufgabe 8.4:

Theo Retiker hat K Euro geerbt und legt diesen Betrag auf einem Konto an. Der Zinssatz beträgt $p\%$. Er will n Jahre lang einen festen Betrag von x Euro jeweils am Ende jedes Jahres aus dem Konto herausnehmen, so dass nach n Jahren das Konto leer wird. Wie groß ist der Betrag x? *Hinweis*: Sei $F_i(x)$ der Kontostand am Ende des i-ten Jahres. Probiere zuerst $F_i(x)$ für die ersten i zu bestimmen, danach eine allgemeine Vermutung für beliebiges i zu finden und diese Vermutung mittels Induktion zu beweisen. Die geometrische Reihe wird bestimmt in's Spiel kommen.

Aufgabe 8.5:

Löse die homogene Rekursionsgleichung

$$x_n = 7x_{n-1} - 16x_{n-2} + 12x_{n-3}$$

mit $x_0 = 1$, $x_1 = 5$ und $x_2 = 17$. *Hinweis*: $z^3 - 7z^2 + 16z - 12 = (z-2)^2(z-3)$.

Aufgabe 8.6:

Löse die nicht-homogene Rekursionsgleichung

$$x_n = 4x_{n-1} - 4x_{n-2} + n$$

mit $x_0 = 4$, $x_1 = 7$ und $x_2 = 12$.

9 Konvergenz von Zahlenfolgen

Wir wollen nun das asymptotische Verhalten von unendlichen Zahlenfolgen untersuchen. Wir betrachten nur *reellwertige* Folgen, d. h. Folgen (a_n) der reellen Zahlen. Eine Folge (a_n) »konvergiert« gegen eine Zahl $a \in \mathbb{R}$, falls ihre Folgenglieder a_n mit wachsendem n immer näher an a herankommen. Der Begriff der Konvergenz ist die Grundlage der Analysis. Seine Bedeutung beruht darauf, dass viele Größen, wie die Euler'sche Zahl $\mathrm{e} = 2{,}7182818\ldots$, nicht durch einen in endlich vielen Schritten *exakt* berechenbaren Ausdruck gegeben, sondern nur mit beliebiger Genauigkeit *approximiert* werden können. So ist zum Beispiel die Zahl e als der »Grenzwert« der Folge (a_n) mit $a_n = (1 + 1/n)^n$ definiert. Diese Zahl kann man auch als »unendliche Summe« schreiben

$$\mathrm{e} = 2 + \frac{1}{2!} + \frac{1}{3!} + \cdots + \frac{1}{n!} + \cdots$$

und somit mit beliebiger Genauigkeit berechnen. In diesem Kapitel werden wir kennenlernen, wie man erkennt, ob eine Folge konvergiert (Konvergenzkriterien) und wie man gegebenenfalls auch ihren Grenzwert berechnet, was die »unendlichen Summen« sind und wie man mit ihnen umgehen soll.

9.1 Unendliche Folgen

Sei $(a_n) = a_0, a_1, \ldots$ eine Folge reeller Zahlen. Man sagt, dass die Folge *gegen* $a \in \mathbb{R}$ *strebt* (oder *konvergiert*), und nennt a dann den *Grenzwert* oder Limes der Folge (a_n), wenn es für jedes $\epsilon > 0$ ein $N \in \mathbb{N}$ gibt, so dass $|a_n - a| < \epsilon$ für alle $n > N$ gilt.

Mit anderen Worten, die Folge (a_n) strebt gegen a, falls für jede noch so kleine reelle Zahl $\epsilon > 0$ fast alle Folgenglieder in der ϵ-Umgebung $\{x \in \mathbb{R} \colon |x - a| < \epsilon\}$ von a liegen; »fast alle Folgenglieder« heißt hier »alle außer endlich vielen ersten Folgengliedern«. Für die Konvergenz einer Folge sind also nur die »hinteren« Folgenglieder verantwortlich, was am Anfang passiert ist egal. Wichtig ist hier, dass man die Toleranzgrenze $\epsilon > 0$ ***beliebig klein*** wählen darf; der Schwellenwert N hängt aber von dieser Wahl ab. Betrachtet man zum Beispiel die Zahlenfolge $a_1 = 1$, $a_2 = \frac{1}{2}$, $a_3 = \frac{1}{3}$, ..., $a_n = \frac{1}{n}$, ..., so ist keines der Folgenglieder a_n gleich Null, aber mit wachsendem Index n kommen die Folgenglieder a_n immer näher an die Null heran: Für jedes $\epsilon > 0$ liegen alle a_n mit $n > \frac{1}{\epsilon}$ in der ϵ-Umgebung $(-\epsilon, +\epsilon)$ von Null. Die Folge (a_n) strebt also tatsächlich gegen Null.

Hat eine Folge keinen Grenzwert, so heißt sie *divergent*. Nach der Definition ist das genau dann der Fall, wenn es für jede Zahl $a \in \mathbb{R}$ ein $\epsilon > 0$ gibt, so dass unendlich viele Folgenglieder ***außerhalb*** der ϵ-Umgebung von a liegen. So divergiert die alternierende Folge $a_n = (-1)^n$, da sie unendlich oft zwischen 1 und -1 springt.

In der Analysis findet man häufig Formulierungen wie »eine Folge konvergiert gegen ∞« oder »gegen $-\infty$«. Darunter ist Folgendes zu verstehen. Man nennt eine Folge (a_n) *uneigentlich* konvergent gegen ∞ und schreibt $\lim a_n = \infty$, falls für jede (beliebig große) Zahl $a \in \mathbb{R}$ fast alle Folgenglieder größer als a sind. Uneigentliche Konvergenz gegen $-\infty$

ist analog definiert. Beachte, dass »$+\infty$« und »$-\infty$« keine Zahlen sind! Das sind lediglich *Bezeichnungen* für diesen Sachverhalt – die uneigentliche Konvergenz.

Konvergente Folgen kann man auch als *Zahlen* betrachten, nämlich als ihre Grenzwerte, da der Grenzwert eindeutig bestimmt ist.

Behauptung 9.1:

Jede konvergente Folge (a_n) besitzt nur einen Grenzwert, der mit $\lim\limits_{n\to\infty} a_n$ oder $\lim a_n$ bezeichnet ist.

Beweis:

Folgt unmittelbar aus der Definition der Konvergenz. Hätte nämlich (a_n) zwei Grenzwerte $a \neq b$, dann könnte man $\epsilon = |a-b|/2$ wählen, so dass dann die ϵ-Umgebungen von a und von b keinen gemeinsamen Punkt haben können. Aber nach der Definition des Limes muss jede dieser zwei disjunkten Umgebungen fast alle Folgenglieder enthalten, was ein klarer Widerspruch ist. □

Eine *Teilfolge* von $(a_n) = a_0, a_1, a_2, \ldots$ ist eine Folge $(a_{\varphi(n)}) = a_{\varphi(0)}, a_{\varphi(1)}, a_{\varphi(2)}, \ldots$, wobei $\varphi : \mathbb{N} \to \mathbb{N}$ eine streng monoton wachsende Abbildung ist: Aus $m > n$ folgt $\varphi(m) > \varphi(n)$. Beachte, dass $\varphi(n) \geq n$ gelten muss (Beweis per Induktion).

Satz 9.2: Teilfolgenkriterium

Konvergiert eine Folge gegen a, so konvergiert *jede* ihrer Teilfolgen gegen a.

Wenn man also alle bis auf unendlich viele Folgenglieder einer konvergierenden Folge entfernt, wird die resultierende Teilfolge immer noch zu demselben Grenzwert streben!

Beweis:

Sei (a_n) eine konvergente Folge mit dem Grenzwert a und sei $(a_{\varphi(n)})$ eine beliebige Teilfolge. Sei $\epsilon > 0$ beliebig klein. Dann gibt es einen Schwellenwert N, so dass alle Folgenglieder a_n mit $n \geq N$ in der ϵ-Umgebung von a liegen. Wegen der Monotonie von $\varphi(n)$ liegen dann auch alle Folgenglieder $a_{\varphi(n)}$ mit $n \geq N$ in dieser Umgebung. □

Satz 9.3: Vergleichskriterium (Einschließungskriterium)

Gilt $\lim a_n = \lim b_n = a$ und $a_n \leq x_n \leq b_n$ für fast alle n, so gilt auch $\lim x_n = a$.

Beweis:

Liegen fast alle Folgenglieder a_n und b_n in einer ϵ-Umgebung von a, so liegen wegen $a_n \leq x_n \leq b_n$ auch fast alle Folgenglieder x_n in dieser Umgebung. □

Natürlich möchten wir den Grenzwert einer Folge bestimmen. Aber zuerst ist zu klären, ob die Folge überhaupt konvergiert und hier helfen uns sogenannte *Konvergenzkriterien.* Um sie zu formulieren, brauchen wir ein paar neue Begriffe.

1. Eine Folge (a_n) ist *monoton*, wenn sie *monoton steigt* $(a_0 < a_1 < \ldots)$ oder *monoton fällt* $(a_0 > a_1 > \ldots)$.

2. Eine Folge (a_n) ist ***beschränkt***, wenn $|a_n| \leq c$ für eine Konstante c und alle n gilt; eine solche Konstante nennt man die obere Schranke der Folge. Um beschränkt zu sein, reicht es, dass $|a_n| \leq c$ für alle n ab einem Schwellenwert N gilt: Dann ist $\max\{c, |a_0|, \ldots, |a_N|\}$ eine obere Schranke für (a_n).

3. Eine *Majorante* von (a_n) ist eine Folge (b_n) mit $|a_n| \leq c|b_n|$ für eine Konstante c und fast alle n.

Folgen (a_n) mit $\lim a_n = 0$ heißen ***Nullfolgen***. Sie spielen eine Sonderrolle, denn $\lim a_n = a$ gilt genau dann, wenn $(a_n - a)$ eine Nullfolge ist.

Beispiel 9.4:

Jede reelle Zahl x ist Grenzwert einer Folge von rationalen Zahlen, d. h. zu jedem $x \in \mathbb{R}$ gibt es eine Folge (r_n) mit $r_n \in \mathbb{Q}$ und $x = \lim r_n$.

Beweis: Nach dem Satz von Dirichlet (Abschnitt 3.4) gibt es für jedes n eine rationale Zahl r_n mit $|r_n - x| < 1/n$. Somit ist $(r_n - x)$ eine Nullfolge, woraus $x = \lim r_n$ folgt.

Nullfolgen sind sehr robust, man kann sie nicht durch kleine multiplikative Veränderungen aus der »Bahn« (Konvergenz gegen Null) bringen. Dies folgt aus dem sogenannten *archimedischen Prinzip*: Für jede reelle Zahl $\epsilon \neq 0$ gibt es eine natürliche Zahl N mit $N > 1/\epsilon$.

Satz 9.5: Majorantenkriterium für Nullfolgen

1. Hat die Folge (a_n) eine Nullfolge als ihre Majorante, so ist auch (a_n) eine Nullfolge.
2. Ist die Folge (a_n) beschränkt und gilt $\lim b_n = 0$, so gilt auch $\lim(a_n b_n) = 0$.

Beweis:

Es gelte $|a_n| \leq c|b_n|$, bzw. $|a_n| \leq c$ für eine Konstante $c > 1$ und alle n. Sei $\epsilon > 0$ beliebig klein. Ist nun (b_n) und somit auch $(|b_n|)$ eine Nullfolge, so gibt es einen Schwellenwert N, so dass $|b_n| < \epsilon/c$ für alle $n \geq N$ gilt. Ab diesem Schwellenwert N sind dann $|a_n| \leq c \cdot |b_n|$, bzw. $|a_n b_n| \leq c \cdot |b_n|$ kleiner als $c(\epsilon/c) = \epsilon$. □

Wir fassen nun einige wichtige Nullfolgen zusammen.

Behauptung 9.6:

1. $\lim_{n\to\infty} \frac{1}{\sqrt[k]{n}} = 0$ für alle $k = 1,2,\ldots$;
2. $\lim_{n\to\infty} \sqrt[n]{n^k} = 1$ für alle $k = 1,2,\ldots$;
3. $\lim_{n\to\infty} x^n = 0$ für alle $x \in \mathbb{R}$ mit $|x| < 1$;
4. $\lim_{n\to\infty} \frac{x^n}{n!} = 0$ für alle $x \in \mathbb{R}$.

Beweis:

(1) Ist die Toleranzgrenze $\epsilon > 0$ gegeben, so können wir nach dem archimedischen Prinzip einen Schwellenwert $N > 1/\epsilon^k$ wählen. Für alle $n \geq N$ erhalten wir ebenfalls $\sqrt[k]{n} > 1/\epsilon$ und daher auch $|1/\sqrt[k]{n} - 0| = 1/\sqrt[k]{n} < \epsilon$.

(2) Wir betrachten nur den Fall $k = 1$ (der Fall $k > 1$ ist analog). Dazu untersuchen wir die »verschobene« Folge (b_n) mit $b_n = \sqrt[n]{n} - 1$ und $n \geq 1$. Nach dem binomischen Lehrsatz gilt für jedes $n \geq 2$

$$n = (1 + b_n)^n = \sum_{i=0}^{n} \binom{n}{i} b_n^i > \binom{n}{2} b_n^2 = \frac{n(n-1)}{2} \cdot b_n^2$$

und daraus folgt durch Umstellung

$$b_n^2 < \frac{2}{n-1} \leq 4 \cdot \frac{1}{n}.$$

Da $(1/n)$ eine Nullfolge ist, ist nach Satz 9.5 auch (b_n) eine Nullfolge und wir erhalten $\lim\limits_{n\to\infty} \sqrt[n]{n} = \lim(1 + b_n) = 1$.

(3) Wegen $|x| < 1$ ist die Zahl $y = \frac{1}{|x|} - 1$ positiv. Wir benutzen die Bernoulli-Ungleichung $(1 + y)^n \geq 1 + ny$ (Satz 2.11) und erhalten

$$|x^n| = |x|^n = \frac{1}{(1+y)^n} \leq \frac{1}{1+ny} < c \cdot \frac{1}{n} \quad \text{mit} \quad c = \frac{1}{y}.$$

Somit ist die Nullfolge $(1/n)$ eine Majorante für (x^n).

(4) Aus $n! \geq (n/2)^{n/2}$ folgt für $n > 8x^2$

$$\frac{|x|^n}{n!} \leq \frac{|x|^n}{(n/2)^{n/2}} = \left(\frac{2x^2}{n}\right)^{n/2} < \frac{1}{2^n} < \frac{1}{n}.$$

Somit ist die Nullfolge $(1/n)$ wiederum eine Majorante für $(x^n/n!)$. □

Häufig benutzt man bei der Bestimmung der Grenzwerte von Folgen nicht direkt die Definition, sondern führt die Konvergenz nach gewissen Regeln auf schon bekannte Folgen zurück. Dazu dienen die folgenden Regeln.

Satz 9.7:

Seien (a_n) und (b_n) konvergente Folgen mit den entsprechenden Grenzwerten a und b. Dann gilt:

1. $\lim(a_n \pm b_n) = a \pm b$;
2. $\lim(a_n \cdot b_n) = a \cdot b$;
3. $\lim \frac{a_n}{b_n} = \frac{a}{b}$ (falls $b \neq 0$ und $b_n \neq 0$ für alle n);
4. $\lim |a_n| = |a|$;
5. $\lim \sqrt{|a_n|} = \sqrt{|a|}$;
6. gilt $a_n \leq b_n$ für fast alle n, so gilt auch $a \leq b$.

Beweis:

Alle diese Regeln kann man direkt aus der Definition des Grenzwertes ableiten. Zur Demonstration beweisen wir die 2. Regel und lassen den Beweis der restlichen Regeln als Übungsaufgabe.

Da jede konvergente Folge auch beschränkt ist, gibt es eine Konstante $c > 1$ mit $|a_n| \leq c$ für alle n. Nun können wir die Differenz zwischen $a_n b_n$ und ab wie folgt abschätzen:

$$\begin{aligned} |a_n b_n - ab| &= |a_n b_n - a_n b + a_n b - ab| \\ &\leq |a_n| \cdot |b_n - b| + |b| \cdot |a_n - a| \\ &\leq c \cdot |b_n - b| + |b| \cdot |a_n - a| \,. \end{aligned}$$

Wir wissen, dass die Ungleichungen $|a_n - a| < \epsilon_1$ und $|b_n - b| < \epsilon_2$ für beliebig kleine Zahlen $\epsilon_1, \epsilon_2 > 0$ und für fast alle n gelten müssen. Um die Genauigkeit $|a_n b_n - ab| < \epsilon$ zu erhalten, reicht es also $\epsilon_1 = \epsilon/2c$ und $\epsilon_2 = \epsilon/2|b|$ zu wählen; ist $b = 0$, so reicht es $\epsilon_1 = \epsilon/c$ zu nehmen. □

Die Forderung, dass die Folgen (a_n) und (b_n) *beide* konvergent sein müssen, ist wichtig. Weiß man zum Beispiel nur, dass $(a_n + b_n)$ konvergiert, so bedeutet dies lange noch nicht, dass auch die Folgen (a_n) und (b_n) konvergent sein müssen. Sind zum Beispiel $(a_n) = 1, -1{,}1, -1, \ldots$ und $(b_n) = -1{,}1, -1{,}1, \ldots$, so sind diese beiden Folgen divergent, obwohl $\lim(a_n + b_n) = 0$ gilt.

Gilt $a_n < b_n$ für fast alle n, so muss die echte Ungleichung $\lim a_n < \lim b_n$ nicht unbedingt gelten! So gilt zum Beispiel $-1/n < 1/n$ für alle $n > 0$ aber die beiden Grenzwerte $\lim\limits_{n \to \infty} (1/n)$ und $\lim\limits_{n \to \infty} (-1/n)$ sind gleich 0.

Beispiel 9.8: Die Euler'sche Zahl

In der Beschreibung von *Wachstumsverhalten* (in der Physik, Biologie und Wirtschaft) tauchen die Folgen von der Form $\left(1 + \frac{x}{n}\right)^n$ mit $x \in \mathbb{R}$ auf. Legt man zum Beispiel einen Kapitalbetrag K zu einem Jahreszinssatz von p Prozent an, so erhält man nach einem Jahr die Zinsen Kx mit $x := \frac{p}{100}$. Das Kapital hat sich somit nach einem Jahr zu $K + Kx = K(1 + x)$ erhöht. Verzinst man dieses ein weiteres Jahr, so erhält man nach insgesamt zwei Jahren das Kapital $K(1 + x)^2$ und entsprechend nach n Jahren das Kapital $K(1 + x)^n$.

Wir nehmen nun an, dass für ein n der Zins nicht nur am ende des Jahres, sondern zu den Zeitpunkten $\frac{1}{n}, \frac{2}{n}, \ldots, \frac{n}{n}$ gutgeschrieben (und dann weiterverzinst) wird, und zwar zum n-ten Teil des Zinssatzes, also mit $\frac{x}{n}$ Prozent. Zum Zeitpunkt $\frac{1}{n}$ beträgt das Kapital dann $K_1 = K(1 + \frac{x}{n})$; zum Zeitpunkt $\frac{2}{n}$ beträgt es $K_2 = K(1 + \frac{x}{n})^2$; entsprechend wächst das Kapital nach einem Jahr auf $K_n = K(1 + \frac{x}{n})^n$ an. Wählt man immer kleinere Zeitintervalle $\frac{1}{n}$, so stellt sich die Frage nach dem Verhalten der Folge $(1 + \frac{x}{n})^n$ für n gegen unendlich. Da es sich bei K und x lediglich um Konstanten handelt, konzentrieren wir auf die Folge $a_n = (1 + 1/n)^n$. Der Grenzwert dieser Folge ist als die *Euler'sche Zahl* e bekannt:

$$\mathrm{e} := \lim_{n \to \infty} \left(1 + \frac{1}{n}\right)^n = 2{,}718281\ldots.$$

Wir zeigen nun, dass dieser Grenzwert tatsächlich existiert. Dazu betrachten wir die Folge

$$b_n = \sum_{k=0}^{n} \frac{1}{k!} = 2 + \frac{1}{2!} + \frac{1}{3!} + \cdots + \frac{1}{n!}.$$

Wir werden bald zeigen, dass die Folge (b_n) gegen eine durch $\exp(1)$ bezeichnete Zahl konvergiert (siehe Beispiel 9.31). Nach dem binomischen Lehrsatz gilt

$$\begin{aligned} a_n = \left(1+\frac{1}{n}\right)^n &= \sum_{k=0}^{n} \binom{n}{k} \cdot \left(\frac{1}{n}\right)^k = 2 + \sum_{k=2}^{n} \binom{n}{k} \cdot \left(\frac{1}{n}\right)^k \\ &= 2 + \sum_{k=2}^{n} \frac{1}{k!} \cdot \frac{n}{n} \cdot \frac{n-1}{n} \cdots \frac{n-k+1}{n} \\ &= 2 + \sum_{k=2}^{n} \frac{1}{k!} \left(1-\frac{1}{n}\right)\left(1-\frac{2}{n}\right) \cdots \left(1-\frac{k-1}{n}\right) \\ &> 2 + \sum_{k=2}^{m} \frac{1}{k!} \left(1-\frac{1}{n}\right)\left(1-\frac{2}{n}\right) \cdots \left(1-\frac{k-1}{n}\right) \end{aligned}$$

für jedes feste $m \geq 2$ und alle $n > m$. Bei dem Grenzübergang $n \to \infty$ strebt jeder der $k-1$ Faktoren gegen 1, woraus $\mathrm{e} = \lim a_n \geq \lim b_n = \exp(1)$ folgt. Da diese Faktoren auch 1 nicht überschreiten, gilt $a_n \leq b_n$ für alle n und somit auch $\mathrm{e} = \lim a_n \leq \lim b_n = \exp(1)$.

Die Darstellung von e als Grenzwert der Folge $b_n = \sum_{k=0}^{n} \frac{1}{k!}$ hat Vorteile, da die Folge b_n sehr rasch gegen $\mathrm{e} = 2{,}718281\ldots$ konvergiert (siehe Aufgabe 9.7), während die Folge $a_n = (1+1/n)^n$ nur relativ langsam gegen denselben Grenzwert e konvergiert. Deshalb ist b_n besser für die numerische Berechnung von e geeignet.

9.1.1 Konvergenzkriterien für Folgen

Bei den bisher behandelten Beispielen war der Grenzwert eine uns bereits bekannte Zahl. Die Fruchtbarkeit des Grenzwertbegriffes der Analysis beruht aber wesentlich darauf, dass wir die Konvergenz einer Folge auch dann nachweisen können, wenn uns der tatsächliche Grenzwert unbekannt ist. Dazu benötigen wir den Begriff des »Häufungspunktes«.

Definition 9.9: Häufungspunkte

Eine Zahl a heißt *Häufungspunkt* einer Folge (a_n), wenn jede noch so kleine Umgebung von a unendlich viele Folgenglieder a_n enthält.

Die Definition des Grenzwertes verlangt also, dass in jeder Umgebung des Grenzwertes ab einem gewissen Index alle Folgenglieder liegen; die Definition des Häufungspunktes verlangt lediglich, dass in jeder Umgebung unendlich viele Folgenglieder liegen. So sind zum Beispiel -1 und 1 die einzigen Häufungspunkte der Folge $(-1)^n$. Gilt dagegen $\lim\limits_{n\to\infty} a_n = a$, so folgt aus dem Beweis von Behauptung 9.1, dass a der einzige Häufungspunkt der Folge (a_n) ist.

Wir benötigen ein plausibles Axiom für die »Vollständigkeit« der reellen Zahlen. Eine *Intervallschachtelung* ist eine Folge nichtleerer, abgeschlossener Intervalle $I_n = [a_n, b_n]$ mit $I_0 \supseteq I_1 \supseteq I_2 \supseteq \ldots$, so dass $\lim_{n\to\infty}(b_n - a_n) = 0$ gilt. Das folgende Axiom von Cantor und Dedekind drückt aus, dass die reelle Zahlengerade keine »Lücken« hat: Zu jeder Intervallschachtelung (I_n) gibt es genau eine reelle Zahl a, die in allen Intervallen I_n liegt. Eine unmittelbare Folgerung ist das folgende Prinzip.

Satz 9.10: Häufungsstellenprinzip von Bolzano und Weierstrass

Jede beschränkte Folge reeller Zahlen besitzt mindestens einen Häufungspunkt.

Beweis:

Seien die Folgenglieder a_n im beschränkten Intervall I_0 enthalten. Durch sukzessives Halbieren finden wir rekursiv eine Intervalschachtelung (I_n), so dass jedes I_n unendlich viele Folgenglieder enthält. Das Axiom von Cantor und Dedekind besagt, dass eine reelle Zahl a existiert, die in allen I_n enthalten ist. Man sieht leicht, dass a ein Häufungspunkt der gegebenen Folge ist. □

Es ist offensichtlich, dass jede konvergente Folge auch beschränkt sein muss: Ist $\lim a_n = a$, so kann man zum Beispiel die Konstante $c = 1 + |a|$ als die für fast alle n geltende obere Schranke $|a_n| \le c$ nehmen. Reicht es für die Konvergenz aus, dass die Folge beschränkt ist? Natürlich nicht: Betrachte zum Beispiel die Folge $a_n = (-1)^n$. Diese Folge divergiert, da die Folgenglieder unendlich oft zwischen -1 und 1 springen, die Folge ist also nicht monoton. Monotone Folgen dagegen können sich nur in einer Richtung (nur nach oben oder nur nach unten) bewegen. Natürlich, reicht die Monotonie alleine auch nicht: So ist zum Beispiel die Folge $a_n = n$ (streng) monoton wachsend, aber es gilt $\lim a_n = \infty$. Der Grund ist hier, dass diese Folge *unbeschränkt* wächst.

Beide Eigenschaften – Monotonie und Beschränkung – haben also allein keinen bzw. nur einen geringen Bezug zur Konvergenz, ihre Kombination ist aber überraschenderweise sehr mächtig und liefert ein oft benutztes Konvergenzkriterium.

Satz 9.11: Monotoniekriterium für Folgen

Eine monotone Folge konvergiert genau dann, wenn sie beschränkt ist.

Beweis:

Sei $a_0 < a_1 < a_2 < \ldots$ eine monoton wachsende und beschränkte Folge. Gemäß dem Häufungsstellenprinzip besitzt diese Folge einen Häufungspunkt a. Für beliebiges $\epsilon > 0$ existiert somit ein Schwellenwert N mit $a - \epsilon < a_n \le a$ für alle $n \ge N$. □

Eine Folge (a_n) heißt *Cauchy-Folge*, wenn es für jedes $\epsilon > 0$ einen Schwellenwert N gibt, so dass ab diesem Schwellenwert alle Folgenglieder weniger als ϵ voneinander entfernt sind, d. h. $|a_n - a_m| < \epsilon$ für alle $n, m \ge N$ gilt. In anderen Worten die Folgenglieder rücken mit wachsendem n immer näher zueinander. Gilt nun $\lim a_n = a$, so kann man den Abstand $|a_n - a|$ beliebig klein machen. Wegen

$$|a_n - a_m| = |(a_n - a) + (a - a_m)| \le |a_n - a| + |a_m - a|$$

kann auch der Abstand $|a_n - a_m|$ zwischen den Folgengliedern beliebig klein gemacht werden. Somit ist *jede* konvergente Folge eine Cauchy-Folge.

Interessanterweise gilt auch die Umkehrung: Jede Cauchy-Folge konvergiert. Der folgende Satz ist ein grundlegendes Werkzeug der Analysis.

Satz 9.12: Cauchy-Kriterium für Folgen

Eine Folge konvergiert genau dann, wenn sie eine Cauchy-Folge ist.

Beweis:

Ist (a_n) eine Cauchy-Folge, so ist sie beschränkt, denn es gilt $|a_N - a_n| < 1$, also $|a_n| < 1 + |a_N|$, ab einem Schwellenwert N. Das Häufungsstellenprinzip impliziert die Existenz eines Häufungspunktes a. Wir zeigen nun, dass $\lim\limits_{n\to\infty} a_n = a$ gilt. Dazu sei $\epsilon > 0$ beliebig. Da (a_n) eine Cauchy-Folge ist, gibt es ein N mit $|a_m - a_n| < \epsilon$ für alle $m, n \geq N$. Weil a ein Häufungspunkt ist, gibt es ein $m \geq N$ mit $|a_m - a| < \epsilon$. Also gilt $|a_n - a| \leq |a_n - a_m| + |a_m - a| < 2\epsilon$ für alle $n \geq N$. □

Man sollte vorsichtig mit dem Cauchy-Kriterium umgehen: Aus der schwächeren Eigenschaft $|a_{n+1} - a_n| < \epsilon$ für alle $n \geq N$ kann *nicht* auf die Konvergenz von (a_n) geschlossen werden! So gilt etwa für $H_n = \sum_{k=1}^{n} 1/k$ wegen $H_{n+1} - H_n = 1/(n+1)$ sicherlich $\lim(H_{n+1} - H_n) = 0$. Wegen $H_n \geq \ln n$ gilt aber $\lim\limits_{n\to\infty} H_n = \infty$.

Wir erwähnen (ohne Beweis) noch ein nützliches Konvergenzkriterium.

Satz 9.13: Satz von Cauchy–Stolz

Ist (y_n) eine monoton steigende Folge, so gilt für jede Folge (x_n)

$$\lim_{n\to\infty} \frac{x_n}{y_n} = \lim_{n\to\infty} \frac{x_n - x_{n-1}}{y_n - y_{n-1}},$$

falls die rechte Seite (bestimmt oder unbestimmt) konvergiert.

Beispiel 9.14:

Wir betrachten die Folge

$$a_n = \frac{1 + \sqrt{2} + \sqrt[3]{3} + \cdots + \sqrt[n]{n}}{n}.$$

Mit $x_n = 1 + \sqrt{2} + \sqrt[3]{3} + \cdots + \sqrt[n]{n}$ und $y_n = n$ liefert uns der Satz von Stolz

$$\lim_{n\to\infty} a_n = \lim_{n\to\infty} \frac{x_n}{y_n} = \lim_{n\to\infty} \frac{x_n - x_{n-1}}{y_n - y_{n-1}} = \lim_{n\to\infty} \sqrt[n]{n} = 1.$$

Soll der Grenzwert einer Folge (a_n) bestimmt werden, so muss zunächst die Konvergenz der Folge gezeigt werden. Dazu benutzt man eins der oben genannten Konvergenzkriterien. Angenommen, $a = \lim a_n$ existiert und man soll nun a bestimmen. Wir beschreiben eine allgemeine Vorgehensweise.

Ist die Folge (a_n) rekursiv durch $a_{n+1} = f(a_n)$ gegeben und ist die Funktion f nicht zu »kompliziert«, so kann man probieren, mit Hilfe der Grenzwertregeln den Grenzwert $\lim f(a_n) = f(\lim a_n) = f(a)$ zu berechnen. Aus $a_{n+1} = f(a_n)$ folgt dann

$$a = \lim_{n\to\infty} a_n = \lim_{n\to\infty} a_{n+1} = \lim_{n\to\infty} f(a_n) = f(a),$$

woraus man den gesuchten Grenzwert a berechnen kann.

Beispiel 9.15:

Sei (a_n) durch $a_0 = 2$ und $a_{n+1} = \sqrt{a_n}$ gegeben. Die Folge ist beschränkt, $1 \leq a_n \leq 2$. Weiterhin folgt $a_{n+1} = \sqrt{a_n} \leq a_n$ wegen $a_n \geq 1$; damit ist die Folge auch monoton fallend. Nach dem Monotoniekriterium existiert also $a = \lim a_n$. Dann ist

$$a = \lim_{n\to\infty} a_n = \lim_{n\to\infty} a_{n+1} = \lim_{n\to\infty} \sqrt{a_n} \overbrace{=}^{\text{Satz 9.7(5)}} \sqrt{\lim_{n\to\infty} a_n} = \sqrt{a},$$

also muss der Grenzwert entweder 0 oder 1 sein, da dies die einzigen Lösungen der Gleichung $a = \sqrt{a}$ sind. Da alle Folgenglieder positiv sind, kann 0 nicht Grenzwert sein, also gilt $\lim a_n = 1$.

Beispiel 9.16: Berechnung der Quadratwurzel

Sei $b \in \mathbb{R}$, $b > 0$ fest. Wir betrachten die Folge (a_n) mit $a_0 = 1 + b$ und

$$a_{n+1} = \frac{1}{2}\left(a_n + \frac{b}{a_n}\right).$$

Wir wollen zeigen, dass $\lim a_n = \sqrt{b}$ gilt.

Die Folge ist durch die Rekurrenz $a_{n+1} = f(a_n)$ mit $f(x) = \frac{1}{2}\left(x + \frac{b}{x}\right)$ gegeben. Zuerst zeigen wir, dass die Folge (a_n) konvergiert. Aus $a_0 > 1$ und $b > 0$ folgt $a_n > 0$ für alle n. Damit ist die Folge (nach unten) durch 0 beschränkt. Nach dem Monotoniekriterium reicht es zu zeigen, dass die Folge monoton fallend ist. Dazu beobachten wir, dass $f(x)^2 \geq b$ äquivalent zu $(x^2 - b)^2 \geq 0$ ist (nachrechnen!), woraus $a_n^2 \geq b$ für alle n folgt. Somit gilt auch

$$a_{n+1} - a_n = \frac{1}{2}\left(a_n + \frac{b}{a_n}\right) - a_n = \frac{\overbrace{b - a_n^2}^{\leq 0}}{2a_n} \leq 0$$

und die Folge ist monoton fallend. Nach dem Monotoniekriterium existiert $a = \lim a_n$. Wir wenden nun die Grenzwertregeln auf $a_{n+1} = f(a_n)$ an und erhalten die Gleichung $a = \frac{1}{2}\left(a + \frac{b}{a}\right)$, woraus $a^2 = b$ folgt.

9.2 Unendliche Summen (Reihen)

Hat man eine unendliche Folge $(a_n) = a_0, a_1, a_2, \ldots$, so kann man, analog zum Fall der endlichen Folgen, die Summe der Folgenglieder bilden

$$S = a_0 + a_1 + a_2 + \cdots .$$

Sind alle Folgenglieder a_n nicht negativ (oder alle negativ), dann ist die Summe entweder unendlich (also $S = \infty$ oder $S = -\infty$) oder endlich (also $S \in \mathbb{R}$). Problematisch wird es aber dann, wenn die Folge (a_n) »alternierend« ist, d. h. wenn sie unendlich viele positive wie auch unendlich viele negative Folgenglieder hat. Dann kann es passieren, dass die Summe $a_0 + a_1 + a_2 + \cdots$ überhaupt nicht definiert ist!

Beispiel 9.17:

Betrachtet man die (alternierende) Folge $a_k = (-1)^k$, so kann man nicht ohne weiteres die entsprechende Reihe als »unendliche Summe«

$$\sum_{k=0}^{\infty} a_k = 1 - 1 + 1 - 1 + \cdots$$

hinschreiben, da man sonst »zeigen« könnte, dass diese Summe »gleich« 0

$$\underbrace{(1-1)}_{0} + \underbrace{(1-1)}_{0} + \underbrace{(1-1)}_{0} + \cdots = 0$$

wie auch »gleich« 1 ist

$$1 + \underbrace{(-1+1)}_{0} + \underbrace{(-1+1)}_{0} + \underbrace{(-1+1)}_{0} + \cdots = 1 .$$

Um solche »Paradoxa« zu vermeiden, betrachtet man zunächst *Partialsummen*

$$S_n = \sum_{k=0}^{n} a_k = a_0 + a_1 + \cdots + a_n .$$

Wenn die Partialsummenfolge (S_n) konvergiert, also $\lim\limits_{n\to\infty} S_n = S$, spricht man davon, dass die Reihe $\sum_{k=0}^{\infty} a_k$ gegen S konvergiert, also $\sum_{k=0}^{\infty} a_k = S$, anderenfalls divergiert die Reihe.

In dem obigen Beispiel springen die Partialsummen $S_1 = 0, S_2 = +1, S_3 = 0, S_4 = +1, \ldots$ stets zwischen 1 und 0, daher ist diese Reihe divergent.

Um die Darstellung übersichtlicher zu machen, bezeichnet man unendliche Reihen kurz auch als $\sum a_k$; dabei soll aus dem Kontext klar sein, bei welchem k die Summe beginnt.

Zusammengefasst:[1]

$$\sum_{k=0}^{\infty} a_k \quad \text{oder} \quad \sum a_k \quad \text{ist die Bezeichnung für} \quad \lim_{n\to\infty} \sum_{k=0}^{n} a_k \,.$$

Jede Reihe ist also die Folge ihrer Partialsummen. Umgekehrt ist auch jede Folge die Partialsummenfolge einer Reihe, denn es gilt

$$a_0 + \sum_{k=1}^{n} (a_k - a_{k-1}) = a_0 + (a_1 - a_0) + (a_2 - a_1) + \cdots + (a_n - a_{n-1}) = a_n \,.$$

Reihen, die man in der Form $\sum(a_k - a_{k-1})$ darstellen kann, nennt man *Teleskopreihen.*

Eine Reihe $\sum a_k$ heißt ***absolut konvergent***, wenn die Reihe $\sum |a_k|$ der Absolutbeträge konvergiert. Die Reihe ist ***bedingt konvergent***, wenn sie zwar konvergiert, aber die Reihe $\sum |a_k|$ divergiert.

9.2.1 Geometrische Reihe – die »Mutter aller Reihen«

Eine der wichtigsten und in vielen Anwendungen benutzten Reihen ist die geometrische Reihe

$$\sum_{k=0}^{\infty} x^k = 1 + x + x^2 + \cdots + x^n + \cdots$$

für $x \in \mathbb{R}$. Für $x \geq 1$ ist diese Reihe offensichtlich divergent, da die Folge $S_n = \sum_{k=0}^{n} x^k$ der Partialsummen monoton (wachsend) und unbeschränkt ist. Man kann sich leicht überzeugen, dass die Reihe auch für alle $x \leq -1$ divergiert (Übungsaufgabe!). Ist $|x| < 1$, so ist die Reihe bereits konvergent.

Satz 9.18:

Für alle $x \in \mathbb{R}$ mit $|x| < 1$ gilt

$$1 + x + x^2 + x^3 + \cdots + x^n + \cdots = \frac{1}{1-x}, \tag{9.1}$$

$$x + 2x^2 + 3x^3 + \cdots + nx^n + \cdots = \frac{x}{(1-x)^2}. \tag{9.2}$$

Beweis:

Wir wissen bereits, dass

$$\sum_{k=0}^{n} x^k = \frac{1-x^{n+1}}{1-x} = \frac{1}{1-x} - \frac{x^{n+1}}{1-x}$$

---

1 Reihen sind also nur spezielle Folgen. Dieselbe Bezeichnung $\sum a_k$ einmal für die Reihe selbst und einmal für ihren Grenzwert kann anfangs etwas verwirren. Diese »Dualität« in der Bezeichnung ist aber in der Literatur sehr verbreitet.

für beliebiges $x \neq 1$ gilt. Wegen $\lim_{n\to\infty} x^n = 0$ für alle Zahlen x mit $|x| < 1$ (siehe Behauptung 9.6(3)) strebt der rechte Term gegen Null.

Die zweite Gleichung (9.2) werden wir erst in Abschnitt 10.2 mit Hilfe der Ableitungen zeigen (siehe Beispiel 10.13). □

Hier sind ein paar Beispiele:

$$0{,}9999\ldots = 0{,}9\sum_{k=0}^{\infty}\frac{1}{10^k} = 0{,}9\cdot\frac{1}{1-(1/10)} = 0{,}9\cdot\frac{10}{9} = 1;$$

$$\sum_{k=0}^{\infty}\frac{1}{2^k} = 1+\frac{1}{2}+\frac{1}{4}+\frac{1}{8}+\cdots = \frac{1}{1-(1/2)} = 2;$$

$$\sum_{k=0}^{\infty}\frac{1}{(-2)^k} = 1-\frac{1}{2}+\frac{1}{4}-\frac{1}{8}+\cdots = \frac{1}{1-(-1/2)} = \frac{2}{3}\,.$$

Man muss darauf achten, bei welchem k man zu summieren beginnt. So ist zum Beispiel

$$\sum_{k=1}^{\infty}\frac{1}{2^k} = \sum_{k=0}^{\infty}\frac{1}{2^k} - 1 = 2-1 = 1\,.$$

Mit Hilfe der geometrischen Reihe kann man Grenzwerte von vielen anderen Reihen und Folgen bestimmen. Man kann mit ihrer Hilfe sogar einige allgemeine Konvergenzkriterien ableiten (siehe zum Beispiel Satz 9.29).

Beispiel 9.19: Binomische Reihe

$$\begin{aligned}\sum_{n=0}^{\infty}\sum_{k=0}^{n}\binom{n}{k}2^{-n-k} &= \sum_{n=0}^{\infty}2^{-n}\cdot\sum_{k=0}^{n}\binom{n}{k}2^{-k}\\ &= \sum_{n=0}^{\infty}\left(1+\frac{1}{2}\right)^n\cdot 2^{-n} && \text{binomischer Lehrsatz}\\ &= \sum_{n=0}^{\infty}\left(\frac{3}{4}\right)^n = \frac{1}{1-3/4} = 4\,.\end{aligned}$$

9.2.2 Allgemeine harmonische Reihen

Die harmonische Reihe $\sum_{k=1}^{\infty} k^{-1}$ divergiert, da die Folge $H_n \geq \ln n$ ihrer Partialsummen monoton und unbeschränkt ist. Mit dem folgenden Satz kann man aber zeigen, dass die verallgemeinerte harmonische Reihe $\sum_{k=1}^{\infty} k^{-r}$ für jedes $r > 1$ konvergiert.

Satz 9.20: Verdichtungssatz

Sei (a_k) eine monoton fallende Nullfolge. Konvergiert die verdichtete Reihe

$$\sum_{k=0}^{\infty} 2^k a_{2^k} = a_1 + 2a_2 + 4a_4 + 8a_8 + 16a_{16} + \cdots + 2^k a_{2^k} + \cdots$$

gegen einen Grenzwert B, dann konvergiert auch die Reihe $\sum_{k=1}^{\infty} a_k$ mit dem Grenzwert $\sum a_k \leq B$. Divergiert die verdichtete Reihe, so divergiert auch die Ausgangsreihe.

Beweis:

Die Beweisidee ist einfach: Teile die Ausgangsreihe in Abschnitte der Länge 2^k für $k = 1,2,3,\ldots$ auf und schätze dabei die entsprechenden Teilsummen nach unten und nach oben ab.

Wir setzen $A_n = \sum_{k=1}^{n} a_k$ und $B_m = \sum_{k=0}^{m} 2^k a_{2^k}$. Damit ist für $n < 2^{m+1}$

$$\begin{aligned} A_n &\leq a_1 + (a_2 + a_3) + (a_4 + \cdots + a_7) + \cdots + (a_{2^m} + \cdots + a_{2^{m+1}-1}) \\ &\leq a_1 + 2a_2 + 4a_4 + \cdots + 2^m a_{2^m} = B_m \end{aligned}$$

und für $n \geq 2^{m+1}$

$$\begin{aligned} A_n &\geq a_1 + a_2 + (a_3 + a_4) + (a_5 + \cdots + a_8) + \ldots + (a_{2^m+1} + \cdots + a_{2^{m+1}}) \\ &\geq a_1 + a_2 + 2a_4 + 4a_8 + \cdots + 2^m a_{2^{m+1}} \geq B_m/2\,. \end{aligned}$$

Ist nun die verdichtete Reihe konvergent, d. h. $\lim\limits_{m\to\infty} B_m = B < \infty$ existiert, so gilt $B_m \leq B$ für fast alle m. Daher ist auch die (monoton wachsende) Folge (A_n) durch die Zahl B nach oben beschränkt und muss nach dem Monotoniekriterium für Folgen gegen einen Grenzwert $\sum a_k = \lim\limits_{n\to\infty} A_n \leq B$ streben.

Ist dagegen die verdichtete Reihe divergent, so folgt aus der für $n \geq 2^{m+1}$ gültigen Beziehung $A_n \geq B_m/2$ auch die Divergenz der Ausgangsreihe. □

Satz 9.21:

Für jedes feste $r > 1$ gilt

$$\sum_{k=1}^{\infty} \frac{1}{k^r} \leq 1 + \frac{1}{2^{r-1} - 1}\,.$$

Beweis:

Anwendung des Verdichtungssatzes mit $a_k = k^{-r}$ führt auf

$$2^k a_{2^k} = 2^k(2^{-kr}) = 2^{k(1-r)} = x^k \quad \text{mit} \quad x = 2^{1-r}\,.$$

Die verdichtete Reihe ist wegen $r > 1$ eine geometrische Reihe $\sum x^k$ mit $x < 1$, welche konvergent ist mit dem Grenzwert

$$B = \sum_{k=0}^{\infty} x^k = \frac{1}{1-x} = \frac{1}{1-2^{1-r}} = \frac{2^r}{2^r - 2} = 1 + \frac{1}{2^{r-1} - 1}\,.$$ □

9.2.3 Konvergenzkriterien für Reihen

Eine Reihe $\sum a_k$ heißt *positiv*, falls $a_k \geq 0$ für alle k gilt. In diesem Fall ist die Folge $A_n = \sum_{k=1}^{n} a_k$ der Partialsummen monoton steigend und das Monotoniekriterium für Folgen (Satz 9.11) liefert unmittelbar das folgende Konvergenzkriterium für positive Reihen.

Satz 9.22: Monotoniekriterium für Reihen

Eine positive Reihe konvergiert genau dann, wenn die Folge ihrer Partialsummen beschränkt ist.

So ist zum Beispiel die Reihe $\sum \frac{1}{\sqrt{k}}$ divergent: Ihre Glieder bilden eine monoton fallende Zahlenfolge, damit gilt

$$S_n = \sum_{k=1}^{n} \frac{1}{\sqrt{k}} \geq n \cdot \frac{1}{\sqrt{n}} = \sqrt{n}$$

und die Folge der Partialsummen ist nicht beschränkt.

Eine Reihe $\sum a_k$ heißt *Cauchy-Reihe*, wenn die Folge $A_n = \sum_{k=1}^{n} a_k$ ihrer Partialsummen eine Cauchy-Folge ist, d. h. wenn es für jedes $\epsilon > 0$ einen Schwellenwert $N \in \mathbb{N}$ gibt, so dass $|\sum_{k=m}^{n} a_k| < \epsilon$ für alle $n \geq m \geq N$ gilt. Das Cauchy-Kriterium für Folgen liefert uns unmittelbar

Satz 9.23: Cauchy-Kriterium für Reihen

Eine Reihe konvergiert genau dann, wenn sie eine Cauchy-Reihe ist.

Dieses Kriterium erlaubt uns, einige divergente Reihen schnell zu erkennen: Ist (a_k) keine Nullfolge, so ist die Reihe $\sum a_k$ divergent.

Satz 9.24: Eine notwendige Konvergenzbedingung

Konvergiert die Reihe $\sum a_k$, so muss (a_k) eine Nullfolge sein.

Wie die divergente harmonische Reihe $\sum_{k=1}^{\infty} 1/k$ zeigt, gilt die Umkehrung dieser Aussage nicht!

Beweis:

Ist (a_n) keine Nullfolge, dann gibt es ein $\epsilon > 0$, so dass $|a_n| \geq \epsilon$ für *unendlich* viele n gilt. Nach Satz 9.23 muss die Reihe divergieren. □

Satz 9.25: Majorantenkriterium für Reihen

Ist (b_k) eine Majorante der Folge (a_k) und konvergiert die Reihe $\sum b_k$ absolut, so ist auch die Reihe $\sum a_k$ absolut konvergent.

Beweis:

Wegen $|a_k| \leq c|b_k|$ für alle k, gilt auch $|\sum_{k=m}^{n} a_k| \leq c\sum_{k=m}^{n} |b_k|$. Da die Reihe $\sum b_k$ absolut konvergent ist, folgt die Behauptung unmittelbar aus Satz 9.23. □

Beispiel 9.26: Dezimaldarstellung

Man kann zeigen (wir werden das nicht tun), dass sich jede Zahl im Intervall [0,1] als eine Reihe $\sum_{k=1}^{\infty} x_k 10^{-k}$ mit $x_k \in \{0,1,2,\ldots,9\}$ darstellen lässt. Man kann auch eine umgekehrte Frage stellen: Ist jede solche Reihe auch konvergent? Dies kann man leicht mit dem Majorantenkriterium positiv beantworten, denn die Folge $b_k = 9 \cdot 10^{-k}$ ist eine Majorante der Folge $a_k = x_k \cdot 10^{-k}$ und die Reihe $\sum b_k$ ist konvergent:

$$\sum_{k=1}^{\infty} 9 \cdot 10^{-k} = \sum_{k=0}^{\infty} 0{,}9 \cdot 10^{-k} = 0{,}9 \cdot \frac{1}{1-\frac{1}{10}} = 1\,.$$

Hat man zwei Folgen $(a_k) = a_1, a_2, \ldots$ und $(b_k) = b_1, b_2, \ldots$, so kann man die »Produktreihe« $\sum a_k b_k$ bilden. Die folgende, als »abelsche partielle Summation« bekannte Formel erleichtert die Analyse solcher Reihen (Aufgabe 9.11):

$$\sum_{k=1}^{n} a_k b_k = A_n \cdot b_n + \sum_{k=1}^{n-1} A_k \cdot (b_k - b_{k+1}) \quad \text{mit} \quad A_n = \sum_{i=1}^{n} a_i\,. \tag{9.3}$$

Satz 9.27: Konvergenz von »Produktreihen«

Die Reihe $\sum a_k b_k$ konvergiert, wenn mindestens eine der folgenden Bedingungen erfüllt ist.

1. Die Reihe $\sum a_k$ ist absolut konvergent und die Folge (b_k) ist beschränkt. In diesem Fall konvergiert die Reihe $\sum a_k b_k$ sogar absolut.
2. **Abel'sches Konvergenzkriterium**: Die Reihe $\sum a_k$ ist konvergent und (b_k) ist eine monotone beschränkte Folge.
3. **Dirichlet-Kriterium**: Die Reihe $\sum a_k$ hat beschränkte Partialsummen und (b_k) ist eine monotone Nullfolge.

Beachte, dass man in diesen drei Kriterien immer weniger von der Reihe $\sum a_k$ aber gleichzeitig immer mehr von der Folge (b_n) verlangt.

Beweis:

(1) Nach dem Monotoniekriterium (Satz 9.22) reicht es zu zeigen, dass die Folge $S_n = \sum_{k=1}^{n} |a_k b_k|$ der Partialsummen beschränkt ist. Da die Folge (b_k) nach Voraussetzung beschränkt ist, gibt es eine Konstante B mit $|b_k| \leq B$ für alle k. Aus der absoluten Konvergenz der Reihe $\sum a_k$ folgt, dass die Folge $A_n = \sum_{k=1}^{n} |a_k|$ ebenfalls beschränkt sein muss, es muss also $A_n \leq A$ für eine Konstante A und alle n gelten. Somit ist auch die Folge

$$S_n = \sum_{k=1}^{n} |a_k b_k| \leq B \cdot \sum_{k=1}^{n} |a_k| \leq AB$$

beschränkt und die Reihe $\sum a_k b_k$ konvergiert in diesem Fall sogar absolut.

(2) Wir müssen zeigen, dass die Folge $S_n = \sum_{k=1}^{n} a_k b_k$ der Partialsummen konvergiert. Nach (9.3) gilt

$$S_n = A_n b_n + \sum_{k=1}^{n-1} A_k B_k \quad \text{mit} \quad A_k = \sum_{j=1}^{k} a_j \quad \text{und} \quad B_k = b_k - b_{b+1}\,.$$

Da die Folge (b_n) monoton und beschränkt ist, hat sie einen Grenzwert $b = \lim b_n$. Da die Reihe $\sum a_k$ konvergiert, existiert auch der Grenzwert $A = \lim A_n$ und die Folge (A_n) der Partialsummen muss beschränkt sein. Außerdem gilt wegen der Monotonie der Folge (b_n) (also entweder $b_k > b_{k+1}$ oder $b_k < b_{k+1}$ für alle k) auch

$$\sum_{k=1}^{n-1} |b_k - b_{k+1}| = \left|\sum_{k=1}^{n-1}(b_k - b_{k+1})\right| = |b_1 - b_n| \leq |b_1|\,.$$

(Zerschneidet man ein Intervall in Teilintervalle, so ergibt die Summe ihrer Längen die Gesamtlänge des ursprünglichen Intervalls.) Somit ist die Reihe $\sum B_k$ absolut konvergent und daher muss nach Teil (1) der Grenzwert

$$\lim_{n\to\infty} \sum_{k=1}^{n-1} A_k B_k = C$$

existieren. Nach den Grenzwertregeln erhalten wir

$$\sum a_k b_k = \lim_{n\to\infty} S_n = \lim_{n\to\infty} (A_n b_n) + \lim_{n\to\infty} \sum_{k=1}^{n-1} A_k B_k = Ab + C\,.$$

(3) In diesem Fall ist $(A_n b_n)$ nach dem Majorantenkriterium für Folgen eine Nullfolge, da die Folge (A_n) beschränkt und (b_k) eine Nullfolge ist. Außerdem konvergiert die Reihe $\sum A_k B_k$ wieder nach Teil (1). □

Wegen $\left|\sum_{k=0}^{n}(-1)^k\right| \leq 1$ für alle n folgt aus dem Dirichlet-Kriterium

Korollar 9.28: Leibniz-Kriterium

Ist (a_k) eine monotone Nullfolge, dann konvergiert die Reihe $\sum(-1)^k a_k$.

Aus der Konvergenz der geometrischen Reihe kann man die folgenden zwei wichtigen Konvergenzkriterien ableiten.

Satz 9.29:

Die Reihe $\sum a_k$ mit $a_k > 0$ für alle k ist konvergent, falls es eine reelle Zahl $\theta < 1$ gibt, so dass mindestens eine der folgenden zwei Bedingungen für fast alle k erfüllt ist.

1. **Wurzelkriterium** (d'Alembert 1768): $\sqrt[k]{a_k} \leq \theta$.
2. **Quotientenkriterium** (Cauchy 1821): $\dfrac{a_{k+1}}{a_k} \leq \theta$.

Eine Reihe $\sum a_k$ ist also insbesondere dann absolut kovergent, wenn mindestens einer der Grenzwerte $\lim\limits_{k\to\infty} \sqrt[k]{|a_k|}$ oder $\lim\limits_{k\to\infty} |a_{k+1}/a_k|$ existiert und kleiner als 1 ist.

Beweis:

In den beiden Fällen reicht es nach dem Majorantenkriterium (Satz 9.25) zu zeigen, dass die geometrische Folge (θ^k) eine Majorante für die Folge (a_k) ist.

In dem ersten Fall ist das offensichtlich, da dann die Ungleichung $a_k = (\sqrt[k]{a_k})^k \leq \theta^k$ für fast alle k gilt. Es sei nun $a_{k+1}/a_k \leq \theta$ für alle $k \geq N$. Dann gilt

$$a_{N+k} \leq \theta a_{N+k-1} \leq \theta^2 a_{N+k-2} \leq \ldots \leq \theta^k a_N\,.$$

Daher ist die Folge (θ^k) auch in diesem Fall eine Majorante für die, um eine Konstante N verschobene Folge (a_{N+k}) und somit auch für die Folge (a_k). □

Man beachte, dass die Zahl θ in Satz 9.29 eine von k *unabhängige* Zahl sein muss! Die Quotienten a_{k+1}/a_k dürfen also nicht beliebig nahe an 1 herankommen.

Dass die Bedingung »$a_{k+1}/a_k < 1$ für fast alle k« nicht ausreicht, zeigt das Beispiel der divergenten harmonischen Reihe $\sum \frac{1}{k}$. Mit $a_k = 1/k$ ist zwar der Quotient $a_{k+1}/a_k = k/(k+1) < 1$ stets kleiner als Eins, wegen

$$\lim_{k\to\infty} \frac{a_{k+1}}{a_k} = \lim_{k\to\infty} \frac{k}{k+1} = \lim_{k\to\infty} (1 - \frac{1}{k+1}) = 1$$

gibt es jedoch *kein* $\theta < 1$ mit $a_{k+1}/a_k \leq \theta$ für fast alle $k \geq 1$.

Die beiden Kriterien (Wurzel- und Quotientenkriterium) sind sehr nützlich, um das Verhalten der sogenannten »Potenzreihen« zu untersuchen. Eine Reihe der Form

$$\sum_{k=0}^{\infty} a_k x^k \quad \text{oder} \quad \sum_{k=0}^{\infty} a_k (x - x_0)^k$$

heißt *Potenzreihe*; die Zahlen a_k nennt man ihre *Koeffizienten*; x_0 den *Entwicklungspunkt*.

Jede Potenzreihe $\sum_{n=0}^{\infty} a_n x^n$ besitzt einen Konvergenzradius r $(0 \leq r \leq \infty)$ mit der Eigenschaft, dass die Reihe für $|x| < r$ absolut konvergent und für $|x| > r$ divergent ist.

Eine unmittelbare Folgerung aus Satz 9.29 ist:

Korollar 9.30:

Sei r der Konvergenzradius von $\sum a_k x^k$. Erfüllt die Folge $(|a_k|)$ eine der beiden Bedingungen in Satz 9.29 für eine Konstante $\theta < 1$, so gilt $r \geq 1/\theta$.

Wenn ab einem bestimmten Index alle Koeffizienten a_k von 0 verschieden sind und der folgende Limes existiert, dann kann der Konvergenzradius einfach auf folgende Weise berechnet werden:

$$r = \lim_{k\to\infty} \left| \frac{a_k}{a_{k+1}} \right|.$$

Beispiel 9.31: Die Exponentialfunktion

Die Exponentialreihe

$$\exp(x) = \sum_{k=0}^{\infty} \frac{x^k}{k!} = 1 + x + \frac{x^2}{2!} + \frac{x^3}{3!} + \cdots$$

ist für jedes $x \in \mathbb{R}$ absolut konvergent, da die Folge der Quotienten $|a_{n+1}/a_n| = |x/(n+1)|$ für jedes feste x eine Nullfolge ist. Der Konvergenzradius solcher Potenzreihen ist also unendlich. Genau wie in Beispiel 9.8 kann man zeigen, dass

$$\exp(x) = \lim_{n\to\infty} \left(1 + \frac{x}{n}\right)^n = \mathrm{e}^x$$

gilt. Man kann die Gleichung $\mathrm{e}^x = \exp(x)$ auch mit Hilfe der Taylorentwicklung beweisen (siehe Beispiel 10.22).

Eine Folge (a_k) ist ***polynomiell beschränkt***, falls $|a_k| \le k^c$ für eine natürliche Zahl c und alle k gilt.

Lemma 9.32: Potenzreihen

Ist $|x| < 1$ und ist die Folge (a_k) polynomiell beschränkt, so konvergiert die Potenzreihe $\sum a_k x^k$ absolut.

Beweis:

Wir wissen, dass die Ungleichung $|a_k| \le k^c$ für eine natürliche Zahl c und für fast alle n gilt. Somit ist die Folge (k^c) eine Majorante der Folge (a_k) und es reicht zu zeigen, dass die Potenzreihe $\sum_{k=0}^{\infty} k^c x^n$ konvergiert. Aus Behauptung 9.6(2) wissen wir, dass

$$\lim_{k\to\infty} \sqrt[k]{k^c} = 1 \quad \text{und somit auch} \quad \lim_{k\to\infty} \sqrt[k]{|k^c x^k|} = |x| \lim_{k\to\infty} \sqrt[k]{k^c} = |x| < 1$$

gilt. Es bleibt also nur, das Wurzelkriterium mit $\theta = |x|$ anzuwenden. □

Schließlich erwähnen wir (ohne Beweis), warum absolut konvergente Reihen besonders gut sind.

Nach dem Leibniz-Kriterium kovergiert die alternierende harmonische Reihe $\sum \frac{(-1)^k}{k}$ gegen einen Grenzwert A. Wir vergleichen die Reihen, die A und $\frac{3}{2}A$ darstellen:

$$\begin{array}{lclllllllllllll}
A & = & -1 & +\frac{1}{2} & -\frac{1}{3} & +\frac{1}{4} & -\frac{1}{5} & +\frac{1}{6} & -\frac{1}{7} & +\frac{1}{8} & -\frac{1}{9} & +\frac{1}{10} & -\frac{1}{11} & +\frac{1}{12} & \cdots \\
\frac{1}{2}A & = & & -\frac{1}{2} & & +\frac{1}{4} & & -\frac{1}{6} & & +\frac{1}{8} & & -\frac{1}{10} & & +\frac{1}{12} & \cdots \\
A+\frac{1}{2}A & = & -1 & & -\frac{1}{3} & +\frac{1}{2} & -\frac{1}{5} & & -\frac{1}{7} & +\frac{1}{4} & -\frac{1}{9} & & -\frac{1}{11} & +\frac{1}{6} & \cdots
\end{array}$$

Was auffällt ist, dass in der Reihe für $A + \frac{1}{2}A$ dieselben Summanden auftauchen, nur in einer anderen Reihenfolge. Wenn man also in konvergenten Reihen die Reihenfolge der Summation ändert, kann man eventuell einen anderen Grenzwert erhalten! Der Grund für dieses Phänomen liegt, so stellt sich heraus, in der Tatsache, dass die Summe der Absolutbeträge $\sum_{k=1}^{\infty} \frac{1}{k}$ divergiert (harmonische Reihe). Absolut konvergente Reihen sind hingegen »harmlos« – mit ihnen kann man alles das machen, was man sich so naiverweise vorstellt. Insbesondere kann man die Reihenfolge der Summanden ändern, ohne den Grenzwert zu verändern.

Satz 9.33: Umordnungssatz

Konvergiert die Reihe $\sum a_k$ absolut gegen einen Grenzwert A und ist $\varphi : \mathbb{N} \to \mathbb{N}$ eine beliebige bijektive Abbildung (Umordnung), so konvergiert auch die Reihe $\sum a_{\varphi(k)}$ absolut gegen A.

9.3 Aufgaben

Aufgabe 9.1: Arithmetisches Mittel

Die Folge $(a_k) = a_1, a_2, \ldots$ sei monoton steigend und möge den Grenzwert a haben. Zeige, dass dann auch die Folge (b_n) mit $b_n = (a_1+a_2+\cdots+a_n)/n$ gegen a konvergiert.
Hinweis: Benutze die Definition des Limes.

Aufgabe 9.2:

Sei $a_n = (1+2+3+\cdots+n)/n^2$. Zeige, dass dann $\lim\limits_{n\to\infty} a_n = 1/2$ gilt.

Aufgabe 9.3:

Zeige, dass die Folge (a_n) mit $a_n = \sqrt{n+1} - \sqrt{n}$ eine Nullfolge ist.
Hinweis: $(x-y)(x+y) = x^2 - y^2$.

Aufgabe 9.4: Multiplikation statt Division

Sei $a > 0$ eine reelle Zahl. Wir wollen $1/a$ berechnen, ohne dabei irgendwelche Zahlen zu dividieren. Wir suchen also eine Lösung x für die Gleichung $ax = 1$. Diese Gleichung lässt sich äquivalent als $x = 2x - ax^2$ umschreiben; das gesuchte x ist dann die von Null verschiedene Lösung dieser Gleichung. Setzen wir $f(x) := 2x - ax^2$, so erhalten wir die Rekursionsgleichung $x_{n+1} = 2x_n - ax_n^2$. Zeige, dass die Folge (x_n) mit $0 < x_0 \leq 1/a$ gegen $1/a$ strebt. *Hinweis*: Monotoniekriterium.

Aufgabe 9.5: Kommt die Fliege zur Ruhe?

Eine Fliege sitzt anfänglich im Punkt (x, y) mit $x = y = 0$. Dann beginnt sie zu fliegen: Zunächst 1 Meter nach oben, dann 1/2 Meter nach rechts, dann 1/4 Meter nach unten, dann 1/8 Meter nach links, dann wieder 1/16 Meter nach oben, usw. In welchem Punkt (x, y) wird sich die Fliege nach unendlich vielen Schritten befinden?
Hinweis: Zeige $x = \frac{1}{2}\sum_{k=0}^{\infty}\left(\frac{-1}{4}\right)^k$ und $y = \sum_{k=0}^{\infty}\left(\frac{-1}{4}\right)^k$.

Aufgabe 9.6:

Zeige, dass $\lim\limits_{n\to\infty} nx^n = 0$ für alle $x \in \mathbb{R}$ mit $|x| < 1$ gilt. *Hinweis*: Stelle $|x|$ als $\frac{1}{1+q}$ für ein $q > 0$ dar und wende den binomischen Lehrsatz an.

Aufgabe 9.7:

Zeige die Ungleichung $\left|\mathrm{e} - \sum_{k=0}^{n} \frac{1}{k!}\right| \leq \frac{2}{(n+1)!}$.

Aufgabe 9.8:

Zeige:

$$\sum_{k=1}^{\infty} \frac{1}{k(k+1)} = 1 .$$

Hinweis: Stelle den k-ten Term als $1/k - 1/(k+1)$ dar.

Aufgabe 9.9:

Zeige, dass die Reihe

$$\sum_{k=1}^{\infty} \frac{1}{k(\log_2 k)^{1+\alpha}}$$

für jedes $\alpha > 0$ konvergiert. *Hinweis*: Wie sieht die verdichtete Reihe aus?

Aufgabe 9.10:

Ein Turm wird aus Würfeln gebaut. Der erste Würfel hat eine Kantenlänge von 1 m, der zweite 0,5 m. Jeder weitere hat die halbe Kantenlänge der darunter liegenden Würfels. Welche Höhe nimmt der Turm an, wenn unendlich viele Würfel aufeinandergesetzt werden?

Aufgabe 9.11: Abelsche partielle Summation

Seien (a_k) und (b_k) Folgen und sei $A_n = \sum_{i=1}^{n} a_i$. Zeige:

$$\sum_{k=1}^{n} a_k \cdot b_k = A_n \cdot b_n + \sum_{k=1}^{n-1} A_k \cdot (b_k - b_{k+1}) .$$

Hinweis: $A_k - A_{k-1} = a_k$.

Aufgabe 9.12: Achill und die Schildkröte

Diese Aufgabe stammt vom griechischen Philosophen Zenon von Elea (495-435 v.Chr.). Der berühmte Held Achill veranstaltet einen Wettlauf mit einer (ziemlich schnellen) Schildkröte. Achill kann aber zehnmal schneller als die Schildkröte laufen. Als fairer Mann gibt er der Schildkröte einen Vorsprung von 10 Ellen (eine Elle ist eine Längeneinheit). Die Schildkröte und Achill starten zur gleichen Zeit.

Hat Achill die ersten 10 Ellen durcheilt, so ist die Schildkröte um eine Elle vorangekommen. Hat Achill diese Elle zurückgelegt, beträgt der Vorsprung der Schildkröte immer noch 1/10 Ellen. Bringt Achill diese Strecke hinter sich, beträgt der Vorsprung der Schildkröte noch 1/100 Ellen, usw. Der Vorsprung der Schildkröte wird zwar immer kleiner, aber er wird nie Null! Kann Achill also die Schildkröte nie einholen?

An welcher Stelle (falls überhaupt) holt Achill die Schildkröte ein?

10 Differenzialrechnung

In diesem Kapitel erweitern wir zunächst den Begriff des Grenzwertes auf allgemeine Funktionen $f : \mathbb{R} \to \mathbb{R}$. Dann benutzen wir diese Erweiterung, um die Steigung der Funktionen durch die sogenannten »Ableitungen« auszudrücken. Anschließend betrachten wir drei wichtige Anwendungen der Ableitungen in der Informatik: Bestimmung der Extremalstellen von $f(x)$, Bestimmung der Grenzwerte für Quotienten $f(x)/g(x)$ (Regeln von Bernoulli–l'Hospital) und Approximation von $f(x)$ durch Polynome (Taylorentwicklung). Außerdem werden wir die Bachmann–Landau Notation »groß-O« und »klein-o« für den Wachstumsvergleich von Funktionen kennenlernen.

10.1 Grenzwerte bei Funktionen

Sei $f : \mathbb{R} \to \mathbb{R}$ eine beliebige Funktion und $a \in \mathbb{R}$. Eine Zahl A heißt *Grenzwert* von $f(x)$ im Punkt a, geschrieben

$$\lim_{x \to a} f(x) = A\,,$$

falls es für jedes $\epsilon > 0$ ein $\delta > 0$ gibt, so dass $|f(x) - A| < \epsilon$ für alle $x \neq a$ mit $|x - a| < \delta$ gilt. Oder anders gesagt: Für jedes noch so kleine $\epsilon > 0$ gibt es eine Umgebung von a, in der der Funktionswert um weniger als ϵ von A abweicht. Man sagt dann auch, dass der Funktionswert gegen A strebt, wenn das Argument gegen a strebt (siehe Bild 10.1). Um $\lim\limits_{x \to a} f(x) = A$ zu zeigen, reicht es zum Beispiel, eine Konstante $C > 0$ zu finden, so dass $|f(x) - A| < C|x - a|$ für alle $x \neq a$ gilt. Man schreibt

$$\lim_{x \to \infty} f(x) = A\,,$$

falls es für jedes $\epsilon > 0$ ein $N > 0$ gibt, so dass $|f(x) - A| < \epsilon$ für alle $x > N$ gilt; $\lim\limits_{x \to -\infty} f(x) = A$ ist analog definiert.

Beachte, dass in der Definition von $\lim\limits_{x \to a} f(x)$ nur die Zahlen $x \neq a$ mit $|x - a| < \delta$ in Frage kommen, die Zahl a selbst ist also nicht dabei.

Daher kann der Grenzwert $\lim\limits_{x \to a} f(x)$ auch dann existieren, wenn der Funktionswert $f(a)$ im Punkt a nicht definiert ist! Ist zum Beispiel $f(x) = (\mathrm{e}^x - 1)/x$, so ist der Funktionswert im Punkt $a = 0$ nicht definiert (Division durch Null), aber wie wir bald zeigen werden (Lemma 10.4) gilt $\lim\limits_{x \to 0} f(x) = 1$.

Jede Folge (x_n) ist auch eine Funktion $f : \mathbb{N} \to \mathbb{R}$ mit $f(n) = x_n$ und die oben gegebene Definition von $\lim\limits_{n \to \infty} f(n)$ stimmt mit der Definition in Abschnitt 9.1 überein. Somit ist der Begriff der Konvergenz für Folgen ein Spezialfall des Begriffes der Konvergenz für Funktionen. Nichtsdestotrotz kann man den Grenzwert für Funktionen durch den Grenzwert von Folgen bestimmen.

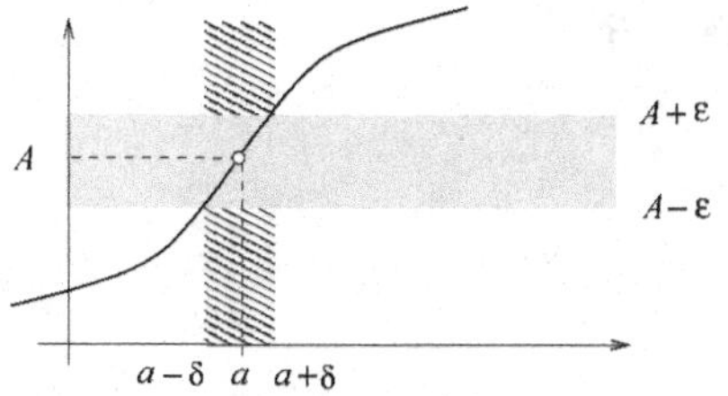

Bild 10.1: Definition von $\lim_{x\to a} f(x) = A$: Für jedes $\epsilon > 0$ gibt es ein $\delta > 0$, so dass für alle $x \neq a$ zwischen $a - \delta$ und $a + \delta$ der Funktionswert $f(x)$ zwischen $A - \epsilon$ und $A + \epsilon$ liegt.

Da in der Definition von $\lim_{x\to a} f(x)$ nur die Werte $f(x)$ mit $x \neq a$ relevant sind (der Wert $f(a)$ kann ja auch nicht definiert sein), werden wir nur diejenigen gegen a strebenden Folgen (x_n) betrachten, die den Wert a vermeiden. Wir sagen nämlich, dass (x_n) *echt* gegen a strebt, wenn $\lim_{n\to\infty} x_n = a$ und $x_n \neq a$ für alle n gilt.

Satz 10.1: Folgenkriterium für den Limes
Es gilt $\lim_{x\to a} f(x) = A$ genau dann, wenn $\lim_{n\to\infty} f(x_n) = A$ für jede echt gegen a strebende Folge (x_n) gilt.

Beweis:
($\Rightarrow$) Sei $\lim_{x\to a} f(x) = A$ und sei $\epsilon > 0$ beliebig klein. Dann gibt es ein $\delta > 0$, so dass $|f(x) - A| < \epsilon$ für alle $x \neq a$ mit $|x - a| < \delta$ gilt. Sein nun (x_n) eine beliebige echt gegen a strebende Folge. Dann gibt es einen Schwellenwert N, so dass $|x_n - a| < \delta$ für alle $n \geq N$ gilt. Also muss auch $|f(x_n) - A| < \epsilon$ für alle $n \geq N$ gelten, d. h. $\lim_{n\to\infty} f(x_n) = A$.

($\Leftarrow$) Kontraposition: Wir nehmen an, dass $\lim_{x\to a} f(x) = A$ *nicht* gilt. Unser Ziel ist zu zeigen, dass es dann mindestens eine echt gegen a strebende Folge (x_n) mit $\lim_{n\to\infty} f(x_n) \neq A$ geben muss. Wegen $\lim_{x\to a} f(x) \neq A$ muss es nach Definition ein $\epsilon > 0$ mit der folgenden Eigenschaft geben: Für jedes $\delta > 0$ gibt es ein $y_\delta \neq a$ mit $|y_\delta - a| < \delta$ und $|f(y_\delta) - A| \geq \epsilon$. Wir betrachten nun die Werte $\delta = 1, \frac{1}{2}, \frac{1}{3}, \ldots, \frac{1}{n}, \ldots$ und die entsprechende Folge (x_n) mit $x_n = y_{\frac{1}{n}}$. Diese Folge konvergiert echt gegen a, da $|x_n - a| = |y_{1/n} - a| < 1/n$ und $x_n \neq a$ für alle n gilt. Aus $|f(x_n) - A| \geq \epsilon$ für alle $n \in \mathbb{N}$ folgt aber, dass A kein Grenzwert der Folge $(f(x_n))$ sein kann. □

Aus Satz 10.1 und den Grenzwertregeln für Folgen erhalten wir unmittelbar, dass man Grenzwerte »termweise« berechnen darf.

Satz 10.2: Grenzwertregeln
Aus $\lim_{x\to a} f(x) = A$ und $\lim_{x\to a} g(x) = B$ folgt

1. $\lim_{x\to a}(f(x) \pm g(x)) = A \pm B$;
2. $\lim_{x\to a}(f(x) \cdot g(x)) = A \cdot B$;

3. $\lim\limits_{x \to a} \frac{f(x)}{g(x)} = \frac{A}{B}$, falls $B \neq 0$.

Beispiel 10.3:

In der Zerlegung

$$\frac{x^n - 1}{x - 1} = x^{n-1} + x^{n-2} + \cdots + x + 1 \quad \text{für} \quad |x| \neq 1$$

von $(x^n - 1)/(x - 1)$ in eine geometrische Reihe strebt jeder Term gegen 1 (wenn x gegen 1 strebt) und wir erhalten

$$\lim_{x \to 1} \frac{x^n - 1}{x - 1} = n\,.$$

Dieses Beispiel zeigt, dass der Grenzwert $\lim\limits_{x \to a} f(x)$ auch dann existieren kann, wenn der Funktionswert $f(a)$ im Punkt $x = a$ nicht definiert ist (siehe Lemma 10.4 für weitere Beispiele solcher Funktionen). Aber auch wenn der Grenzwert $\lim\limits_{x \to a} f(x)$ existiert und die Funktion im Punkt a definiert ist, muss $\lim\limits_{x \to a} f(x) = f(a)$ nicht unbedingt gelten! Ist zum Beispiel $f : \mathbb{R} \to \mathbb{R}$ durch $f(0) = 1$ und $f(x) = x$ für alle $x \neq 0$ definiert, so gilt $\lim\limits_{x \to 0} f(x) = 0$ und damit $f(0) = 1 \neq 0 = \lim\limits_{x \to 0} f(x)$. (Wir erinnern uns, dass in der Definition von $\lim\limits_{x \to a} f(x)$ nur die Zahlen x mit $x \neq a$ und $|x - a| < \delta$ relevant sind.)

Definition: Stetigkeit

Eine Funktion $f(x)$ ist *stetig* im Punkt a, falls $\lim\limits_{x \to a} f(x) = f(a)$ gilt.

Stillschweigend ist in dieser Definition gemeint, dass der Wert $f(a)$ definiert ist und der Grenzwert $\lim\limits_{x \to a} f(x)$ existiert. Ist $f(x)$ im Punkt a stetig, so folgt auch nach dem Folgenkriterium für den Limes, dass

$$\lim_{n \to \infty} f(x_n) = f\big(\lim_{n \to \infty} x_n\big)$$

für jede gegen a strebende Folge (x_n) gilt.

Intuitiv bedeutet die Stetigkeit von f in a, dass die Funktion keinen Sprung in a macht. Stetige Funktionen sind vorteilhaft, da kleine Änderungen im Argument auch nur kleine Änderungen im Funktionswert bewirken. Umgangssprachlich kann man sich überall stetige Funktionen als solche vorstellen, deren Graph man zeichnen kann, ohne den Stift abzusetzen. Zum Beispiel sind folgende Funktionen überall stetig (d. h. im ganzen Definitionsbereich):

- Alle »üblichen« Funktionen: Polynome, e^x, $\sqrt{x}$, $\log_a x$, x^a, n^x, $\sin(x)$, $\cos(x)$, usw.
- Ist f stetig in einem Bereich $I \subseteq \mathbb{R}$ und $f(x) \neq 0$ für alle $x \in I$, so ist auch die Funktion $1/f(x)$ stetig in I.
- Jede Potenzreihe $P(x) = \sum_{k=0}^{\infty} a_k x^k$ ist auf dem ganzen Konvergenzbereich stetig.

Existiert der Grenzwert $A = \lim_{x\to a} f(x)$, aber die Funktion $f(x)$ ist im Punkt $x = a$ nicht definiert, dann kann man f durch die Vorschrift $f(a) := A$ fortsetzen, so dass danach f stetig in a ist. In diesem Fall sagt man, dass die Funktion f stetig im Punkt a fortsetzbar ist.

Nun bestimmen wir einige Grenzwerte, die sich für die allgemeine Berechnung von Grenzwerten (insbesondere in der Differenzialrechnung) als sehr nützlich erwiesen haben.

Lemma 10.4:

Sie $a > 0$ eine beliebige reelle Zahl. Dann gilt

$$\lim_{x\to 0} \frac{\log_a(1+x)}{x} = \log_a \mathrm{e}, \qquad \text{Spezialfall} \quad \lim_{x\to 0} \frac{\ln(1+x)}{x} = 1\,; \tag{10.1}$$

$$\lim_{x\to 0} \frac{a^x - 1}{x} = \ln a, \qquad \text{Spezialfall} \quad \lim_{x\to 0} \frac{\mathrm{e}^x - 1}{x} = 1\,; \tag{10.2}$$

$$\lim_{x\to 0} \frac{(1+x)^a - 1}{x} = a, \qquad \text{Spezialfall} \quad \lim_{x\to 0} \frac{x}{x} = 1\,; \tag{10.3}$$

$$\lim_{x\to 0} \frac{\sin x}{x} = 1\,; \tag{10.4}$$

$$\lim_{x\to 0} \frac{\cos x - 1}{x} = 0\,. \tag{10.5}$$

Beweis:

Zu (10.1): Sei $f(x) = (1+x)^{1/x}$. Wegen $\lim_{n\to\infty} (1+1/n)^n = \mathrm{e}$ gilt dann auch $\lim_{x\to 0} f(x) = \mathrm{e}$ (Aufgabe 10.1). Wegen der Stetigkeit der Logarithmusfunktion ergibt dies

$$\lim_{x\to 0} \frac{\log_a(1+x)}{x} = \lim_{x\to 0} \log_a f(x) = \log_a \mathrm{e}\,.$$

Zu (10.2): Wir setzen $y = a^x - 1$. Dann strebt y gegen Null, wenn x gegen Null strebt. Außerdem gilt dann $x = \log_a(1+y)$, woraus nach (10.1) und den Basisvertauschregeln für Logarithmen ($\log_s n = (\log_r n)/(\log_r s)$ mit $s = \mathrm{e}$ und $r = n = a$) folgt

$$\lim_{x\to 0} \frac{a^x - 1}{x} = \lim_{y\to 0} \frac{y}{\log_a(1+y)} = \frac{1}{\log_a \mathrm{e}} = \ln a\,.$$

Zu (10.3): Wir setzen $y = (1+x)^a - 1$. Dann strebt y gegen Null, wenn x gegen Null strebt. Logarithmieren der Gleichung $(1+x)^a = 1+y$ ergibt

$$a \cdot \ln(1+x) = \ln(1+y)\,.$$

Somit gilt auch

$$\frac{(1+x)^a - 1}{x} = \frac{y}{x} = \frac{y}{\ln(1+y)} \cdot a \cdot \frac{\ln(1+x)}{x}\,.$$

Nach (10.1) strebt der linke wie auch der rechte Term gegen 1, woraus (10.3) folgt.
Zu (10.4): Für $0 < x < \pi/2$ gilt (siehe Bild 10.2)

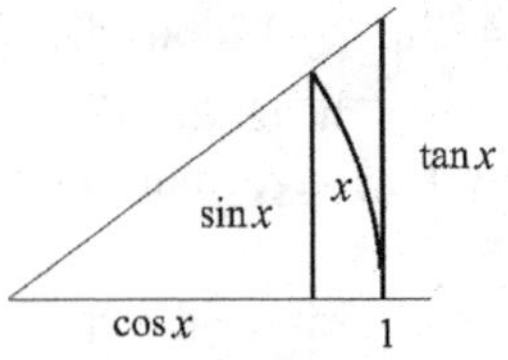

Bild 10.2: $\sin x$, die Bogenlänge x und $\tan x$.

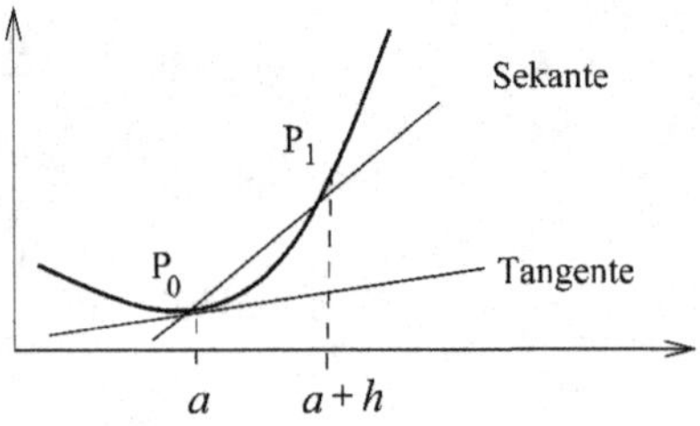

Bild 10.3: Eine Sekante ist eine Gerade, die zwei Punkte P_0 und P_1 auf einer Kurve verbindet. Rückt der Punkt P_1 unendlich nahe an P_0, so wird aus der Sekante eine Tangente. Die Tangente hat also im Punkt P_0 die gleiche Steigung wie die Kurve.

$$\sin x < x < \tan x = \frac{\sin x}{\cos x},$$

woraus

$$1 > \frac{\sin x}{x} > \cos x$$

folgt. Wegen $\cos 0 = 1$ erhalten wir durch den Grenzübergang $x \to 0$

$$1 \geq \lim_{x \to 0} \frac{\sin x}{x} \geq 1$$

und somit auch (10.4). Der Beweis von (10.5) ist analog. □

Beispiel 10.5:
Wenn wir $x = 1/n$ für $n = 1,2,3,\ldots$ in (10.2) einsetzen, dann erhalten wir eine interessante Darstellung von $\ln a$ als Grenzwert der Folge $(n\sqrt[n]{a} - n)$:

$$\lim_{n \to \infty} n \cdot (\sqrt[n]{a} - 1) = \ln a\,.$$

10.2 Ableitungen

Das Grundproblem der Differenzialrechnung ist die Berechnung der Steigung einer Funktion $f : \mathbb{R} \to \mathbb{R}$ in einem Punkt a (siehe Bild 10.3). Die Steigung der Funktion im

Intervall $[a, x]$ ist durch den Differenzenquotienten

$$\frac{f(x) - f(a)}{x - a} = \frac{\text{Zuwachs der Funktion}}{\text{Zuwachs des Arguments}}$$

gegeben. Den Grenzwert

$$f'(a) = \lim_{x \to a} \frac{f(x) - f(a)}{x - a} = \lim_{h \to 0} \frac{f(a+h) - f(a)}{h} \qquad \text{mit } h = x - a \tag{10.6}$$

nennt man die *Ableitung* von f im Punkt a. Existiert dieser Grenzwert, so sagt man, dass f in Punkt a *differenzierbar* ist. Hier kommen bei der Grenzwertbildung $h \to 0$ wiederum nur die Zahlen $h \neq 0$ in Frage.

Lemma 10.6: Stetigkeit differenzierbarer Funktionen

Existiert $f'(a)$, so ist $f(x)$ im Punkt a stetig.

Beweis:

Da der Grenzwert (10.6) existiert und $\lim_{x \to a}(x - a) = 0$ gilt, erhalten wir nach den Grenzwertregeln

$$0 = \lim_{x \to a}(x - a) \cdot f'(a) = \lim_{x \to a} \frac{x - a}{x - a}\left(f(x) - f(a)\right) = \lim_{x \to a}\left(f(x) - f(a)\right),$$

woraus $\lim_{x \to a} f(x) = f(a)$ folgt. □

Die Umkehrung des Lemmas – jede stetige Funktion ist auch differenzierbar – gilt nicht! Es gibt sogar Funktionen, die überall stetig und nirgends differenzierbar sind.

Es gibt verschiedene Bezeichnungen für die Ableitung:

1. $f'(a)$ (J. L. Lagrange),
2. $\dfrac{d\,f(a)}{d\,x}$ (G. W. Leibniz),
3. $D\,f(a)$ (A. L. Cauchy).

Wir werden die Bezeichnung $f'(a)$ von Lagrange benutzen.

Das Folgenkriterium für den Limes (Satz 10.1) liefert uns unmittelbar das folgende notwendige Kriterium der Differenzierbarkeit.

Lemma 10.7:

Ist f im Punkt a differenzierbar, so gilt für jede Nullfolge (h_n)

$$f'(a) = \lim_{n \to \infty} \frac{f(a + h_n) - f(a)}{h_n}.$$

Beispiel 10.8:

Die Funktion $f(x) = |x|$ ist im Punkt $a = 0$ nicht differenzierbar. Um dass zu zeigen, betrachten wir die alternierende Nullfolge $h_n = (-1)^n/n$. Dann springt die Folge der Differenzenquotienten

$$\frac{f(0+h_n) - f(0)}{h_n} = \frac{|h_n|}{h_n} = (-1)^n$$

unendlich oft zwischen $+1$ und -1. Beachte aber, dass in jedem anderen Punkt $a \neq 0$ die Funktion $f(x) = |x|$ bereits differenzierbar ist, denn es gilt $f(x) = x$ für $x > 0$ und $f(x) = -x$ für $x < 0$ und die Funktion $g(x) = x$ ist differenzierbar.

Hier sind die Ableitungen einiger häufig benutzter Funktionen.

Lemma 10.9:

Für beliebige Konstanten $c \in \mathbb{R}$ und $n \in \mathbb{N}$ gilt:

1. $c' = 0$;
2. $(x^n)' = nx^{n-1}$, Spezialfall $x' = 1$;
3. $(1/x)' = -1/x^2$;
4. $(e^x)' = e^x$;
5. $(\ln x)' = 1/x$;
6. $(\sin x)' = \cos x$;
7. $(\cos x)' = -\sin x$.

Beweis:

(1) ist trivial, da in diesem Fall der Differenzenquotient gleich 0 ist.
(2) Für $f(x) = x^n$ wenden wir zunächst den binomischen Lehrsatz an

$$(x+h)^n = x^n + nx^{n-1}h + \binom{n}{2}x^{n-2}h^2 + \cdots + nxh^{n-1} + h^n\,.$$

Wenn wir die Differenz $(x+h)^n - x^n$ durch h teilen und h gegen Null streben lassen, dann bleibt nur der Term nx^{n-1} übrig.
(3) Für $f(x) = \frac{1}{x}$ gilt

$$f'(x) = \lim_{h\to 0} \frac{1}{h}\left[\frac{1}{x+h} - \frac{1}{x}\right] = \lim_{h\to 0} \frac{1}{h}\left[\frac{x-x-h}{x(x+h)}\right] = -\frac{1}{x^2}\,.$$

(4) Für $f(x) = e^x$ gilt nach (10.2)

$$f'(x) = \lim_{h\to 0} \frac{1}{h}\left(e^{x+h} - e^x\right) = e^x \cdot \lim_{h\to 0} \frac{e^h - 1}{h} = e^x\,.$$

(5) Für $f(x) = \ln x$ gilt

$$\frac{f(x+h) - f(x)}{h} = \frac{\ln(x+h) - \ln x}{h} = \frac{1}{x} \cdot \frac{\ln(1+\frac{h}{x})}{\frac{h}{x}}\,.$$

Zusammen mit (10.1) folgt daher

$$f'(x) = \frac{1}{x} \lim_{h\to 0} \frac{\ln(1+\frac{h}{x})}{\frac{h}{x}} = \frac{1}{x}\,.$$

(6) Für $f(x) = \sin x$ ist wegen (10.4), (10.5) und $\sin(x+y) = \cos x \cdot \sin y + \sin x \cdot \cos y$

$$f'(x) = \lim_{h\to 0} \frac{f(x+h)-f(x)}{h} = \lim_{h\to 0} \frac{\cos x \cdot \sin h + \sin x \cdot \cos h - \sin x}{h}$$
$$= \cos x \cdot \lim_{h\to 0} \frac{\sin h}{h} + \sin x \cdot \lim_{h\to 0} \frac{\cos h - 1}{h} = \cos x\,.$$

(7) Für $f(x) = \cos x$ ist wegen (10.4), (10.5) und $\cos(x+y) = \cos x \cdot \cos y - \sin x \cdot \sin y$

$$f'(x) = \lim_{h\to 0} \frac{f(x+h)-f(x)}{h} = \lim_{h\to 0} \frac{\cos x \cdot \cos h - \sin x \cdot \sin h - \cos x}{h}$$
$$= \cos x \cdot \lim_{h\to 0} \frac{\cos h - 1}{h} - \sin x \cdot \lim_{h\to 0} \frac{\sin h}{h} = -\sin x\,.$$

□

Kennt man die Ableitungen $f'(x)$ und $g'(x)$, so kann man die Ableitungen von verschiedenen algebraischen Verknüpfungen der Funktionen $f(x)$ und $g(x)$ bestimmen. Dazu dienen die folgenden Regeln. (Hier nehmen wir an, dass die Ableitungen in den entsprechenden Punkten existieren.)

Satz 10.10: Ableitungsregeln

1. Summenregel: $(f \pm g)' = f' \pm g'$.
2. Produktregel: $(f \cdot g)' = f' \cdot g + f \cdot g'$.
3. Quotientenregel: $\left(\frac{f}{g}\right)' = \frac{f' \cdot g - f \cdot g'}{g^2}$.
4. Kettenregel: Ist $\varphi(x) = f(g(x))$, so gilt $\varphi'(x) = f'(g(x)) \cdot g'(x)$, d. h. die Ableitung von $f(g(x))$ im Punkt x ist gleich der Ableitung $g'(x)$ von g im Punkt x mal der Ableitung $f'(y)$ von f im Punkt $y = g(x)$.
5. Ableitung der Umkehrfunktion: Ist f bijektiv und im Punkt $y = f^{-1}(x)$ differenzierbar mit $f'(y) \neq 0$, so gilt

$$(f^{-1})'(x) = \frac{1}{f'(f^{-1}(x))}\,.$$

6. $(\ln f(x))' = \frac{f'(x)}{f(x)}$.
7. $(\mathrm{e}^{f(x)})' = \mathrm{e}^{f(x)} f'(x)$.

Beweis:

Die 1. Regel folgt unmittelbar aus der Definition der Ableitung. Die Regeln 2-4 folgen zwar auch aus der Definition, man muss dabei aber einige »geschickte« Umformungen anwenden.

Um die 2. Regel zu beweisen, betrachten wir den Differenzenquotienten des Produkts fg. Es ist zunächst

$$\frac{f(x+h)g(x+h)-f(x)g(x)}{h}=\frac{f(x+h)-f(x)}{h}g(x+h)+f(x)\frac{g(x+h)-g(x)}{h}.$$

Aufgrund der Stetigkeit von g ist $\lim_{h\to 0} g(x+h)=g(x)$ und nach den Grenzwertregeln strebt der Differenzenquotient des Produkts fg beim Grenzübergang $h \to 0$ gegen $f'(x)g(x)+f(x)g'(x)$.

Um die 3. Regel zu beweisen, benutzen wir wiederum die Definition von $\left(\frac{f}{g}\right)'(x)$. Zunächst schreiben wir die Differenzenquotientenfunktion um:

$$\frac{\frac{f(x+h)}{g(x+h)}-\frac{f(x)}{g(x)}}{h}=\frac{f(x+h)-f(x)}{h}\cdot\frac{1}{g(x+h)}-\frac{f(x)}{g(x)g(x+h)}\cdot\frac{g(x+h)-g(x)}{h}.$$

Nach den Grenzwertregeln strebt diese Funktion bei dem Grenzübergang $h \to 0$ gegen

$$f'(x)\cdot\frac{1}{g(x)}-\frac{f(x)}{g(x)^2}\cdot g'(x)=\frac{f'(x)g(x)-f(x)g'(x)}{(g(x))^2}.$$

Um die 4. Regel zu beweisen, schreiben wir zunächst den Differenzialquotienten der Funktion $\varphi(x)=f(g(x))$ um:

$$\begin{aligned}\frac{f(g(x+h))-f(g(x))}{h}&=\frac{f(g(x+h))-f(g(x))}{h}\cdot\frac{g(x+h)-g(x)}{g(x+h)-g(x)}\\&=\frac{f(g(x+h))-f(g(x))}{g(x+h)-g(x)}\cdot\frac{g(x+h)-g(x)}{h}\\&=\frac{f(g(x)+\Delta)-f(g(x))}{\Delta}\cdot\frac{g(x+h)-g(x)}{h}\end{aligned}$$

mit $\Delta=g(x+h)-g(x)$. Dann ist

$$\varphi'(x)=\lim_{\Delta\to 0}\frac{f(g(x)+\Delta)-f(g(x))}{\Delta}\cdot\lim_{h\to 0}\frac{g(x+h)-g(x)}{h}=f'(g(x))\cdot g'(x).$$

Um die 5. Regel zu beweisen, differenzieren wir beide Seiten von $f(f^{-1}(x))=x$. Nach der Kettenregel mit $g(x)=f^{-1}(x)$ erhalten wir $f'(f^{-1}(x))\cdot(f^{-1})'(x)=1$, wie erwünscht.

Die verbleibenden zwei Regeln 6 und 7 sind Spezialfälle der Kettenregel. □

Beispiel 10.11: Reelle Potenzen und Exponenten

Wir wissen bereits, dass $(x^n)' = nx^{n-1}$ für alle *natürlichen* Zahlen n gilt. Nun betrachten wir die Funktion x^a mit $a \in \mathbb{R}$. Dann gilt $x^a = \mathrm{e}^{a \ln x} = f(g(x))$ mit $g(x) = a \ln x$ und $f(y) = \mathrm{e}^y$. Nach der Kettenregel erhalten wir

$$(x^a)' = f'(g(x)) \cdot g'(x) = \mathrm{e}^{a \ln x} \cdot ax^{-1} = x^a \cdot ax^{-1} = ax^{a-1}.$$

Für $a = 1/2$ ergibt dies $(\sqrt{x})' = \frac{1}{2\sqrt{x}}$.

Nun betrachten wir die Funktion a^x mit $a \in \mathbb{R}$. Diese Funktion hat die Form $a^x = \mathrm{e}^{x \ln a} = f(g(x))$ mit $g(x) = x \ln a$ und $f(y) = \mathrm{e}^y$. Nach der Kettenregel erhalten wir

$$(a^x)' = f'(g(x)) \cdot g'(x) = \mathrm{e}^{x \ln a} \cdot \ln a = a^x \ln a.$$

Somit haben wir noch zwei nützliche Ableitungen gefunden:

$$(x^a)' = ax^{a-1} \quad \text{und} \quad (a^x)' = a^x \ln a\,.$$

Wir erwähnen (diesmal ohne Beweis) eine Eigenschaft von Potenzreihen.

Satz 10.12:

Für jede Potenzreihe $f(x) = \sum_{k=0}^{\infty} a_k x^k$ gilt

$$f'(x) = \sum_{k=1}^{\infty} k a_k x^{k-1} = \sum_{k=0}^{\infty} (k+1) a_{k+1} x^k$$

und der Konvergenzradius ist unverändert. Also kann man Potenzreihen »termweise« differenzieren.

Beispiel 10.13: Die »fast« geometrische Reihe

Wir betrachten die Reihe

$$\sum_{k=1}^{n} kx^k = x + 2x^2 + 3x^3 + \cdots + nx^n$$

zu der Folge $a_k = kx^k$. Das ist *keine* geometrische Reihe, da der Quotient a_{k+1}/a_k nicht konstant ist. Versuchsweise differenzieren wir beide Seiten der uns schon bekannten Gleichung

$$f(x) = \sum_{k=0}^{n} x^k = \frac{1 - x^{n+1}}{1 - x}$$

und erhalten

$$f'(x) = \sum_{k=1}^{n} kx^{k-1} = \frac{-(n+1)x^n(1-x) - (-1)(1-x^{n+1})}{(1-x)^2}$$

$$= \frac{-(n+1)x^n + (n+1)x^{n+1} + 1 - x^{n+1}}{(1-x)^2}$$
$$= \frac{1}{(1-x)^2} - \frac{(n+1)x^n - nx^{n+1}}{(1-x)^2}.$$

Ist nun $|x| < 1$, so strebt der rechte Term für $n \to \infty$ gegen Null (siehe Aufgabe 9.6). Somit gilt

$$\sum_{k=1}^{\infty} kx^{k-1} = \frac{1}{(1-x)^2}.$$

Wir multiplizieren beide Seiten mit x und erhalten die bereits in Satz 9.18 erwähnte Gleichung

$$\sum_{k=1}^{\infty} k\,x^k = \frac{x}{(1-x)^2}, \qquad \text{falls } |x| < 1.$$

10.3 Mittelwertsätze der Differenzialrechnung

In der Informatik, wie auch in anderen Fächern, benutzt man Ableitungen, um das Verhalten einer Funktion $f : \mathbb{R} \to \mathbb{R}$ zu analysieren. Die wichtigsten Aufgaben sind dabei: Bestimmung der Extremalstellen von $f(x)$, Bestimmung der Grenzwerte für Quotienten $f(x)/g(x)$, wenn beide Funktionen gegen 0 oder beide gegen $\pm\infty$ streben (Regeln von Bernoulli–de l'Hospital), und Approximation von $f(x)$ durch Polynome (Taylorentwicklung). Die Ausgangspunkte für alle diese Anwendungen sind die sogenannten »Mittelwertsätze der Differenzialrechnung«.

Satz 10.14:

Sei $f : [a, b] \to \mathbb{R}$ stetig und im Intervall (a, b) differenzierbar.

(a) **Satz von Role**: Ist $f(a) = f(b)$, dann gibt es ein $\xi \in (a, b)$ mit $f'(\xi) = 0$.

(b) **1. Mittelwertsatz** von Lagrange: Es gibt ein $\xi \in (a, b)$ mit

$$f'(\xi) = \frac{f(b) - f(a)}{b - a}.$$

(c) **2. Mittelwertsatz** von Cauchy: Gilt $g'(x) \neq 0$ für alle $x \in (a, b)$, so ist $g(a) \neq g(b)$ und es gibt eine Zwischenstelle $\xi \in (a, b)$ mit

$$\frac{f(b) - f(a)}{g(b) - g(a)} = \frac{f'(\xi)}{g'(\xi)}.$$

Geometrisch besagt der Satz von Role, dass eine differenzierbare Funktion, die mit demselben Wert startet und endet, irgendwo dazwischen eine waagrechte Tangente haben muss (siehe Bild 10.4 links). Hinter dem 1. Mittelwertsatz von Lagrange steht die folgende Überlegung: Es gibt ein ξ zwischen a und b, wo die Tangentensteigung $f'(\xi)$ gleich

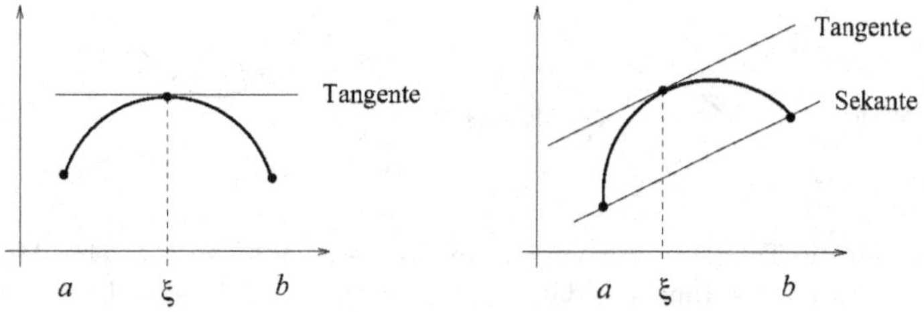

Bild 10.4: Links: Im Punkt ξ hat die Funktion eine waagerechte Tangente. Rechts: Im Punkt ξ ist die Steigung der Tangente gleich der Steigung der Sekante.

der Sekantensteigung $\frac{f(b)-f(a)}{b-a}$ ist, d. h. wo Tangente und Sekante parallel sind (siehe Bild 10.4 rechts). Dieser Satz ist ein Sonderfall des 2. Mittelwertsatzes von Cauchy für $g(x) = x$, der sich seinerseits aus dem Satz von Rolle angewandt auf die Funktion

$$h(x) := f(x) - \left[f(a) + \frac{f(b)-f(a)}{g(b)-g(a)}(g(x) - g(a))\right]$$

ableiten lässt: Wegen $h(a) = 0 = h(b)$ muss es ein $\xi \in (a, b)$ geben mit

$$0 = h'(\xi) = f'(\xi) - \frac{f(b)-f(a)}{g(b)-g(a)} \cdot g'(\xi)\,.$$

Mit dem 1. Mittelwertsatz kann man bestimmen, ob eine Funktion monoton wachsend bzw. monoton fallend in einem Intervall ist.

Lemma 10.15:

Sei $f : [a, b] \to \mathbb{R}$ eine stetige Funktion.

1. Gilt $f'(x) \geq 0$ für alle $x \in [a, b]$, so ist $f(x)$ monoton wachsend.
2. Gilt $f'(x) \leq 0$ für alle $x \in [a, b]$, so ist $f(x)$ monoton fallend.

Beweis:

Für je zwei Punkte $x_1 < x_2$ im Intervall $[a, b]$ liefert der 1. Mittelwertsatz ein (von x_1 und x_2 abhängiges) $\xi \in (a, b)$ mit $f(x_2) - f(x_1) = (x_2 - x_1)f'(\xi)$. Da $x_2 - x_1$ positiv ist, ist die Funktion $f(x)$ monoton wachsend, falls $f'(\xi) > 0$ gilt. Gilt $f'(\xi) < 0$, so ist die Funktion $f(x)$ monoton fallend. □

Ein Punkt a heißt eine *Maximalstelle oder lokales Maximum von* f, falls es ein $\delta > 0$ gibt, so dass $f(a) > f(x)$ für alle x mit $|x - a| < \delta$ gilt. Eine *Minimalstelle oder lokales Minimum* ist analog definiert. Ein Punkt ist eine *Extremalstelle* oder ein *Extremum*, falls er eine Maximal- oder Minimalstelle ist.

Lemma 10.16: Der erste Extremalstellen-Test

Gilt $f'(a) = 0$ und hat $f'(x)$ an der Stelle a ein Vorzeichenwechsel, dann liegt in a ein Extremum vor. Dabei ist a eine Maximalstelle, wenn $f'(x)$ von $+$ nach $-$ wechselt, sonst ist a eine Minimalstelle.

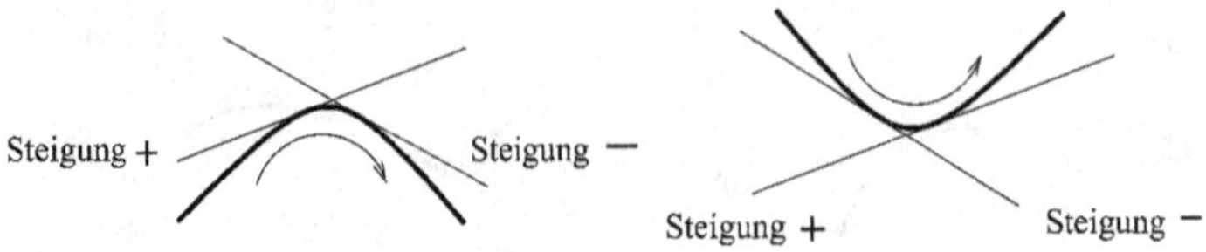

Bild 10.5: Wechselt die Tangente das Vorzeichen von + nach −, so liegt eine Maximalstelle vor. Wechselt die Tangente das Vorzeichen von − nach +, so liegt eine Minimalstelle vor.

Den Beweis kann man direkt aus Bild 10.5 ablesen.

Wir lernen ein weiteres Kriterium zur Unterscheidung von Maximal- und Minimalstellen mit Hilfe der zweiten Ableitung $f''(x) = (f')'(x)$ kennen.

Lemma 10.17: Der zweite Extremalstellen-Test

Gilt $f'(a) = 0$, so ist a eine

1. Minimalstelle, falls $f''(a) > 0$ gilt;
2. Maximalstelle, falls $f''(a) < 0$ gilt.

Beweis:

Wir beweisen nur die erste Aussage, die zweite folgt analog. Sei $f''(a) > 0$. Nach Voraussetzung ist $f'(a) = 0$ und

$$0 < f''(a) = \lim_{x \to a} \frac{f'(x) - f'(a)}{x - a} = \lim_{x \to a} \frac{f'(x)}{x - a}\,.$$

Es gibt daher ein $\delta > 0$, so dass im Intervall $(a-\delta, a+\delta)$ die Ableitung $f'(x)$ negativ links und positiv rechts von Punkt a ist. Links von a ist also die Funktion $f(x)$ monoton fallend und rechts von a monoton wachsend. Daher muss a eine Minimalstelle von $f(x)$ sein. □

Beispiel 10.18:

Für gegebene Zahlen $a_1, \ldots, a_n$ betrachten wir die Funktion

$$f(x) = \sum_{k=1}^{n} (x - a_k)^2.$$

Die einzige Nullstelle der Ableitung

$$f'(x) = 2\sum_{k=1}^{n} (x - a_k) = 2\Big(nx - \sum_{k=1}^{n} a_k\Big)$$

ist das arithmetische Mittel

$$a = \frac{a_1 + a_2 + \cdots + a_n}{n}\,.$$

Aus $f''(x) = 2n > 0$ folgt, dass a eine Minimalstelle ist.

Mittelwertsätze erlauben uns, einige nützliche Ungleichungen zu beweisen. Zur Demonstration betrachten wir Abschätzungen der Logarithmusfunktion.

Lemma 10.19:
Für alle $x > 0$ gilt $\frac{x}{1+x} \leq \ln(1+x) \leq x$.

Beweis:
Wir betrachten die Funktion $f(z) = \ln z$ und wählen zwei Punkte $a = 1$ und $b = 1 + x$. Nach dem 1. Mittelwertsatz gibt es dann ein ξ mit $1 < \xi < 1 + x$ und

$$f'(\xi) = \frac{f(b) - f(a)}{b - a} = \frac{f(1+x) - f(1)}{(1+x) - 1} = \frac{\ln(1+x)}{x} .$$

Wegen $f''(z) = -1/z^2 \leq 0$ ist die Ableitung $f'(z) = 1/z$ monoton fallend, woraus

$$1 = f'(1) \geq f'(\xi) = \frac{\ln(1+x)}{x} \geq f'(1+x) = \frac{1}{1+x}$$

folgt. Jetzt müssen wir nur noch diese Ungleichungen mit $x > 0$ multiplizieren. □

Eine Funktion $f(x)$ heißt *konvex*, falls

$$f(\lambda x + (1-\lambda)y) \leq \lambda f(x) + (1-\lambda) f(y)$$

für alle $\lambda \in (0,1)$ und alle x, y aus dem Definitionsbereich gilt. D. h. $f(x)$ ist konvex in einem Intervall (a, b) mit $a < b$, falls alle Werte $f(x)$ unterhalb der Geraden durch $(a, f(a))$ und $(b, f(b))$ liegen (Bild 2.7). Die Funktion f heißt *konkav*, wenn $-f$ konvex ist.

Die besondere Bedeutung konvexer bzw. konkaver Funktionen liegt darin, dass sie allgemeiner als lineare Funktionen sind, aber einfach zu untersuchende Eigenschaften haben, die viele Aussagen über nichtlineare Systeme, beispielsweise in der konvexen Optimierung ermöglichen.

Für konvexe Funktionen gilt auch die folgende nützliche Jensen-Ungleichung

$$f\left(\frac{1}{n}\sum_{i=1}^{n} x_i\right) \leq \frac{1}{n}\sum_{i=1}^{n} f(x_i) .$$

(siehe Aufgabe 2.13 in Kapitel 2.4). Oft ist aber die Konvexität einer Funktion nicht offensichtlich. In solchen Fällen lohnt es sich, die zweite Ableitung von f zu berechnen.

Lemma 10.20: Bestimmung der Konvexität
Gilt $f''(x) \geq 0$ für alle x, so ist $f(x)$ konvex.

Beweis:

Wegen $f''(x) \geq 0$ ist die Ableitung f' monoton wachsend. Seien nun $x < y$ und $\lambda \in (0,1)$. Wir setzen $z := \lambda x + (1-\lambda)y$. Nach dem 1. Mittelwertsatz gibt es dann $\xi \in (x,z)$ und $\zeta \in (z,y)$ mit

$$\frac{f(z)-f(x)}{z-x} = f'(\xi) \leq f'(\zeta) = \frac{f(y)-f(z)}{y-z}\,.$$

Wegen

$$\begin{aligned} z-x &= \lambda x + (1-\lambda)y - x = (1-\lambda)(y-x)\,,\\ y-z &= y - \lambda x - (1-\lambda)y = \lambda(y-x) \end{aligned}$$

ergibt sich somit

$$\frac{f(z)-f(x)}{1-\lambda} \leq \frac{f(y)-f(z)}{\lambda}\,,$$

woraus nach der Umformung $f(z) \leq \lambda f(x) + (1-\lambda)f(y)$ folgt. □

10.4 Approximation durch Polynome: Taylorentwicklung

Hat man eine »komplizierte« Funktion $f : \mathbb{R} \to \mathbb{R}$, so kann man ihre Werte $f(x)$ oft nicht exakt berechnen. Dann versucht man diese Werte durch die Werte von »einfacheren« Funktionen, wie etwa durch Polynome zu approximieren. Dazu betrachtet man die höheren Ableitungen $f^{(k)}(x)$, $k = 0,1,\ldots$. Hier ist $f^{(0)}(x) = f(x)$, $f^{(1)}(x) = f'(x)$, $f^{(2)}(x) = f''(x)$, usw. Man nennt $f^{(k)}(x)$ die k-te Ableitung von $f(x)$.

Es ist wichtig zu beobachten, dass jedes Polynom

$$f(x) = a_0 + a_1x + \cdots + a_nx^n$$

gleich dem Polynom

$$T_f(x) = \frac{f(0)}{0!} + \frac{f'(0)}{1!}x + \frac{f''(0)}{2!}x^2 + \cdots + \frac{f^{(n)}(0)}{n!}x^n \tag{10.7}$$

ist, das man das *Taylorpolynom* vom Grad n für f im Entwicklungspunkt 0 nennt (Brook Taylor, 1685-1731). D. h. die Koeffizienten des Polynoms $f(x)$ sind durch

$$a_k = \frac{f^{(k)}(0)}{k!}$$

bestimmt. Um das nachzuweisen, beachte, dass die k-te Ableitung ($k \leq m$) der Funktion x^m gleich $m(m-1)\cdots(m-k+1)x^{m-k}$ ist; insbesondere ist die m-te Ableitung von x^m gleich $m!$. Daher gilt

$$f^{(k)}(0) = \underbrace{0+\cdots+0}_{\text{const}'=0} + a_k\cdot k! + \underbrace{0+\cdots+0}_{x=0} = a_k\cdot k!\,.$$

Interessanterweise kann man auch Nicht-Polynome $f(x)$ in einer ähnlichen Form (10.7), allerdings mit einem Restglied, darstellen.

Satz 10.21: Satz von Taylor

Sei $f : [0, b] \to \mathbb{R}$ auf $[0, b]$ wenigstens n-mal differenzierbar und die n-te Ableitung $f^{(n)}$ differenzierbar auf $(0, b)$. Dann existiert zu jedem Punkt $x \in (0, b]$ ein Punkt $\xi \in (0, x)$ mit

$$f(x) = \frac{f(0)}{0!} + \frac{f'(0)}{1!}x + \frac{f''(0)}{2!}x^2 + \cdots + \frac{f^{(n)}(0)}{n!}x^n + \underbrace{\frac{f^{(n+1)}(\xi)}{(n+1)!}x^{n+1}}_{\text{Restglied } R_n(x,\xi)} .$$

Ist f beliebig oft differenzierbar und gilt $\lim_{n\to\infty} R_n(x, \xi) = 0$ für alle $\xi \in [0, b)$, so gilt auch

$$f(x) = \frac{f(0)}{0!} + \frac{f'(0)}{1!}x + \frac{f''(0)}{2!}x^2 + \cdots + \frac{f^{(n)}(0)}{n!}x^n + \cdots .$$

Um den Satz von Taylor zu beweisen, reicht es, das Taylorpolynom $T_f(x)$ des n-ten Grades für f zu nehmen und den 2. Mittelwertsatz im Intervall $[0, x]$ $(n+1)$-mal auf die Funktionen

$$h(x) := f(x) - T_f(x) \quad \text{und} \quad g(x) := x^{n+1}$$

anzuwenden, um einen Zwischenpunkt $\xi \in (0, x)$ zu erhalten mit

$$\frac{f(x) - T_f(x)}{x^{n+1}} = \frac{h(x)}{g(x)} = \frac{h(x) - h(0)}{g(x) - g(0)} = \frac{h^{(n+1)}(\xi)}{g^{(n+1)}(\xi)} = \frac{f^{(n+1)}(\xi)}{(n+1)!} .$$

Man kann den 2. Mittelwertsatz $(n+1)$-mal anwenden, da

$$h^{(k)}(0) = g^{(k)}(0) = 0 \quad \text{und} \quad g^{(k)}(x) \neq 0$$

für alle $k = 0,1, \ldots, n$ und $x \neq 0$ gilt.

Beispiel 10.22: Exponentialfunktion

Sei $f(x) = \mathrm{e}^x$. Dann ist $f(x)$ beliebig oft differenzierbar und es gilt $f^{(n)}(x) = \mathrm{e}^x$ für *jedes* $n \in \mathbb{N}$. Damit ist das Taylorpolynom vom Grad n gleich $\sum_{k=0}^{n} \frac{x^k}{k!}$. Das Restglied ist

$$R_n(x, \xi) = \frac{\mathrm{e}^\xi x^{n+1}}{(n+1)!}$$

für ein ξ zwischen 0 und x. Aus $\lim_{n\to\infty} x^n/n! = 0$ (siehe Behauptung 9.6(4)) folgt $\lim_{n\to\infty} R_n(x, \xi) = 0$. Daher gilt

$$\mathrm{e}^x = 1 + x + \frac{x^2}{2!} + \cdots + \frac{x^n}{n!} + \cdots = \sum_{k=0}^{\infty} \frac{x^k}{k!}.$$

Für $x = 1$ ergibt sich die uns bereits bekannte Formel zur Berechnung von e:

$$\mathrm{e} = 1 + 1 + \frac{1}{2!} + \frac{1}{3!} + \cdots + \frac{1}{n!} + \cdots = 2{,}7182818\ldots .$$

Ähnlich erhält man

$$\ln(1+x) = x - \frac{x^2}{2} + \frac{x^3}{3} - \frac{x^4}{4} + \cdots = \sum_{k=1}^{\infty} (-1)^{k+1} \frac{x^k}{k} \quad \text{für } -1 < x \leq 1 .$$

Beispiel 10.23: Sinus und Kosinus

Nach Lemma 10.9 gilt $(\sin x)' = \cos x$ und $(\cos x)' = -\sin x$. Wenn wir höhere Ableitungen von Sinus und Kosinus betrachten, dann »springen« diese zwischen $\pm\sin x$ und $\pm\cos x$ hin und her. Sei zum Beispiel $f(x) = \cos x$. Dann gilt

$$f^{(0)}(x) = \cos x,\ f^{(1)}(x) = -\sin x,\ f^{(2)}(x) = -\cos x,\ f^{(3)}(x) = \sin x,$$
$$f^{(4)}(x) = \cos x,\ f^{(5)}(x) = -\sin x,\ f^{(6)}(x) = -\cos x,\ f^{(7)}(x) = \sin x, \ldots .$$

Nimmt man nun die Werte dieser Ableitungen im Punkt $x = 0$, so erhält man wegen $\sin 0 = 0$ und $\cos 0 = 1$ die Darstellung

$$\cos x = 1 - \frac{x^2}{2!} + \frac{x^4}{4!} - \frac{x^6}{6!} + \cdots = \sum_{k=0}^{\infty} (-1)^k \frac{x^{2k}}{(2k)!} .$$

Analog erhält man

$$\sin x = x - \frac{x^3}{3!} + \frac{x^5}{5!} - \frac{x^7}{7!} + \cdots = \sum_{k=0}^{\infty} (-1)^k \frac{x^{2k+1}}{(2k+1)!} .$$

Beispiel 10.24:

Wir wollen die Euler'sche Form

$$\mathrm{e}^{i\theta} = \cos\theta + i\sin\theta$$

der komplexen Zahlen nachweisen. Dazu stellen wir die Exponentialfunktion $\mathrm{e}^{i\theta}$ als Taylorreihe dar und benutzen dabei die Eigenschaft $i^2 = -1$:

$$\begin{aligned}
\mathrm{e}^{i\theta} &= 1 + \frac{(i\theta)^1}{1!} + \frac{(i\theta)^2}{2!} + \frac{(i\theta)^3}{3!} + \frac{(i\theta)^4}{4!} + \frac{(i\theta)^5}{5!} + \cdots \\
&= 1 + i\theta - \frac{\theta^2}{2!} - i\frac{\theta^3}{3!} + \frac{\theta^4}{4!} + i\frac{\theta^5}{5!} - \cdots \\
&= \left(1 - \frac{\theta^2}{2!} + \frac{\theta^4}{4!} - \cdots\right) + i\left(\theta - \frac{\theta^3}{3!} + \frac{\theta^5}{5!} - \cdots\right) \\
&= \cos\theta + i\sin\theta .
\end{aligned}$$

Beispiel 10.25:

Die Taylorentwicklung ist auch nützlich, um komplizierte Funktionen durch einfachere Funktionen (Polynome) nach oben oder nach unten abzuschätzen. Betrachten wir zum Beispiel die Funktion $f(x) = (1+x)^{3/2}$ für $x \geq 0$. Dann gilt

$$\begin{aligned} f(x) &= (1+x)^{3/2}\,, & f(0) &= 1\,, \\ f'(x) &= \frac{3}{2}(1+x)^{1/2}\,, & f'(0) &= \frac{3}{2}\,, \\ f''(x) &= \frac{3}{2}\cdot\frac{1}{2}(1+x)^{-1/2}\,. \end{aligned}$$

Nach dem Satz von Taylor gilt dann

$$f(x) = \frac{f(0)}{0!} + \frac{f'(0)}{1!}x + \frac{f''(\xi)}{2!}x^2 = 1 + \frac{3}{2}x + \frac{3}{8}(1+\xi)^{-1/2}x^2$$

für ein ξ zwischen 0 und x. Da der Ausdruck rechts für $\xi = 0$ maximiert ist, folgt die Abschätzung

$$(1+x)^{3/2} \leq 1 + \frac{3}{2}x + \frac{3}{8}x^2\,.$$

10.5 Die Regeln von Bernoulli–l'Hospital

Will man die Wachstumsgeschwindigkeit zweier Funktionen $f(x)$ und $g(x)$ vergleichen, so muss man den Grenzwert der Quotientenfunktion $f(x)/g(x)$ bestimmen. Streben aber die Funktionen $f(x)$ und $g(x)$ beide gegen 0 oder beide gegen ∞, so erhalten wir die unbestimmten Ausdrücke $0/0$ oder ∞/∞. Was dann? Bedeutet dies nun, dass $f(x)/g(x)$ keinen Grenzwert hat? Nicht unbedingt! Auch in solchen Fällen kann der Grenzwert existieren (siehe zum Beispiel Lemma 10.4).

Um unbestimmte Ausdrücke im Allgemeinen zu behandeln, gibt es einige Regeln aus dem Jahre 1696. Die Regeln sind benannt nach Guillaume Franccois Antoine, Marquis de L'Hospital[1] (1661-1704), der sie allerdings nicht selbst entdeckte, sondern aus einem Kurs von Johann Bernoulli übernahm und 1696 in seinem Buch »Analyse des infiniment petits pour l'intelligence des lignes courbes«, dem ersten Lehrbuch der Differenzialrechnung, veröffentlichte.

Satz 10.26: Regeln von Bernoulli–l'Hospital

Es seien f, g differenzierbare Funktionen. Wenn

$$\lim_{x\to a} f(x) = \lim_{x\to a} g(x) = 0 \quad \text{oder} \quad \lim_{x\to a} |f(x)| = \lim_{x\to a} |g(x)| = \infty\,,$$

1 Der Name wird entweder als »l'Hôpital« (alt) oder als »l'Hospital« (neu) geschrieben. Beide spricht man als »`Lopital`« aus.

so gilt

$$\lim_{x\to a}\frac{f(x)}{g(x)}=\lim_{x\to a}\frac{f'(x)}{g'(x)},$$

falls der zweite Grenzwert existiert. Dabei sind die Fälle $a=\pm\infty$ zugelassen und auch der Grenzwert der Ableitungen kann $\pm\infty$ sein.

Der Beweis beruht auf dem 2. Mittelwertsatz und ist eine relativ einfache Rechenaufgabe. Wir skizzieren nur die Beweisidee des Grenzfalles $\frac{\infty}{\infty}$ (der Grenzfall $\frac{0}{0}$ ist sogar noch einfacher). Man nimmt eine beliebige, gegen a strebende Folge (x_n), also $\lim\limits_{n\to\infty}x_n=a$. Der 2. Mittelwertsatz liefert dann die Folge (ξ_n) mit $x_n<\xi_n<a$ und

$$\frac{f(x_n)-f(a)}{g(x_n)-g(a)}=\frac{f'(\xi_n)}{g'(\xi_n)}.$$

Dann drückt man den Quotienten $f(x_n)/g(x_n)$ durch die linke Seite aus

$$\frac{f(x_n)}{g(x_n)}=\frac{f(x_n)-f(a)}{g(x_n)-g(a)}\cdot\frac{g(x_n)-g(a)}{f(x_n)-f(a)}\cdot\frac{f(x_n)}{g(x_n)}=\frac{f(x_n)-f(a)}{g(x_n)-g(a)}\cdot\frac{1-g(a)/g(x_n)}{1-f(a)/f(x_n)}.$$

Durch den Grenzübergang $n\to\infty$ strebt der rechte Term gegen 1 (a ist ja fest). Dies ergibt die gewünschte Gleichung $\lim\limits_{n\to\infty}f(x_n)/g(x_n)=\lim\limits_{n\to\infty}f'(\xi_n)/g'(\xi_n)$. Da dies für jede gegen a strebende Folge (x_n) gilt, folgt die Behauptung aus dem Folgenkriterium für den Limes (Satz 10.1).

Beispiel 10.27:

Der Grenzfall $\frac{\infty}{\infty}$: Für $n\in\mathbb{N}$ erhält man durch n-malige Anwendung der l'Hospitalschen Regeln

$$\lim_{x\to\infty}\frac{x^n}{\mathrm{e}^x}=\lim_{x\to\infty}\frac{nx^{n-1}}{\mathrm{e}^x}=\lim_{x\to\infty}\frac{n(n-1)x^{n-2}}{\mathrm{e}^x}=\ldots=\lim_{x\to\infty}\frac{n!}{\mathrm{e}^x}=0.$$

Der Grenzfall $\frac{0}{0}$: Einmalige Anwendung der l'Hospitalschen Regeln ergibt

$$\lim_{x\to1}\frac{\ln x}{x-1}=\lim_{x\to1}\frac{x^{-1}}{1}=1.$$

Der Grenzfall $\frac{0}{0}$: Für $a,b>0$ ergibt die einmalige Anwendung der l'Hospitalschen Regeln

$$\lim_{x\to0}\frac{a^x-b^x}{x}=\lim_{x\to0}a^x\ln a-\lim_{x\to0}b^x\ln b=\ln a-\ln b=\ln\frac{a}{b}.$$

Neben den oben diskutierten Grenzübergängen in Quotienten treten auch unbestimmte Produktausdrücke der folgenden Art auf: Sind $\lim\limits_{x\to a}f(x)=0$ und $\lim\limits_{x\to a}g(x)=\infty$, was ist dann $\lim_{x\to a} f(x)\cdot g(x)$? Solche Ausdrücke kann man häufig in der Form

$$\lim_{x\to a} f(x)\cdot g(x) = \lim_{x\to a} \frac{f(x)}{g(x)^{-1}}$$

mit den obigen Regeln behandeln.

Manchmal sind auch Exponentialausdrücke

$$\lim_{x\to a} f(x)^{g(x)}$$

zu untersuchen, was zu Grenzfällen der Art $0^0, \infty^0$ oder 0^∞ führen kann. In solchen Fällen wird zunächst logarithmiert, also betrachtet man zunächst

$$\lim_{x\to a} g(x)\ln(f(x))\,,$$

was zum obigen Fall führt. Der Grenzwert des gegebenen Ausdrucks ist dann wegen der Stetigkeit der Exponentialfunktion gegeben durch

$$\lim_{x\to a} f(x)^{g(x)} = \exp\left(\lim_{x\to a} g(x)\ln(f(x))\right).$$

Mittels der Transformation

$$f(x) - g(x) = \frac{\frac{1}{g(x)} - \frac{1}{f(x)}}{\frac{1}{f(x)\cdot g(x)}}$$

wird der Grenzfall $\infty - \infty$ in den Fall $\frac{0}{0}$ überführt.

Beispiel 10.28:

Der Grenzfall $\mathbf{1}^\infty$: Wir wollen den Grenzwert $\lim_{x\to 1} x^{1/(x-1)}$ berechnen. Logarithmieren ergibt

$$\lim_{x\to 1} \ln x^{1/(x-1)} = \lim_{x\to 1} \frac{\ln x}{x-1} = \lim_{x\to 1} \frac{\frac{1}{x}}{1} = 1$$

und somit auch $\lim_{x\to 1} x^{1/(x-1)} = \mathrm{e}^1 = \mathrm{e}$.

Der Grenzfall $\mathbf{0}^0$: Wir wollen den Grenzwert $\lim_{x\to 0} x^x$ berechnen. Logarithmieren und die l'Hospitalsche Regeln ergeben

$$\begin{aligned}\lim_{x\to 0} x\cdot\ln x &= \lim_{x\to 0} \frac{\ln x}{x^{-1}} && \text{Fall } \tfrac{\infty}{\infty}\\ &= -\lim_{x\to 0} \frac{1}{x}x^2 = 0 && \text{Bernoulli–l'Hospital}\end{aligned}$$

und somit auch $\lim_{x\to 0} x^x = \mathrm{e}^0 = 1$.

Beispiel 10.29:

Manchmal funktionieren die Regeln von Bernoulli–l'Hospital nicht, da die Ausdrücke hin und her schwingen. Zum Beispiel

$$\begin{aligned}\lim_{x\to\infty} \frac{x}{(x^2+1)^{1/2}} &= \lim_{x\to\infty} \frac{1}{x(x^2+1)^{-1/2}} = \lim_{x\to\infty} \frac{(x^2+1)^{1/2}}{x} \\ &= \lim_{x\to\infty} \frac{x(x^2+1)^{-1/2}}{1} = \lim_{x\to\infty} \frac{x}{(x^2+1)^{1/2}}\,.\end{aligned}$$

Man vergisst oft die Bedingungen des Satzes 10.26 zu verifizieren bevor man die Regeln anwendet. So gilt zum Beispiel

$$\lim_{x\to 0} \frac{x}{\mathrm{e}^x} = \frac{0}{\mathrm{e}^0} = 0 \neq 1 = \lim_{x\to 0} \frac{1}{\mathrm{e}^x} = \lim_{x\to 0} \frac{x'}{(\mathrm{e}^x)'}\,.$$

Und tatsächlich kann man hier die Regeln nicht anwenden, denn die Funktionen $f(x) = x$ und $g(x) = \mathrm{e}^x$ erfüllen nicht die Anfangsbedingungen: $\lim_{x\to 0} x = 0$ aber $\lim_{x\to 0} \mathrm{e}^x = 1 \neq 0$.

Ein häufiger Fehler ist auch, anstatt des Quotienten der Ableitungen $\frac{f'(x)}{g'(x)}$ die Ableitung $\left(\frac{f}{g}\right)'(x)$ des Quotienten zu betrachten.

10.6 Wachstumsvergleich: Klein-o und groß-O

In der Informatik beschreiben die Folgen $a_n = f(n)$ oft die Laufzeiten von Algorithmen; so kann $f(n)$ die maximale Laufzeit eines Algorithmus auf Eingaben der Länge n sein. Dann tauchen die Fragen von der Form auf: »Läuft ein Algorithmus viel schneller als der andere oder ist er im Wesentlichen genau so schnell wie der andere?«. D. h. man interessiert sich *nicht* dafür, ob die beiden Algorithmen die *gleichen* Laufzeiten haben – man will nur wissen, ob sich ihre Laufzeiten *wesentlich* unterscheiden. Da die konkreten Konstanten bei realen Anwendungen ohnehin keine absoluten Konstanten sind, betrachtet man zum Beispiel die Laufzeiten $10n^2 + 3$ und $3n^2 + 1000$ als »gleich« – und sagt, dass sie beide »quadratisch« sind. D. h. man reduziert einen Ausdruck auf das asymptotisch Wesentliche: Bei wachsendem n ist der Term n^2 entscheidend.

Um solche Fragen mathematisch zu präzisieren, hat sich die folgende asymptotische Notation als sehr hilfreich erwiesen. Die Notation $O(f)$ (»groß-O«) hat erstmals Bachmann (1894) in seinem Buch über die Zahlentheorie eingeführt, etwas später hat Landau (1909) auch die Notation $o(f)$ (»klein-o«) eingeführt.

Definition:

Seien $f, g : \mathbb{N} \to \mathbb{R}_+$ zwei nicht negative reellwertige Folgen. Man schreibt $f = O(g)$, falls die Folge $f(n)/g(n)$ beschränkt ist, d. h. $f(n) \leq cg(n)$ für eine Konstante $c > 0$ und alle n gilt. Falls $f(n)/g(n)$ sogar eine Nullfolge ist, dann bezeichnet man dies mit $f = o(g)$.

Davon abgeleitete Notationen sind in Tabelle 10.1 zusammengefasst. So bedeutet zum Beispiel $f = o(1)$, dass $f(n)$ eine Nullfolge ist; $f = \Omega(1)$ bedeutet, dass f nicht gegen

Tabelle 10.1: Asymptotische Notationen

Bezeichnung	Definition	Bedeutung
$f = O(g)$	$f(n)/g(n)$ ist beschränkt	f wächst höchstens so schnell wie g
$f = o(g)$	$\lim_{n\to\infty} \frac{f(n)}{g(n)} = 0$	f wächst langsamer als g
$f = \Omega(g)$	$g = O(f)$	f wächst mindestens so schnell wie g
$f = \omega(g)$	$g = o(f)$	f wächst schneller als g
$f = \Theta(g)$	$f = O(g)$ und $g = O(f)$	f wächst genauso schnell wie g
$f \sim g$	$\lim_{n\to\infty} \frac{f(n)}{g(n)} = 1$	f und g sind asymptotisch gleich

Null strebt: Es gilt $f(n) \geq c$ für eine Konstante $c > 0$ und fast alle n. Für $f(n) = \binom{n}{2} = n(n-1)/2$ gilt $f(n) = \Theta(n^2)$. Man kann aber auch eine genauere Abschätzung angeben: $f(n) = \frac{1}{2}n^2 + \Theta(n)$, was $|f(n) - \frac{1}{2}n^2| = \Theta(n)$ bedeutet.

Die Benutzung des Gleichheitssymbols in der Bezeichnung »$f = O(g)$« ist zwar fast überall in der Literatur verbreitet, man muss sich aber immer daran erinnern, dass das mit der *Gleichheit* zweier Funktionen nichts zu tun hat! Wäre nämlich $f = O(g)$ als eine Gleichheit verstanden, so könnte man auch $O(g) = f$ schreiben. Aber das ist natürlich Unsinn: Es ist $2n = O(n)$, also ist auch $O(n) = 2n$ und, da $n = O(n)$ offenbar gilt, sollte auch $n = O(n) = 2n$ »gelten«. Wir werden deshalb nie $O(g) = f$ statt $f = O(g)$ schreiben: Hinter $O(g)$ oder $o(g)$ ist eigentlich eine ganze *Klasse* von Funktionen versteckt. Deswegen schreibt man manchmal $f \in O(g)$ anstatt $f = O(g)$.

Vorsicht mit Logarithmen! Aus $f = O(g)$ folgt zwar $\ln f = O(\ln g)$, aber

aus $f = o(g)$ folgt *nicht* $\ln f = o(\ln g)$!

Gegenbeispiel: Es seien $f(n) = \sqrt{n}$ und $g(n) = n$. Dann gilt

$$\lim_{n\to\infty} \frac{f(n)}{g(n)} = \lim_{n\to\infty} \frac{1}{\sqrt{n}} = 0 \quad \text{und} \quad \lim_{n\to\infty} \frac{\ln f(n)}{\ln g(n)} = \lim_{n\to\infty} \frac{\ln\sqrt{n}}{\ln n} = \frac{1}{2} \neq 0\,.$$

Vorsicht auch mit Exponenten! Aus $f = \Theta(g)$ folgt $F(f) = \Theta(F(g))$ nur dann, wenn $F(x)$ durch ein Polynom nach oben beschränkt ist. Ist $f = \Theta(g)$, dann gilt z. B. $f^2 = \Theta(g^2)$, $\ln f = \Theta(\ln g)$ und $f^{100} = \Theta(g^{100})$. Aber

aus $f = \Theta(g)$ folgt *nicht* $2^f = \Theta(2^g)$!

So gilt zwar $2n = \Theta(n)$, aber $2^{2n} = \Theta(2^n)$ gilt nicht, da $2^{2n}/2^n = 2^n$ unbeschränkt wächst.

Beispiel 10.30: Wachstum von Standardfunktionen

Seien $0 < a < B$ zwei Zahlen, wobei a beliebig klein und B beliebig groß sein kann. Dann gilt

$$(\ln x)^B = o(x^a) \quad \text{und} \quad x^B = o(2^{ax})\,.$$

Tabelle 10.2: Anschauliche Erklärung des Wachstumsverhaltens.

Bezeichnung	Sprechweise	Anschauliche Erklärung
$f = O(1)$	konstant	$f(n) \leq c$
$f = \Theta(\ln n)$	logarithmisches Wachstum	$f(2n) \approx f(n) + c$
$f = \Theta(\sqrt{n})$	Wachstum wie die Wurzelfunktion	$f(4n) \approx 2 \cdot f(n)$
$f = \Theta(n)$	lineares Wachstum	$f(2n) \approx 2 \cdot f(n)$
$f = \Theta(n^2)$	quadratisches Wachstum	$f(2n) \approx 4 \cdot f(n)$
$f = \Theta(2^n)$	exponentielles Wachstum	$f(n+1) \approx 2 \cdot f(n)$
$f = \Theta(n!)$	faktorielles Wachstum	$f(n+1) \approx n \cdot f(n)$

D. h. logarithmisches Wachstum ist unwesentlich gegenüber dem Wachstum von Polynomen und polynomielles Wachstum ist unwesentlich gegenüber dem Wachstum von Potenzen.

Um dies zu beweisen, beachten wir zunächst, dass aus $f = o(g)$ auch $f^k = o(g^k)$ für jede Konstante $k > 0$ folgt (Aufgabe 10.2). Es reicht also $\ln x = o(x^c)$ und $x = o(\mathrm{e}^{dx})$ für $c = a/B$ und $d = (a \ln 2)/B$ zu zeigen. Dafür reicht es die Regeln von Bernoulli–l'Hospital anzuwenden:

$$\lim_{x\to\infty} \frac{\ln x}{x^c} = \lim_{x\to\infty} \frac{\frac{1}{x}}{cx^{c-1}} = \frac{1}{c} \cdot \lim_{x\to\infty} \frac{1}{x^c} = 0\,;$$
$$\lim_{x\to\infty} \frac{x}{\mathrm{e}^{dx}} = \lim_{x\to\infty} \frac{1}{d\mathrm{e}^{dx}} = \frac{1}{d} \cdot \lim_{x\to\infty} \frac{1}{\mathrm{e}^{dx}} = 0\,.$$

Beim Wachstumsverhalten von Funktionen, wie zum Beispiel Laufzeiten von Algorithmen, haben sich die in Tabelle 10.2 angegebenen Sprechweisen eingebürgert. So bedeutet zum Beispiel $f = \Theta(\sqrt{n})$, dass $f(n)$ ungefähr auf das doppelte wächst, wenn sich das Argument vervierfacht.

10.6.1 Das Master Theorem

In der Analyse der Laufzeit von Algorithmen tauchen besonders oft die Folgen $z_n = T(n)$ auf, wobei $T : \mathbb{R} \to \mathbb{R}$ eine durch Rekursionsgleichungen der Form

$$T(x) = aT(x/b) + f(x) \quad \text{mit } a \geq 1, b > 1 \tag{10.8}$$

gegebene und $f(x)$ eine monoton wachsende Funktion ist: Aus $x' > x$ folgt $f(x') \geq f(x)$. Eine solche Rekursionsgleichung kann z. B. die Laufzeit eines Algorithmus beschreiben, der die Eingabe der Länge x in a Teilprobleme der Länge x/b zerlegt, diese durch a rekursive Aufrufe löst und aus den erhaltenen Teillösungen die Gesamtlösung zusammensetzt. Hier ist $f(x)$ die zusätzliche Zeit, die man benötigt, um das Problem zu zerlegen und aus den Teillösungen die Gesamtlösung zu berechnen.

In der Regel will man die Funktion $T(x)$ nicht notwendigerweise *exakt* zu bestimmen, es reicht in vielen Fällen, ihr *asymptotisches* Wachstum abzuschätzen. Deshalb sind die Randbedingungen nicht so wichtig. Einfachheitshalber nehmen wir an, dass $T(1) = f(1)$

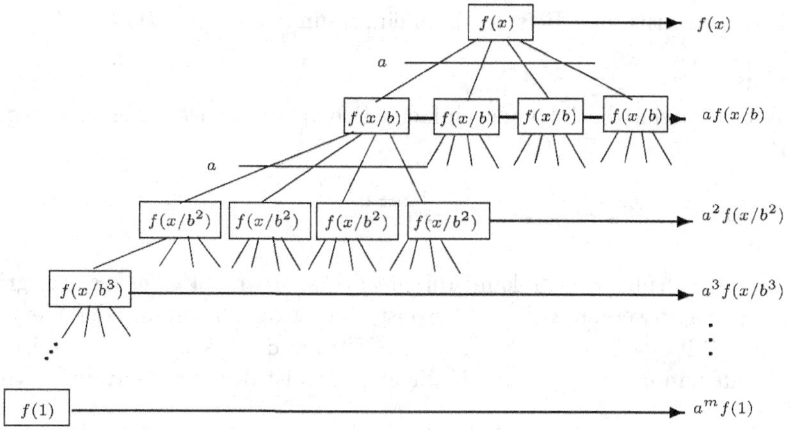

Bild 10.6: Der Rekursionsbaum für $T(x) = aT(x/b) + f(x)$.

und $T(x) = 0$ für $x < 1$ gilt. Wir entwickeln nun die Rekursion (10.8) und erhalten

$$\begin{aligned}
T(x) &= aT(x/b) + f(x) && \text{setze } x := x/b \text{ in (10.8)}\\
&= a\left(aT(x/b^2) + f(x/b)\right) + f(x)\\
&= a^2T(x/b^2) + af(x/b) + f(x) && \text{setze } x := x/b^2 \text{ in (10.8)}\\
&= a^2\left(aT(x/b^3) + f(x/b^2)\right) + af(x/b) + f(x)\\
&= a^3T(x/b^3) + a^2f(x/b^2) + af(x/b) + f(x)\\
&\dots\\
&= f(x) + af(x/b) + a^2f(x/b^2) + \cdots + a^m f(x/b^m)
\end{aligned}$$

mit $m = \log_b x$ (x sei eine Potenz von b). Diese Entwicklung der Rekursion kann man sich am besten als einen Rekursionsbaum vorstellen (siehe Bild 10.6). Das ist ein Wurzelbaum der Tiefe $m = \log_b x$, in dem jeder Knoten genau a Kinder hat. Die Wurzel trägt das Gewicht $f(x)$, deren a Kinder tragen jeweils das Gewicht $f(x/b)$, die a^2 Enkelkinder tragen jeweils das Gewicht $f(x/b^2)$, usw. Alle a^k Knoten auf der k-ten Ebene tragen also gemeinsam das Gewicht $a^k f(x/b^k)$ und die $a^m = a^{\log_b x}$ Blätter tragen jeweils das Gewicht $f(1)$. Das Gesamtgewicht aller Knoten ist dann genau der Wert $T(x)$.

Es gibt einen allgemeingültigen Satz – das sogenannte »Master Theorem« – der die meisten Rekursionsgleichungen der Form (10.8) auf einmal »meistert«. Wir veranschaulichen die Hauptidee dieses Satzes an den einfachsten Fällen. In der Literatur finden sich Versionen des Master Theorems, die weitere Fälle abdecken.

Satz 10.31:

Seien $a, b, K > 1$ Konstanten. Die Rekursionsgleichung $T(x) = a \cdot T(x/b) + f(x)$ mit $T(1) = f(1) = 1$ und $T(x) = 0$ für $x < 1$ kann man wie folgt lösen:

1. gilt $af(x/b) \leq f(x)/K$, so folgt $T(x) = \Theta(f(x))$;
2. gilt $af(x/b) \geq K \cdot f(x)$, so folgt $T(x) = \Theta(x^{\log_b a})$;
3. gilt $af(x/b) = f(x)$, so folgt $T(x) = f(x)\log_b(bx)$.

Der dritte Fall tritt zum Beispiel dann ein, wenn $a = b^k$ und $f(x) = x^k$ gilt.

Beweis:

Wir benutzen die folgende einfache Beobachtung: Der Wert einer geometrischen Reihe

$$1 + c + c^2 + c^3 + \cdots + c^m = \frac{1 - c^{m+1}}{1 - c}$$

mit $c > 0$ und $c \neq 1$ kann durch ein *konstantes Vielfaches* des größten Terms abgeschätzt werden. Gilt $c < 1$, so ist 1 der größte Term und der Wert der Reihe ist $\Theta(1)$. Gilt $c > 1$, so ist c^m der größte Term und der Wert der Reihe ist dann $\Theta(c^m)$.

Gilt nun $af(x/b) \leq f(x)/K$ für alle x, so ist der erste Term $f(x)$ von

$$T(x) = f(x) + af(x/b) + a^2 f(x/b^2) + \cdots + a^m f(x/b^m). \tag{10.9}$$

auch der größte. Warum? Da die Ungleichung $af(y/b) \leq f(y)/K$ auch für $y = x/b^r$ gelten muss, gilt auch

$$a^{r+1} f(x/b^{r+1}) = a^r \left[af(y/b)\right] \leq a^r f(y)/K = a^r f(x/b^r)/K$$

für alle $r = 0{,}1, \ldots, m-1$ und wir erhalten

$$f(x) \leq T(x) \leq f(x)\left[1 + \frac{1}{K} + \frac{1}{K^2} + \cdots + \frac{1}{K^m}\right],$$

woraus $T(x) = \Theta(f(x))$ folgt. In diesem Fall ist also das Gewicht des Rekursionsbaumes an der Wurzel konzentriert.

Gilt $af(x/b) \geq K \cdot f(x)$ für alle x, so ist der letzte Term $a^m = a^{\log_b x} = x^{\log_b a}$ in (10.9) nach demselben Argument auch der größte und wir erhalten

$$a^m \leq T(x) \leq a^m \left[\frac{1}{K^m} + \cdots + \frac{1}{K^2} + \frac{1}{K} + 1\right],$$

woraus $T(x) = \Theta(a^m) = \Theta(x^{\log_b a})$ folgt. In diesem Fall trägt also jeder innere Knoten des Rekursionsbaumes nur sehr wenig bei und das Gesamtgewicht $T(x)$ ist im Wesentlichen in den $a^m = x^{\log_b a}$ Blättern konzentriert.

Gilt nun $af(x/b) = f(x)$ für alle x, so sind alle $m + 1 = \log_b x + 1 = \log_b(bx)$ Terme gleich $f(x)$ und wir erhalten $T(x) = f(x)\log_b(bx)$. □

Beispiel 10.32:

Die folgenden drei »ähnlich« aussehenden Rekursionsgleichungen mit $f(x) = x^2$ haben verschiedene Lösungen:

$$\begin{aligned}
T(x) &= 8 \cdot T(x/3) + f(x) &\Rightarrow\quad T(x) &= \Theta(x^2);\\
T(x) &= 10 \cdot T(x/3) + f(x) &\Rightarrow\quad T(x) &= \Theta(x^{\log_3 10}) = \Theta(x^{2{,}09});\\
T(x) &= 9 \cdot T(x/3) + f(x) &\Rightarrow\quad T(x) &= x^2 \log_3(3x).
\end{aligned}$$

In dem ersten Fall gilt $8f(x/3) = \frac{8}{9}f(x) \leq f(x)/K$ mit $K = 9/8 > 1$. In dem zweiten Fall gilt $10f(x/3) = \frac{10}{9}f(x) \geq Kf(x)$ mit $K = 10/9 > 1$. In dem dritten

Fall gilt $9f(x/3) = \frac{9}{9}f(x) = f(x)$.

Es ist nicht nötig, sich an die tatsächlichen Bedingungen des Master Theorems zu erinnern – wichtig ist nur sich die auf dem Rekursionsbaum beruhende *Beweisidee* zu merken. Diese Idee kann man dann auch für kompliziertere Rekursionsgleichungen anwenden, die nicht unbedingt die Form $T(x) = aT(x/b) + f(x)$ haben.

10.7 Differenzialgleichungen

Differenzialgleichungen enthalten eine unbekannte Funktion f und ihre Ableitungen als Variablen, deren Wert man bestimmen will. Da die Differenzialgleichungen (im Gegensatz zu den Rekursionsgleichungen) in der Informatik nur selten auftauchen, werden wir nur die Grundidee an ein paar einfachen Beispielen kurz skizzieren.

Die einfachsten sind die *linearen* Differenzialgleichungen von der Form

$$f^{(n)}(x) + a_1 f^{(n-1)}(x) + \cdots + a_n f(x) = g(x)\,.$$

Ähnlich wie für Rekursionsgleichungen gibt es *keine* allgemeine Methode, die alle derartigen Gleichungen lösen könnte, man kann lediglich einige von ihnen lösen.

Um die Differenzialgleichung $f'(x) + af(x) = 0$ zu lösen, benutzt man den Ansatz $f(x) = \mathrm{e}^{\lambda x}$ und erhält

$$0 = \lambda \mathrm{e}^{\lambda x} + a\mathrm{e}^{\lambda x} = (\lambda + a)\mathrm{e}^{\lambda x}\,.$$

Wegen $\mathrm{e}^{\lambda x} \neq 0$ für alle x erhält man $\lambda + a = 0$, woraus $\lambda = -a$ folgt. Die Lösung hat also die Form $f(x) = c\mathrm{e}^{-ax}$ mit einer beliebigen Konstante $c \neq 0$.

Um die Differenzialgleichung $f''(x)+bf'(x)+af(x) = 0$ zu lösen, benutzt man wiederum den Ansatz $f(x) = \mathrm{e}^{\lambda x}$ und erhält $\lambda^2 + b\lambda + a = 0$. Hat diese quadratische Gleichung die (möglicherweise gleichen) Lösungen λ_1, λ_2, so hat die Lösung der Differenzialgleichung die Form $f(x) = c_1\mathrm{e}^{\lambda_1 x} + c_2\mathrm{e}^{\lambda_2 x}$.

Hat man eine Differenzialgleichung mit Anfangsbedingungen, so kann man probieren, die Lösung als Taylorreihe zu entwickeln. Wir betrachten beispielsweise die Differenzialgleichung $f''(x) + f(x) = 0$ oder äquivalent

$$f''(x) = -f(x)$$

mit Anfangsbedingungen $f(0) = 1$ und $f'(0) = 0$. Hier berechnet man die Ableitungen und setzt die Anfangsbedingungen jeweils ein: Aus $f''(x) = -f(x)$ folgt $f''(0) = -1$, aus $f'''(x) = (f''(x))' = -f'(x)$ folgt $f'''(0) = 0$, aus $f^{(4)}(x) = -f''(x)$ folgt $f^{(4)}(0) = 1$, usw. Damit kann man die Taylorentwicklung einer Lösung bestimmen:

$$\begin{aligned} f(x) &= \frac{f(0)}{0!} + \frac{f'(0)}{1!}x + \frac{f''(0)}{2!}x^2 + \frac{f'''(0)}{3!}x^3 + \frac{f^{(4)}(0)}{4!}x^4 + \cdots \\ &= 1 - \frac{x^2}{2!} + \frac{x^4}{4!} - \frac{x^6}{6!} + \cdots\,. \end{aligned}$$

In diesem speziellen Fall handelt es sich um die Taylorentwicklung von $\cos x$.

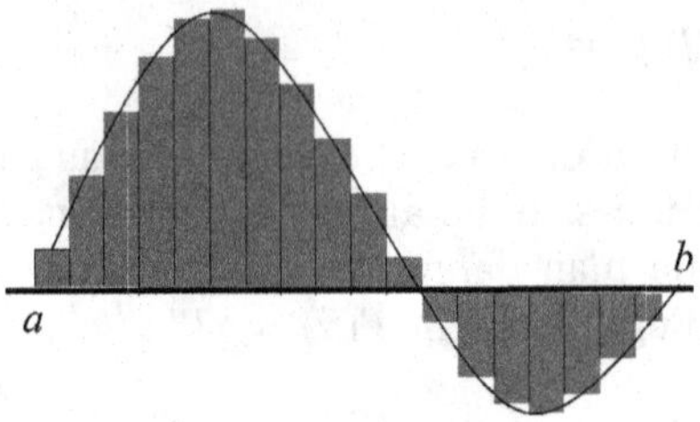

Bild 10.7: Approximation der Fläche durch eine Riemann'sche Summe.

10.8 Integrale

Sei $[a, b]$ ein beliebiges Intervall in $\mathbb{R}$. Zur Berechnung der Fläche[2] F »unterhalb« einer Funktion $f(x)$ auf dem Intervall $[a, b]$ betrachtet man Zerlegungen des Intervalls, die aus den *Teilpunkten* $x_0 = a < x_1 < x_2 < \ldots < x_n = b$ mit $x_{i+1} - x_i \leq h$ und den *Zwischenpunkten* ξ_i mit $x_{i-1} < \xi_i < x_i$ bestehen. Man nennt die Summe

$$S_h = \sum_{i=1}^{n} f(\xi_i)(x_i - x_{i-1})$$

die *Riemann'sche Summe von* $f(x)$ bezüglich der Zerlegung (Bernhard Riemann, 1826-1866). Man hofft, die Fläche F umso besser durch S_h approximieren zu können, je kleiner die maximale Intervalllänge $h = \max_{i=1,\ldots,n}(x_i - x_{i-1})$ ist. Die Zahl h entspricht also der »Feinheit« der Zerlegung.

Wenn bei einer beliebigen Folge von Zerlegungen mit $h \to 0$ samt beliebiger Wahl der Zwischenpunkte die Folge S_h gegen ein und dieselbe Zahl I konvergiert, so heißt I *Integral* der Funktion $f(x)$ über dem Intervall von a bis b und wird als

$$I = \int_a^b f(t)\,dt$$

bezeichnet. Hier heißt t die *Integrationsvariable.* Man vereinbart noch

$$\int_a^a f(t)dt = 0 \quad \text{und} \quad \int_b^a f(t)dt = -\int_a^b f(t)dt\,. \tag{10.10}$$

Beispiel 10.33:

Auch wenn die Funktion $f(x)$ auf dem Intervall $[a, b]$ beschränkt ist, muss das Integral $\int_a^b f(t)dt$ nicht unbedingt existieren! Sei zum Beispiel $f : [0,1] \to \mathbb{R}$ durch $f(x) = 1$ für rationale x und $f(x) = 0$ für irrationale x definiert. Bei jeder Zerlegung von $[a, b]$ liegen in jedem Teilintervall sowohl rationale Punkte als auch irrationale. Nehmen wir beim Grenzprozess $I = \lim_{h\to 0} S_h$ als Zwischenpunkte nur rationale ξ_i, so sollte das Integral gleich 1 sein. Nehmen wir nur irrationale Zwischenpunkte,

2 Die intuitive Vorstellung, dass das Integral der Fläche unterhalb einer Funktion entspricht, ist nur dann richtig, wenn die Funktion nicht negativ ist. Nimmt die Funktion auch negative Werte an, so kann das Integral auch negativ sein.

so sollte das Integral gleich 0 sein. Der gesuchte Grenzwert I kann deshalb nicht unabhängig von der Festlegung der Zwischenpunkte existieren.

Der Grund, warum die Funktion aus dem vorigen Beispiel nicht integrierbar ist, liegt in ihrer »künstlichen« Definition: Sie ist nicht stetig. Eine gute Botschaft ist aber, dass *alle stetigen Funktionen integrierbar sind*!

Die folgenden weiteren Eigenschaften des Integrals kann man relativ einfach aus der Definition ableiten (wir werden dies nicht tun).

Satz 10.34: Eigenschaften des Integrals

Sind $f(x)$ und $g(x)$ über $[a, b]$ integrierbar, dann gilt Folgendes.

1. *Linearität*: Für beliebige reelle Zahlen λ, μ gilt

$$\int_a^b (\lambda f(t) + \mu g(t))dt = \lambda \int_a^b f(t)dt + \mu \int_a^b g(t)dt \,.$$

2. *Monotonie*: Gilt $f(x) \leq g(x)$ für alle $x \in (a, b)$, so gilt auch

$$\int_a^b f(t)dt \leq \int_a^b g(t)dt \,.$$

Spezialfall: Wenn $m \leq f(x) \leq M$ für alle $x \in (a, b)$, dann

$$m(b-a) \leq \int_a^b f(t)dt \leq M(b-a) \,.$$

3. *Dreiecksungleichung*:

$$\left| \int_a^b f(t)dt \right| \leq \int_a^b |f(t)|dt \,.$$

4. *Mittelwertsatz der Integralrechnung*: Ist f auf (a, b) stetig, so gibt es ein $\xi \in (a, b)$ mit

$$\int_a^b f(t)dt = f(\xi)(b-a) \,.$$

5. *Zerlegung des Integrationsbereichs*:

$$\int_a^b f(t)dt = \int_a^c f(t)dt + \int_c^b f(t)dt \,.$$

Eine Funktion $F(x)$ heißt *Stammfunktion* der Funktion $f(x)$ auf $[a, b]$, wenn $F'(x) = f(x)$ für alle $x \in [a, b]$ gilt. D. h. eine Stammfunktion von f ist eine Funktion, deren Ableitung mit der Funktion f überein stimmt. Ist $F(x)$ eine Stammfunktion von $f(x)$, so hat jede andere Stammfunktion $\Phi(x)$ von $f(x)$ die Form $\Phi(x) = F(x) + C$ für eine Konstante C.

Nach dem folgenden Satz ist die Integration im gewissen Sinne die Umkehrung zur Differentiation.

Satz 10.35: Hauptsatz der Integralrechnung

Sei f eine auf dem Intervall $[a, b]$ stetige Funktion. Dann ist die Funktion Φ mit $\Phi(x) = \int_a^x f(t)dt$ eine Stammfunktion von f. Ist $F(x)$ eine beliebige Stammfunktion von $f(x)$, dann gilt

$$\int_a^b f(t)dt = F(x)\Big|_a^b := F(b) - F(a)\,.$$

Beweis:

Zunächst berechnen wir

$$\begin{aligned} \Phi(x+h) - \Phi(x) &= \int_a^{x+h} f(t)dt - \int_a^x f(t)dt \\ &= \int_a^{x+h} f(t)dt + \int_x^a f(t)dt && \text{wegen (10.10)} \\ &= \int_x^{x+h} f(t)dt && \text{Satz 10.34(5)}\,. \end{aligned}$$

Nach Satz 10.34(4) gibt es ein $\xi \in (x, x+h)$ mit

$$\int_x^{x+h} f(t)dt = f(\xi)\cdot h\,.$$

Wegen der Stetigkeit von f gilt daher

$$\Phi'(x) = \lim_{h\to 0}\frac{\Phi(x+h)-\Phi(x)}{h} = \lim_{h\to 0}\frac{f(\xi)\cdot h}{h} = \lim_{h\to 0} f(\xi) = f(x)\,.$$

Sei nun $F(x)$ eine beliebige Stammfunktion von $f(x)$. Dann gilt $F(x) = \Phi(x) + C$ und es folgt

$$\begin{aligned} F(b) - F(a) &= (\Phi(b) + C) - (\Phi(a) + C) = \Phi(b) - \Phi(a) \\ &= \int_a^b f(t)dt - \int_a^a f(t)dt = \int_a^b f(t)dt\,. \end{aligned}$$

□

Mit Hilfe der Integrale kann man Abschätzungen für endliche Reihen erhalten.

Satz 10.36: Integral-Kriterium

Sei $f : \mathbb{R} \to \mathbb{R}$ eine nicht-negative Funktion und $F(x)$ sei ihre Stammfunktion

1. Wenn f monoton fallend ist, dann gilt

$$F(x)\Big|_a^b + f(b) \le \sum_{k=a}^{b} f(k) \le F(x)\Big|_a^b + f(a)\,.$$

2. Wenn f monoton wachsend ist, dann gilt

$$F(x)\Big|_a^b + f(a) \le \sum_{k=a}^{b} f(k) \le F(x)\Big|_a^b + f(b)\,.$$

Anstatt den Beweis für allgemeine Funktionen $f(x)$ anzugeben, werden wir die Beweisidee

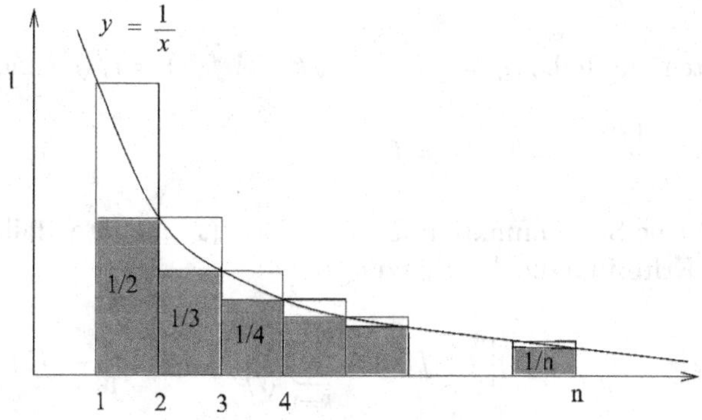

Bild 10.8: Abschätzung der harmonischen Reihe durch die Logarithmus-Funktion.

an einer konkreten Funktion $f(x) = 1/x$ demonstrieren – der allgemeine Fall ist völlig analog! Wir beweisen nämlich die in Abschnitt 8.1 (Satz 8.5) gegebenen Abschätzungen für die harmonische Reihe $H_n = 1 + \frac{1}{2} + \frac{1}{3} + \cdots + \frac{1}{n}$.

Satz 10.37:

$$\ln n + \frac{1}{n} \leq H_n \leq \ln n + 1\,.$$

Beweis:

Sei $f(x) = 1/x$. Aus $(\ln x)' = 1/x$ folgt, dass $F(x) = \ln x$ eine Stammfunktion für $f(x)$ ist. Das integral $\int_a^b f(x)dx$ entspricht der Fläche »unterhalb« der Funktion $f(x)$ in dem Intervall $[a, b]$.

Für $k = 2{,}3, \ldots, n$ ist die Fläche unter der Kurve $f(x) = 1/x$, zwischen $k-1$ und k, nach *unten* beschränkt durch die Fläche des (im Bild 10.8 schattierten) Rechtecks zwischen $k-1$ und k mit der Höhe $f(k) = 1/k$. Die Fläche dieses Rechtecks ist $f(k) \cdot 1 = f(k) = 1/k$. Somit erhalten wir unter Benutzung von Satz 10.36(2) und Satz 10.34(5)

$$H_n - 1 = \sum_{k=2}^{n} \frac{1}{k} \leq \sum_{k=2}^{n} \int_{k-1}^{k} \frac{1}{x}\,dx = \int_{1}^{n} \frac{1}{x}\,dx = F(x)\Big|_1^n = \ln n\,.$$

Für $k = 1{,}2, \ldots, n-1$ ist die Fläche unter der Kurve $f(x) = 1/x$, zwischen k und $k+1$, nach *oben* beschränkt durch die Fläche des großen Rechtecks (inklusive des schattierten Teils) zwischen k und $k+1$ mit der Höhe $f(k) = 1/k$. Die Fläche dieses Rechtecks ist wiederum $f(k) \cdot 1 = f(k)$. Somit erhalten wir unter Benutzung von Satz 10.36(2) und Satz 10.34(5)

$$H_n - \frac{1}{n} = \sum_{k=1}^{n-1} \frac{1}{k} \geq \sum_{k=1}^{n-1} \int_{k}^{k+1} \frac{1}{x}\,dx = \int_{1}^{n} \frac{1}{x}\,dx = F(x)\Big|_1^n = \ln n\,. \qquad \square$$

Beispiel 10.38:

Wir betrachten die Reihe $S_n = \sum_{k=1}^{n} 1/\sqrt{k}$. Sei $f(x) = 1/\sqrt{x}$ und $F(x) = 2\sqrt{x}$. Da

$$F'(x) = 2 \cdot \frac{1}{2} x^{\frac{1}{2}-1} = 1/\sqrt{x} = f(x)$$

gilt, ist $F(x)$ eine Stammfunktion für $f(x)$. Da $f(x)$ monoton fallend ist, liefert uns das Integral-Kriterium die Abschätzungen

$$2\sqrt{n} - 2 + \frac{1}{\sqrt{n}} \leq F(x)\Big|_1^n + f(n) \leq \sum_{k=1}^{n} \frac{1}{\sqrt{k}} \leq F(x)\Big|_1^n + f(1) = 2\sqrt{n} - 1\,.$$

Somit gilt

$$\sum_{k=1}^{n} \frac{1}{\sqrt{k}} = \Theta(\sqrt{n})\,.$$

Beispiel 10.39: Logarithmische Reihe

Als ein weiteres Beispiel betrachten wir die *logarithmische* Reihe

$$\ln(n!) = \ln 1 + \ln 2 + \ln 3 + \ln 4 + \cdots + \ln n = \sum_{k=1}^{n} \ln k.$$

Sei $f(x) = \ln x$ und $F(x) = x \ln x - x$. Dann gilt

$$F'(x) = 1 \cdot \ln x + x \cdot \frac{1}{x} - 1 = \ln x = f(x)\,.$$

Also ist $F(x) = x \ln x - x$ eine Stammfunktion von $f(x) = \ln x$. Da die Funktion $\ln x$ monoton wachsend ist, liefert uns das Integral-Kriterium

$$n \ln n - n + 1 \leq \ln(n!) \leq n \ln n - n + 1 + \ln n$$

oder nach Exponenzieren

$$\mathrm{e}\left(\frac{n}{\mathrm{e}}\right)^n \leq n! \leq \mathrm{e}n\left(\frac{n}{\mathrm{e}}\right)^n\,.$$

10.9 Aufgaben

Aufgabe 10.1:

Die Euler'sche Zahl e ist als der Grenzwert der Folge $(1 + 1/n)^n$, also einer Funktion von $\mathbb{N}$ nach $\mathbb{R}$, definiert (siehe Beispiel 9.8). Zeige, dass die Zahl e auch der Grenzwert der entsprechenden Funktion von $\mathbb{R}$ nach $\mathbb{R}$ ist: $\lim\limits_{x \to \infty} \left(1 + \frac{1}{x}\right)^x = \mathrm{e}$. *Hinweis*: Für eine beliebige, gegen ∞ strebende Folge (x_k) der reellen Zahlen betrachte die Folge (n_k) mit $n_k = \lfloor x_k \rfloor$ und wende das Folgenkriterium für den Limes (Satz 10.1) an.

Aufgabe 10.2:

Zeige, dass aus $\lim_{x \to \infty} f(x) = 0$ auch $\lim_{x \to \infty} f(x)^k = 0$ für jede Kostante $k > 0$ folgt. *Hinweis*: $|y^k| < \epsilon$ gilt genau dann, wenn $|y| < \epsilon^{1/k}$ gilt.

Aufgabe 10.3:

Zeige, dass $\ln x \leq x - 1$ für alle $x \geq 0$ gilt. *Hinweis*: Wende den 2. Mittelwertsatz mit $f(x) = \ln x$ und $g(x) = x - 1$ an.

Aufgabe 10.4:

Seien $a, b \in \mathbb{R}$ nicht negativ. Zeige:

a) $\lim_{x \to \infty} x^{1/x} = 1$; b) $\lim_{x \to 0} \frac{e^x - 1 - x}{x^2} = \frac{1}{2}$; c) $\lim_{x \to \infty} \left(1 + \frac{a}{x}\right)^{bx} = ab$;

d) $\lim_{x \to 1} \left(\frac{1}{\ln x} - \frac{1}{x-1}\right) = \frac{1}{2}$; e) $\lim_{x \to 0} \frac{e^{2x} - 1}{\ln(1+x)} = 2e$; f) $\lim_{x \to a} \frac{x^p - a^p}{x^q - a^q} = \frac{p}{q} x^{p-q}$.

Hinweis: Bernoulli–l'Hospital.

Aufgabe 10.5:

Leite Lemma 10.4 mit Hilfe der Regeln von Bernoulli–l'Hospital her.

Aufgabe 10.6:

Seien $F(n) = \sum_{k=1}^{n} f(k)$ und $G(n) = \sum_{k=1}^{n} g(k)$. Folgt aus $f = O(g)$ auch $F = O(G)$?

Aufgabe 10.7:

Gib die bestmöglichen asymptotischen Beziehungen zwischen folgenden Funktionen an:

a) $f(x) = e^{(\ln \ln x)^2}$ und $g(x) = \sqrt{x}$.
b) $f(x) = x \log_4 x$ und $g(x) = \sqrt{x} (\log_2 x)^3$.
c) $f(x) = (\log_4 x)^{1/2}$ und $g(x) = (\log_2 x)^{1/3}$.

Aufgabe 10.8:

Zeige, dass für beliebige zwei Zahlen $a, b > 1$ und für beliebige Funktion $f : \mathbb{N} \to \mathbb{N}$ die Beziehung $\log_a f(n) = \Theta(\log_b f(n))$ gilt. Fazit: Für den Wachstum von Logarithmen ist die Basis unwesentlich!

Aufgabe 10.9:

Zeige, dass aus $f = o(g)$ auch $e^f = o(e^g)$ folgt.

Aufgabe 10.10:

Zeige, dass für jede ganze Zahl $m \geq 2$ gilt

$$\sum_{k=1}^{n} \frac{1}{\sqrt[m]{k}} = \Theta(n^{1-1/m}) .$$

Hinweis: Beispiel 10.38.

Teil V

Diskrete Stochastik

11 Ereignisse und ihre Wahrscheinlichkeiten

Gott würfelt nicht.
- Albert Einstein

Die Stochastik bedient sich gerne Beispielen aus der Welt des Glücksspiels, sie ist deswegen aber noch lange keine »Spielkasinomathematik«. Ihr geht es darum, die Vorstellung einer Zufallsentscheidung so allgemein zu fassen, dass sie auch in ganz anderen Bereichen – von der Genetik bis hin zur Börse – zum Tragen kommen kann. Sie ist auch ein wichtiger Bestandteil der Informatik. So sind zum Beispiel die auf dem Zufall basierenden »randomisierten« Algorithmen oft viel schneller als die üblichen »deterministischen« Algorithmen.

11.1 Der Begriff der Wahrscheinlichkeit

Ein *diskreter Wahrscheinlichkeitsraum* besteht aus einer endlichen oder abzählbaren Menge Ω von *Elementarereignissen* und einer Funktion, einer Wahrscheinlichkeitsverteilung, $\Pr : \Omega \to [0,1]$ mit der Eigenschaft

$$\sum_{\omega \in \Omega} \Pr(\omega) = 1 .$$

Teilmengen $A \subseteq \Omega$ heißen *Ereignisse*. Ihre Wahrscheinlichkeiten sind definiert durch

$$\Pr(A) = \sum_{\omega \in A} \Pr(\omega) .$$

Die Menge[1] Ω interpretiert man als die Menge aller möglichen Ergebnisse eines Zufallsexperiments und $\Pr(\omega)$ als die Wahrscheinlichkeit, dass der Zufall das Ergebnis ω liefern wird.

Die Funktion Pr selbst heißt *Wahrscheinlichkeitsmaß* oder *Wahrscheinlichkeitsverteilung*. Zum Beispiel, die *Gleichverteilung* (auch als *Laplace-Verteilung* bekannt) ist ein Wahrscheinlichkeitsmaß $\Pr : \Omega \to [0,1]$ mit $\Pr(\omega) = \frac{1}{|\Omega|}$ für alle $\omega \in \Omega$. In diesem (sehr speziellen!) Fall ist also:

$$\Pr(A) = \frac{|A|}{|\Omega|} = \frac{\text{Anzahl der günstigen Elementarereignisse}}{\text{Anzahl aller Elementarereignisse}} .$$

Diese Verteilung entspricht unserer gängigen Vorstellung: Ein Ereignis wird umso wahrscheinlicher, je mehr Elementarereignisse an ihm beteiligt sind. Bei einer Gleichverteilung wird kein Element von Ω bevorzugt, man spricht daher auch von einer *rein zufälligen Wahl* eines Elements aus Ω.

1 Auf englisch heißt Ω *sample space*.

Beispiel 11.1:

Zufallsexperiment: Einmaliges Werfen eines Spielwürfels. Mit welcher Wahrscheinlichkeit erhalten wir eine gerade Zahl? Wahrscheinlichkeitsraum Ω ist hier die Menge aller möglichen Ergebnisse des Experiments, d. h. Augenzahlen $1,2,\ldots,6$, je mit Wahrscheinlichkeit $1/6$. Ereignisse sind Teilmengen von $\{1,2,3,4,5,6\}$. Dann entspricht zum Beispiel $E = \{2,4,6\}$ dem Ereignis »Würfeln einer geraden Zahl« und seine Wahrscheinlichkeit ist $\Pr(E) = 3 \cdot (1/6) = 1/2$.

In diesem Buch werden wir nur Wahrscheinlichkeitsräume Ω betrachten, die entweder *endlich* oder *abzählbar* sind – deshalb das Wort »diskrete« vor der »Stochastik«. Da sich die Informatik hauptsächlich mit diskreten Strukturen beschäftigt, reicht dieser (einfachere) Teil der Stochastik völlig aus.

Die diskrete Stochastik kann man auch als das *Rechnen mit Gewichten* betrachten. Wir haben eine Menge M, die man üblicherweise mit Ω bezeichnet, und eine »Gewichtsfunktion« $f : M \to [0,1]$, die man üblicherweise mit Pr bezeichnet. Die einzige Bedingung für das Paar (M, f) ist, dass das Gesamtgewicht aller Elemente in M gleich 1 sein muss. Ein Ereignis ist dann einfach eine Teilmenge $A \subseteq M$ und ihr Gewicht ist sehr natürlich als das Gesamtgewicht $f(A) = \sum_{x\in A} f(x)$ ihrer Elemente definiert. D. h. anstatt die Elemente in einer Menge A zu zählen, zählen wir nun ihre Gewichte.

Ist $\Omega = \{\omega_0, \omega_1, \omega_2, \ldots\}$ unendlich aber abzählbar, so reicht es die Wahrscheinlichkeiten $\Pr(\omega_i) = p_i$ für die Elementarereignisse so zu definieren, dass $\sum_{i=0}^{\infty} p_i = 1$ gilt. Dann korvergieren nach dem Monotoniekriterium (Satz 9.11) auch die Reihen $\Pr(A) = \sum_{\omega\in A} \Pr(\omega)$ für alle Teilmengen (Ereignisse) $A \subseteq \Omega$.

Ist aber Ω überabzählbar, so kann man nicht ohne weiteres die Wahrscheinlichkeit $\Pr(A)$ als die Summe von $\Pr(\omega)$ über die Elementarereignisse $\omega \in A$ definieren. Dazu braucht man den Begriff der sogenannten σ-Algebra, den wir hier nicht betrachten werden. Wir beschränken uns auf ein Beispiel.

Beispiel 11.2:

Romeo und Julia haben eine Verabredung zu einem bestimmten Zeitpunkt (zum Beispiel zum Zeitpunkt 0). Jeder kann mit einer Verzögerung von 0 bis 1 Stunde ankommen. Die Verzögerungszeiten sind unabhängig und gleichwahrscheinlich. Derjenige, der als erster kommt, wird nur 15 Minuten warten, und dann wieder gehen. Was ist die Wahrscheinlichkeit dafür, dass Romeo und Julia sich treffen?

Wir können unseren Wahrscheinlichkeitsraum als das Quadrat $\Omega = [0,1] \times [0,1]$ darstellen, dessen Elemente (x, y) (Elementarereignisse) alle möglichen Ankunftszeiten von Romeo (x) und Julia (y) sind. Es gibt überabzählbar viele solche Elementarereignisse und wir können nicht jedem seine Wahrscheinlichkeit zuweisen. Warum? Dann sollten wir für fast alle (x, y) (für alle außer abzählbar vielen Paaren) $\Pr(x, y) = 0$ setzen. In einer solchen Situation geht man anders vor. Zuerst schaut man, welches Ereignis $A \subseteq \Omega$ für uns interessant ist. In unserem Fall ist das die Menge

$$A = \{(x,y)\colon |x-y| \le 1/4,\ 0 \le x,y \le 1\},$$

d. h. der schattierte Bereich im Bild 11.1. Man definiert dann die Wahrscheinlichkeit

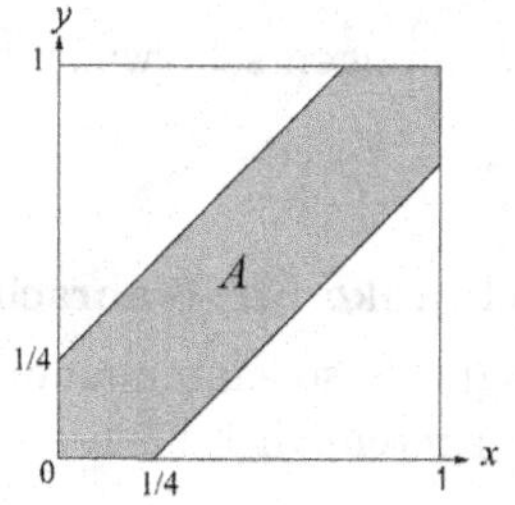

Bild 11.1: Das Ereignis, dass Romeo und Juliet sich treffen.

von A als

$$\Pr(A) = \frac{\text{Fläche von } A}{\text{Gesamtfläche}}.$$

In unserem Beispiel ist die Fläche von A genau 1 minus die Fläche $(3/4) \cdot (3/4) = 9/16$ von zwei unschattierten Dreiecken. Da die Gesamtfläche gleich 1 ist, gilt somit $\Pr(A) = 1 - 9/16 = 7/16$.

Für Wahrscheinlichkeitsmaße gelten die folgenden Rechenregeln. Für ein Ereignis $A \subseteq \Omega$ bezeichnet $\overline{A} = \Omega \setminus A$ das komplementäre Ereignis zu A.

Satz 11.3: Eigenschaften des Wahrschienlichkeitsmaßes

Sei $(\Omega, \Pr)$ ein endlicher Wahrscheinlichkeitsraum und A, B Ereignisse. Es gilt:

(a) $\Pr(\Omega) = 1$, $\Pr(\emptyset) = 0$ und $\Pr(A) \geq 0$ für alle $A \subseteq \Omega$;

(b) $\Pr(A \cup B) = \Pr(A) + \Pr(B) - \Pr(A \cap B) \leq \Pr(A) + \Pr(B)$;

(c) Aus $A \cap B = \emptyset$ folgt $\Pr(A \cup B) = \Pr(A) + \Pr(B)$ (disjunkte Ereignisse);

(d) $\Pr(\overline{A}) = 1 - \Pr(A)$ (komplementäre Ereignisse);

(e) $\Pr(A \cap B) \geq \Pr(A) - \Pr(\overline{B})$;

(f) $\Pr(A \setminus B) = \Pr(A) - \Pr(A \cap B)$;

(g) Ist $A \subseteq B$, so gilt $\Pr(A) \leq \Pr(B)$ (Monotonie).

Beweis:

(a) gilt nach der Definition von Pr. Zu (b):

$$\begin{aligned}
\Pr(A \cup B) &= \sum_{\omega \in A \cup B} \Pr(\omega) \\
&= \sum_{\omega \in A} \Pr(\omega) + \sum_{\omega \in B} \Pr(\omega) - \sum_{\omega \in A \cap B} \Pr(\omega) \qquad (11.1) \\
&= \Pr(A) + \Pr(B) - \Pr(A \cap B)
\end{aligned}$$

da für $\omega \in A \cap B$, $\Pr(\omega)$ in (11.1) zweimal gezählt wird. (c) folgt aus (b) und (a). (d) folgt aus (c) und (a). (e) folgt aus (b) und (d), da $\Pr(A \cup B) \leq 1$ gilt. (f) folgt aus (c). □

Die Eigenschaft (b) ist in der Anwendungen sehr wichtig und ist als *Summen-Schranke* bekannt.

Behauptung 11.4: Summen-Schranke für Wahrscheinlichkeiten

Sind $A_1, \ldots, A_n$ beliebige Ereignisse, so kann man die Wahrscheinlichkeit, dass mindestens eines der Ereignisse eintreten wird, nach oben wie folgt abschätzen:

$$\Pr(A_1 \cup A_2 \cup \cdots \cup A_n) \leq \Pr(A_1) + \Pr(A_2) + \cdots + \Pr(A_n)\ .$$

Beispiel 11.5:

Wir wollen einen Schaltkreis mit n Verbindungen konstruieren. Aus früheren Erfahrungen wissen wir, dass jede Verbindung mit Wahrscheinlichkeit p falsch sein kann. D.h. für $1 \leq i \leq n$ gilt

$$\Pr(i\text{-te Verbindung ist falsch}) = p\,.$$

Was kann man über die Wahrscheinlichkeit, dass der Schaltkreis *keine* falschen Verbindungen haben wird, sagen?

Sei A_i das Ereignis, dass die i-te Verbindung korrekt ist. Dann gilt $\Pr(\overline{A_i}) = p$ und $\Pr(\text{alle Verbindungen sind richtig}) = \Pr\left(\bigcap_{i=1}^{n} A_i\right)$. Wir wollen vernünftige Abschätzungen dieser Wahrscheinlichkeit finden. Einerseits ist laut der Monotonie-Eigenschaft (g)

$$\Pr\Big(\bigcap_{i=1}^{n} A_i\Big) = \Pr\Big(A_1 \cap \bigcap_{i=2}^{n} A_i\Big) \leq \Pr(A_1) = 1 - p.$$

Andererseits ist laut der DeMorgans Regel $\overline{A \cap B} = \overline{A} \cup \overline{B}$ und der Eigenschaften (d) und (b)

$$\Pr\Big(\bigcap_{i=1}^{n} A_i\Big) = 1 - \Pr\Big(\bigcup_{i=1}^{n} \overline{A_i}\Big) \geq 1 - \sum_{i=1}^{n} \Pr(\overline{A_i}) = 1 - np.$$

Ist zum Beispiel $n = 10$ und $p = 0{,}01$, so gilt

$$0{,}9 = 1 - 10 \cdot 0{,}01 \leq \Pr(\text{alle Verbindungen sind richtig}) \leq 1 - 0{,}01 = 0{,}99.$$

Beispiel 11.6:

Wir würfeln dreimal. Seien a, b und c die entstprechenden Augenzahlen. Wir betrachten drei Ereignisse: $A =$ »$a > b$«, $B =$ »$b > c$« und $C =$ »$c > a$«. Frage: Können die Wahrscheinlichkeiten $\Pr(A), \Pr(B)$ und $\Pr(C)$ *alle* groß sein? Zum Beispiel, können alle diese Wahrscheinlichkeiten mindestens $3/4$ betragen? Die Antwort ist nein! Es gilt nämlich

$$\min\{\Pr(A), \Pr(B), \Pr(C) \leq 2/3. \tag{11.2}$$

Um das zu beweisen, benutzen wir Satz 11.3:

$$\begin{aligned}
\Pr(A \cap B \cap C) &= 1 - \Pr(\overline{A \cap B \cap C}) && \text{(d)}\\
&= 1 - \Pr(\overline{A} \cup \overline{B} \cup \overline{C})\\
&\geq 1 - \left[\Pr(\overline{A}) + \Pr(\overline{B}) + \Pr(\overline{C})\right] && \text{(b)}\\
&= 1 - \left[(1 - \Pr(A) + (1 - \Pr(B)) + (1 - \Pr(C))\right] && \text{(d)}\\
&= -2 + \left[\Pr(A) + \Pr(B) + \Pr(C)\right].
\end{aligned}$$

Nun beachten wir, dass $A \cap B \cap C = \emptyset$ gelten muss: Gilt $a > b$ und $b > c$, so kann $c > a$ nicht mehr gelten. Somit gilt nach Satz 11.3(a) $\Pr(A \cap B \cap C) = \Pr(\emptyset) = 0$ und wir erhalten

$$\Pr(A) + \Pr(B) + \Pr(C) \leq 2,$$

woraus die Behauptung (11.2) folgt.

Keiner weiß so genau, was der Zufall eigentlich ist, aber eine *intuitive* Vorstellung darüber hat fast jeder! Und genau da steckt die Gefahr – genauso wie mit der Unendlichkeit versagt oft unsere Intuition, wenn man mit dem Zufall als einem »halb-definierten« Objekt »jongliert«. Deshalb lohnt in der Analyse eines Zufallsexperiments sich nicht nur auf eine intuitive Argumentation zu verlassen, sondern auch die mathematische Definition der Wahrscheinlichkeit zu benutzen. Dabei ist die folgende »Dreischritt-Methode« oft sehr hilfreich:

1. *Finde den Wahrscheinlichkeitsraum*: Bestimme alle möglichen Ergebnisse des Experiments und ihre Wahrscheinlichkeiten, d. h. bestimme die Menge Ω und die Wahrscheinlichkeiten $\Pr(\omega)$ der Elementarereignisse $\omega \in \Omega$.

2. *Bestimme die Ereignisse E*: Welche der Ergebnisse $E \subseteq \Omega$ sind »interessant«?

3. *Bestimme die Wahrscheinlichkeit des Ereignisses E*: Kombiniere die Wahrscheinlichkeiten der Elementarereignisse in E, um $\Pr(E) = \sum_{\omega \in E} \Pr(\omega)$ zu bestimmen.

Beispiel 11.7:

Wir würfeln zweimal. Uns interessiert die Ereignisse E_1= »die Summe der Augenzahlen ist > 10« und E_2= »die zweite Zahl ist größer als die erste«. Wir wenden die Dreischritt-Methode an.

1. Der Wahrscheinlichkeitsraum Ω besteht in diesem Fall aus allen $6^2 = 36$ möglichen Ausgängen des Experiments, je mit Wahrscheinlichkeit $\frac{1}{36}$.
2. Die Ereignisse sind $E_1 = \{(5,6), (6,5), (6,6)\}$ und $E_2 = \{(i,j) \colon 1 \leq i < j \leq 6\}$.
3. Die entsprechenden Wahrscheinlichkeiten sind

$$\Pr(E_1) = \frac{|E_1|}{36} = \frac{3}{36} = \frac{1}{12} \quad \text{und} \quad \Pr(E_2) = \frac{|E_2|}{36} = \frac{15}{36} = \frac{5}{12}.$$

Beispiel 11.8:

In einem Dorf lebt die *Hälfte* aller Menschen alleine, die andere Hälfte mit genau einem Partner.

Wenn wir zufällig jemanden auf dem Marktplatz ansprechen, mit welcher Wahrscheinlichkeit lebt derjenige allein? Antwort: **1/2**. Warum? In diesem Fall besteht der Wahrscheinlichkeitsraum Ω aus allen 0/1-Vektoren $(a_1, \ldots, a_n)$ mit $a_i = 1$ genau dann, wenn der i-ter Mensch alleine lebt. Dann ist $\Pr(a_i = 1) = \Pr(a_i = 0) = 1/2$.

Wenn wir nun zufällig an eine Wohnungstür klopfen und fragen, mit welcher Wahrscheinlichkeit lebt dort jemand allein? Dann ist die Antwort: **2/3**. Warum? In diesem Fall besteht Ω aus allen 0/1-Vektoren $(b_1, \ldots, b_m)$ mit $b_i = 1$ genau dann, wenn das i-te Haus ein Familienhaus ist. Da genau die Hälfte der Menschen alleine leben, befinden sich in genau 1/3 der Häuse Familien (also nicht Alleinstehende).

Fazit: Immer den *richtigen* Wahrscheinlichkeitsraum wählen!

Beispiel 11.9: Das Geburtstagsproblem

Um einen schnellen Zugriff auf Daten zu haben, kann man sie in Listen aufteilen. Beim Abspeichern von Daten in Computern kommt diese Idee in der Technik des *Hashings* zur Anwendung. Nur bei kurzen Listen sind auch die Suchzeiten kurz, daher stellt sich die Frage, mit welcher Wahrscheinlichkeit es zu »Kollisionen« kommt, zu Listen, die mehr als einen Eintrag enthalten. Wir betrachten diese Wahrscheinlichkeit für n Listen und m Daten unter der Annahme, dass alle möglichen Belegungen der Listen mit den Daten gleich wahrscheinlich sind. Wir werden sehen, dass mit Kollisionen schon dann zu rechnen ist, wenn m von der Größenordnung $\sqrt{n}$ ist.

Diese Fragestellung ist in der Stochastik unter dem Namen *Geburtstagsproblem* bekannt. Gefragt ist nach der Wahrscheinlichkeit, dass in einer Klasse mit m Schülern alle verschiedene Geburtstage haben.

1. *Finde den Wahrscheinlichkeitsraum:* Wir lassen uns von der Vorstellung leiten, dass das Tupel $\omega = (x_1, \ldots, x_m)$ der m Geburtstage ein rein zufälliges Element aus

$$\Omega = \{(x_1, \ldots, x_m) \colon x_i \in \{1, \ldots, n\}\}$$

ist, mit $n = 365$.

2. *Bestimme das Ereignis:* Uns interessiert das Ereignis $E =$ »alle Geburtstage sind verschieden«, d. h.

$$E = \{(x_1, \ldots, x_m) \in \Omega \colon x_i \neq x_j \text{ für alle } i \neq j\}\,.$$

3. *Bestimme die Wahrscheinlichkeit des Ereignis:* Es gilt $|E| = n(n-1)\cdots(n-m+1)$. Wir nehmen an, dass es sich um eine rein zufällige Wahl der Geburtstage aus Ω handelt, so ist die gesuchte Wahrscheinlichkeit

$$\Pr(E) = \frac{|E|}{|\Omega|} = \frac{n(n-1)\cdots(n-m+1)}{n^m} = \prod_{i=1}^{m-1}\left(1 - \frac{i}{n}\right).$$

Wegen $1 + x \leq \mathrm{e}^x$ (gültig für alle $x \in \mathbb{R}$) und $\sum_{i=1}^{m-1} i = m(m-1)/2$ (arithmetische Reihe) erhalten wir

$$\Pr(E) \leq \prod_{i=1}^{m-1} \mathrm{e}^{-\frac{i}{n}} = \exp\Big(-\sum_{i=1}^{m-1}\frac{i}{n}\Big) = \exp\Big(-\frac{m(m-1)}{2n}\Big).$$

Für $m = 1 + \sqrt{2n}$ ist diese Wahrscheinlichkeit durch e^{-1} nach oben beschränkt und fällt dann für wachsendes m rapide gegen Null. Diese Abschätzung drückt das *Geburtstag-Phänomen* aus: In einer Gruppe von $m = 1 + \sqrt{2 \cdot 365} \leq 28$ Leuten haben zwei denselben Geburtstag mit Wahrscheinlichkeit mindestens $1 - e^{-1}$.

Beispiel 11.10: Das »Sekretärinnen-Problem« und die Börse

Ist der Wahrscheinlichkeitsraum *endlich*, so ist die ganze Stochastik nichts anderes als ein Teil der Kombinatorik. In dieser (endlichen) Form war eigentlich die Stochastik geboren. Das Ziel dieses Beispiels ist, zu zeigen, wie man mit Hilfe von (relativ einfachen) kombinatorischen Überlegungen einige nicht triviale Schlußfolgerungen ziehen kann.

Wie wählt man unter 10 Sekretärinnen die beste aus, wenn während des Bewerbungsgespräches die Zusage erteilt werden soll? Mit diesem »Sekretärinnen-Problem« wird in der Literatur die folgende Aufgabenstellung veranschaulicht: Unter n aufeinanderfolgenden »Gelegenheiten«, für die noch keine Rangfolge bekannt ist, soll die beste ausgewählt werden, indem sie geprüft und sofort zugegriffen wird, andernfalls ist sie für immer verpasst.

Auch Aktionäre interessieren sich für die Lösung dieses Problems. Die Lösungsstrategie zum Sekretärinnenproblem wird beim Aktienhandel angewandt, wenn der Kurs einer Aktie ständig schwankt und nicht vorhersagbar ist. Wenn man innerhalb von einem Monat die Aktien verkaufen möchte, wie kann man den günstigsten Verkaufstag erwischen?

Um das »Börsen-Problem« zu lösen, nehmen wir einfachheitshalber an, dass die Kurse an keinen zwei Tagen gleich sind. Werden wir den Verkaufstag rein zufällig wählen, dann haben wir nur eine $1/n$ Chance, den besten Tag zu erwischen. Mit der wachsenden Zahl n der möglichen Tage, strebt also die Erfolgswahrscheinlichkeit in diesem Fall gegen Null. Man kann aber eine viel bessere Strategie anwenden, wo die Erfolgswahrscheinlichkeit sogar höher als $1/3$ wird und zwar unabhängig von der Anzahl n der Verkaufstage!

Verkaufsstrategie: Wenn die Anzahl der Handelstage n groß ist, dann sollten die Aktienkurse der ersten n/e (knapp 37%) Tage lediglich notiert und dann die nächste bessere Gelegenheit ausgewählt werden.

Wir wollen zeigen, dass man mit dieser Strategie den günstigsten Verkaufstag mit Wahrscheinlichkeit $1/e = 0{,}367\ldots$ erwischen kann. Um das zu beweisen, betrachten wir für jedes $j \in \{1, \ldots, n-1\}$ die folgende *j-te Stoppstrategie*: An den ersten j Tagen wird lediglich der Kurs beobachtet und notiert; sobald der Kurs an einem der nachfolgenden Tage $k > j$ höher ist als das Maximum der j beobachteten Kurse, werden die Aktien verkauft.

Sein nun j fest und sei $P(j)$ die Wahrscheinlichkeit, mit der j-ten Stoppstrategie den besten Verkaufstag zu erwischen. Es ist klar, dass es für jedes j einige Kursverläufe existieren, für denen die j-te Stoppstrategie versagt: Es reicht zum Beispiel, dass sich der beste Tag unter der ersten j Tagen befindet. Wir wollen aber zeigen, dass für bestimmte Werte von j die Anzahl solchen »schlechten« Kursverläufe verschwindend klein wird. Für $k > j$ betrachten wir das Ereignis

$$A_k = \text{»der } k\text{-te Tag } T_k \text{ ist der beste und } T_k \text{ wird ausgewählt«}.$$

Die Wahrscheinlichkeit, dass der k-te Tag der beste ist, beträgt $1/n$, da wir n Tage haben und jeder davon der beste sein könnte. Nach Satz 11.3(c) gilt dann:

$$\Pr(A_k) = \Pr(T_k \text{ ist der beste Tag}) \cdot \Pr(\text{der Tag } T_k \text{ wird gewählt}) = \frac{1}{n} \cdot \frac{j}{k-1},$$

weil T_k genau dann ausgewählt wird, wenn sich der beste der ersten $k-1$ Tage unter den ersten j Tagen befindet.

Die j-te Stoppstrategie ist genau dann erfolgreich, wenn dass Ereignis $A_{j+1} \cup A_{j+2} \cup \cdots \cup A_n$ eintritt. Da nur ein Tag ausgewählt wird, sind die Ereignisse A_s und A_r für $s \neq r$ disjunkt. Daher gilt:

$$\begin{aligned} P(j) &= \Pr(j\text{-te Stoppstrategie ist erfolgreich}) \\ &= \Pr(A_{j+1}) + \Pr(A_{j+2}) + \cdots + \Pr(A_n) \\ &= \frac{j}{n} \cdot \Big(\frac{1}{j} + \cdots + \frac{1}{n-1}\Big). \end{aligned}$$

Um das optimale j zu finden, müssen wir die Funktion $P(j)$ maximieren. Da die harmonische Reihe $H_n = \sum_{k=1}^{n} 1/k$ asymptotisch gleich $\ln n$ ist (siehe Satz 8.5), erhalten wir:

$$P(j) = \frac{j}{n}(H_{n-1} - H_{j-1}) \sim \frac{j}{n} \ln \frac{n}{j}.$$

Nach Lemma 10.17 erhält die Funktion $f(x) = x \ln \frac{1}{x}$ ihr Maximum für $x = 1/\mathrm{e}$: Die erste Ableitung $f'(x) = \ln(1/x) - 1$ ist in diesem Punkt gleich Null und die zweite Ableitung $f''(x) = -1/x$ ist negativ. □

11.2 Stochastische Unabhängigkeit

Zwei Ereignisse A und B sind (stochastisch) *unabhängig*, falls gilt:

$$\Pr(A \cap B) = \Pr(A) \cdot \Pr(B).$$

Das ist die *Definition* der Unabhängigkeit. Aussagen wie »zwei Ereignisse sind unabhängig, falls diese Ereignisse einander nicht beeinflussen« sind *keine* Definitionen!

Erst richtig falsch ist zu behaupten, dass je zwei disjunkte Ereignisse unabhängig sind. Unabhängigkeit von Ereignissen hat mit ihrer Disjunktheit nichts zu tun! Sind zum Beispiel $\Pr(A) > 0$, $\Pr(B) > 0$ und $A \cap B = \emptyset$, dann sind A und B abhängig, da dann $\Pr(A \cap B) = \Pr(\emptyset) = 0$ und $\Pr(A) \cdot \Pr(B) > 0$ gilt.

Ist Pr eine Gleichverteilung in einem Wahrscheinlichkeitsraum der Größe n, so sind die Ereignisse A und B unabhängig genau dann, wenn $|A \cap B| = |A| \cdot |B|/n$ gilt (siehe Bild 11.2). Die (stochastische) Unabhängigkeit ist also selbst ein sehr seltenes Ereignis!

Beispiel 11.11:

Wir werfen zweimal eine faire 0-1 Münze und betrachten die Ereignisse:

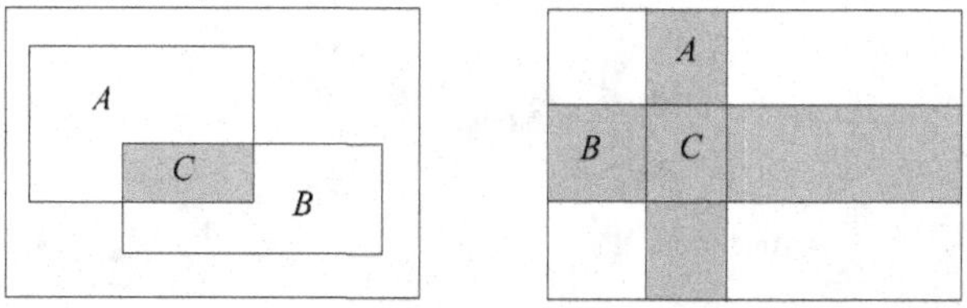

Bild 11.2: Der Wahrscheinlichkeitsraum sei das ganze Rechteck mit der Fläche n und die Wahrscheinlichkeit des Ereignisses A sei proportional zu seiner Fläche $|A|$. Dann sind A und B unabhängig genau dann, wenn $|C|/n = \Pr(A \cap B) = \Pr(A)\Pr(B) = (|A|/n)(|B|/n)$ gilt, d. h. wenn $|C| = |A| \cdot |B|/n$ gilt. »Quer stehende« Ereignisse sind aber immer unabhängig (Bild rechts).

A = »erster Wurf ergibt eine Eins«;
B = »beide Ausgänge sind gleich«;
C = »beide Ausgänge sind Einsen«.

Obwohl die Ereignisse A und B sich gegenwärtig zu »beeinflussen« scheinen, sind sie in Wirklichkeit unabhängig:

$$\Pr(A \cap B) = \Pr(11) = \frac{1}{4},$$
$$\Pr(A) \cdot \Pr(B) = \Pr(11{,}10) \cdot \Pr(11{,}00) = \frac{1}{2} \cdot \frac{1}{2} = \frac{1}{4}.$$

Die Ereignisse A und C sind aber abhängig, denn es gilt

$$\Pr(A \cap C) = \Pr(11) = \frac{1}{4},$$
$$\Pr(A) \cdot \Pr(C) = \Pr(11{,}10) \cdot \Pr(11) = \frac{1}{2} \cdot \frac{1}{4} = \frac{1}{8}.$$

Den Begriff der stochastischen Unabhängigkeit kann man auch auf mehrere Ereignisse erweitern: Ereignisse $A_1, \ldots, A_n$ heißen *unabhängig*, falls für alle $1 \leq k \leq n$ und alle $1 \leq i_1 < i_2 < \ldots < i_k \leq n$ gilt

$$\Pr(A_{i_1} \cap A_{i_2} \cap \cdots \cap A_{i_n}) = \Pr(A_{i_1}) \cdot \Pr(A_{i_2}) \cdots \Pr(A_{i_n}).$$

Beispiel 11.12:

Wir werfen dreimal eine faire 0-1 Münze und betrachten die Ereignisse:

A = »die ersten zwei Ausgänge sind gleich«;
B = »der erste und der dritte Ausgänge sind gleich«;
C = »die letzten zwei Ausgänge sind gleich«.

Dann gilt $\Pr(A) = \Pr(B) = \Pr(C) = 1/2$, und alle Ereignisse $A \cap B$, $B \cap C$, $A \cap C$ und $A \cap B \cap C$ sind gleich dem Ereignis $\{111, 000\}$, das mit Wahrscheinlichkeit $1/4$ eintritt. Damit sind alle drei Paare unabhängig aber

$$\Pr(A \cap B \cap C) = 1/4 \quad \text{und} \quad \Pr(A) \cdot \Pr(B) \cdot \Pr(C) = 1/8$$

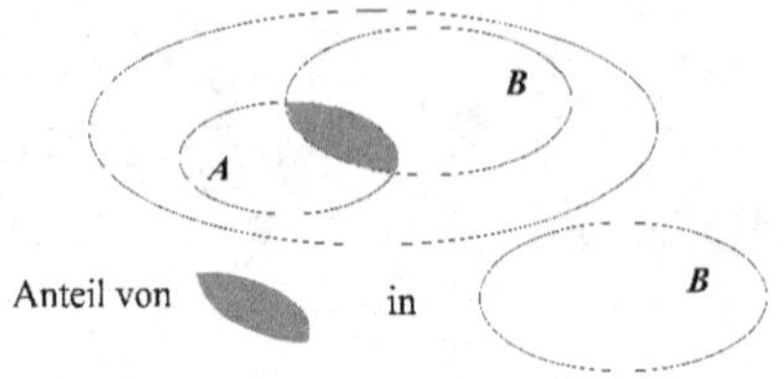

Bild 11.3: Bedingte Wahrscheinlichkeit bei der Gleichverteilung.

gilt. Also sind die Ereignisse A, B, C *nicht* unabhängig.

11.3 Bedingte Wahrscheinlichkeit

Alice und Bob gehen zum Abendessen. Um zu entscheiden, wer bezahlen soll, werfen sie dreimal eine faire 0-1 Münze. Falls mehr Einsen als Nullen rauskommen, bezahlt Alice, sonst bezahlt Bob. Es ist klar, dass die Chancen gleich sind. Der Wahrscheinlichkeitsraum $\Omega = \{0,1\}^3$ besteht aus 8 Elementarereignissen und die Ereignisse »bezahlt Alice« und »bezahlt Bob« sind entsprechend $A = \{011, 101, 110, 111\}$ und $B = \{000,001,010,100\}$. Sie werfen die Münze einmal und das Resultat ist »1«; bezeichne dieses Ereignis durch E, also $E = \{111,110, 101, 100\}$. Wie sollte man jetzt (nachdem das Ereignis E bereits eingetreten ist) die Chancen berechnen?

Da wir bereits wissen, dass E eingetreten ist, hat sich unser Wahrscheinlichkeitsraum von Ω auf E *verkleinert*, da die Elementarereignisse, die nicht in E liegen, nicht mehr möglich sind! In diesem neuen Experiment sehen die Ereignisse »bezahlt Alice« und »bezahlt Bob« folgendermaßen aus: $A \cap E = \{101, 110, 111\}$ und $B \cap E = \{100\}$. Die neue Wahrscheinlichkeiten, wer nun bezahlen soll, sind jetzt $3/4$ für Alice und nur $1/4$ für Bob.

Die allgemeine Situation ist folgende: Ist ein Ereignis E bereits eingetreten, wie sieht dann die Wahrscheinlichkeit, dass ein anderes Ereignis A eintreten wird? Im Allgemeinen können wir nicht mehr einfach die Wahrscheinlichkeiten der Elementarereignisse $\omega \in A$ aufsummieren, denn (nachdem E eingetreten ist) werden sich auch die Wahrscheinlichkeiten der Elementarereignisse ändern.

Definition:

Seien A und B zwei Ereignisse mit $\Pr(B) \neq 0$. Die *bedingte Wahrscheinlichkeit* $\Pr(A|\,B)$ für das Ereignis A unter der Bedingung B ist definiert durch

$$\Pr(A|\,B) = \frac{\Pr(A \cap B)}{\Pr(B)}.$$

Die Wahrscheinlichkeit $\Pr(A|\,B)$ bezeichnet man als *a-posteriori-Wahrscheinlichkeit* von A bezüglich B.

Für das Beispiel oben (mit Alice und Bob) gilt

$$\Pr(A|\,E) = \frac{\Pr(A \cap E)}{\Pr(E)} = \frac{3/8}{1/2} = \frac{3}{4},$$

$$\Pr(B|\, E) = \frac{\Pr(B \cap E)}{\Pr(E)} = \frac{1/8}{1/2} = \frac{1}{4}.$$

Mit Hilfe der bedingten Wahrscheinlichkeit kann man eine äquivalente Definition der stochastischen Unabhängigkeit zweier Ereignisse A und B angeben:

$$A \text{ und } B \text{ sind unabhängig} \iff \Pr(A|\, B) = \Pr(A).$$

Die bedingte Wahrscheinlichkeit $\Pr(A|\, B)$ kann man als die Wahrscheinlichkeit für das Eintreten des Ereignisses A interpretieren, wenn das Ereignis B bereits eingetreten ist. Ist Pr eine Gleichverteilung, dann ist die angegebene Definition von $\Pr(A|\, B)$ intuitiv klar: Ist das Ereignis B eingetreten, dann sind diejenige Elementarereignisse aus B für das Ereignis A günstig, die zu A gehören, und dies sind die Elementarereignisse aus $A \cap B$; damit gilt für die Gleichverteilung

$$\Pr(A|\, B) = \frac{|A \cap B|}{|B|} = \frac{|A \cap B|}{|\Omega|} \cdot \frac{|\Omega|}{|B|} = \Pr(A \cap B) \cdot \frac{1}{\Pr(B)}.$$

Insbesondere sind die Ereignisse A und B genau dann unabhängig, wenn der Anteil $|A|/|\Omega|$ des Ereignisses A in dem ganzen Wahrscheinlichkeitsraum Ω gleich dem Anteil $|A \cap B|/|B|$ des Teilereignisses $A \cap B$ von A in dem Ereignis B ist (siehe Bild. 11.3).

Man kann die bedingte Wahrscheinlichkeit $\Pr(A|\, B)$ auch als die Wahrscheinlichkeit von $A \cap B$ in einem neuen, durch die Teilmenge $\emptyset \neq B \subseteq \Omega$ definierten Wahrscheinlichkeitsraum $(B, \Pr_B)$ mit

$$\Pr_B(\omega) = \frac{\Pr(\omega)}{\Pr(B)}$$

betrachten. Man teilt durch $\Pr(B)$, um die Bedingung $\sum_{\omega \in B} \Pr(\omega) = 1$ eines Wahrscheinlichkeitsmaßes zu erfüllen.

Beispiel 11.13:

In einem großen Haus wohnen mehrere Familien, jeweils mit zwei Kindern. Wir wissen auch, dass die Tür stets von einem Jungen geöffnet wird, falls die Familie mindestens einen Jungen hat.

Wir klingeln an einer Wohnungstür und ein Junge, der kleine Peter, hat uns gerade die Tür geöffnet. Nun biete ich eine Wette an. Wenn das *andere* Kind der Familie ebenfalls ein Junge ist, bekommen Sie 5 Euro, wenn es ein Mädchen ist, bekomme ich 5 Euro. Ist dies eine faire Wette? Natürlich nicht, denn meine Gewinnchancen stehen $2:1$.

Nehmen wir der Einfachheitshalber an, ein Neugeborenes sei mit Wahrscheinlichkeit $1/2$ ein Mädchen (M) bzw. ein Junge (J), unabhängig vom Geschlecht früher oder später geborener Geschwister. Dann gibt es unter Berücksichtigung der Reihenfolge der Geburten bei 2 Kindern die vier gleichwahrscheinliche Fälle: $\Omega = \{MM, MJ, JM, JJ\}$. Durch die Beobachtung von Peter (J) scheidet der Fall MM aus. Bei den verbleibenden Fällen $E = \{MJ, JM, JJ\}$ ist ein M doppelt so wahrscheinlich wie ein zweites J. Durch die Öffnung der Tür hat also der kleine Peter den ganzen Wahrscheinlichkeitsraum verändert.

Warum wäre die Wette fair, wenn uns der Peter gesagt hätte, dass er das ältere Kind ist? Da dann hätten wir anstatt $E = \{MJ, JM, JJ\}$ das Ereignis $\{MJ, JJ\}$.

Nun werden wir drei sehr nützliche Eigenschaften der bedingten Wahrscheinlichkeit kennenlernen.

Satz 11.14:

1. **Multiplikationssatz für Wahrscheinlichkeiten:**

$$\Pr(A \cap B) = \Pr(B) \cdot \Pr(A|\, B)\,.$$

2. **Satz von der totalen Wahrscheinlichkeit:** Ist $B_1, \ldots, B_n$ eine Zerlegung des Wahrscheinlichkeitsraumes mit $\Pr(B_i) \neq 0$ für alle i, so gilt

$$\Pr(A) = \sum_{i=1}^{n} \Pr(A \cap B_i) = \sum_{i=1}^{n} \Pr(B_i) \cdot \Pr(A|\, B_i)\,.$$

3. **Satz von Bayes:** Sind A und B Ereignisse mit $\Pr(A) \neq 0$ und $\Pr(B) \neq 0$, so gilt

$$\Pr(A|\, B) = \frac{\Pr(A)}{\Pr(B)} \cdot \Pr(B|\, A)\,.$$

Beweis:

Die erste und die dritte Aussage folgen direkt aus der Definition von $\Pr(A|\, B)$. Die zweite Aussage folgt aus Satz 11.3(c). □

Der Multiplikationssatz für Wahrscheinlichkeiten gilt natürlich auch für mehrere Ereignisse: Sind $A_1, \ldots, A_n$ Ereignisse mit $\Pr(A_1 \cap \cdots \cap A_{n-1}) \neq 0$, so gilt auch

$$\Pr(A_1 \cap \cdots \cap A_n) = \Pr(A_n|\, A_1, \ldots, A_{n-1}) \cdots \Pr(A_3|\, A_1, A_2) \Pr(A_2|\, A_1) \Pr(A_1)\,.$$

Beispiel 11.15:

Eine Urne enthalte 4 weiße und 6 schwarze Kugeln. Ziehe zweimal ohne Zurücklegen. Der Wahrscheinlichkeitsraum in diesem Fall besteht aus vier Ereignissen {ww,ws,sw,ss}: Die erste Kugel weiß (w) oder schwarz (s), die zweite Kugel weiß (w) oder schwarz (s).

Dieses Prozess kann man als Entscheidungsbaum darstellen (siehe Bild 11.4). Der Baum besteht aus zwei Ebenen. Die erste Ebene entspricht der Ziehung der ersten Kugel. Die zweite Ebene entspricht der Ziehung der zweiten Kugel *unter der Bedingung, dass die erste Kugel bereits gezogen ist*! So wird zum Beispiel in erstem Schritt die weiße Kugel mit Wahrscheinlichkeit $4/10$ gezogen. Aber die Wahrscheinlichkeit, dass die zweite Kugel auch weiß wird, nachdem die erste gezogene Kugel bereits weiß war, ist gleich $3/9$: Nach dem ersten Schritt bleiben noch 9 Kugeln übrig und nur 3 davon sind weiß. Deshalb »sollte« $\Pr(\mathrm{ww}) = (4/10) \cdot (3/9) = 2/15$ gelten.

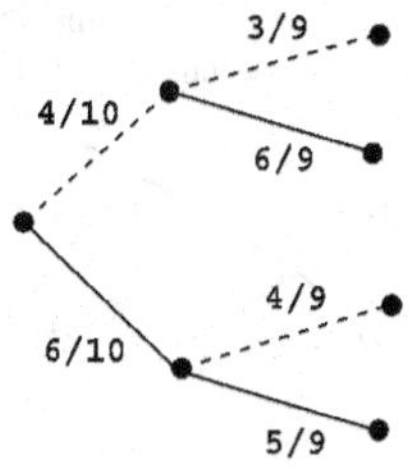

Bild 11.4: Der Entscheidungsbaum für Beispiel 11.15.

Das kann man auch formell beweisen. Dazu betrachten wir für $i = 1{,}2$ die Ereignisse $W_i =$ »i-te Kugel weiß« und $S_i =$ »i-te Kugel schwarz«. Nach dem Multiplikationssatz für Wahrscheinlichkeiten gilt dann

$$\Pr(W_1 \cap W_2) = \Pr(W_1) \cdot \Pr(W_2 | W_1) = \frac{4}{10} \cdot \frac{3}{9} = \frac{2}{15}\,.$$

Außerdem gilt nach dem Satz von der totalen Wahrscheinlichkeit

$$\begin{aligned}\Pr(W_2) &= \Pr(W_2 \cap W_1) + \Pr(W_2 \cap S_1)\\ &= \Pr(W_1) \cdot \Pr(W_2 | W_1) + \Pr(S_1) \cdot \Pr(W_2 | S_1)\\ &= \frac{4}{10} \cdot \frac{3}{9} + \frac{6}{10} \cdot \frac{4}{9} = \frac{36}{90} = \frac{4}{10} = \Pr(W_1)\,.\end{aligned}$$

Beispiel 11.16: Das »Monty Hall Problem«

Das folgende Problem würde vor einigen Jahren in den U.S.A. öffentlich und ziemlich heftig diskutiert. In einer Game Show (wie z. B. »Gehe aufs Ganze«) ist hinter einer von drei Türen ein Hauptpreis (rein zufällig) verborgen. Ein Zuschauer rät eine der drei Türen und der Showmaster Monty Hall wird daraufhin eine weitere Tür öffnen, hinter der sich aber kein Hauptpreis verbirgt. Der Zuschauer erhält jetzt die Möglichkeit, seine Wahl zu ändern. Sollte er dies tun?

Wir müssen zuerst das Problem genauer beschreiben. Wir nehmen an, dass die folgenden drei Bedingungen erfüllt sind:

1. Der Hauptpreis ist mit gleicher Wahrscheinlichkeit 1/3 hinter jeder der drei Türen verborgen. Der Showmaster weiß, wo der Preis ist, der Zuschauer weiß es natürlich nicht.
2. Unabhängig davon, wo der der Hauptpreis ist, wählt der Zuschauer eine der drei Türen mit gleicher Wahrscheinlichkeit 1/3.
3. Unabhängig davon, wo der der Hauptpreis ist, öffnet der Showmaster jede der möglichen Türen (d. h. eine Tür hinter der kein Preis ist) mit gleicher Wahrscheinlichkeit. Also ist diese Wahrscheinlichkeit 1/2, falls der Zuschauer die Tür mit Hauptpreis gewählt hat, und ist 1 sonst.

Da der Hauptpreis zufällig verborgen ist und der Zuschauer auch zufällig eine Tür wählt, sollte auch »egal« sein, ob man seine Wahl ändert oder nicht (so haben viele Leute argumentiert). Betrachtet man die Situation genauer, so kommt man zu einem ganz anderen Schluss.

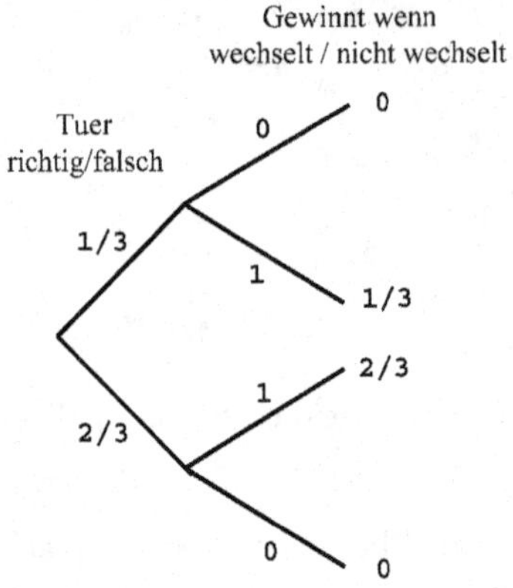

Bild 11.5: Die Lösung für das »Monty Hall Problem«.

Wir betrachten zwei Ereignisse: R = »Zuschauer wählt die *richtige* Tür (die mit dem Preis)« und W = »Zuschauer gewinnt, wenn er die Tür *stets wechselt*«. Dann gilt

$$\Pr(W) = \Pr(R) \cdot \Pr(W|\, R) + \Pr(\overline{R}) \cdot \Pr(W|\, \overline{R}) = \frac{1}{3} \cdot 0 + \frac{2}{3} \cdot 1 = \frac{2}{3}$$

und $\Pr(\overline{W}) = 1 - \Pr(W) = \frac{1}{3}$ (siehe Bild 11.5). Der Zuschauer sollte also seine Wahl stets ändern!

Zu demselben Ergebnis kann man auch kommen, wenn man die »Dreischritt-Methode« anwendet. In unserem Fall besteht Ω aus 9 Elementarereignissen $\omega = (i, j)$ mit $i, j \in \{1,2,3\}$. Hier ist i die von dem Zuschauer gewählte Tür und j ist die Tür mit dem Preis. Die Wahrscheinlichkeiten sind $\Pr(\omega) = 1/9$ für alle $\omega \in \Omega$. Für uns von Interesse ist das Ereignis $W = \{(i,j) : i \neq j\}$ (Zuschauer gewinnt, wenn er die Tür *stets wechselt*) und wir erhalten $\Pr(W) = 6/9 = 2/3$.

Beispiel 11.17:

Wissenschaftler wollen einen Test für eine Erbkrankheit entwickeln. Natürlich gibt es keinen perfekten Test: Es werden einige Gesunde als krank eingestuft und umgekehrt. Sei zum Beispiel A das Ereignis »die Testperson ist krank« und B das Ereignis »der Test ist positiv«. Für die Wissenschaftlern ist wichtig, mit welcher Wahrscheinlichkeit das Testergebnis falsch wird, d. h. für sie sind die Wahrscheinlichkeiten $\Pr(B|\,\overline{A})$ und $\Pr(\overline{B}|\, A)$ von Bedeutung. Für die Testpersonen sind dagegen die Wahrscheinlichkeiten $\Pr(A|\, B)$ und $\Pr(\overline{A}|\, \overline{B})$ von großer Bedeutung: Ich bin als krank getestet, mit welcher Wahrscheinlichkeit bin ich wirklich krank? Ich bin als negativ getestet, wie sicher kann ich sein, dass ich tatsächlich gesund bin?

Wir nehmen an, dass 0,1% aller untersuchten Personen krank sind. Der Test ist nicht perfekt: 0,2% der kranken Personen werden als gesund eingestuft; 0,3% der gesunden Personen werden als krank eingestuft.

Ist nun eine Person als krank eingestuft worden, mit welcher Wahrscheinlichkeit ist sie auch tatsächlich krank?

Nach der Formel von der totalen Wahrscheinlichkeit gilt

$$\begin{aligned}\Pr(B) &= \Pr(A)\Pr(B|\,A) + \Pr(\overline{A})\Pr(B|\,\overline{A})\\ &= 0{,}001 \cdot 0{,}998 + 0{,}999 \cdot 0{,}003 = 0{,}003996\,.\end{aligned}$$

Nach der Formel von Bayes:

$$\Pr(A|\,B) = \frac{\Pr(B_1)}{\Pr(A)}\Pr(A|\,B_1) = \frac{0{,}001 \cdot 0{,}998}{0{,}003996} \approx 0{,}25\,.$$

Obwohl der Testfehler so klein ist, wird mit Wahrscheinlichkeit 3/4 eine als krank eingestufte Person tatsächlich gesund sein! Die Intuition hier ist klar: Obwohl der Fehler wirklich sehr klein ist, ist der (abgeschätzte) Anteil der kranken Personen noch wesentlich kleiner.

Es gibt ein paar Regeln, die den Umgang mit der bedingten Wahrscheinlichkeit erleichtern. Zuerst beachten wir, dass $\Pr_B(A) := \Pr(A|\,B)$ eine Wahrscheinlichkeitsverteilung $\Pr_B$ auf Ω definiert, denn es gilt:

$$\begin{aligned}\sum_{\omega\in\Omega}\Pr_B(\omega) &= \sum_{\omega\in\Omega}\Pr(\omega|\,\omega\in B)\\ &= \sum_{\omega\in\Omega}\frac{\Pr(\omega\in B)}{\Pr(B)} = \frac{1}{\Pr(B)}\sum_{\omega\in\Omega}\Pr(\omega\in B)\\ &= \frac{1}{\Pr(B)}\cdot\Pr(B) = 1.\end{aligned}$$

Es gelten also alle in Satz 11.3 angegebenen Eigenschaften auch für $\Pr_B(A)$. Man kann diese Regeln auch direkt aus den Regeln für $\Pr(A)$ ableiten. So gilt zum Beispiel:

$$\begin{aligned}\Pr_B(\overline{A}) = \Pr(\overline{A}|\,B) &= \frac{\Pr(\overline{A}\cap B)}{\Pr(B)} = \frac{\Pr(B\setminus A)}{\Pr(B)} = \frac{\Pr(B\setminus(A\cap B))}{\Pr(B)}\\ &= \frac{\Pr(B)-\Pr(A\cap B)}{\Pr(B)} = 1-\Pr(A|\,B) = 1-\Pr_B(A)\,,\end{aligned}$$

andere Eigenschaften analog.

11.4 Aufgaben

Aufgabe 11.1:

Gegeben sind zwei Ereignisse A und B mit der Wahrscheinlichkeiten $\Pr(A) = 0{,}7$, $\Pr(B) = 0{,}6$ und $\Pr(A\cap B) = 0{,}5$. Berechne:

(a) $\Pr(A\cup B)$; (b) $\Pr(\overline{A})$; (c) $\Pr(\overline{B})$;
(d) $\Pr(\overline{A}\cup\overline{B})$; (e) $\Pr(\overline{A}\cap\overline{B})$; (f) $\Pr(A\cap\overline{B})$;
(g) $\Pr(\overline{A}\cap B)$; (h) $\Pr((A\cap\overline{B})\cup(\overline{A}\cap B))$.

Aufgabe 11.2:

Ein Prüfer hat 5 Standardfragen, von denen er in jeder Prüfung 3 zufällig auswählt, wobei jede Auswahl die gleiche Wahrscheinlichkeit besitzt. Ein Student kennt die Antwort von genau 4 Fragen. Wie groß ist die Wahrscheinlichkeit, dass er die Prüfung besteht, wenn er dazu alle drei Fragen richtig beantworten muss?

Aufgabe 11.3:

Zeige folgendes: Sind A und B zwei unabhängige Ereignisse, so sind auch die Ereignisse A und $\overline{B}$ wie auch die Ereignisse $\overline{A}$ und $\overline{B}$ unabhängig. *Hinweis*: Satz 11.3.

Aufgabe 11.4:

Von sechs Zahlen sind drei positiv und drei negativ. Zwei Zahlen werden zufällig *ohne Zurücklegen* gezogen und multipliziert. Ist es günstiger, auf ein positives oder ein negatives Produkt zu setzen?

Aufgabe 11.5:

Wir haben eine faire Münze, deren Wurf mit gleicher Wahrscheinlichkeit Kopf oder Zahl ergibt, und eine unfaire Münze, deren Wurf *immer* Kopf ergibt. Wir wählen eine der beiden Münzen zufällig aus und werfen sie zweimal. Angenommen, *beide* Würfe ergeben Kopf. Wie groß ist dann die Wahrscheinlichkeit, dass die unfaire Münze ausgewählt wurde?

Aufgabe 11.6:

Peter schlägt Paul ein Spiel vor: »Du darfst dreimal würfeln. Tritt dabei mindestens ein Sechser auf, so hast du gewonnen. Wenn keine Sechser vorkommen, habe ich gewonnen«. Paul überlegt rasch, dass die Wahrscheinlichkeit für jeden Wurf $1/6$ beträgt. Die Wahrscheinlichkeit, dass der erste oder der zweite oder der dritte eine Sechs aufweisen ist also $(1/6)+(1/6)+(1/6) = 1/2$. Das Spiel scheint sehr fair zu sein. Würden Sie auch so überlegen?

Aufgabe 11.7: De Méré's Paradox

Die folgende Frage hat der französischer Edelmann *De Méré* an seinem Freund *Pascal* in 17. Jahrhundert gestellt. Wir würfeln dreimal und betrachten die beiden Ereignisse:

$A =$ »die Summe der Augenzahlen ist 11«;

$B =$ »die Summe der Augenzahlen ist 12«.

Bestimme die Wahrscheinlichkeiten $\Pr(A)$ und $\Pr(B)$. Sind sie gleich? *Hinweis*: Der Wahrscheinlichkeitsraum besteht nicht aus den Summen der Augenzahlen, sondern aus 3-Tupeln der jeweils gewürfelten Augenzahlen.

Aufgabe 11.8:

Seien A und B zwei unabhängige Ereignisse mit $\Pr(A) = \Pr(B)$ und $\Pr(A \cup B) = 1/2$. Bestimme $\Pr(A)$.

Aufgabe 11.9:

Sei $B_1, \ldots, B_m$ eine Zerlegung des Wahrscheinlichkeitsraumes und sei A ein Ereignis. Zeige, dass dann $\Pr(A) \leq \max_i \Pr(A| B_i)$ gilt.

Aufgabe 11.10:

Wir haben drei Münzen. Eine Münze (die WW-Münze) hat auf beiden Seiten das Wappen, die Zweite (die KK-Münze) hat auf beiden Seiten den Kopf, und die dritte (die WK-Münze) hat das Wappen auf einer und den Kopf auf der anderen Seite. Wir ziehen rein zufällig eine der drei Münzen, werfen diese Münze, und es kommt Wappen. Wir nehmen an, dass (außer der Markierung) die Münzen fair sind, d. h. jede Seite kann mit gleicher Wahrscheinlichkeit 1/2 kommen. Was ist die Wahrscheinlichkeit dafür, dass die WK-Münze gezogen war? *Hinweis*: Die Antwort ist nicht 1/2.

Aufgabe 11.11:

Fünf Urnen enthalten verschiedenfarbige Kugeln wie folgt:

Urne	1	2	3	4	5
Anzahl rote	4	3	1	2	3
Anzahl grüne	2	1	7	5	2

Es wird eine beliebige Urne ausgewählt und ihr eine beliebige Kugel entnommen. Mit welcher Wahrscheinlichkeit wurde die erste Urne gewählt unter der Voraussetzung, dass die gezogene Kugel rot war?

Aufgabe 11.12:

Wir haben zwei Urnen. Die erste Urne enthält 10 Kugeln: 4 rote und 6 blaue. Die zweite Urne enthält 16 rote Kugeln und eine unbekannte Anzahl b von blauen Kugeln. Wir ziehen rein zufällig und unabhängig eine Kugel aus jeder der beiden Urnen. Die Wahrscheinlichkeit, dass beide Kugeln dieselbe Farbe tragen sei 0,44. Bestimme die Anzahl b der blauen Kugeln in der zweiten Urne.

Aufgabe 11.13: Qualitätsprüfung

Ein Sortiment aus 20 Teilen gilt als »gut«, wenn es höchstens 2 defekte Teile enthält, als »schlecht«, wenn es mindestens 4 defekte Teile enthält. Weder der Käufer noch der Verkäufer weiß, ob das gegebene Sortiment gut oder schlecht ist. Deshalb kommen sie überein, 4 zufällig herausgegriffene Teile zu testen. Nur wenn alle 4 in Ordnung sind, findet der Kauf (des ganzen Sortiments) statt. Der Verkäufer trägt bei diesem Verfahren das Risiko, ein gutes Sortiment nicht zu verkaufen, der Käufer das Risiko, ein schlechtes Sortiment zu kaufen. Wer trägt das größere Risiko?

12 Zufallsvariablen

The Holy Roman Empire was neither holy nor Roman, nor an empire.

\- Voltaire

Genauso sind die »Zufallsvariablen« – sie sind weder zufällig noch Variablen! Eine *Zufallsvariable* ist eine auf dem Wahrscheinlichkeitsraum definierte *Abbildung* [1]

$$X : \Omega \to \mathbb{R}\,.$$

Da wir nur endliche oder abzählbare Wahrscheinlichkeitsräume Ω betrachten, wird der Bildbereich $S = X(\Omega)$ entweder endlich oder abzählbar unendlich.

Zum Beispiel würfeln wir zweimal und sind an der Augensumme interessiert. Der Wahrscheinlichkeitsraum Ω besteht aus allen Paaren $\omega = (i,j)$ mit $1 \leq i,j \leq 6$, und die entsprechende Zufallsvariable ist durch $X(i,j) = i + j$ gegeben; der Bildbereich von X ist in diesem Fall $S = \{2{,}3,\ldots,12\}$.

Die wichtigste Frage für eine Zufallsvariable $X : \Omega \to S$ mit $S \subseteq \mathbb{R}$ ist: Für ein gegebenes Element $s \in S$, wie groß ist die Wahrscheinlichkeit, dass X den Wert s annimmt? In anderen Worten, was ist die Wahrscheinlichkeit für das Ereignis

$$A = \{\omega \in \Omega\colon X(\omega) = s\}\,?$$

Man bezeichnet dieses Ereignis durch »$X = s$« und sagt, dass X *den Wert s mit Wahrscheinlichkeit p annimmt*, falls $\Pr(X = s) = p$ gilt. Die *Verteilung* einer Zufallsvariablen $X : \Omega \to S$ ist die durch $f(s) := \Pr(X = s)$ definierte Abbildung $f : S \to [0{,}1]$.

Beispiel 12.1:

Wir werfen dreimal eine Münze und sei X die Anzahl der Ausgänge »Wappen«. Die mögliche Werte von X sind $S = \{0{,}1{,}2{,}3\}$ und die Verteilung sieht folgendermaßen aus:

s	0	1	2	3
$\Pr(X = a)$	1/8	3/8	3/8	1/8.

Beachte, dass auch *verschiedene* Zufallsvariablen dieselbe Verteilung haben können. Wenn wir z. B. das obige Beispiel betrachten und die Anzahl der Ausgänge »Kopf« mit Y bezeichnen, dann sind die Zufallsvariablen X und Y verschieden (da $Y = 3 - X$ gilt) aber die Verteilungen von Y und X sind gleich. In solchen Fällen sagt man, dass X und Y *Kopien* einer Zufallsvariable sind.

---

1 Dass wir nun die Abbildungen nicht wie gewohnt mit $f, g, h, \ldots$ sondern mit $X, Y, Z, \ldots$ bezeichnen, hat keinen tieferen Grund – dies ist einfach eine Tradition. Damit will man nur unterstreichen, dass nun jedes Argument $\omega \in \Omega$ ein »Gewicht« $\Pr(\omega)$ trägt. Manchmal bezeichnet man Zufallsvariablen auch mit griechischen Buchstaben $\xi, \zeta, \chi, \ldots$.

Hat man zwei Zufallsvariablen $X : \Omega \to S$ und $Y : \Omega \to T$, so kann man auch die durch $Z(\omega) := \big(X(\omega), Y(\omega)\big)$ definierte Zufallsvariable $Z : \Omega \to S \times T$ betrachten. Die *gemeinsamme Verteilung* der Zufallsvariablen X und Y ist dann die durch $f(s,t) := \Pr(X = s, Y = t)$ definierte Abbildung $f : S \times T \to [0,1]$; hier bezeichnet »$X = s, Y = t$« das Ereignis »$X = s$ *und* $Y = t$«. Die Verteilungen $\Pr(X = s)$ und $\Pr(Y = t)$ nennt man *Randverteilungen* oder *Marginalverteilungen* der gemeinsamen Verteilung.

Zwei Zufallsvariablen X und Y heißen *unabhängig*, falls die gemeinsame Verteilung gleich dem Produkt der Randverteilungen ist, d. h. falls für alle $s \in S$ und $t \in T$ gilt

$$\Pr(X = s, Y = t) = \Pr(X = s) \cdot \Pr(Y = t) ,$$

was äquivalent zu $\Pr(X = s | Y = t) = \Pr(X = s)$ ist. In anderen Worten bedeutet die Unabhängigkeit von X und Y, dass die Ereignisse $X = s$ und $Y = t$ für *alle* $s \in S$ und $t \in T$ unabhängig sind.

Beispiel 12.2:

Wir würfeln zwei (faire) Spielwürfel und seien X_1 und X_2 die entsprechenden Augenzahlen. Für das Elementarereignis $\omega = (3,5)$ sind zum Beispiel $X_1(\omega) = 3$ und $X_2(\omega) = 5$. Die Zufallsvariablen X_1 und X_2 sind unabhängig. Aber die Zufallsvariablen X_1 und $Y = X_1 + X_2$ sind bereits abhängig, da zum Beispiel einerseits $\Pr(Y = 2| X_1 = 3) = 0$ und andererseits $\Pr(Y = 2) = 1/32 \neq 0$ gilt.

Beispiel 12.3:

Eine Urne enthält zwei rote Kugeln, eine blaue Kugel und eine gelbe Kugel. Wir ziehen rein zufällig und ohne Zurücklegen zwei Kugeln. Sei X die Anzahl der gezogenen roten Kugeln und sei Y die Anzahl der gezogenen blauen Kugeln. Dann sehen die Marginalverteilungen und die gemeinsame Verteilung wie folgt aus

s	0	1	2
$\Pr(X = s)$	1/6	2/3	1/6

t	0	1
$\Pr(Y = t)$	1/2	1/2

	0	1
0	0	1/6
1	1/3	1/3
2	1/6	0

Daran erkennt man, dass die Zufallsvariablen X und Y nicht unabhängig sind: Es gilt zum Beispiel $\Pr(X = 0) \cdot \Pr(Y = 0) = (1/6)(1/2) = 1/12 \neq 0 = \Pr(X = 0, Y = 0)$.

Die einfachsten (und deshalb die wichtigsten) Zufallsvariablen sind *Bernoulli-Variablen*. Jede solche Zufallsvariable X kann nur zwei mögliche Werte 0 und 1 annehmen; $p = \Pr(X = 1)$ heißt dann die *Erfolgswahrscheinlichkeit*. Beispiel: Einmaliges Werfen einer Münze, wobei der Ausgang »Wappen« mit Wahrscheinlichkeit p kommt. Das entsprechende Zufallsexperiment nennt man *Bernoulli-Experiment*.

Die *Indikatorvariable* für ein Ereignis $A \subseteq \Omega$ ist eine Zufallsvariable $X_A : \Omega \to \{0,1\}$ mit

$$X_A(\omega) = \begin{cases} 1 & \text{falls } \omega \in A; \\ 0 & \text{falls } \omega \notin A. \end{cases}$$

Beachte, dass jede Indikatorvariable X_A eine Bernoulli-Variable mit der Erfolgswahrscheinlichkeit $\Pr(X_A = 1) = \Pr(A)$ ist. Somit kann man die Ereignisse als einen Spezialfall der Zufallsvariablen – nämlich als 0-1-wertige Zufallsvariablen – betrachten.

12.1 Erwartungswert und Varianz

Hat man eine Zufallsvariable $X : \Omega \to S$ mit dem Bildbereich $S = X(\Omega)$, so will man die Wahrscheinlichkeiten $\Pr(X \in R)$ für verschiedene Teilmengen $R \subseteq S$ bestimmen (oder zumindest abschätzen). Als Ausgangspunkt betrachtet man dazu zwei numerische Charakteristiken der Zufallsvariable X – ihren »Erwartungswert« und ihre »Varianz«.

Definition:

Der *Erwartungswert* $\mathrm{E}(X)$ von $X : \Omega \to S$ ist definiert durch

$$\mathrm{E}(X) = \sum_{\omega \in \Omega} X(\omega) \cdot \Pr(\omega).$$

D. h. wir multiplizieren die Werte, die X annehmen kann, mit den entsprechenden Wahrscheinlichkeiten, und summieren die Terme auf. Der Erwartungswert ist also ein »verallgemeinerter Durchschnittswert«.

Beobachtet man, dass die Mengen $X^{-1}(a)$ mit $a \in S$ eine disjunkte Zerlegung des Wahrscheinlichkeitsraumes Ω bilden und

$$\Pr(X = a) = \sum_{\omega \in X^{-1}(a)} \Pr(\omega)$$

gilt, so erhält man eine äquivalente Definition von $\mathrm{E}(X)$:

$$\mathrm{E}(X) = \sum_{a \in S} a \cdot \Pr(X = a).$$

Im Spezialfall, wenn der Wertebereich $S = \{a_1, \ldots, a_n\}$ endlich ist und X jeden Wert a_i mit gleicher Wahrscheinlichkeit $1/n$ annimmt, ist $\mathrm{E}(X)$ einfach das arithmetische Mittel

$$\mathrm{E}(X) = \frac{a_1 + \cdots + a_n}{n}.$$

Man kann den Erwartungswert auch rein mechanisch interpretieren. Wenn wir n Objekte mit Gewichten $p_i = \Pr(X = a_i)$ auf der x-Achse in der Positionen a_i $(i = 1, \ldots, n)$ ablegen, dann wird der Schwerpunkt genau an der Stelle $\mathrm{E}(X)$ sein (siehe Bild 12.1).

Falls die Zufallsvariable *unendlich* viele Werte $a_1, a_2, \ldots$ annehmen kann, dann ist der Erwartungswert als

$$\mathrm{E}(X) := \lim_{n \to \infty} \sum_{i=1}^{n} a_i \Pr(X = a_i) = \sum_{i=1}^{\infty} a_i \Pr(X = a_i)$$

definiert. Im Allgemeinen muss dieser Grenzwert nicht existieren. Ist aber (a_i) eine monoton fallende Nullfolge, dann existiert der Grenzwert nach dem Dirichlet-Kriterium (Satz 9.27), da die Partialsummen $\sum_{i=1}^{n} \Pr(X = a_i) \leq 1$ beschränkt sind.

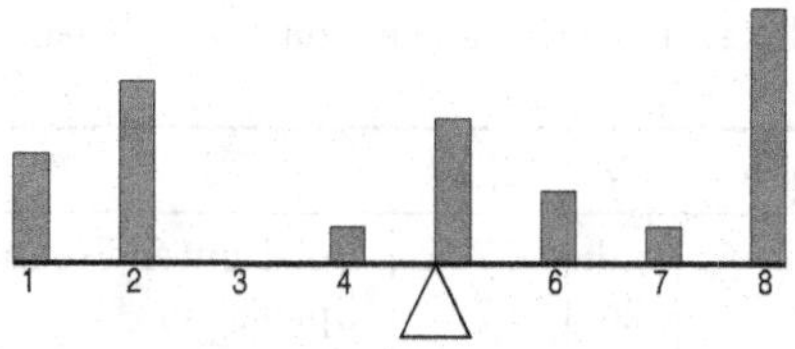

Bild 12.1: Erwartungswert als Schwerpunkt.

Beispiel 12.4: Das »St. Petersburg-Paradoxon«
Sei X eine Zufallsvariable mit der Verteilung $\Pr(X = 2^k) = 1/2^k$ für alle $k = 1,2,\ldots$. Das ist eine legale Wahrscheinlichkeitsverteilung, da

$$\sum_{k=1}^{\infty} \frac{1}{2^k} = \sum_{k=0}^{\infty} \frac{1}{2^k} - 1 = \frac{1}{1-(1/2)} - 1 = 1$$

gilt. Die Zufallsvariable X beschreibt zum Beispiel den Gewinn in dem folgenden Kasinospiel: Wir werfen eine faire 0-1 Münze bis erstmals eine Eins rauskommt; kommt die Eins in der k-ten Runde, so erhalten wir 2^k Euro ausgezahlt und das Spiel ist zu Ende. Der Gewinn richtet sich also nach der Anzahl der Münzwürfe insgesamt. War es nur einer, dann erhält der Spieler 2 Euro. Bei zwei Würfen (also Null, dann Eins) erhält er 4 Euro, bei drei Würfen 8 Euro, bei vier Würfen 16 Euro und bei jedem weiteren Wurf verdoppelt sich der Betrag.

Natürlich verlangt das Kasino vorher einen Teilnahmebetrag B und hofft, dass die Eins mit einer großen Wahrscheinlichkeit viel früher als in $k \le \log_2 B$ Runden kommt; dann kassiert es die verbleibenden $B - 2^k$ Euro. Welchen Geldbetrag würde man für die Teilnahme an diesem Spiel bezahlen wollen?

Man kommt genau dann zum k-ten Wurf, wenn man man vorher $(k-1)$-mal 0 geworfen hat. Also ist die Wahrscheinlichkeit, dass das erste Mal beim k-ten Münzwurf 1 fällt, gleich $\left(\frac{1}{2}\right)^k = 2^{-k}$. Nach (9.2) mit $x = 1/2$ beträgt die erwartete Spieldauer nur

$$\sum_{k=1}^{\infty} k2^{-k} = \sum_{k=1}^{\infty} kx^k = \frac{x}{(1-x)^2} = \frac{1/2}{(1-1/2)^2} = 2$$

Runden. Wieviel kann man im Durchschnitt erwarten zu gewinnen? Mit Wahrscheinlichkeit $1/2$ ist der Gewinn 2 Euro, mit Wahrscheinlichkeit $1/4$ ist er 4 Euro, mit Wahrscheinlichkeit $1/8$ ist er 8 Euro, usw. Der Erwartungswert ist daher

$$\mathrm{E}(X) = \sum_{k=1}^{\infty} 2^{-k} \cdot 2^k = \sum_{k=1}^{\infty} 1 = \infty\,,$$

also unendlich! Sollte man die Entscheidung nach dem Erwartungswert treffen, könnte man daher jede beliebige Teilnahmegebühr akzeptieren. Dies widerspricht natürlich einer tatsächlichen Entscheidung, und scheint auch irrational zu sein, da man in der Regel nur einige Euro gewinnt. Dieses Paradoxon hat Daniel Bernoulli im Jahre 1738 entdeckt. Versuche, dieses Paradox aufzulösen, haben zu verschiedenen

Tabelle 12.1: Endliche Versionen des Kasinospiels.

Kasinokapital K	N	$\mathrm{E}(X)$	
100 €	6	7 €	Spiel unter Freunden
100 Millionen €	26	27 €	Spielkasino
100 Milliarden €	36	37 €	Haushalt eines (reichen) Landes

Theorien in der Ökonomie geführt. Hier betrachten wir die einfachste »Lösung«.

Das Unrealistische an dem Paradox ist, dass das Spiel *unendlich* lange laufen kann und die Gewinne unendlich hoch werden können. In der Praxis ist beides jedoch nicht möglich. Der Spieler kann nicht unendlich lange eine Münze werfen (klar) und das Kasino kann nicht unendlich hohe Gewinne ausgeben, da das Kapital K des Kasinos beschränkt ist. Daher kann das Kasino nur $N = \lfloor \log_2 K \rfloor$ Runden den Gewinn verdoppeln: Wird das Spiel länger als N Runden dauern, so wird jedenfalls nur $2^N = K$ € ausgezahlt. Der Erwartungswert eines solchen Spiels berechnet sich wie folgt:

$$\begin{aligned} \mathrm{E}(X) &= \sum_{k=1}^{N} 2^{-k} 2^{k} + 2^N \sum_{k=N+1}^{\infty} 2^{-k} = N + 2^N \Big(\sum_{k=1}^{\infty} 2^{-k} - \sum_{k=1}^{N} 2^{-k} \Big) \\ &= N + 2^N \Big(1 - \big(1 - 2^{-N} \big) \Big) = N + 1 \,. \end{aligned}$$

Während das Kapital $K = 2^N$ des Kasinos exponentiell erhöht wird, steigt der erwartete Gewinn nur linear. Man müsste also ein enorm großes Kapital des Kasinos annehmen, um auf hohe Gewinnerwartungen zu kommen (siehe Tabelle 12.1). Würde also ein Kasino mehr als 30 € als Teilnahmebetrag verlangen, dann sollten wir am besten ein anderes Kasino aufsuchen.

Die allerwichtigste Eigenschaft des Erwartungswertes überhaupt ist seine *Linearität*. Diese Eigenschaft ist sehr robust: Sie gilt für *beliebige* (nicht nur für unabhängige) Zufallsvariablen!

Satz 12.5: Linearität des Erwartungswertes

Seien X, Y Zufallsvariablen und a, b beliebige reelle Zahlen. Dann gilt

$$\mathrm{E}(aX + bY) = a\,\mathrm{E}(X) + b\,\mathrm{E}(Y) \,.$$

Da X und Y *beliebige* Zufallsvariablen sind, kann man diese Eigenschaft für mehrere Zufallsvariablen $X_1, \ldots, X_n$ erweitern:

$$\mathrm{E}(a_1 X_1 + a_2 X_2 + \cdots + a_n X_n) = a_1\,\mathrm{E}(X_1) + a_2\,\mathrm{E}(X_2) + \cdots + a_n\,\mathrm{E}(X_n) \,.$$

Beweis:

$$\begin{aligned}\mathrm{E}(aX+bY) &= \sum_{\omega\in\Omega}(aX(\omega)+bY(\omega))\Pr(\omega)\\ &= a\sum_{\omega\in\Omega}X(\omega)\Pr(\omega)+b\sum_{\omega\in\Omega}Y(\omega)\Pr(\omega) = a\,\mathrm{E}(X)+b\,\mathrm{E}(Y)\,.\end{aligned}$$

□

Ist $f(x)$ eine *nicht* lineare Funktion, so gilt $\mathrm{E}(f(X)) = f(\mathrm{E}(X))$ im Allgemeinen nicht! Das zu »behaupten« ist ein sehr häufiger Fehler. Ist zum Beispiel $f(x) = x^2$ und X eine Indikatorvariable mit $\Pr(X = 1) = 1/2$, dann haben wir $\mathrm{E}(f(X)) = \mathrm{E}(X) = 1/2$ und $f(\mathrm{E}(X)) = (1/2)^2 = 1/4$.

Beispiel 12.6: Zufällige Teilmengen

Sei N eine endliche Menge mit $|N| = n$ Elementen. Wir wollen eine zufällige Teilmenge $S \subseteq N$ erzeugen, zu der jedes Element $x \in N$ mit Wahrscheinlichkeit p gehört. Dazu nehmen wir eine Münze, bei der die Wahrscheinlichkeit für den Ausgang »Wappen« gleich p ist. Wir werfen für jedes potenzielle Element $x \in N$ diese Münze und nehmen das Element x in die Menge S auf, wenn das Ergebnis »Wappen« ist. Somit gilt $\Pr(x \in S) = p$ für jedes $x \in N$. Die zufällige Wahl der Menge $S \subseteq N$ entspricht also der n-maligen Wiederholung eines Bernoulli-Experiments mit der Erfolgswahrscheinlichkeit p und $|S|$ ist dann genau die Anzahl der Erfolge. Um die erwartete Größe der Menge S zu bestimmen, sei I_x die Indikatorvariable für das Ereignis »$x \in S$«. Nach der Linearität des Erwartungswertes gilt dann

$$\mathrm{E}(|S|) = \mathrm{E}\Big(\sum_{x\in N} I_x\Big) = \sum_{x\in N}\mathrm{E}(I_x) = \sum_{x\in N}\Pr(x\in S) = pn\,.$$

Ist nun eine Teilmenge $T \subseteq N$ gegeben, was kann man über die erwartete Größe des Schnitts $S \cap T$ sagen? Diese Frage ist wegen der Linearität des Erwartungswertes wiederum leicht zu beantworten:

$$\mathrm{E}(|S\cap T|) = \mathrm{E}\Big(\sum_{x\in T} I_x\Big) = \sum_{x\in T}\mathrm{E}(I_x) = \sum_{x\in T}\Pr(x\in S) = p|T|\,.$$

Die Linearität des Erwartungswertes kann man *nicht* ohne weiteres auf unendlich vielen Zufallsvariablen $X_1, X_2, \ldots$ erweitern. Dazu muss die Reihe $\sum_{i=0}^{\infty}\mathrm{E}(|X_i|)$ konvergieren. Es gilt nämlich:

Satz 12.7: Unendliche Linearität des Erwartungswertes

Seien $X_0, X_1, \ldots$ Zufallsvariablen. Konvergiert die Reihe $\sum_{i=0}^{\infty}\mathrm{E}(|X_i|)$, so gilt

$$\mathrm{E}(X_0 + X_1 + \cdots) = \mathrm{E}(X_0) + \mathrm{E}(X_1) + \cdots\,.$$

Beispiel 12.8: Kasino

Wir spielen in einem Kasino ein Spiel mit Gewinnwahrscheinlichkeit $p = 1/2$. Wir werfen zum Beispiel eine faire 0-1 Münze und wir gewinnen, falls 1 kommt. Wir können einen beliebigen Betrag einsetzen. Geht das Spiel zu unseren Gunsten aus, erhalten wir den Einsatz zurück und zusätzlich denselben Betrag aus der Bank. Endet das Spiel ungünstig, verfällt unser Einsatz.

Wir betrachten die folgende Strategie: In jedem Schritt *verdoppeln* wir unseren Einsatz bis erstmals 1 kommt; dann hören wir auf. Wir wollen den erwarteten Gewinn dieser Strategie bestimmen. Sei K unser erster Einsatz und sei X_i das im i-ten Schritt gewonnene Kapital. Dann ist $Y = \sum_{i=0}^{\infty} X_i$ das (am Ende des Spiels) von uns gewonnene Kapital.

Da in jedem Schritt die Gewinnchance $p = 1/2$ ist, werden wir im i-ten Schritt mit gleicher Wahrscheinlichkeit entweder $K \cdot 2^{i-1}$ Euro gewinnen oder denselben Betrag verlieren, d. h. der Gewinn im i-ten Schritt ist entweder positiv ($X_i = +K2^{i-1}$) oder negativ ($X_i = -K2^{i-1}$). Deshalb ist der erwartete Gewinn $\mathrm{E}(X_i) = 0$ für alle $i = 1{,}2, \ldots$ gleich Null und man könnte daraus »schließen«, dass wir keinen Gewinn erwarten sollten:

$$\mathrm{E}(Y) = \mathrm{E}\Big(\sum_{i=1}^{\infty} X_i\Big) \stackrel{(*)}{=} \sum_{i=1}^{\infty} \mathrm{E}(X_i) = \sum_{i=1}^{\infty} 0 = 0\,.$$

Aber die Gewinnwahrscheinlichkeit ist in jedem Schritt positiv, also muss die Münze mit Sicherheit irgendwann auf 1 landen. D. h. wir sollten mit Wahrscheinlichkeit 1 mindestens K Euro gewinnen. Was war dann hier falsch? Unsere Argumentation, dass $\mathrm{E}(X_i) = 0$ für alle i gilt, war richtig. Der Fehler steckt aber in der »Gleichung« $(*)$, da die Reihe $\sum_{i=1}^{\infty} \mathrm{E}(|X_i|)$ nicht konvergent ist: Es gilt $|X_i| = K \cdot 2^{i-1}$ mit Wahrscheinlichkeit 2^{-i} und deshalb gilt auch:

$$\sum_{i=1}^{\infty} \mathrm{E}(|X_i|) = \sum_{i=1}^{\infty} = K \cdot 2^{i-1} \cdot 2^{-i} = \frac{1}{2} \sum_{i=1}^{\infty} K = \infty\,.$$

Um den erwarteten Gewinn $\mathrm{E}(Y)$ doch zu bestimmen, schauen wir das Problem genauer an. Unser Wahrscheinlichkeitsraum Ω besteht aus allen 0-1 Vektoren der Form

$$\omega = 0^{k-1}1 = \overbrace{0 \cdots 0}^{k-1 \text{ mal}}\ 1 \ \ (k-1 \text{ Nullen gefolgt von einer Eins})\,.$$

Jeder solche Vektor entspricht einem möglichen Verlauf des Spiels: Eine Eins erst im k-ten Schritt. Bezeichnet nun X_i das im i-ten Schritt gewonnene Kapital, so gilt $X_i(0^{k-1}1) = K \cdot 2^k$ für $i = k$, und $X_i(0^{k-1}1) = -K \cdot 2^i$ für $i < k$; für $i > k$ können wir o. B. d. A. $X_i(0^{k-1}1) = 0$ setzen (das Spiel war bereits früher beendet). Daher ist auf *jedem* Elementarereignis $\omega = 0^{k-1}1$ der Wert von $Y = X_1 + X_2 + \cdots$ gleich

$$Y(\omega) = K \cdot 2^k - K \cdot \sum_{i=1}^{k-1} 2^i = 2K \qquad \text{geometrische Reihe}$$

und somit muss auch der Erwartungswert von Y gleich $2K$ sein.

Wenn die Zufallsvariable X nur *natürliche* Zahlen als Werte annimmt, gibt es eine alternative (und oft geeignetere) Art und Weise den Erwartungswert $\mathrm{E}(X)$ zu bestimmen.

Satz 12.9: Erwartungswert diskreter Zufallsvariablen

Ist $X : \Omega \to \mathbb{N}$ eine Zufallsvariable mit endlichem Erwarungswert, so gilt

$$\mathrm{E}(X) = \sum_{k=0}^{\infty} \Pr(X > k) .$$

Beweis:

Da X nur ganze Zahlen 0,1,2,... als Werte annimmt, gilt

$$\Pr(X > k) = \Pr(X = k+1) + \Pr(X = k+2) + \Pr(X = k+3) + \cdots$$

und deshalb gilt auch

$$\begin{aligned}
\sum_{k=0}^{\infty} \Pr(X > k) &= \Pr(X > 0) + \Pr(X > 1) + \Pr(X > 2) + \Pr(X > 3) + \cdots \\
&= \underbrace{\Pr(X = 1) + \Pr(X = 2) + \Pr(X = 3) + cldots}_{\Pr(X>0)} \\
&\quad + \underbrace{\Pr(X = 2) + \Pr(X = 3) + \cdots}_{\Pr(X>1)} \\
&\quad + \underbrace{\Pr(X = 3) + \cdots}_{\Pr(X>2)} \\
&= \Pr(X = 1) + 2 \cdot \Pr(X = 2) + 3 \cdot \Pr(X = 3) + \cdots \\
&= \sum_{k=1}^{\infty} k \cdot \Pr(X = k) = \mathrm{E}(X).
\end{aligned}$$

□

Beispiel 12.10:

Wir haben ein Kommunikationsnetz, in dem viele Pakete verschickt werden sollen. Angenommen der Versand eines Pakets kann sich nur mit Wahrscheinlichkeit $1/k$ um k oder mehr Sekunden verzögern. Das klingt gut: Es ist nur 1% Chance, dass der Versand eines Pakets um 100 oder mehr Sekunden verzögert wird. Aber wenn wir die Situation genauer betrachten, ist das Netz gar nicht so gut. Tatsächlich ist die erwartete Verzögerung eines Pakets unendlich! Sei X die Verzögerung eines Pakets. Dann gilt nach Satz 12.9

$$\mathrm{E}(X) = \sum_{k=0}^{\infty} \Pr(X > k) \geq \sum_{k=0}^{\infty} \frac{1}{k+1} = \sum_{k=1}^{\infty} \frac{1}{k} = \infty \qquad \text{harmonische Reihe} .$$

Sei $X : \Omega \to S$ eine Zufallsvariable und $A \subseteq \Omega$ ein Ereignis mit $\Pr(A) \neq 0$. Der *bedingte Erwartungswert* $\mathrm{E}(X\,|A)$ von X unter der Bedingung A ist definiert durch

$$\mathrm{E}(X\,|A) = \sum_{x\in S} x \cdot \Pr(X = x|\,A)\,.$$

Der bedingte Erwartungswert $\mathrm{E}(X\,|A)$ ist also der Erwartungswert von X in einem anderen Wahrscheinlichkeitsraum, in dem die Wahrscheinlichkeiten durch das Ereignis A bestimmt sind. Deshalb gelten für $\mathrm{E}(X\,|A)$ dieselben Regeln wie für $\mathrm{E}(X)$. Insbesondere gilt der Linearitätssatz (Satz 12.5) auch für $\mathrm{E}(X\,|A)$. Für $A = \Omega$ erhalten wir $\mathrm{E}(X\,|A) = \mathrm{E}(X)$.

Beispiel 12.11:

Wir würfeln einmal und X sei die gewürfelte Augenzahl. Der Erwartungswert $\mathrm{E}(X)$ ist dann gleich $\frac{1}{6}(1+2+\cdots+6) = 3{,}5$. Sei nun A das Ereignis »$X \geq 4$«. Die bedingte Wahrscheinlichkeit $\Pr(X = i|\,A)$ ist gleich 0 für $i < 4$ und ist gleich $(1/6)/\Pr(A) = (1/6)/(1/2) = 1/3$ für $i \geq 4$. Dies ergibt $\mathrm{E}(X\,|A) = (4+5+6)/3 = 5$.

Der bedingte Erwartungswert ermöglicht, komplizierte Berechnungen von dem Erwartungswert $\mathrm{E}(X)$ auf einfachere Fälle zu reduzieren. Dies folgt aus dem Satz von der totalen Wahrscheinlichkeit (Satz 11.14(2)) nach ein paar einfachen Umformungen.

Satz 12.12: Regel des totalen Erwartungswertes

Sei X eine Zufallsvariable mit einem endlichen Wertebereich. Ist $A_1, \ldots, A_n$ eine disjunkte Zerlegung des Wahrscheinlichkeitsraumes, so gilt

$$\mathrm{E}(X) = \sum_{i=1}^{n} \Pr(A_i) \cdot \mathrm{E}(X\,|A_i)\;.$$

Beispiel 12.13: Geometrische Verteilung

Wir werfen eine 0-1 Münze mit Erfolgswahrscheinlichkeit $\Pr(\text{Eins}) = p \neq 0$ bis die erste Eins kommt. Das ist also ein »solange bis« Experiment. Die entsprechende Zufallsvariable X beschreibt also die Anzahl der Versuche bis zum ersten Erfolg. Die Verteilung einer solchen Zufallsvariable nennt man »geometrisch« (siehe Abschnitt 12.2).

Sei Y die Indikatorvariable für das Ereignis »der 1. Versuch war erfolgreich«. Ist $Y = 1$, so brechen wir das Experiment nach dem ersten Schritt ab; in diesem Fall muss auch $X = 1$ gelten, woraus $\mathrm{E}(X\,|Y = 1) = 1$ folgt. Ist nun $Y = 0$, so sind wir wieder in der ursprünglichen Situation und der bedingte Erwartungswert ist $\mathrm{E}(X\,|Y = 0) = 1 + \mathrm{E}(X)$; das »1« zählt hier den ersten Versuch. Somit gilt

$$\begin{aligned}\mathrm{E}(X) &= \Pr(Y = 0)\,\mathrm{E}(X\,|Y = 0) + \Pr(Y = 1)\,\mathrm{E}(X\,|Y = 1)\\ &= (1-p)(1+\mathrm{E}(X)) + p \cdot 1 = \mathrm{E}(X)(1-p) + 1\,,\end{aligned}$$

woraus $\mathrm{E}(X) = 1/p$ folgt.

Definition:

Die *Varianz* $\mathrm{Var}(X)$ einer Zufallsvariable X ist definiert durch

$$\mathrm{Var}(X) = \mathrm{E}((X - \mathrm{E}(X))^2).$$

Der Ausdruck $X - \mathrm{E}(X)$ ist die Abweichung der Zufallsvariable X von seinem Erwartungswert. Dann liegt der Wert der Zufallsvariable $Y = (X - \mathrm{E}(X))^2$ nah an 0, wenn X nah an $\mathrm{E}(X)$ liegt, und ist eine große Zahl, wenn X weit von $\mathrm{E}(X)$ liegt. Die Varianz ist einfach der Erwartungswert dieser Zufallsvariable.

Die Definition der Varianz $\mathrm{E}((X - \mathrm{E}(X))^2)$ als ein *Quadrat* sieht irgendwie künstlich aus. Warum kann man nicht einfach $\mathrm{E}(X - \mathrm{E}(X))$ nehmen? Antwort:

$$\mathrm{E}(X - \mathrm{E}(X)) = \mathrm{E}(X) - \mathrm{E}(\mathrm{E}(X)) = \mathrm{E}(X) - \mathrm{E}(X) = 0.$$

Also hätte dann jede Zufallsvariable die Varianz 0. Nicht sehr nützlich!

Natürlich könnte man die Varianz als $\mathrm{E}(|X - \mathrm{E}(X)|)$ definieren. Es spricht nichts dagegen. Trotzdem hat die übliche Definition von $\mathrm{Var}(X)$ einige mathematische Eigenschaften, die $\mathrm{E}(|X - \mathrm{E}(X)|)$ nicht hat.

In der Berechnung der Varianz ist die folgende Formel oft sehr nützlich.

Satz 12.14:

$\mathrm{Var}(X) = \mathrm{E}(X^2) - \mathrm{E}(X)^2$.

Beweis:

$$\mathrm{Var}(X) = \mathrm{E}((X - \mathrm{E}(X))^2) = \mathrm{E}(X^2) - 2\,\mathrm{E}(X)^2 + \mathrm{E}(X)^2 = \mathrm{E}(X^2) - \mathrm{E}(X)^2. \quad \square$$

Beispiel 12.15:

Sei A ein Ereignis und

$$X_A(\omega) = \begin{cases} 1 & \text{falls } \omega \in A; \\ 0 & \text{falls } \omega \notin A, \end{cases}$$

sei seine Indikatorvariable. Dann gilt

$$\begin{aligned} \mathrm{E}(X_A) &= \mathrm{Pr}(A); \\ \mathrm{Var}(X_A) &= \mathrm{Pr}(A) - \mathrm{Pr}(A)^2 = \mathrm{Pr}(A)\,\mathrm{Pr}(\overline{A}), \end{aligned}$$

da $\mathrm{E}(X_A) = 1 \cdot \mathrm{Pr}(A) + 0 \cdot \mathrm{Pr}(\overline{A})$ und $\mathrm{Pr}(X_A^2 = 1) = \mathrm{Pr}(X_A = 1)$ gilt.

Direkt aus der in Satz 12.14 gegebenen äquivalenten Definition der Varianz kann man die folgenden Eigenschaften ableiten (Übungsaufgabe). Sei $c \in \mathbb{R}$ eine Konstante und sei C eine *konstante* Zufallsvariable, die nur einen einzigen Wert $c \in \mathbb{R}$ annimmt.[2] Dann gilt

$$\mathrm{Var}(C) = 0, \quad \mathrm{Var}(cX) = c^2\,\mathrm{Var}(X) \quad \text{und} \quad \mathrm{Var}(X + c) = \mathrm{Var}(X).$$

2 Für diejenigen, die sich unwohl mit dem Begriff »konstante Variable« fühlen, sei es erinnert, dass eine Zufallsvariable X eigentlich keine »Variable« sondern eine Funktion $X : \Omega \to \mathbb{R}$ ist.

Sind die Zufallsvariablen X und Y nicht unabhängig, so gilt im Allgemeinen die Gleichung $\mathrm{Var}(X+Y) = \mathrm{Var}(X) + \mathrm{Var}(Y)$ nicht!

Beispiel 12.16:

Sei X eine Zufallsvariable mit $\mathrm{Var}(X) \neq 0$ und sei $Y = -X$. Dann gilt $\mathrm{Var}(X+Y) = \mathrm{Var}(0) = 0$ und $\mathrm{Var}(X) + \mathrm{Var}(Y) = \mathrm{Var}(X) + \mathrm{Var}(-X) = 2\,\mathrm{Var}(X) \neq 0$.

Im Allgemeinen ist auch die Produktregel $\mathrm{E}(X \cdot Y) = \mathrm{E}(X) \cdot \mathrm{E}(Y)$ falsch! Sei X auf $\{0,1\}$ gleichwerteilt verteilt, d. h. $\Pr(X=0) = \Pr(X=1) = 1/2$ gilt. Dann gilt $\mathrm{E}(X^2) = \mathrm{E}(X) = 1/2$, woraus $\mathrm{E}(X)^2 = 1/4 \neq \mathrm{E}(X^2)$ folgt.

Sind aber die Zufallsvariablen *unabhängig*, so ist die Welt wieder »in Ordnung«. Man kann nämlich leicht den folgenden Satz beweisen (Aufgabe 12.12).

Satz 12.17: Unabhängige Zufallsvariablen

Seien X und Y unabhängige Zufallsvariablen. Dann gilt $\mathrm{E}(X \cdot Y) = \mathrm{E}(X) \cdot \mathrm{E}(Y)$ sowie $\mathrm{Var}(X+Y) = \mathrm{Var}(X) + \mathrm{Var}(Y)$.

12.1.1 Analytische Berechnung von $\mathrm{E}(X)$ und $\mathrm{Var}(X)$

Es gibt eine allgemeine Methode zur Berechnung des Erwartungswertes und der Varianz diskreter Zufallsvariablen $X : \Omega \to \mathbb{N}$. Man benutzt dazu die sogenannten »erzeugenden Funktionen«. Die *erzeugende Funktion* von X ist definiert durch

$$g(x) = \sum_{k=0}^{\infty} p_k x^k$$

mit $p_k = \Pr(X=k)$; hier ist x eine reellwertige Variable mit $|x| \leq 1$. Aus $\sum_{k=0}^{\infty} p_k = 1$ folgt, dass die Reihe für alle $x \in [0,1]$ konvergiert (Dirichlet Kriterium) und $g(1) = 1$ gilt.

Satz 12.18:

Ist die erzeugende Funktion $g(x)$ einer diskreten Zufallsvariable $X : \Omega \to \mathbb{N}$ zweimal im Punkt $x = 1$ differenzierbar, so gilt:

1. $\mathrm{E}(X) = g'(1)$;
2. $\mathrm{Var}(X) = g''(1) + g'(1) - (g'(1))^2$.

Beweis:

Sei $g(x) = p_0 + p_1 x + p_2 x^2 + \cdots$ die erzeugende Funktion von X mit $p_k = \Pr(X=k)$. Die ersten zwei Ableitungen von $g(x)$ sind

$$g'(x) = p_1 + 2p_2 x + 3p_3 x^2 + \cdots = \sum_{k=1}^{\infty} k p_k x^{k-1},$$

$$g''(x) = 2p_2 + 6p_3 x + 12 p_4 x^2 + \cdots = \sum_{k=2}^{\infty} k(k-1) p_k x^{k-2}.$$

Einsetzen von $x = 1$ in $g'(x)$ ergibt $g'(1) = \sum kp_k = \mathrm{E}(X)$. Einsetzen von $x = 1$ in $g''(x)$ ergibt

$$\begin{aligned} g''(1) &= \sum_{k=2}^{\infty} k(k-1)p_k = \sum_{k=2}^{\infty} k^2 p_k - \sum_{k=2}^{\infty} kp_k = \sum_{k=1}^{\infty} k^2 p_k - \sum_{k=1}^{\infty} kp_k \\ &= \mathrm{E}(X^2) - \mathrm{E}(X)\,. \end{aligned}$$

Wenn wir also dazu $\mathrm{E}(X) = g'(1)$ addieren und $\mathrm{E}(X)^2 = (g'(1))^2$ subtrahieren, kommt gerade die Varianz $\mathrm{Var}\,(X) = \mathrm{E}(X^2) - \mathrm{E}(X)^2$ raus. □

12.2 Drei wichtige Zufallsvariablen

In diesem Abschnitt betrachten wir einige wichtige Verteilungen der Zufallsvariablen, die in vielen Anwendungen immer wieder vorkommen, und berechnen ihren Erwartungswert sowie ihre Varianz. Die wichtigsten Verteilungen sind:

1. Bernoulli-Verteilung: Erfolg oder Misserfolg?
2. Binomialverteilung $B(n,p)$: Wieviele Erfolge in einer Versuchsreihe der Länge n mit der Erfolgswahrscheinlichkeit p in jedem Versuch?
3. Geometrische Verteilung: Wie lange bis zum ersten Erfolg?

Bernoulli-Verteilung

Das ist die einfachste Verteilung überhaupt: Jede solche Zufallsvariable X hat nur zwei mögliche Werte 0 und 1; $p = \Pr(X = 1)$ heißt dann die Erfolgswahrscheinlichkeit und die Wahrscheinlichkeit eines Misserfolges ist $q = 1-p$. Beispiel: Einmaliges werfen einer Münze, wobei der Ausgang »Wappen« mit Wahrscheinlichkeit p kommt. Das entsprechende Zufallsexperiment nennt man *Bernoulli-Experiment*. Den Erwartungswert wie auch die Varianz einer solchen Zufallsvariable kann man leicht berechnen:

$$\begin{aligned} \mathrm{E}(X) &= 1 \cdot \Pr(X = 1) + 0 \cdot \Pr(X = 0) = p\,; \\ \mathrm{Var}\,(X) &= \mathrm{E}(X^2) - \mathrm{E}(X)^2 = p - p^2 = p(1-p)\,. \end{aligned}$$

Binomialverteilung $B(n,p)$

Eine solche Zufallsvariable $S_n = X_1 + X_2 + \cdots + X_n$ beschreibt die *Anzahl* der Erfolge in n unabhängig voneinander ausgeführten Bernoulli-Experimenten $X_1, \ldots, X_n$ mit der Erfolgswahrscheinlichkeit $\Pr(X_i = 1) = p$ für alle $i = 1, \ldots, n$. Bei einer unabhängigen Wiederholung des Bernoulli-Experiments multiplizieren sich die Wahrscheinlichkeiten, die Wahrscheinlichkeit für *genau* k Erfolge (und $n-k$ Misserfolge) ist also $p^k q^{n-k}$ mit $q = 1-p$. Da es $\binom{n}{k}$ Möglichkeiten gibt, k Erfolge in einer Versuchsreihe der Länge n unterzubringen, ist die Wahrscheinlichkeit, dass X den Wert k annimmt, gerade $\binom{n}{k} p^k q^{n-k}$. Damit gilt

$$\Pr(S_n = k) = \binom{n}{k} p^k q^{n-k} = \binom{n}{k} p^k (1-p)^{n-k}\,.$$

Nach dem binomischen Lehrsatz gilt daher

$$\sum_{k=0}^{n} \Pr(S_n = k) = \sum_{k=0}^{n} \binom{n}{k} p^k q^{n-k} = (p+q)^n = 1\,,$$

wie dies auch sein sollte. Da die Zufallsvariablen $X_1, \ldots, X_n$ unabhängig sind und $\mathrm{E}(X_i) = p$ wie auch $\mathrm{Var}\,(X_i) = pq$ gilt, erhalten wir

$$\mathrm{E}(S_n) = np \quad \text{und} \quad \mathrm{Var}\,(S_n) = npq = np(1-p)\,.$$

Geometrische Verteilung

Wir wiederholen ein Bernoulli-Experiment $X_1, X_2, \ldots$ mit Erfolgswahrscheinlichkeit $p > 0$ mehrmals und wollen die Anzahl der Versuche bis zum ersten Erfolg bestimmen. Die entsprechende Zufallsvariable $X = \min\{i\colon X_i = 1\}$ heißt dann *geometrisch verteilt*, da ihre Verteilung eine geometrische Folge ist:

$$\Pr(X = i) = \Pr(X_1 = 0, X_2 = 0, \ldots, X_{i-1} = 0, X_i = 1) = (1-p)^{i-1} p\,.$$

Aufsummiert ergeben diese Wahrscheinlichkeiten

$$\sum_{i=1}^{\infty} \Pr(X = i) = \sum_{i=1}^{\infty} (1-p)^{i-1} p = p \cdot \sum_{i=0}^{\infty} (1-p)^i = \frac{p}{1-(1-p)} = 1\,,$$

wie auch es sein sollte.

Wir können $\mathrm{E}(X)$ mittels der Methode der erzeugenden Funktionen leicht berechnen. Diese Methode ist gut, da sie erlaubt »nebenbei«, auch die Varianz zu berechnen. Sei $q = 1 - p$. Die erzeugende Funktion von X ist

$$g(x) = \sum_{i=1}^{\infty} q^{i-1} p x^i = px \cdot \sum_{i=0}^{\infty} q^i x^i = \frac{px}{1-qx} \qquad \text{geometrische Reihe}\,.$$

Wir berechnen die erste und die zweite Ableitung von $g(x)$; dabei benutzen wir die Produktregel $(f^2)' = 2f' \cdot f$ und die Quotientenregel $(f/g)' = (f' \cdot g - f \cdot g')/g^2$:

$$g'(x) = \frac{p(1-qx) - px(-q)}{(1-qx)^2} = \frac{p}{(1-qx)^2}\,;$$
$$g''(x) = \frac{-2p(-q)(1-qx)}{(1-qx)^4} = \frac{2pq}{(1-qx)^3}\,.$$

Wir setzen $x = 1$ ein und erhalten (nach Satz 12.18)

$$\mathrm{E}(X) = g'(1) = \frac{p}{(1-q)^2} = \frac{1}{p}$$

und

$$\mathrm{Var}\,(X) = g''(1) + \mathrm{E}(X) - \mathrm{E}(X)^2 = \frac{2pq}{p^3} + \frac{1}{p} - \frac{1}{p^2} = \frac{1-p}{p^2}\,.$$

12.3 Abweichung vom Erwartungswert

Alles was lediglich wahrscheinlich ist, ist wahrscheinlich falsch.

\- René Descartes

Bis jetzt haben wir uns auf den Erwartungswert $\mathrm{E}(X)$ fokussiert, da er dem »Durchschnittswert« entspricht. Das ist aber nur eine (speziell definierte) Zahl und als solche sagt diese Zahl uns über die tatsächliche Werte von X (bis jetzt) überhaupt nichts. Noch schlimmer: Der Erwartungswert muss nicht mal in dem Wertebereich der Zufallsvariable liegen. Nimmt zum Beispiel eine Zufallsvariable X nur zwei Werte 2 und 1000 jeweils mit Wahrscheinlichkeit 1/2 an, so ist $\mathrm{E}(X) = \frac{1}{2} \cdot 2 + \frac{1}{2} \cdot 1000 = 501$, eine Zahl, die zu keinem der Werte 2 oder 1000 nah liegt.

Dieses Beispiel zeigt eine Eigenschaft des Erwartungswertes, die von vielen Studenten ignoriert wird: Hat man die erwartete Laufzeit $\mathrm{E}(T)$ eines randomisierten Algorithmus berechnet, so betrachtet man $\mathrm{E}(T)$ als die *tatsächliche* Laufzeit T des Algorithmus, obwohl das nur eine »durchschnittliche« Laufzeit ist. Die tatsächlichen Werte von T können weit weg von diesem Durchschnittswert liegen.

Was uns wirklich interessiert ist die Frage, *mit welcher Wahrscheinlichkeit wird die Zufallsvariable nahe an ihrem Erwartungswert liegen*? Glücklicherweise haben wir ein paar mächtigen Instrumente, um diese Wahrscheinlichkeit zu bestimmen. Dazu gehören die Ungleichungen von Markov, Tschebyschev und Chernoff, die wir jetzt kennenlernen werden.

12.3.1 Markov-Ungleichung

Diese Ungleichung besagt, dass der tatsächliche Wert einer nicht-negativen Zufallsvariable X nur mit Wahrscheinlichkeit $1/k$ *größer* als k mal der Erwartungswert sein kann.

Satz 12.19: Markov-Ungleichung

Sei $X : \Omega \to \mathbb{R}_+$ eine nicht-negative Zufallsvariable. Dann gilt für alle $k > 0$

$$\Pr(X \geq k) \leq \frac{\mathrm{E}(X)}{k}.$$

Beweis:

$$\mathrm{E}(X) = \sum_{x>0} x \cdot \Pr(X = x) \geq \sum_{x \geq k} k \cdot \Pr(X = x) = k \cdot \sum_{x \geq k} \Pr(X = x) = k \cdot \Pr(X \geq k)\ . \square$$

Beispiel 12.20: Warum nicht negativ?

Warum darf die Zufallsvariable X nicht negativ sein? Sei zum Beispiel $X \in \{-10,10\}$ mit $\Pr(X = -10) = \Pr(X = 10) = 1/2$. Dann ist $\mathrm{E}(X) = -10 \cdot \frac{1}{2} + 10 \cdot \frac{1}{2} = 0$. Wir wollen nun die Wahrscheinlichkeit $\Pr(X \geq 5)$ ausrechnen. Wenn wir die Markov-Ungleichung »anwenden«, dann erhalten wir

$$\Pr(X \geq 5) \leq \mathrm{E}(X)/5 = 0/5 = 0\,.$$

Aber das ist doch falsch! Es ist offensichtlich, dass $X \geq 5$ mit Wahrscheinlichkeit $1/2$ gilt (da $X = 10$ mit dieser Wahrscheinlichkeit gilt). Nichtsdestotrotz kann man auch in diesem Fall Markov-Ungleichung anwenden, aber für eine *modifizierte* Zufallsvariable: Setze nämlich $Y := X + 10$. Das ist bereits eine nicht-negative Zufallsvariable mit $\mathrm{E}(Y) = \mathrm{E}(X + 10) = \mathrm{E}(X) + 10 = 10$, und Markov-Ungleichung ergibt $\Pr(Y \geq 15) \leq 10/15 = 2/3$. Da aber $Y \geq 15 \iff X \geq 5$ gilt, haben wir eine vernünftigere Abschätzung $\Pr(X \geq 5) \leq 2/3$ erhalten.

Beispiel 12.21: Klausuren

Man sammelt die Klausuren, mischt sie und verteilt sie wieder an die Studenten. Jeder erhält genau eine Klausur und muss sie korrigieren. Sei X die Anzahl der Studenten, die ihre eigene Klausur zurück erhalten. Wie sieht $\mathrm{E}(X)$ aus?

Wenn wir direkt die Definition des Erwartungswertes benutzen wollten, müssten wir die Wahrscheinlichkeiten $\Pr(X = i)$ ausrechnen, was nicht so einfach wäre. Wir können aber X als die Summe $X = X_1 + X_2 + \cdots + X_n$ von Indikatorvariablen darstellen mit $X_i = 1$ genau dann, wenn der i-te Student seine eigene Klausur bekommt. Da jedes X_i eine Indikatorvariable ist, gilt $\mathrm{E}(X_i) = \Pr(X_i = 1)$. Wie groß ist die Wahrscheinlichkeit $\Pr(X_i = 1)$?

Jede Verteilung der Klausuren kann man als eine der $n!$ Permutationen f von $\{1,2,\ldots,n\}$ darstellen. Der i-te Student bekommt genau dann seine eigene Klausur, wenn $f(i) = i$ gilt, und wir haben genau $(n-1)!$ solche Permutationen. Damit gilt

$$\mathrm{E}(X_i) = \Pr(X_i = 1) = \frac{(n-1)!}{n!} = \frac{1}{n}$$

und die Linearität des Erwartungswertes gibt uns die Antwort: $\mathrm{E}(X) = 1$.

Nun wollen wir die Varianz $\mathrm{Var}(X)$ berechnen. Obwohl X die Summe von Indikatorvariablen ist, können wir *nicht* Satz 12.17 benutzen, da die Indikatorvariablen X_i nicht *unabhängig* sind: Einerseits gilt

$$\Pr(X_i = 1) \cdot \Pr(X_j = 1) = \frac{1}{n} \cdot \frac{1}{n} = \frac{1}{n^2}$$

und andererseits gilt

$$\Pr(X_i X_j = 1) = \Pr(X_i = 1) \cdot \Pr(X_j = 1 | X_i = 1) = \frac{1}{n} \cdot \frac{1}{n-1} \neq \frac{1}{n^2}.$$

Wir müssen also die Varianz $\mathrm{Var}(X) = \mathrm{E}(X^2) - \mathrm{E}(X)^2$ direkt ausrechnen:

$$\mathrm{E}(X^2) = \sum_{i=1}^{n} \mathrm{E}(X_i^2) + \sum_{i=1}^{n} \sum_{\substack{j=1 \\ j \neq i}}^{n} \mathrm{E}(X_i X_j) = n \cdot \frac{1}{n} + n(n-1) \cdot \frac{1}{n(n-1)} = 2\,.$$

Somit haben wir auch die Varianz bestimmt: $\mathrm{Var}(X) = \mathrm{E}(X^2) - \mathrm{E}(X)^2 = 2 - 1 = 1$.

Die nächste Frage: Wie groß ist die *Wahrscheinlichkeit*, dass mindestens k Studenten ihre eigene Klausur zur Korrektur zurückerhalten werden? Nach Markov-Ungleichung gilt $\Pr(X \geq k) \leq \mathrm{E}(X)/k = 1/k$. Somit gibt es zum Beispiel höchstens 20% Chance, dass 5 Studenten ihre eigene Klausuren erhalten.

Beachte, dass in diesem Beispiel weder der Erwartungswert noch die Varianz von der Anzahl n der Studenten abhängt!

12.3.2 Tschebyschev-Ungleichung

Die Markov-Ungleichung sagt nur, dass der tatsächliche Wert von X mit einer großen Wahrscheinlichkeit *nicht viel größer* als der Erwartungswert $\mathrm{E}(X)$ sein wird. Sie sagt aber nicht, mit welcher Wahrscheinlichkeit X *nah* an $\mathrm{E}(X)$ sein wird – es kann passieren, dass der eigentliche Wert von X *viel kleiner* als $\mathrm{E}(X)$ wird. Es macht deshalb Sinn, die Wahrscheinlichkeiten

$$\Pr(|X - \mathrm{E}(X)| \geq k) = \Pr(X \geq \mathrm{E}(X) + k \text{ oder } X \leq \mathrm{E}(X) - k)$$

für große Abweichungen von $\mathrm{E}(X)$ zu betrachten. Da für jede Zufallsvariable Y der Betrag $|Y|$ und damit auch die Potenz $|Y|^r$ nicht negativ ist, können wir die Markov-Ungleichung anwenden. Damit gilt für alle $k, r > 0$

$$\Pr(|Y|^r \geq k) \leq \mathrm{E}(|Y|^r)/k.$$

Wenn wir die Zufallsvariable $Y := X - \mathrm{E}(X)$ betrachten, ergibt dies (mit $r = 2$)

$$\Pr(|X - \mathrm{E}(X)| \geq k) = \Pr\left(|Y|^2 \geq k^2\right) \leq \frac{\mathrm{E}(|Y|^2)}{k^2} = \frac{\mathrm{E}((X - \mathrm{E}(X))^2)}{k^2}.$$

D. h. die Wahrscheinlichkeit, dass die Zufallsvariable X von ihrem Erwartungswert $\mathrm{E}(X)$ um mehr als k abweicht, kann nicht größer als $1/k^2$ mal die Konstante $\mathrm{E}((X - \mathrm{E}(X))^2)$ werden. Diese Konstante haben wir bereits früher kennengelernt und als Varianz $\mathrm{Var}(X)$ von X bezeichnet:

$$\mathrm{Var}(X) = \mathrm{E}((X - \mathrm{E}(X))^2) = \mathrm{E}(X^2) - \mathrm{E}(X)^2.$$

Damit haben wir die folgende Ungleichung bewiesen.

Satz 12.22: Tschebyschev-Ungleichung

Sei $X : \Omega \to \mathbb{R}$ eine Zufallsvariable mit endlichem Erwartungswert. Dann gilt für alle $k > 0$

$$\Pr(|X - \mathrm{E}(X)| \geq k) \leq \frac{\mathrm{Var}(X)}{k^2}.$$

Beispiel 12.23: Optimalität der Tschebyschev-Ungleichung

Dieses Beispiel soll zeigen, dass die Tschebyschev-Ungleichung auch *optimal* ist. Sei $a \in \mathbb{R}$, $a \geq 1$ und betrachte die Zufallsvariable X, deren Verteilung folgendermaßen definiert ist:

$$\Pr(X = -a) = \frac{1}{2a^2}, \quad \Pr(X = 0) = 1 - \frac{1}{a^2} \quad \text{und} \quad \Pr(X = a) = \frac{1}{2a^2}.$$

Dann gilt

$$\mathrm{E}(X) = -a \cdot \frac{1}{2a^2} + 0 \cdot \left(1 - \frac{1}{a^2}\right) + a \cdot \frac{1}{2a^2} = 0$$

und

$$\mathrm{Var}\,(X) = \mathrm{E}((X - \mathrm{E}(X))^2) = \mathrm{E}(X^2) = a^2 \cdot \frac{2}{2a^2} + 0 \cdot \left(1 - \frac{1}{a^2}\right) = 1\,.$$

Setzt man $k = a$ ein, so erhält man in Anbetracht der gegebenen Verteilung

$$\Pr\left(|X - \mathrm{E}(X)| \geq a\right) = \Pr\left(|X| \geq a\right) = \Pr\left(X = -a\right) + \Pr\left(X = a\right) = \frac{1}{a^2}\,.$$

Andererseits ist auch der rechte Term $\mathrm{Var}\,(X)\,/a^2$ gleich $1/a^2$. D. h. in diesem Fall wird die durch die Tschebyschev'sche Ungleichung gegebene obere Schranke auch tatsächlich angenommen.

Beispiel 12.24: Klausuren (Fortsetzung)

Sei (wie in Beispiel 12.21) X die Anzahl von Studenten, die ihre eigene Klausur zurück erhalten. Dann gilt $\mathrm{E}(X) = \mathrm{Var}\,(X) = 1$ und die Markov-Ungleichung liefert die obere Schranke $\Pr\left(X \geq k\right) \leq 1/k$. Andererseits liefert die Tschebyschev-Ungleichung

$$\begin{aligned} \Pr\left(X \geq k\right) &= \Pr\left(X - \mathrm{E}(X) \geq k - \mathrm{E}(X)\right) && \text{setze } \mathrm{E}(X) = 1 \text{ ein} \\ &= \Pr\left(X - \mathrm{E}(X) \geq k - 1\right) \\ &\leq \frac{\mathrm{Var}\,(X)}{(k-1)^2} = \frac{1}{(k-1)^2}\,, \end{aligned}$$

was sogar *quadratisch* besser ist. Somit gibt es zum Beispiel höchstens 7% Chance, dass 5 Studenten ihre eigene Klausuren erhalten. Die Tschebyschev-Ungleichung schätzt also diese Chance viel besser ab.

Beispiel 12.25:

Ist $X = X_1 + \cdots + X_n$ eine Summe von n unabhängigen Bernoulli Variablen, je mit Erfolgswahrscheinlichkeit p, so gilt: $\mathrm{E}(X) = np$ und $\mathrm{Var}\,(X) = np(1-p)$ (siehe Abschnitt 12.2). Die Tschebyschev-Ungleichung ergibt dann

$$\Pr\left(|X - np| \geq k\right) \leq \frac{np(1-p)}{k^2} \leq \frac{n}{4k^2}\,.$$

Wir werfen zum Beispiel eine faire 0-1 Münze n mal, dann können wir $n/2$ Einsen erwarten. Die Wahrscheinlichkeit, dass die tatsächliche Anzahl der Einsen um mehr als $k = \lambda\sqrt{n}$ von $n/2$ abweichen wird, ist damit höchstens $1/(4\lambda^2)$.

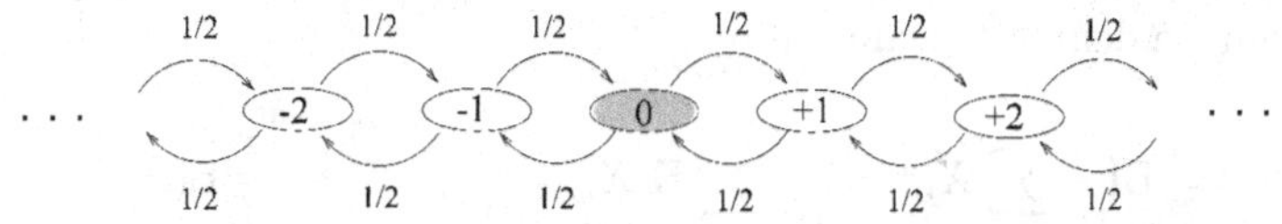

Bild 12.2: Der Frosch springt nach rechts oder nach links mit gleicher Wahrscheinlichkeit.

Beispiel 12.26: Der Frosch

In einem Teich befinden sich Steine $\ldots,-2,-1,0,1,2,\ldots$ in einer Reihe. Ein Frosch sitzt anfänglich auf Stein 0. Dann beginnt er mit gleicher Wahrscheinlichkeit 1/2 entweder nach rechts oder nach links zu springen (Bild 12.2). Mit welcher Wahrscheinlichkeit wird der Frosch nach n Sprüngen vom Anfangsstein 0 um mindestens t Steine entfernt sein?

Sei $X_i = +1$, falls der Frosch im i-ten Schritt nach rechts springt, und $X_i = -1$ sonst. Dann ist $X = X_1 + X_2 + \cdots + X_n$ genau der Stein, auf dem sich der Frosch nach n Sprüngen befindet. Aus $\mathrm{E}(X_i) = (-1)\cdot\frac{1}{2} + 1\cdot\frac{1}{2} = 0$ für alle i folgt

$$\mathrm{E}(X) = \sum_{i=1}^{n} \mathrm{E}(X_i) = 0\,.$$

Also ist die *erwartete* Entfernung nach beliebig vielen Sprüngen gleich Null. Aber das sagt uns nicht die ganze Wahrheit: Es ist doch klar, dass zum Beispiel nach einem Sprung der Frosch um 1 von Null entfernt sein wird! Das ist noch ein Beispiel dafür, dass uns der Erwartungswert allein überhaupt nichts sagt. Wir müssen die Abweichungswahrscheinlichkeit von diesem Wert bestimmen!

Die Entfernung vom Stein 0 ist durch die Zufallsvariable $|X-0| = |X|$ gegeben. Aus Tschebyschev-Ungleichung folgt $\Pr(|X| \geq t) \leq \mathrm{Var}(X)/t^2$. Wir müssen also nur die Varianz ausrechnen. Für $i \neq j$ sind die Zufallsvariablen X_i und X_j unabhängig, woraus $\mathrm{E}(X_iX_j) = \mathrm{E}(X_i)\,\mathrm{E}(X_j) = 0$ folgt. Aus $\mathrm{E}(X) = 0$ folgt daher

$$\mathrm{Var}(X) = \mathrm{E}(X^2) - \mathrm{E}(X)^2 = \mathrm{E}\left[\Big(\sum_{i=1}^{n} X_i\Big)^2\right] = \sum_{i=1}^{n} \mathrm{E}(X_i^2) = n\,.$$

Also wird der Frosch nach n Sprüngen vom Anfangsstein 0 mindestens t Steine mit Wahrscheinlichkeit $\Pr(|X| \geq t) \leq n/t^2$ entfernt sein. Wenn zum Beispiel der Frosch $n = 100$ Sprünge macht, dann wird er nur mit Wahrscheinlichkeit 1/4 um mehr als 20 Steine von dem ursprünglichen Stein 0 entfernt sein.

Beispiel 12.27: Relative Häufigkeit

Wir haben eine Zufallsvariable X (ein Zufallsexperiment) und wollen ihren Erwartungswert $\mathrm{E}(X)$ bestimmen. Dafür wiederholen wir n mal das Experiment X und erhalten eine Folge $X_1,\ldots,X_n$ von (gleichverteilten) Zufallsvariablen. Die *relative Häufigkeit* dieser Wiederholung ist als das arithmetische Mittel

$$H = \frac{X_1 + \cdots + X_n}{n}$$

der Resultate definiert. Dann gilt

$$\mathrm{E}(H) = \mathrm{E}\Big(\frac{1}{n}\sum_{i=1}^{n} X_i\Big) = \frac{1}{n}\cdot\sum_{i=1}^{n}\mathrm{E}(X_i) = \frac{1}{n}\cdot n\,\mathrm{E}(X) = \mathrm{E}(X)$$

und

$$\mathrm{Var}\,(H) = \mathrm{Var}\Big(\frac{1}{n}\sum_{i=1}^{n} X_i\Big) = \frac{n\cdot\mathrm{Var}\,(X_n)}{n^2} = \frac{\mathrm{Var}\,(X)}{n} \qquad \text{(Unabhängigkeit)}\,.$$

Aus der Tschebyschev-Ungleichung folgt dann für jedes $\epsilon > 0$, dass der gesuchte Erwartungswert $\mathrm{E}(X)$ nur mit Wahrscheinlichkeit $\mathrm{Var}\,(X)\,/n\epsilon^2$ um mehr als ϵ von dem gemessenen Wert von H abweichen kann. Insbesondere strebt diese Wahrscheinlichkeit gegen 0 für $n \to \infty$.

Wiederholt man also ein Zufallsexperiment X mit Erfolgswahrscheinlichkeit p, so stabilisiert sich die relative Häufigkeit H der Erfolge mit wachsender Versuchszahl n bei p. Allgemeiner gilt, dass das arithmetische Mittel von n identisch verteilten, unabhängigen Zufallsvariablen mit wachsendem n gegen den Erwartungswert strebt.

Diesen Sachverhalt nennt man auch das *schwache Gesetz der großen Zahlen.* (»Große Zahlen« weil dass Gesetz nur für $n \to \infty$ gilt.) Das *starke* Gesetz der großen Zahlen besagt, dass für eine unendliche Folge von Zufallsvariablen $X_1, X_2, X_3, \ldots$, die unabhängig und identisch verteilt sind sowie denselben Erwartungswert μ haben, gilt

$$\mathrm{Pr}\left(\lim_{n\to\infty}\frac{X_1 + \cdots + X_n}{n} = \mu\right) = 1\,,$$

d. h. die repräsentative Stichprobe konvergiert fast sicher gegen μ.

12.3.3 Chernoff-Ungleichungen

Die beiden Ungleichungen – von Markov und von Tschebyschev – gelten für (fast) alle Zufallsvariablen X. Weiß man aber, dass X eine Summe von unabhängigen Bernoulli-Variablen ist, dann kann man viel schärfere Schranken beweisen.

Die einfachste Form dieser Ungleichungen ist die sogenannte »Murphy-Regel« (Murphy's Law). Diese Regel besagt: Erwartet man, dass einiges schief gehen könnte, dann wird mit Sicherheit irgendetwas schief laufen. Der folgende Satz formalisiert die Regel.

Satz 12.28: »Murphy-Regel«

Seien $A_1, A_2, \ldots, A_n$ unabhängige Ereignisse, und X sei die Anzahl der Ereignisse, die tatsächlich vorkommen. Die Wahrscheinlichkeit, dass keines der Ereignisse vorkommen wird, ist $\leq \mathrm{e}^{-\mathrm{E}(X)}$, d. h.

$$\mathrm{Pr}\,(X = 0) \leq \mathrm{e}^{-\mathrm{E}(X)}\,.$$

Beweis:

Sei X_i die Indikatorvariable für das i-te Ereignis A_i, $i = 1, \ldots, n$. Dann ist X die Summe $X = X_1 + X_2 + \cdots + X_n$ dieser Variablen und es gilt:

$$\begin{aligned}
\Pr(X = 0) &= \Pr(\overline{A_1 \cup A_2 \cup \ldots \cup A_n}) && \text{Definition von } X \\
&= \Pr(\overline{A_1} \cap \overline{A_2} \cap \ldots \cap \overline{A_n}) && \text{De Morgan-Regel} \\
&= \prod_{i=1}^{n} \Pr(\overline{A_i}) && \text{Unabhängigkeit} \\
&= \prod_{i=1}^{n} (1 - \Pr(A_i)) && \text{Satz 11.3(d)} \\
&\leq \prod_{i=1}^{n} \mathrm{e}^{-\Pr(A_i)} && \text{da } 1 + x \leq \mathrm{e}^x \text{ für alle } x \in \mathbb{R} \text{ gilt} \\
&= \mathrm{e}^{-\sum_{i=1}^{n} \Pr(A_i)} && \text{Potenzgesetze} \\
&= \mathrm{e}^{-\sum_{i=1}^{n} \mathrm{E}(X_i)} && \text{Indikatorvariablen} \\
&= \mathrm{e}^{-\mathrm{E}(X)} && \text{Linearität des Erwartungswertes.}
\end{aligned}$$

□

Beispiel 12.29:

Wir konstruieren einen Mikroprozessor und wissen, dass jeder Transistor nur mit Wahrscheinlichkeit 10^{-5} beschädigt sein kann. Das klingt gut. Aber heutzutage enthält ein Mikroprozessor ca. 10^6 (und sogar mehr) Transistoren. Deshalb ist die erwartete Anzahl der beschädigten Transistoren in unserem Mikrochip gleich 10. Laut Satz 12.28 wird der Mikroprozessor nur mit Wahrscheinlichkeit e^{-10} (kleiner als 1 zu 3 Millionen!) defekt-frei sein.

Sind $A_1, A_2, \ldots, A_n$ bestimmte »schlechte« Ereignisse und ist $\mathrm{E}(X)$ die erwartete Anzahl der tatsächlichen Eintritte dieser Ereignisse, dann wird nach Satz 12.28 mit Wahrscheinlichkeit $1 - \mathrm{e}^{-\mathrm{E}(X)}$ mindestens *eines* der Ereignisse eintretten, d. h. $\Pr(X = 0) \leq \mathrm{e}^{-\mathrm{E}(X)}$ gilt. Nun betrachten wir den allgemeinen Fall: Wie groß ist die Wahrscheinlichkeit, dass mindestens $a > 1$ der Ereignisse eintretten?

Die oberen Schranken für die Wahrscheinlichkeiten $\Pr(X \geq a)$ sind als *Chernoff-Schranken* bekannt. Obwohl es viele davon gibt, sind sie alle nur verschiedene Varianten der Markov-Ungleichung

$$\Pr(X \geq a) \leq a^{-1}\,\mathrm{E}(X)$$

angewandt auf spezielle Zufallsvariablen X, nämlich auf *Summen* unabhängiger Zufallsvariablen. Allen diesen Schranken zugrunde liegt die folgende Idee von Bernstein: Ist X eine beliebige Zufallsvariable und sind a, t reelle Zahlen mit $t > 0$, dann ergibt die Markov-Ungleichung angewandt auf die Zufallsvariable e^{tX} die Ungleichung

$$\Pr(X \geq a) = \Pr\left(\mathrm{e}^{tX} \geq \mathrm{e}^{ta}\right) \leq \mathrm{e}^{-ta} \cdot \mathrm{E}(\mathrm{e}^{tX})\,. \qquad (12.1)$$

Da diese Ungleichung für alle $t > 0$ gilt, ist es vorteilhaft, t so auszuwählen, dass die rechte Seite minimiert wird. Die beste Auswahl für t hängt von der Verteilung der Zufallsvariable X ab – daher gibt es so viele Versionen der Chernoff-Schranken. Wir geben eine der am häufigsten benutzte Form dieser Ungleichungen an.

Satz 12.30: Allgemeine Chernoff-Ungleichungen

Seien $X_1, \dots, X_n$ unabhängige Zufallsvariablen mit den Werten im Intervall $[0,1]$ und sei $X = X_1 + \cdots + X_n$ ihre Summe. Sei weiterhin $\mu = \mathrm{E}(X)$. Dann gilt für jedes $a > 0$

$$\Pr(X \geq \mu + a) \leq \mathrm{e}^{-a^2/2n},$$
$$\Pr(X \leq \mu - a) \leq \mathrm{e}^{-a^2/2n}.$$

Beachte, dass die Zufallsvariablen X_i nicht unbedingt Bernoulli-Variablen sein müssen – sie können beliebige reelle Werte im Intervall $[0,1]$ annehmen. Die wichtige Bedingung ist aber ihre Unabhängigkeit!

Beweis:

Wir betrachten Zufallsvariablen $Y_i = X_i - \mathrm{E}(X_i)$. Für sie gilt bereits $\mathrm{E}(Y_i) = 0$ und für ihre Summe $Y = Y_1 + \cdots + Y_n$ gilt $Y = \sum_{i=1}^n X_i - \sum_{i=1}^n \mathrm{E}(X_i) = X - \mu$. Aus (12.1) folgt daher für jedes $t > 0$

$$\begin{aligned}\Pr(X \geq \mu + a) &= \Pr(Y \geq a) \leq \mathrm{e}^{-ta}\, \mathrm{E}(\mathrm{e}^{tY}) = \mathrm{e}^{-ta}\, \mathrm{E}(\mathrm{e}^{\sum_{i=1}^n tY_i}) \\ &= \mathrm{e}^{-ta}\, \mathrm{E}\left(\prod_{i=1}^n \mathrm{e}^{tY_i}\right) = \mathrm{e}^{-ta} \prod_{i=1}^n \mathrm{E}(\mathrm{e}^{tY_i}), \end{aligned} \qquad (12.2)$$

wobei wir in der letzten Gleichung die Unabhängigkeit von Zufallsvariablen Y_i und somit auch von Zufallsvariablen e^{tY_i} ausgenutzt haben (siehe Satz 12.17). Um $\mathrm{E}(\mathrm{e}^{tY_i})$ nach oben abzuschätzen, betrachten wir die Funktion $f(y) = \mathrm{e}^{ty}$ und ihre Ableitungen. Wegen $t > 0$ ist die zweite Ableitung $f''(y)$ positiv. Somit ist $f(y)$ eine konvexe Funktion (siehe Lemma 10.20). Sei $c + dy$ die Gerade durch die Punkte $y_0 = -1$ und $y_1 = 1$. Dann muss $c - d = f(-1) = \mathrm{e}^{-t}$ und $c + d = f(1) = \mathrm{e}^t$ gelten. Wir lösen dieses Gleichungssystem und erhalten

$$c = \frac{\mathrm{e}^t + \mathrm{e}^{-t}}{2} \quad \text{und} \quad d = \frac{\mathrm{e}^t - \mathrm{e}^{-t}}{2}.$$

Wegen der Konvexität von $f(y)$ müssen alle Werte von $f(y)$ mit $y \in [-1,1]$ unterhalb der Gerade $c + dy$ liegen, d. h. es muss die Ungleichung $\mathrm{e}^{ty} = f(y) \leq c + dy$ für alle $y \in [-1,1]$ gelten. Wegen $\mathrm{E}(Y_i) = 0$ folgt daraus

$$\mathrm{E}(\mathrm{e}^{tY_i}) \leq \mathrm{E}(c + dY_i) = c + d\,\mathrm{E}(Y_i) = c = \frac{1}{2}\left(\mathrm{e}^t + \mathrm{e}^{-t}\right).$$

Wir benutzen nun die Taylorreihe der Exponentialfunktion

$$\mathrm{e}^x = 1 + x + \frac{x^2}{2!} + \cdots + \frac{x^k}{k!} + \cdots$$

(siehe Abschnitt 10.4) und erhalten

$$\begin{aligned}
\mathrm{E}(\mathrm{e}^{tY_i}) &\leq \frac{1}{2}\Big(1+t+\frac{t^2}{2!}+\frac{t^3}{3!}+\frac{t^4}{4!}+\cdots\Big)\\
&+\frac{1}{2}\Big(1-t+\frac{t^2}{2!}-\frac{t^3}{3!}+\frac{t^4}{4!}-\cdots\Big)\\
&=1+\frac{t^2}{2!}+\frac{t^4}{4!}+\cdots+\frac{t^{2k}}{(2k)!}+\cdots\\
&\leq 1+\frac{t^2}{2^1\cdot 1!}+\frac{t^4}{2^2\cdot 2!}+\cdots+\frac{t^{2k}}{2^k\cdot k!}+\cdots && \text{wegen } 2^k\cdot k!\leq (2k)!\\
&=1+x+\frac{x^2}{2!}+\cdots+\frac{x^k}{k!}+\cdots && \text{für } x=t^2/2\\
&=\mathrm{e}^{t^2/2}\,.
\end{aligned}$$

Zusammen mit (12.2) ergibt dies die Abschätzung

$$\Pr(X\geq \mu+a)\leq \mathrm{e}^{-ta+t^2n/2}\,.$$

Es bleibt also, die Funktion $h(t) = -ta + t^2n/2$ mit $t > 0$ zu minimieren. Aus $h'(t) = -a + tn$ folgt $h'(t_0) = 0$ für $t_0 = a/n$. Wegen $h''(t) = n > 0$ ist daher $t = a/n$ ein Minimum von $h(t)$ (siehe Lemma 10.17). Somit gilt

$$\Pr(X\geq \mu+a)\leq \mathrm{e}^{-(a/n)a+(a/n)^2n/2}=\mathrm{e}^{-a^2/(2n)}\,.$$

Um die zweite Chernoff-Ungleichung $\Pr(X \leq \mu - a) \leq \mathrm{e}^{-a^2/2n}$ zu erhalten, reicht es anstatt X die Zufallsvariable $X' := -X$ zu betrachten. Dann gilt $X \leq \mu - a$ genau dann, wenn $X' \geq \mu' + a$ gilt, wobei $\mu' = \mathrm{E}(X') = -\mu$ ist.

Beispiel 12.31:

Wir werfen $n = 10000$ mal eine faire Münze. Dann ist die Anzahl X der Einsen eine Summe $X = X_1 + \cdots + X_n$ von n unabhängigen Bernoulli Variablen, je mit Erfolgswahrscheinlichkeit $p = 1/2$ und es gilt $\mathrm{E}(X) = np = 5000$ wie auch $\mathrm{Var}(X) = np(1-p) = 10000/4 = 2500$ (siehe Abschnitt 12.2). Mit welcher Wahrscheinlichkeit werden wir mindestens 6000 Einsen erhalten?

Aus der Markov-Ungleichung erhalten wir

$$\Pr(X\geq 6000)\leq 5/6\,.$$

Die Tschebyschev-Ungleichung liefert uns bereits bessere Abschätzung:

$$\Pr(X\geq 6000)=\Pr(X-\mathrm{E}(X)\geq 1000)\leq \frac{\mathrm{Var}(X)}{k^2}=\frac{2500}{10^6}=\frac{1}{400}\,.$$

Ein klarer Gewinner in dieser Situation ist aber die Chernoff-Ungleichung:

$$\Pr(X\geq 6000)=\Pr(X\geq \mathrm{E}(X)+1000)\leq \mathrm{e}^{-10^6/2\cdot 10^4}=\mathrm{e}^{-50}\,.$$

Beispiel 12.32: Verteilung der Jobs

Wir wollen n Jobs auf $m = o(n)$ gleich schellen Prozessoren aufteilen. Die Abfertigungszeit des i-ten Jobs sei eine Zahl t_i im Intervall [0,1]. Wir wollen Jobs so verteilen, dass keiner der Prozessoren viel länger als die Durchschnittsbelastung $T = \frac{1}{m}\sum_{i=1}^{n} t_i$ aller Prozessoren belastet wird. Die Verteilung muss geschehen, bevor die Prozessoren ihre Arbeit beginnen.

Wir suchen also eine Zerlegung der Menge $\{1,\ldots,n\}$ der Jobs in m disjunkte Teilmengen $I_1,\ldots,I_m$, so dass die Zahlen $T_j = \sum_{i\in I_j} t_i$, $j = 1,\ldots,m$ möglichst nah beieinander liegen. Sind alle Abfertigungszeiten gleich, dann haben wir kein Problem: Jede Zerlegung der Jobs in n/m Teilmengen ist auch optimal. Sind aber die Abfertigungszeiten sehr verschieden, so wird das Problem schwieriger. Das Problem wird noch schwieriger, wenn die tatsächlichen Abfertigungszeiten t_i uns im Voraus nicht bekannt sind.

In solchen Fällen kann man die folgende einfache »randomisierte« Strategie anwenden: Für jeden Job i wählen wir rein zufällig einen Prozessor j aus und weisen i dem Prozessor j zu. Es wird sich herausstellen, dass diese »dumme Affenstrategie« eigentlich nicht so schlecht ist, auch wenn wir weder die Anzahl n der Jobs noch ihre Abfertigungszeiten kennen!

Zuerst betrachten wir einen beliebigen (aber festen) Prozessor j. Für diesen Prozessor sei X_i die Zeit, die der Prozessor braucht, um den i-ten Job abzufertigen, d. h. $X_i = t_i$, falls der i-te Job dem Prozessor j zugewiesen war, und $X_i = 0$ sonst. Die gesamte Laufzeit des Prozessors j ist also $X = \sum_{i=1}^{n} X_i$. Da jeder der n Jobs dem Prozessor j mit gleicher Wahrscheinlichkeit $1/m$ zugewiesen wird, ist die erwartete Laufzeit $\mathrm{E}(X)$ des j-ten Prozessors genau die durchnittliche Laufzeit T. Aus Satz 12.30 mit $a = c\sqrt{n}$ folgt, dass *jeder einzelne* Prozessor nur mit Wahrscheinlichkeit $\mathrm{e}^{-c^2/2}$ länger als $T + c\sqrt{n}$ beschäftigt sein wird. Da wir insgesamt nur m Prozessoren haben, wird *mindestens* ein Prozessor nur mit Wahrscheinlichkeit $m\mathrm{e}^{-c^2/2}$ länger als $T + c\sqrt{n}$ beschäftigt:

$$\Pr\left(\text{mindestens ein Prozessor arbeitet länger als } T + c\sqrt{n}\right) \le m\mathrm{e}^{-c^2/2}\,.$$

Wenn wir $c = \sqrt{2\ln m} + 2$ wählen, dann ist $c^2/2 = \ln m + 2\sqrt{2\ln m} + 2$ und die Wahrscheinlichkeit ist höchstens $m\mathrm{e}^{-c^2/2} = \mathrm{e}^{-2(\sqrt{2\ln m}+1)}$. Haben wir zum Beispiel $m = 10$ Prozessoren und $n = 5000$ Jobs, dann wird mit Wahrscheinlichkeit $1 - \mathrm{e}^{-6} \approx 0{,}99$ kein Prozessor länger als $T + 300$ beschäftigt sein.

Für Summen von unabhängigen *Bernoulli-Variablen* gelten etwas schärfere Abschätzungen. Die Beweisidee ist aber die gleiche! Der einzige Unterschied ist in der Abschätzung von $\mathrm{E}(\mathrm{e}^{tX_i})$. Nimmt X_i Werte in $[-1,1]$ an, so kann i. A. die Zufallsvariable e^{tX_i} beliebige Werte im Intervall $[\mathrm{e}^{-t}, \mathrm{e}^{t}]$ annehmen. Ist aber X_i eine Bernoulli-Variable, so kann e^{tX_i} nur *zwei* Werte $\mathrm{e}^{t\cdot 0} = 1$ oder e^{t} annehmen. Dies erlaubt bessere obere Schranken für $\mathrm{E}(\mathrm{e}^{tX_i})$ zu bestimmen. Setzt man $a = (1+\delta)\mu$ und $t = \ln(1+\delta)$ in dem Beweis von Satz 12.30 ein und benutzt die Ungleichung $1 + x \le \mathrm{e}^{x}$, so kann man in diesem Fall die Ungleichung

$$\Pr\left(X \ge (1+\delta)\mu\right) \le \mathrm{e}^{\delta\mu}(1+\delta)^{-(1+\delta)\mu}$$

erhalten. Dann schätzt man die rechte Seite für verschiedene Werte von δ nach oben ab. Dies ergibt die folgenden Ungleichungen.

Satz 12.33: Chernoff-Ungleichungen für Bernoulli-Variablen

Sei $X = X_1 + \cdots + X_n$ die Summe von n unabhängigen Bernoulli-Variablen mit $\Pr(X_i = 1) = p_i$ und sei $\mu = \mathrm{E}(X) = p_1 + \cdots + p_n$. Dann gilt:

$$\Pr(X \geq (1+\delta)\mu) \leq 2^{-(1+\delta)\mu} \quad \text{für alle } \delta \geq 2\mathrm{e} - 1; \tag{12.3}$$

$$\Pr(X \geq (1+\delta)\mu) \leq \mathrm{e}^{-\delta^2\mu/3} \quad \text{für alle } 0 < \delta < 1; \tag{12.4}$$

$$\Pr(X \leq (1-\delta)\mu) \leq \mathrm{e}^{-\delta^2\mu/2} \quad \text{für alle } \delta > 0. \tag{12.5}$$

Beispiel 12.34:

Wir haben eine Liste $L = (x_1, \ldots, x_n)$ von Lebewesen (n sei gerade), wobei jedes der Lebewesen x_i mit gleicher Wahrscheinlichkeit $1/2$ und unabhängig voneinander entweder weiblich ($x_i = 0$) oder männlich ($x_i = 1$) sein kann. Wir entfernen dann einige männliche Lebewesen nach der folgenden Regel: Ein Lebewesen x_i wird entfernt, wenn $x_i = 1$ und $x_{i-1} = 0$ gilt. (Die weiblichen Lebewesen fressen also ihre rechten Nachbarn auf.) Sei S die resultierende Menge der verbleibenden Lebewesen. Zum Beispiel:

$$\begin{array}{rcccccccc} L & = & x_1 & x_2 & x_3 & x_4 & x_5 & x_6 & x_7 \\ & & 1 & 0 & 1 & 1 & 0 & 1 & 0 \\ S & = & x_1 & x_2 & \times & x_4 & x_5 & \times & x_7\,. \end{array}$$

Sei $X = n - |S|$ die Zufallsvariable, die die entfernten Lebewesen zählt, und sei $\mu = \mathrm{E}(X)$. Da die weiblichen Lebewesen nie entfernt werden und ihre erwartete Anzahl in L gleich $n/2$ ist, gilt $\mu = n - \mathrm{E}(|S|) \leq n/2$. Andererseits, gilt für jede gerade Zahl i

$$\Pr(x_i \notin S) = \Pr(x_i = 1, x_{i-1} = 0) = \Pr(x_i = 1)\Pr(x_{i-1} = 0) = \frac{1}{4}\,.$$

Wir haben also $n/2$ Kandidaten und jeder von ihnen kann mit Wahrscheinlichkeit $1/4$ aus der Liste entfernt werden. Nach der Linearität des Erwartungswertes gilt $\mu \geq (n/2)(1/4) = n/8$. Somit wissen wir, dass der Erwartungswert $\mu = \mathrm{E}(X)$ zwischen $n/8$ und $n/2$ liegt. Aus Chernoff-Ungleichung (12.4) mit $\delta = 1/2$ folgt

$$\Pr(X \geq \tfrac{3}{4}n) = \Pr\left(X \geq \left(1 + \tfrac{1}{2}\right)\tfrac{n}{2}\right) \leq \Pr(X \leq (1+\delta)\mu) \leq \mathrm{e}^{-\mu\delta^2/3} \leq \mathrm{e}^{-n/96}$$

und aus der Ungleichung (12.5) folgt

$$\Pr(X \leq \tfrac{1}{16}n) = \Pr\left(X \leq \left(1 - \tfrac{1}{2}\right)\tfrac{n}{8}\right) \leq \Pr(X \leq (1-\delta)\mu) \leq \mathrm{e}^{-\mu\delta^2/2} \leq \mathrm{e}^{-n/64}\,.$$

Somit werden mit einer überwiegenden Wahrscheinlichkeit höchstens $3/4$ aber auch mindestens $1/16$ der Lebewesen aus der Liste L entfernt.

12.4 Die probabilistische Methode

Bisher haben wir die Stochastik als eine Theorie betrachtet, die uns »reelle« Zufallsexperimente analysieren lässt. Es gibt aber auch eine andere Seite der Stochastik: Man kann mit ihrer Hilfe Aussagen auch in einigen Situationen treffen, wo der Zufall überhaupt keine Rolle spielt!

Die Hauptidee der sogenannten *probabilistischen Methode* ist die folgende: Will man die *Existenz* eines Objekts mit bestimmten Eigenschaften zeigen, so definiert man einen entsprechenden Wahrscheinlichkeitsraum und zeigt, dass ein zufällig gewähltes Element mit einer *positiven* Wahrscheinlichkeit die gewünschte Eigenschaft hat.

Im Allgemeinen ist eine Menge M der Objekte sowie eine Funktion $f : M \to \mathbb{R}$ gegeben. Für einen Schwellenwert t will man wissen, ob es ein Objekt $x \in M$ mit $f(x) \geq t$ gibt. Dazu wählt man eine entsprechende Wahrscheinlichkeitsverteilung $\Pr : M \to [0,1]$ und betrachtet den resultierenden Wahrscheinlichkeitsraum $(M, \Pr)$. In diesem Raum ist f eine Zufallsvariable. Man berechnet dann den Erwartungswert $\mathrm{E}(f)$ dieser Zufallsvariable und testet, ob $\mathrm{E}(f) \geq t$ oder $\Pr(f(x) \geq t) > 0$ gilt. Ist mindestens eines davon der Fall, so muss es mindestens ein Element $x_0 \in M$ mit $f(x_0) \geq t$ geben: Würde es nämlich $f(x) < t$ für *alle* $x \in M$ gelten, so hätten wir

$$\Pr(f(x) \geq t) = \Pr(\emptyset) = 0$$

und

$$\mathrm{E}(f) = \sum_{x \in M} f(x) \cdot \Pr(f = x) < \sum_{x \in M} t \cdot \Pr(f = x) = t \cdot \sum_{x \in M} \Pr(f = x) = t\,.$$

Die Eigenschaft

aus $\mathrm{E}(f) \geq t$ folgt $f(x) \geq t$ für mindestens ein $x \in M$

nennt man auch das *Taubenschlagprinzip des Erwartungswertes.* Ein Prototyp dieser (überraschend mächtigen) Methode ist das folgende »Mittel-Argument«: Ist der arithmetische Mittel

$$\frac{x_1 + \cdots + x_n}{n}$$

der Zahlen $x_1, \ldots, x_n \in \mathbb{R}$ größer als a, so muss es mindestens ein j mit $x_j > a$ geben. Die Nützlichkeit dieses Argument liegt in der Tatsache, dass es oft viel leichter ist, eine Abschätzung für das Mittel zu finden als ein j mit $x_j > a$ zu bestimmen. Wir demonstrieren die probabilistische Methode an ein paar typischen Beispielen.

Sei $G = (V, E)$ ein ungerichteter Graph. Eine Knotenmenge $S \subseteq V$ heißt *Clique*, falls zwischen je zwei Knoten in S eine Kante liegt. Liegt zwischen keinen zwei Knoten eine Kante, so heißt S *unabhängige Menge.* Sei $r(G)$ die kleinste Zahl r, so dass der Graph G weder eine Clique noch eine unabhängige Menge mit r Knoten besitzt.

Frank Plumpton Ramsey hat im Jahre 1930 bewiesen, dass jeder Graph G mit n Knoten entweder eine Clique oder eine unabhängige Menge mit $\frac{1}{2}\log_2 n$ Knoten enthalten muss, also $r(G) > \frac{1}{2}\log_2 n$ gilt. Eine natürliche Frage ist daher, ob es Graphen mit $r(G) \leq c\log_2 n$ für eine Konstante $c > 0$ überhaupt gibt. Solche Graphen nennt man *Ramsey-*

Graphen. Mit Hilfe der probabilistischen Methode hat Paul Erdős in 1947 bewiesen, dass solche Graphen doch existieren!

Satz 12.35:

Ramsey-Graphen mit beliebig vielen Knoten existieren: Für alle $n \geq 2$ gibt es Graphen G auf n Knoten mit $r(G) \leq 2\log_2 n$.

Beweis:

Um die Existenz von Ramsey-Graphen zu beweisen, betrachten wir Zufallsgraphen über der Knotenmenge $V = \{1, \dots, n\}$: Wir werfen für jede potenzielle Kante uv eine faire Münze und setzen die Kante ein, wenn das Ergebnis »Wappen« ist.

Wir fixieren eine Knotenmenge $S \subseteq V$ der Größe k und sei A_S das Ereignis »S ist eine Clique oder eine unabhängige Menge«. Es ist $\Pr(A_S) = 2 \cdot 2^{-\binom{k}{2}}$, denn entweder ist S eine Clique und alle $\binom{k}{2}$ Kanten sind vorhanden oder S ist eine unabhängige Menge und keine der $\binom{k}{2}$ Kanten ist vorhanden. Wir sind vor Allem an der Wahrscheinlichkeit p_k interessiert, dass ein Zufallsgraph G eine Clique der Größe k oder eine unabhängige Menge der Größe k besitzt. Da wir nur $\binom{n}{k}$ k-elementigen Mengen $S \subseteq V$ haben, gilt nach der Summen-Schranke für Wahrscheinlichkeiten (Behauptung 11.4):

$$p_k \leq \binom{n}{k} \cdot 2 \cdot 2^{-\binom{k}{2}} < \frac{n^k}{k!} \cdot \frac{2 \cdot 2^{k/2}}{2^{k^2/2}}.$$

Wir setzen $k = 2\log_2 n$ und erhalten $n^k = (2^{k/2})^k = 2^{k^2/2}$. Da andererseits $2 \cdot 2^{k/2} < k!$ für $k \geq 4$ gilt, folgt somit $p_k < 1$ für $k \geq 4$. Es gibt somit Graphen, die keine Cliquen oder unabhängige Mengen der Größe $2\log_2 n$ besitzen. □

Sei $K_n = (V, E)$ ein vollständiger ungerichteter Graph mit der Knotenmenge $V = \{1, \dots, n\}$. Der Graph besitzt also alle $|E| = \binom{n}{2}$ mögliche Kanten. Eine *bipartite Clique* ist ein bipartiter Graph von der Form $H = L \times R$ mit $L, R \subseteq V$ und $L \cap R = \emptyset$. (Hier steht »L« bzw. »R« für die »linke« bzw. für die »rechte« Seite der Clique.) Das *Gewicht* einer solchen Clique ist die Anzahl $v(H) = |L| + |R|$ ihrer Knoten.

Unser Ziel ist alle Kanten von K_n mit bipartiten Cliquen $H_i = L_i \times R_i$, $i = 1, \dots, t$ so zu überdecken, dass das Gesamtgewicht $v(H_1) + \dots + v(H_t)$ der dabei beteiligten Cliquen möglichst klein wird.

Eine ähliche Frage haben wir bereits in Abschnitt 6.3.1 behandelt. Da wollten wir die Kanten von K_n in möglichst wenigen disjunkten bipartiten Cliquen zerlegen. Mit Hilfe der linearen Algebra haben wir da gezeigt, dass man dafür mindestens $n - 1$ Cliquen benötigt. Nun interessiert uns nicht die *Anzahl* der Cliquen, sondern ihr Gesamtgewicht. Dabei verlangen wir nicht mehr, dass die Cliquen disjunkt sein müssen – sie können auch gemeinsame Kanten haben.

Man kann eine Überdeckung von K_n mit dem Gesamtgewicht höchstens $2n\log_2 n$ folgendermaßen konstruieren. Einfachheitshalber sei $n = 2^k$ eine Zweierpotenz. Zunächst weisen wir jedem Knoten $v \in V$ einen eindeutigen Vektor $\boldsymbol{v} = (v_1, \dots, v_k) \in \{0,1\}^k$ zu und betrachten die folgenden $2n$ Cliquen

$$H_i^a = \{(u, v) \colon u_i = a,\ \boldsymbol{v}_i = 1 - a\} \qquad (a = 0,1;\ i = 1, \dots, k).$$

Da sich je zwei *verschiedene* Vektoren in mindestens einer der k Koordinaten unterscheiden, liegt jede Kante von K_n in mindestens einer dieser Cliquen. Da für jedes $i = 1, \ldots, k$ genau die Hälfte der Vektoren eine Eins bzw. eine Null in der i-ten Koordinate haben, enthält jede Clique H_i genau $v(H_i) = (n/2) + (n/2) = n$ Knoten. Das Gesamtgewicht dieser Überdeckung ist also $2nk = 2n \log_2 n$.

Mit der probabilistischen Methode zeigen wir nun, dass es viel besser auch nicht geht.

Satz 12.36:

Jede Überdeckung von K_n mit bipartiten Cliquen muss das Gesamtgewicht mindestens $n \log_2 n$ haben.

Beweis:

Sei $H_i = L_i \times R_i$, $i = 1, \ldots, t$ eine Überdeckung der Kanten von $K_n = (V, E)$ mit $V = \{1, \ldots, n\}$. Sei $g = \sum_{i=1}^{n}(|L_i| + |R_i|)$ das Gesamtgewicht dieser Überdeckung. Für jeden Knoten $v \in V$ sei $m_v = |\{i \colon v \in L_i \cup R_i\}|$ die Anzahl der Cliquen, die diesen Knoten enthalten. Das Prinzip der doppelten Abzählung ergibt (siehe Aufgabe 3.14)

$$g = \sum_{i=1}^{t}(|L_i| + |R_i|) = \sum_{v=1}^{n} m_v .$$

Es reicht also die letzte Summe nach unten abzuschätzen. Dazu werfen wir für jede Clique $H_i = L_i \times R_i$ eine faire 0-1 Münze. Kommt 0, so entfernen wir alle Knoten L_i aus V; sonst entfernen wir alle Knoten R_i. Sei $X = X_1 + \cdots + X_n$, wobei X_v die Indikatorvariable für das Ereignis »Knoten v überlebt« ist.

Da je zwei Knoten in K_n durch eine Kante verbunden sind und diese Kante durch mindestens eine der Cliquen H_i überdeckt wird, kann am Ende höchstens ein Knoten überleben. Somit gilt $\mathrm{E}(X) \leq 1$. Andererseits wird jeder einzelne Knoten v mit Wahrscheinlichkeit 2^{-m_v} überleben: Es gibt nur m_v für den Knoten v »gefährliche« Schritte und in jedem dieser Schritten wird der Knoten mit Wahrscheinlichkeit $1/2$ überleben. Nach der Linearität des Erwartungswertes erhalten wir

$$\sum_{v=1}^{n} 2^{-m_v} = \sum_{v=1}^{n} \Pr(v \text{ überlebt}) = \sum_{v=1}^{n} \mathrm{E}(X_v) = \mathrm{E}(X) \leq 1 .$$

Wir wissen, dass das arithmetische Mittel der Zahlen $a_1, \ldots, a_n$ mindestens so gross wie ihr geometrisches Mittel ist (Aufgabe 3.12):

$$\frac{1}{n}\sum_{v=1}^{n} a_v \geq \Big(\prod_{v=1}^{n} a_v\Big)^{1/n} .$$

Angewand mit $a_v = 2^{-m_v}$ ergibt dies

$$\frac{1}{n} \geq \frac{1}{n}\sum_{v=1}^{n} 2^{-m_v} \geq \Big(\prod_{v=1}^{n} 2^{-m_v}\Big)^{1/n} = 2^{-\frac{1}{n}\sum_{v=1}^{n} m_v} ,$$

woraus $2^{\frac{1}{n}\sum_{v=1}^{n} m_v} \geq n$ und somit auch $\frac{1}{n}\sum_{v=1}^{n} m_v \geq \log_2 n$ folgt. □

12.5 Aufgaben

Aufgabe 12.1:

Von einem Spiel ist bekannt, dass man in jeder Runde mit einer Wahrscheinlichkeit von $p = 0{,}1$ gewinnen kann. Man spielt so lange, bis man einen Gewinn erzielt. Dann beendet man seine Teilnahme am Spiel.

Wie lange muss man spielen (Anzahl der Spiele), wenn man mit einer Wahrscheinlichkeit von 0,75 einen Gewinn erzielen möchte?

Aufgabe 12.2:

Ein Spieler wettet auf eine Zahl von 1 bis 6. Drei Würfel werden geworfen und der Spieler erhält 1 oder 2 oder 3 Euro, wenn 1 bzw. 2 bzw. 3 Würfel die gewettete Zahl zeigen. Wenn die gewettete Zahl überhaupt nicht erscheint, dann muss der Spieler ein Euro abgeben.

Wieviele Euro gewinnt (oder verliert) der Spieler im Mittel pro Spiel? Ist das Spiel fair?

Aufgabe 12.3:

Sei $X : \Omega \to \mathbb{N}$ eine diskrete Zufallsvariable mit $\mathrm{E}(X) > 0$. Zeige: (a) $\mathrm{E}(X^2) \geq \mathrm{E}(X)$; (b) $\Pr(X \neq 0) \leq \mathrm{E}(X)$.

Aufgabe 12.4:

Seien $f, g : \mathbb{R} \to \mathbb{R}$ beliebige Funktionen. Zeige: Sind $X, Y : \Omega \to \mathbb{R}$ zwei unabhängige Zufallsvariablen, so sind die Zufallsvariablen $f(X)$ und $g(Y)$ unabhängig.

Aufgabe 12.5: Börse

Ein vereinfachtes Modell der Börse geht davon aus, dass in einem Tag eine Aktie mit dem aktuellen Preis a mit Wahrscheinlichkeit p um Faktor $r > 1$ bis auf ar steigen wird und mit Wahrscheinlichkeit $1 - p$ bis auf a/r fallen wird. Angenommen, wir starten mit dem Preis $a = 1$. Sei X der Preis der Aktie nach n Tagen. Bestimme $\mathrm{E}(X)$. *Hinweis*: Was ist die Wahrscheinlichkeit, dass in n Tagen der Preis genau k mal gestiegen war?

Aufgabe 12.6: Summen modulo 2

Seien $X_1, \ldots, X_n$ unabhängige Bernoulli-Variablen mit $\Pr(X_i = 1) = p_i$. Sei $X = \sum_{i=1}^{n} X_i$ ihre Summe modulo 2. Zeige:

$$\Pr(X = 1) = \frac{1}{2}\Big[1 - \prod_{i=1}^{n}(1 - 2p_i)\Big].$$

Hinweis: Betrachte die Zufallsvariable $Y = \prod_{i=1}^{n} Y_i$ mit $Y_i = 1 - 2X_i$. Was ist $\mathrm{E}(Y)$?

Aufgabe 12.7:

Seien $A_1, \ldots, A_n$ beliebige Ereignisse. Seien

$$a = \sum_{i=1}^{n} \Pr(A_i) \quad \text{und} \quad b = \sum_{i=1}^{n} \sum_{j=i+1}^{n} \Pr(A_i \cap A_j)\,.$$

Zeige

$$\Pr\left(\overline{A}_1 \cdots \overline{A}_n\right) \leq \frac{a+2b}{a^2} - 1.$$

Hinweis: Sei X die Anzahl der tatsächlich eintrettenden Ereignisse. Benutze die Tschebyschev-Ungleichung, um $\Pr(X=0) \leq a^{-2}\,\mathrm{E}((X-a)^2)$ zu zeigen.

Aufgabe 12.8:

Sei $X : \Omega \to \{0,1,\ldots,M\}$ eine Zufallsvariable und $a = M - \mathrm{E}(X)$. Zeige, dass

$$\Pr(X \geq M - b) \geq \frac{b-a}{b}$$

für jedes $1 \leq b \leq M$ gilt.

Aufgabe 12.9: Das Urnenmodell

Wir haben m Kugeln und n Urnen, und werfen jede Kugel zufällig und unabhängig voneinander in diese Urnen. Jede Kugel kann also mit gleicher Wahrscheinlichkeit $1/n$ in jeder der n Urnen landen. Man kann dann verschiedene Zufallsvariablen betrachten. Bestimme jeweils den Erwartungswert der folgenden Zufallsvariablen:

1. X = die Anzahl der Kugeln in der *ersten* Urne. *Hinweis*: Für jedes $i = 1,\ldots,m$ betrachte die Indikatorvariable X_i für das Ereignis »i-te Kugel fliegt in die erste Urne«.
2. Y = die Anzahl der Urnen mit *genau einer* Kugel. *Hinweis*: Zeige, dass das Ereignis »j-te Urne enthält genau eine Kugel« mit Wahrscheinlichkeit $\frac{1}{n}\left(1-\frac{1}{n}\right)^{m-1}$ geschehen wird.
3. Z = Anzahl der Würfe bis eine leere Urne getroffen wird, wenn k Urnen bereits besetz sind; diesmal nehmen wir an, dass wir unendlich viele Kugeln zur Verfügung haben. *Hinweis*: Sind k Urnen bereits besetzt, so ist die Wahrscheinlichkeit, eine leere Urne zu treffen, gleich $p = (n-k)/n$.

Aufgabe 12.10: Das »Coupon Collector« Problem

Es gibt eine Serie von n Sammelbildern. In jede Runde kauft ein Sammler rein zufällig ein Bild. Was ist die erwartete Anzahl der Runden, bis der Sammler *alle* n Bilder hat? Dieses Problem ist als »Coupon Collector Problem« bekannt. Die Frage kann man wiederum an einem Urnenmodell stellen. Kugeln sind nun die Runden und Urnen sind die Bilder. Die Frage ist, wieviel Kugeln müssen wir werfen, bis *keine* Urne leer bleibt? *Hinweis*: Die Anzahl der Versuche bis keine Urne leer wird ist die Summe von Zufallsvariablen X_i = Anzahl der Versuche, bis ein Ball erstmals in die i-te Urne fliegt.

Aufgabe 12.11:

Zeige folgendes: Wenn wir n Kugeln in n Urnen werfen, dann können wir erwarten, dass keine Urne mehr als $\ln n$ Kugeln enthalten wird. *Hinweis*: Betrachte die Ereignisse $A_{i,j}$ = »i-te Urne enthält *genau* j Kugeln« und benutze den binomischer Lehrsatz, um $\Pr(A_{i,j}) \leq (\mathrm{e}/j)^j$ zu zeigen.

Aufgabe 12.12:

Beweise Satz 12.17. *Hinweis*: $\mathrm{E}((X+Y)^2) = \mathrm{E}(X^2) + 2\,\mathrm{E}(XY) + \mathrm{E}(Y^2)$.

Aufgabe 12.13:

Zeige, dass die »Divisionsregel« $\mathrm{E}(\frac{X}{Y}) = \frac{\mathrm{E}(X)}{\mathrm{E}(Y)}$ auch für unabhängigen Zufallsvariablen X, Y *nicht* gilt!

Aufgabe 12.14:

Ein Mann hat n Schlüssel aber nur eine davon passt zu seinem Tür. Der Mann probiert die Schlüssel zufällig. Sei X die Anzahl der Versuche bis der richtige Schlüssel gefunden ist. Bestimme den Erwartungswert $\mathrm{E}(X)$, wenn der Mann den bereits ausprobierten Schlüssel

(a) am Bund lässt (also kann er ihn noch mal probieren);

(b) vom Bund nimmt.

Aufgabe 12.15: Zufällige Teilmengen

Seien A und B zwei zufällige Teilmengen der Menge $[n] = \{1, \ldots, n\}$ mit $\Pr(x \in A) = \Pr(x \in B) = p$ für alle $x \in [n]$. Ab welchem p können wir nicht mehr erwarten, dass die Mengen A und B disjunkt sind?

Aufgabe 12.16:

Wir verteilen m Bonbons an n Kinder. Jedes der Kinder fängt mit gleicher Wahrscheinlichkeit ein Bonbon.

(a) Wieviele Bonbons wird ein Kind im Durchschnitt fangen?

(b) Wieviele Bonbons müssen geworfen werden, bis das erste Kind ein Bonbon gefangen hat?

(c) Wie viele Bonbons müssen geworfen werden, bis jedes Kind ein Bonbon gefangen hat?

Aufgabe 12.17: Ein Irrfahrt

Es ist rutschig und wenn das Kind einen Schritt nach vorn versucht, dann kommt es tatsächlich mit einer Wahrscheinlichkeit $2/3$ um einen Schritt nach vorn. Allerdings rutscht es mit Wahrscheinlichkeit $1/3$ einen Schritt zurück. Alle Schritte seien hierbei voneinander unabhängig.

Der Kindergarten sei von dem Kind 100 Schritte weit entfernt. Zeige, dass das Kind nach 500 Schritten mit wenigstens 90% Wahrscheinlichkeit angekommen ist. Schätze hierzu die entsprechende Wahrscheinlichkeit mit Hilfe des Satzes von Tschebyschev ab.

Aufgabe 12.18:

Wie oft muss eine faire Münze mindestens geworfen werden, damit mit einer Wahrscheinlichkeit von mindestens $3/4$ die relative Häufigkeit von »Kopf« vom erwarteten Wert $p = 1/2$ um weniger als 0,1 abweicht?

Weiterführende Literatur

Sie haben nun die für einen Informatiker relevante Mathematik im Wesentlichen kennengelernt. Die fehlenden Feinheiten der »kontinuierlichen« Mathematik können Sie (wenn nötig) leicht in zahlreichen Büchern nachschlagen – Sie wissen ja bereits, wonach Sie suchen müssen. Um den Rahmen des Buches nicht zu sprengen, war ich gezwungen, auch einige Themen der diskreten Mathematik auf das notwendige Minimum zu reduzieren.

Zunächst habe ich ganz bewusst die ganze Graphentheorie auf ein paar einfache Fakten reduziert. Einerseits, ist diese Theorie viel zu breit und zu tief, um sie auf einigen wenigen Seiten vorzustellen. Andererseits werden die meisten Fakten dieser Theorie in anderen Informatik-Vorlesungen vorgestellt, spätestens dann, wenn man zu Graphenalgorithmen kommt. Will man aber diese Theorie bereits jetzt kennenlernen, so könnte ich zwei »Klassiker« empfehlen.

- R. Diestel, *Graphentheorie*, Springer-Verlag, 1996. Dies ist eine sehr gute Einführung in die Graphentheorie für einen Anfänger.

- J. Matousek, J. Nesetril, *Diskrete Mathematik: Eine Entdeckungsreise*, Springer-Verlag, 2005. Englische Originalausgabe erschienen 1998 bei Oxford University Press. Dies ist eine der besten Einführungen in die Diskrete Mathematik mit vielen methodologischen Hinweisen. Allerdings, ist hier die Graphentheorie weniger präsent.

Die zwei mächtigen Methoden – die *probabilistische Methode* und die *Methode der linearer Algebra* – sind die wichtigsten Werkzeuge in vielen Teilen der Mathematik und der theoretischen Informatik. Wir haben diese Methoden an ein paar typischen Beispielen vorgestellt. Mehr über die Möglichkeiten dieser Methoden kann man in folgenden Büchern finden:

- P. Erdős, J. Spencer, *Probabilistic Methods in Combinatorics*, Academic Press, New York and London, and Akadémiai Kiadó, Budapest, 1974. Dies ist eine kompakte Einführung mit vielen Beispielen.

- N. Alon, J. Spencer, *The Probabilistic Method*, Wiley, 1992. Second edition: Wiley, 2000. Dieses Buch mag für einen Anfänger ein wenig schwieriger lesbar sein, zeigt aber viel mehr (zum Teil überraschende) Anwendungen der probabilistischen Methode und ist ein standard »Referenz-Buch« für diese Methode.

- L. Babai, P. Frankl, *Linear Algebra Methods in Combinatorics*, University of Chicago, Dept. of Computer Science, 1992. Dieses Manuskript stellt die erste systematische Betrachtung der Methode der linearen Algebra dar. Man kann das Manuskript direkt beim Lehrstul von Laszlo Babai bestellen.

- S. Jukna, *Extremal Combinatorics: With Applications in Computer Science*, Springer-Verlag, 2001. Fast die hälfte des Buches ist diesen beiden Methoden gewidmet.

Stichwortverzeichnis